"十二五"普通高等教育本科国家级规划教材

普通高等教育"十一五"国家级规划教材

21世纪高等院校电气信息类系列教材

单片机原理与应用

第4版

主编　赵德安　孙月平

参编　盛占石　鲍可进　秦　云　赵文祥

　　　王　伟　张建生　潘天红　周重益

机械工业出版社

本书全面系统地讲述了 MCS-51 系列单片机的基本结构和工作原理、基本系统、指令系统、汇编语言程序设计、单片机的 C 语言程序开发与调试、并行扩展和串行扩展方法、人机接口，以及片内资源丰富的高速 SOC 单片机 C8051F。为便于电路设计、程序开发及仿真软件操作能力的培养，更新了 Keil IDE μVision5 集成开发环境及 EDA 工具软件 Proteus 的使用介绍。本书每章都附有习题，以供课后练习。

全书内容自成体系，语言通俗流畅，结构合理紧凑，既可作为高等院校单片机课程的教材，也可作为相关电子技术人员的参考书。

本书配有微课视频，扫描正文中的二维码即可观看，还配有授课电子课件等教学资源，需要的教师可登录 www.cmpedu.com 免费注册，审核通过后下载，或联系编辑索取（微信：15910938545，电话：010-88379739）。

图书在版编目（CIP）数据

单片机原理与应用 / 赵德安，孙月平主编 . --4 版 . --北京：机械工业出版社，2022.7（2025.1 重印）
21 世纪高等院校电气信息类系列教材
ISBN 978-7-111-71164-3

Ⅰ. ①单… Ⅱ. ①赵… ②孙… Ⅲ. ①单片微型计算机-高等学校-教材 Ⅳ. ①TP368.1

中国版本图书馆 CIP 数据核字（2022）第 115083 号

机械工业出版社（北京市百万庄大街 22 号 邮政编码 100037）
策划编辑：李馨馨 责任编辑：李馨馨
责任校对：张艳霞 责任印制：张 博
北京建宏印刷有限公司印刷

2025 年 1 月第 4 版·第 5 次印刷
184mm×260mm·21 印张·521 千字
标准书号：ISBN 978-7-111-71164-3
定价：79.00 元

电话服务　　　　　　　　　　网络服务
客服电话：010-88361066　　　机 工 官 网：www.cmpbook.com
　　　　　010-88379833　　　机 工 官 博：weibo.com/cmp1952
　　　　　010-68326294　　　金 书 网：www.golden-book.com
封底无防伪标均为盗版　　　机工教育服务网：www.cmpedu.com

出 版 说 明

　　随着科学技术的不断进步，整个国家自动化水平和信息化水平的长足发展，社会对电气信息类人才的需求日益迫切、要求也更加严格。在教育部颁布的"普通高等学校本科专业目录"中，电气信息类（Electrical and Information Science and Technology）包括电气工程及其自动化、自动化、电子信息工程、通信工程、计算机科学与技术、电子科学与技术、生物医学工程等子专业。这些子专业的人才培养对社会需求、经济发展都有着非常重要的意义。

　　在电气信息类专业及学科迅速发展的同时，也给高等教育工作带来了许多新课题和新任务。在此情况下，只有将新知识、新技术、新领域逐渐融合到教学、实践环节中去，才能培养出优秀的科技人才。为了配合高等院校教学的需要，机械工业出版社组织了这套"21世纪高等院校电气信息类系列教材"。

　　本套教材是在对电气信息类专业教育情况和教材情况调研与分析的基础上组织编写的，期间，与高等院校相关课程的主讲教师进行了广泛的交流和探讨，旨在构建体系完善、内容全面新颖、适合教学的专业教材。

　　本套教材涵盖多层面专业课程，定位准确，注重理论与实践、教学与教辅的结合，在语言描述上力求准确、清晰，适合各高等院校电气信息类专业学生使用。

机械工业出版社

前　言

　　单片微型计算机简称单片机，是典型的嵌入式微控制器。单片机具有集成度高、功能强、结构简单、易于掌握、应用灵活、可靠性高、价格低廉等优点，在工业控制、机电一体化、通信终端、智能仪表、家用电器等诸多领域中得到了广泛应用，已成为传统机电设备进化为智能化机电设备的重要手段。因此高等理工科院校师生和工程技术人员了解和掌握单片机的原理和应用技术是十分必要的。

　　本书以单片机经典体系结构的 MSC-51 系列为背景机，较系统地介绍了单片机的发展概况和基本结构、工作原理、基本系统、指令系统、汇编语言程序设计、单片机的 C 语言程序开发与调试、并行扩展和串行扩展方法、人机接口，以及片内资源丰富的高速 SOC 单片机 C8051F。为了便于电路设计、程序开发及仿真软件操作能力的培养，更新了 Keil IDE μVision5 集成开发环境及 EDA 工具软件 Proteus 的使用介绍。

　　为便于读者自学和教学，本书配套有微课视频、电子课件等教学资源，每章都附有习题，以供课后练习。

　　本书第 1 章和第 10 章由潘天红、赵德安、孙月平共同编写，第 2、7 章由盛占石编写，第 3、6 章由赵德安编写，第 4 章由周重益、赵文祥共同编写，第 5 章由周重益编写，第 8 章由张建生编写，第 9 章由孙月平、王伟共同编写，第 11 章主要由鲍可进编写，C8051F 应用系统设计实例由秦云编写。全书由赵德安和孙月平统一整理。李金伴教授认真审阅了部分书稿，提出了指导性的建议和中肯的意见。

　　在编写过程中，我们参考了有关书刊、资料，在此对有关作者一并表示感谢。

　　由于编者水平有限，书中不妥之处在所难免，恳请读者批评指正。

编　者

目　　录

1.1　单片机的发展概况

1946 年第一台电子计算机的诞生，引发了一场数字化的技术革命。如果说计算机的出现是为解决日益复杂的计算问题，那么随着大规模集成电路技术的不断进步，一方面微处理器由 8 位向 16 位、32 位甚至 64 位发展，再配以存储器和外围设备构成微型计算机（PC），在办公自动化方面得到广泛应用；另一方面将微处理器、存储器和外围设备集成到一块芯片上形成单片机（Single chip Microcomputer），在控制领域大显身手。这种嵌入各种智能化产品之中的单片机又称为嵌入式微控制器（Embedded Microcontroller）。

教学视频 1-1

1.1.1　单片机的发展历史

单片机的发展可以分为三个阶段。

20 世纪 70 年代为单片机发展的初级阶段。以 Intel 公司的 MCS-48 系列单片机为典型代表，在一块芯片内含有 CPU、并行口、定时器、RAM 和 ROM 存储器，这是一种真正的单片机。这个阶段的单片机因受集成电路技术的限制，其 CPU 指令系统功能相对较弱、存储器容量小、I/O 部件种类和数量少，只能用在比较简单的场合，而且价格相对较高，单片机的应用未引起足够的重视。

20 世纪 80 年代为高性能单片机的发展阶段。以 Intel 公司的 MCS-5l、MCS-96 系列单片机为典型代表，出现了不少 8 位或 16 位的单片机，这些单片机的 CPU 和指令系统功能增强，存储器容量显著增加，外围 I/O 部件品种多、数量大，有的包含了 A-D 之类的特殊 I/O 部件。单片机应用得到了推广，典型单片机开始应用到各个领域。

20 世纪 90 年代至今为单片机的高速发展阶段。世界上著名的半导体厂商都重视新型单片机的研制、生产和推广。单片机性能不断完善，性能价格比显著提高，种类和型号快速增加。从性能和用途上看，单片机正朝着面向多层次用户的多品种、多规格方向发展，哪一个应用领域前景广阔，就有这个领域的特殊单片机出现。既有特别高档的单片机，用于高级家用电器、掌上计算机，以及复杂的实时控制系统等领域，又有特别廉价、超小型、低功耗单片机，应用于智能玩具等消费类应用领域。对单片机应用的技术人员来说，单片机在选择上有了更大的自由度。

1.1.2　典型的单片机产品

本节将介绍世界上一些著名的半导体厂商典型的单片机产品，以使读者对目前的单片机产品有个大概的了解，在开发单片机应用系统时，为读者选择单片机提供参考。

1. Intel 公司的单片机

Intel（英特尔）公司是最早推出单片机的大公司之一，其产品有 MCS-48、MCS-51 和 MCS-96 三大系列几十个型号的单片机。目前 Intel 公司已不再推出新品种的单片机，但 Intel 公司 MCS-51 系列单片机的结构为其他一些大公司所采纳，它们推出了许多适用于不同场合的新型 51 系列单片机，使这个系列的单片机仍被广泛应用。

2. ATMEL 公司的单片机

ATMEL（爱特梅尔）公司生产的具有 8051 结构的 Flash 型和 EEPROM 型单片机（尤其是 89C51 和 89C52），由于和 Intel 的 MCS-51 系列单片机中典型产品完全兼容，开发和使用简便，在我国得到了广泛的应用。1997 年，ATMEL 公司推出了全新配置的精简指令集（RISC）的 AVR 单片机，由于 AVR 单片机优良的性能，在越来越多的领域得到应用。2016 年被美国芯片制造商微芯科技（Microchip Technology）收购。

3. Cygnal 公司的单片机

Cygnal（新华龙）公司是一家总部设在美国得克萨斯州的半导体公司，该公司于 2003 年并入 Silicon Laboratories 公司，后者更新原有的单片机结构，设计具有自主知识产权的 CIP-51 内核的新 C8051F 系列单片机，集成了丰富的模拟和数字外设，采用流水线结构，70% 的指令执行时间为 1 或 2 个系统时钟周期，是标准 8051 指令执行速度的 12 倍；其峰值执行速度可达 100MIPS（C8051F120 等），是目前世界上速度最快的 8 位单片机。新华龙公司于 2003 年并入 Silicon Lab 公司。

4. Freescale 公司的单片机

Freescale（飞思卡尔）是全球十大半导体厂商之一，也是最大的汽车和通信产业嵌入芯片制造商。2004 年，飞思卡尔从摩托罗拉公司剥离出来。飞思卡尔的 8 位单片机产品主要包括 RS08、HC08 和 HCS08 系列。飞思卡尔的 16 位单片机产品主要包括 S12、S12C、S12HZ、S12R、S12X、S12XB、S12XD、S12XE、S12XF、S12XH、S12XS、S12Q 和 56F8000 系列。飞思卡尔的 32 位处理器主要包括 Power Architecture、68K/ColdFire、ARM® 和 MCORE 处理器。2015 年飞思卡尔（Freescale）与恩智浦（NXP）合并。

5. NXP 公司的单片机

NXP（恩智浦）是全球十大半导体公司之一，创立于 2006 年，其前身由飞利浦于 50 多年前创立。NXP 公司的 8 位单片机 51LPC 是基于 80C51 内核的单片机，嵌入了掉电检测、模拟以及片内 RC 振荡器等功能。NXP 公司的 32 位 LPC 系列单片机是基于 ARM 内核的单片机。恩智浦单片机在汽车、医疗、工业、个人消费电子等领域被广泛应用。2015 年恩智浦与飞思卡尔合并。

6. Microchip 公司的单片机

Microchip（微芯）公司有 12 位程序存储器的低档单片机、14 位程序存储器的中档单片机、16 位程序存储器的高档单片机和新推出的 PIC32MX 系列高性能 32 位单片机。Microchip 公司的 PIC 单片机品种丰富，在各类电子产品中被广泛应用。

7. TOSHIBA 公司的单片机

TOSHIBA（东芝）公司有 TLCS-470 系列 4 位单片机，TLCS870、TLCS870/X、TLCS870/C、TLCS-90 系列 8 位单片机和 TLCS-900 系列 16/32 位单片机。这些单片机不但 CPU 和指令系统的功能强大，而且片内外围部件丰富，提供汇编语言和 C-Like 语言的软件开发手段。随着 TOSHIBA 单片机开发工具的国产化和开发成本的降低，TOSHIBA 单片机在我国有很广的应用前景。目前已提供 TLCS-870 系列国产的单片机开发工具——STF870A，可开发该系列的多种型号的产品。TOSHIBA 公司的单片机可广泛应用于工业控制、家用电路、仪器仪表等领域。

8. Renesas 公司的单片机

Renesas（瑞萨）电子由 NEC 电子、日立制作所、三菱电机的半导体部门合并而成，瑞萨的 4 位单片机产品主要包括 H4、720 系列。瑞萨的 8 位单片机产品主要包括 H8、78K0、740 系列。瑞萨的 16 位单片机产品主要包括 H8S、RL78、R8C、M16C 系列。瑞萨的 32 位单片机产品主要包括 H8SX、SH2、M32、RX21A 系列。瑞萨是 MCU 市场占有率位居全球第一的企业，业务范围涵盖移动通信、数码家电和汽车电子三大领域。

9. Infineon 公司的单片机

Infineon（英飞凌）公司于 1999 年在德国慕尼黑正式成立，是全球知名的半导体公司之一。其前身是西门子集团的半导体部门，2002 年后更名为英飞凌科技。英飞凌单片机从 8 位 XC800 系列、16 位 XC166 系列到 32 位 TriCoreTM 系列都集成了专为不同类型电机控制设计的高性能硬件单元，可以很好地解决从低端到高端的需要。

10. NS 公司的单片机

NS（美国国家半导体公司）有 COP4 系列 4 位单片机、COP8 系列 8 位单片机、HPC 系列 16 位单片机，其中 COP8 系列是 NS 公司的主要产品。COP8 是面向控制的 8 位单片机，该系列品种齐全，应用范围广，根据应用对象的不同可以分为特色型、基本型和新型三大种类。2011 年美国国家半导体公司（NS）被德州仪器（NI）收购。

11. Samsung 公司的单片机

Samsung Electronics（三星电子）成立于 1969 年，三星单片机有 KS51 和 KS57 系列 4 位单片机、KS86 和 KS88 系列 8 位单片机、KS17 系列 16 位单片机和 KS32 系列 32 位单片机。三星电子在 4 位机上采用 NEC 的技术，8 位机上引进 Zilog 公司 Z8 的技术，在 32 位机上购买了 ARM7 内核，还有 DEC、TOSHIBA 技术等。其单片机裸片的价格相当有竞争力。

12. TI 公司的单片机

德州仪器（Texas Instruments，TI），是全球知名的半导体公司，TI 公司有 TMS370 的 8 位单片机、MSP430 系列的 16 位单片机，以及 2000/5000/6000 系列的 DSP（数字信号处理器）；最近 TI 公司采用 ARM 内核，推出了 OMAP 等系列处理器，不同系列的微控制器有不同的适用场合。

13. Fujitsu 公司的单片机

Fujitsu（富士通）成立于 1935 年，富士通 8 位单片机有 8L 和 8FX 两个系列，主要应用于空调、洗衣机、冰箱、电表、小家电、汽车电子等领域；16 位主流单片机有 MB90F387、MB90F462、MB90F548、MB90F428 等，适用于电梯、汽车电子车身控制及工业控制等领域；32 位单片机采用 RISC 结构，主要产品有 MB91101A、MB91F362GA 和 MB91F364GA，适用于 POS 机、银行税控打印机、电力及工业控制等场合。

14. ARM 系列单片机

ARM（Advanced RISC Machines）公司是微处理器行业的一家知名企业，设计了大量高性能、廉价、耗能低的 RISC（精简指令集计算机）处理器、相关技术及软件。ARM 架构是面向低预算市场设计的第一款 RISC 微处理器，基本是 32 位单片机的行业标准。ARM 公司本身不直接从事芯片生产，而是作为知识产权供应商来转让设计许可，由合作公司生产各具特色的芯片。目前，全世界有几十家大型半导体公司从 ARM 公司购买其设计的 ARM 微处理器核，根据各自不同的应用领域，加入适当的外围电路，从而生产出具有自己特色的 ARM 单片机。

ARM 系列单片机与普通单片机的主要区别体现在以下几个方面。

（1）速度快

ARM 单片机主频一般较高，执行一条指令所用时间较短；ARM 具有指令流水线，可以多条指令并行执行；ARM 的 32 位运算单元，执行与普通单片机相同的运算时所用的指令数目更少。以上的几个因素使得 ARM 单片机比普通单片机快得多。

（2）存储器容量大

ARM 单片机采用 32 位总线，最多可配置 4 GB 容量的存储器；ARM 单片机的大容量存储器可以存放大量的数据和程序，ARM 单片机特别适合具有复杂功能的嵌入式系统。

（3）外部通信接口丰富

ARM 单片机的通信接口要比普通单片机丰富得多，有 UART、USB、Ethernet、CAN、SPI 和 I²C 等通信接口，可以满足嵌入式系统通信多样化的要求。

（4）有许多第三方的软件支持

随着 ARM 单片机在越来越多的嵌入式系统中得到应用，许多软件公司纷纷推出基于 ARM 单片机的操作系统，如 Windows CE、Linux、VxWorks、μCOS-II 等都有了基于 ARM 的版本。操作系统的使用，大大减少了 ARM 嵌入式系统的软件开发成本，加快了产品的开发周期，降低了产品成本，提高了产品性能，使产品更具有竞争力。

目前，比较流行的 ARM 核有 ARM7TDMI、StrongARM、ARM720T、ARM9TDMI、ARM922T、ARM940T、RM946T、ARM966T 和 ARM10TDMI 等。在中国，Philips、Atmel、Samsung 等公司做了大量 ARM 单片机的技术推广工作，有较强的技术支持机构，因而这几家公司的 ARM 单片机产品也得到了比较多的应用。

15. DSP 系列单片机

DSP（Digital Signal Processor）是数字信号处理器的简称。DSP 的起源是在 20 世纪六七十年代，DSP 微处理器当时主要应用于雷达、原油探勘、太空探索和医学影像等领域。现在来看 DSP 微处理器也是一种单片机，是一种运行速度高，擅长数字信号处理的单片机。随着微电子技术的发展，DSP 微处理器的外设功能不断增加，其在电机控制、通信等越来越多的领域发挥作用。

DSP 系列单片机与普通单片机的主要区别体现在以下几个方面。

（1）速度快

DSP 单片机主频一般较高，执行一条指令所用时间较短；DSP 具有指令流水线，可以多条指令并行执行；许多 DSP 单片机采用 32 位运算单元，执行运算时所用的指令数目比普通单片机的少。以上的几个因素使得 DSP 单片机比普通单片机快得多。

（2）具有适合数字信号处理的特殊指令

进行数字信号处理时，DSP 单片机需要做大量的乘法和累加运算；DSP 单片机专门的乘累加指令，使乘法和累加运算可以在一条指令中完成，大大提高了数字信号处理的效率。

（3）具有独特的寻址方式

进行数字信号处理时，需要对采集来的数据进行重新排序，DSP 单片机的"反比特"寻址方式使排序很容易实现，从而有很高的排序效率。

16. STC 系列单片机

中国深圳宏晶科技有限公司研发的 STC 系列单片机，是第一款具有全球竞争力的国产单片机。STC 系列单片机在指令系统上与 MCS-51 完全兼容，是新一代增强型单片机，具有运行速度快、抗干扰能力强、加密性能好的特点。STC 系列单片机增加了许多新的内部集成功能部件，如片内 A-D 转换器、可编程 PCA、同步串行 SPI、大规模片内 Flash 和 XRAM 存储器等，还增加了 IAP 在线仿真调试功能。宏晶公司还根据市场需求，在 STC89C51、STC89C52 的基础上，先后推出了 STC10、STC11、STC12 和 STC15 系列的单片机。

17. 其他公司的单片机

限于本书篇幅，除以上介绍的单片机外，尚有许多单片机未能列入，有兴趣的读者可查阅有关资料。

1.2　单片机的应用领域和应用方式

由于单片机具有体积小、重量轻、价格便宜、功耗低、控制功能强及运算速度快等特点，因而在国民经济建设、军事及家用电器等各个领域得到了广泛的应用，对各个行业的技术改造和产品的更新换代起着重要的推动作用。

1. 单片机在智能仪表中的应用

单片机广泛应用于实验室、交通运输工具、计量等各种仪器仪表之中，使仪器仪表智能化，提高它们的测量精度，加强其功能，简化仪器仪表的结构，使其便于使用、维护和改进。例如：电度表校验仪，电阻、电容、电感测量仪，船舶航行状态记录仪，烟叶水分测试器，智能超声波测厚仪等。

2. 单片机在机电一体化中的应用

机电一体化是机械工业发展的方向。机电一体化产品是指集机械技术、微电子技术、自动化技术和计算机技术于一体，具有智能化特征的机电产品。例如：微机控制的铣床、车床、钻床、磨床等。单片微型机的出现促进了机电一体化，它作为机电产品中的控制器，能充分发挥体积小、可靠性高、功能强、安装方便等优点，大大强化了机器的功能，提高了机器的自动化、智能化程度。

3. 单片机在实时控制中的应用

单片机也广泛地用于各种实时控制系统中，如对工业上各种窑炉的温度、酸度、化学成分的测量和控制。测量技术、自动控制技术和单片机技术的结合，能充分发挥数据处理和实时控制功能，使系统工作于最佳状态，提高系统的生产效率和产品的质量。在航空航天、通信、遥控、遥测等各种实时控制系统中都可以用单片机作为控制器。

4. 单片机在分布式多机系统中的应用

分布式多机系统具有功能强、可靠性高的特点。在比较复杂的系统中，都采用分布式多机系统。系统中有若干台功能各异的计算机，各自完成特定的任务，它们又通过通信相互联系、协调工作。单片机在这种多机系统中，往往作为一个终端机，安装在系统的某些节点上，对现场信息进行实时测量和控制。高档的单片机多机通信（并行或串行）功能很强，在分布式多机系统中将发挥很大作用。

5. 单片机在家用电器等消费类领域中的应用

家用电器等消费类领域的产品特点是量多面广，市场前景看好。单片机应用到消费类产品之中，能大大提高它们的性能价格比，提高产品在市场上的竞争力。目前家用电器几乎都是由单片机控制的，例如：空调、冰箱、洗衣机、微波炉、电视、音响等。

1.3　习题

1. 单片机内部至少应包含哪些部件？
2. 根据程序存储器的差别，单片机可以分为哪几种类型？
3. 单片机的主要特点是什么？它适宜构成通用微机系统还是专用微机系统？为什么？
4. 研制微机应用系统时，如何选择单片机的型号？
5. 单片机主要应用于哪些领域？
6. ARM 系列单片机与普通单片机的主要区别是什么？
7. STC 系列单片机的生产厂家是哪家？STC 系列单片机有什么特点？

2.1 MCS-51 系列单片机总体结构

自 20 世纪 80 年代初 Intel 公司推出 MCS-51 系列单片机以后，世界上许多著名的半导体厂商相继生产和这个系列兼容的单片机，使产品型号不断增加、品种不断丰富、功能不断增强。从系统结构上看，所有的 51 系列单片机都是以 Intel 公司最早的典型产品 8051 为核心，增加了一定的功能部件后构成的。下面以 8051 为主，阐述 MCS-51 系列单片机的系统结构、工作原理和应用中的一些技术性问题，使读者对 MCS-51 单片机有一个大概的了解。

教学视频 2-1

2.1.1 MCS-51 单片机的引脚描述

HMOS 制造工艺的 8051 是 MCS-51 系列单片机的典型产品，其采用 40 引脚的双列直插封装（DIP 方式），图 2-1 是它的引脚图。按引脚功能，这些引脚可分为 4 类。

1. 电源引脚 V_{CC} 和 V_{SS}（共 2 根）

V_{CC}（40 脚）：接 +5 V 电压。

V_{SS}（20 脚）：接地。

2. 外接晶振引脚 XTAL1 和 XTAL2（共 2 根）

XTAL1（19 脚）和 XTAL2（18 脚）引脚接外部振荡器的信号，即把外部振荡器的信号直接连到内部时钟发生器的输入端。

3. 控制和复位引脚 ALE、$\overline{PSEN}$、$\overline{EA}$ 和 RST（共 4 根）

ALE（30 脚）：当访问外部存储器时，ALE（允许地址锁存）的输出用于锁存地址的低位字节。即使不访问外部存储器，ALE 端仍以不变的频率周期性地出现正脉冲信号，此频率为振荡器频率的 1/6。它可用作对外输出的时钟，或用于定时。需要注意的是，每当访问外部数据存储器时，将跳过一个 ALE 脉冲。ALE 端可以驱动（吸收或输出电流）8 个 TTL 门电路。

$\overline{PSEN}$（29 脚）：此引脚的输出是外部程序存储器的读选通信号。在从外部程序存储器取指令（或常数）期间，每个机器周期两次 $\overline{PSEN}$ 有效。但在此期间，每当访问外部数据存储器时，这两次有效的

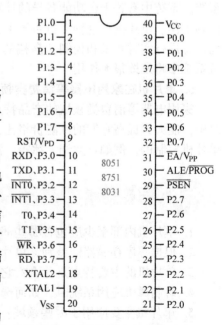

图 2-1　MCS-51 单片机引脚图

$\overline{PSEN}$信号将不出现。$\overline{PSEN}$同样可以驱动 8 个 TTL 门电路。

$\overline{EA}$ （31 脚）：当$\overline{EA}$端保持高电平时，访问内部程序存储器，但在 PC （程序计数器）值超过片内程序存储器容量（8051 为 4KB）时，将自动转向执行外部程序存储器。当$\overline{EA}$保持低电平时，只访问外部程序存储器，不管是否有内部程序存储器。对于 8031 来说，其无内部程序存储器，所以$\overline{EA}$脚必须常接地，这样才能选择外部程序存储器。单片机只在复位期间采样$\overline{EA}$脚的电平，复位结束以后$\overline{EA}$脚的电平对程序存储器的访问没有影响。

RST （9 脚）：当振荡器运行时，在此引脚上出现两个机器周期的高电平将使单片机复位。建议在此引脚与 V_{SS} 引脚之间连接一个约 8.2 kΩ 的下拉电阻，与 V_{CC} 引脚之间连接一个约 10 μF 的电容，以保证可靠复位。图 2-2a 为无手动复位功能的 MCS-51 单片机复位电路原理图，图 2-2b 为具有手动复位功能的 MCS-51 单片机复位电路原理图。

4. 输入/输出 （I/O） 引脚 P0、P1、P2、P3 （共 32 根）

P0 口 （32 脚~39 脚）：是双向 8 位三态 I/O 口，在外接存储器时，与地

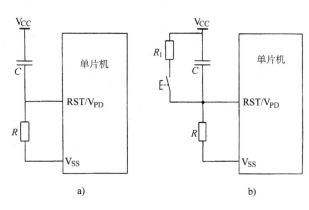

图 2-2 MCS-51 单片机复位电路原理图
a）无手动复位功能 b）有手动复位功能

址总线的低 8 位及数据总线复用，能以吸收电流的方式驱动 8 个 TTL 负载。

P1 口 （1 脚~8 脚）：是 8 位准双向 I/O 口。由于这种接口输出没有高阻状态，输入也不能锁存，故不是真正的双向 I/O 口。P1 口能驱动（吸收或输出电流）4 个 TTL 负载。对 8052、8032 来讲，P1.0 引脚的第二功能为定时/计数器 T2 的外部输入，P1.1 引脚的第二功能为捕捉、重装触发 T2EX，即 T2 的外部控制端。

P2 口 （21 脚~28 脚）：是 8 位准双向 I/O 口。在访问外部存储器时，它可以作为高 8 位地址总线送出高 8 位地址。P2 可以驱动（吸收或输出电流）4 个 TTL 负载。

P3 口 （10 脚~17 脚）：是 8 位准双向 I/O 口，在 MCS-51 中，这 8 个引脚除用于普通输入、输出外，还可用于专门功能，它是一个复用双功能口。P3 能驱动（吸收或输出电流）4 个 TTL 负载。P3 口作为第一功能使用时，即作为普通 I/O 口用，功能和操作方法与 P1 口相同。作为第二功能使用时，各引脚的定义见表 2-1。值得强调的是，P3 口的每一条引脚均可独立定义为第一功能的输入/输出或第二功能。

表 2-1 P3 口第二功能表

引　脚	第二功能
P3.0	RXD （串行口输入端）
P3.1	TXD （串行口输出端）
P3.2	$\overline{INT0}$ （外部中断 0 请求输入端，低电平有效）
P3.3	$\overline{INT1}$ （外部中断 1 请求输入端，低电平有效）
P3.4	T0 （定时器/计数器 0 计数脉冲输入端）
P3.5	T1 （定时器/计数器 1 计数脉冲输入端）
P3.6	$\overline{WR}$ （外部数据存储器写选通信号输出端，低电平有效）
P3.7	$\overline{RD}$ （外部数据存储器读选通信号输出端，低电平有效）

2.1.2 MCS-51 单片机的硬件资源

MCS-51 单片机的内部硬件资源如图 2-3 所示。

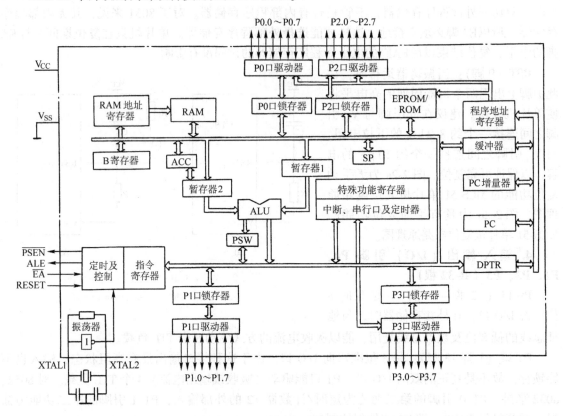

图 2-3 MCS-51 单片机内部硬件资源

1. MCS-51 的内部程序存储器（ROM）和内部数据存储器（RAM）

MCS-51 系列中的 8051 单片机内部有 4 KB 的程序存储器，地址范围为 0000H~0FFFH。当单片机的$\overline{EA}$引脚为高电平时，程序存储器空间的 0000H~0FFFH 在单片机的内部，1000H~FFFFH 在单片机的外部。8051 单片机的内部有 128B 的数据存储器，地址范围为 00H~7FH（8052 内部有 256B，地址范围为 00H~FFH，其中 80H~FFH 单元只能用寄存器间接寻址访问）。

8051、80C51、8052、80C52 等芯片带有 4~8 KB 的掩膜 ROM，由半导体厂家在芯片生产过程中，将用户的应用程序代码通过掩膜工艺制作到 ROM 中。其应用程序只能委托半导体厂家"写入"，一旦写入后不能修改。8751、87C51、8752 等芯片带有 4~8 KB 字节的 EPROM，带有透明窗口，可通过紫外线擦除存储器中的程序代码，应用程序可通过专门的编程器写入单片机中，需要更改时可擦除重新写入。8951、89C31、8932 等芯片带有 4~8 KB 字节的 EEP-ROM，可直接通过编程器修改存储器中的程序代码。8031、80C31、8032，此类芯片片内无 ROM，使用时必须在外部并行扩展程序存储器芯片。

2. MCS-51 的特殊功能寄存器

MCS-51 单片机内部 80H~FFH 地址为特殊功能寄存器区。单片机的输入/输出端口、计数器/定时器、串行通信口、累加器以及一些控制寄存器等都位于这个地址空间。特殊功能寄存器实际只占用了 80H~FFH 地址中的一部分，其余部分地址保留未用。MCS-51 单片机各种型号间的差别就在于特殊功能寄存器数量的多少。

3. 中断与堆栈

MCS-51 有 5 个中断源（对 8032/8052 为 6 个），分别为外部中断 0、外部中断 1、时钟中断 0、时钟中断 1 和串行通信中断（对 8032/8052 还有时钟中断 2），这些中断分为两个优先级，每个中断源的优先级都是可编程的。MCS-51 的堆栈位于单片机的内部数据存储器中，MCS-51 的堆栈是一个向上增长的后进先出的存储空间，主要用于保存中断返回地址和子程序调用返回地址（由硬件自动保存），也可用指令进行堆栈数据的存取操作。

4. 定时/计数器与寄存器区

MCS-51 子系列有两个 16 位定时/计数器，通过编程可以实现 4 种工作模式。MCS-52 子系列则有 3 个 16 位定时/计数器。MCS-51 在内部 RAM 中开设了 4 个通用工作寄存器区，共 32 个通用寄存器，以适应多种中断或子程序嵌套的要求。

5. 指令系统

MCS-51 有一套功能齐全的指令系统。指令系统中有加、减、乘、除等算术运算指令，逻辑运算指令，位操作指令，数据传送指令及多种程序转移指令。这些指令为编程提供了极大的方便。当振荡器频率为 12 MHz 时，大部分指令执行时间为 1 μs，少部分为 2 μs，乘除指令的执行时间也只有 4 μs。

6. 布尔处理器

值得注意的是，MCS-51 的布尔处理器实际上是一个完整的一位微机。这个一位微机有自己的 CPU、位寄存器、I/O 口和指令集（对于 MCS-51 是一个指令子集）。把八位微机和一位微机结合在一起是微机技术上的一个突破。一位微机在开关决策、逻辑电路仿真和实时测控方面非常有效，而八位微机在运算处理、智能仪表常用的数据采集方面有明显的长处。在 MCS-51 系列单片机中八位微机和一位微机（布尔处理器）的硬件资源是复合在一起的，二者相辅相成，这是 MCS-51 在设计上的精美之处，也是一般微机所不具备的。

MCS-51 的这些优良特性和较好的性能价格比就是它能迅速在我国得到广泛应用的原因。

2.1.3 MCS-51 单片机的片外总线结构

当 MCS-51 单片机系统需要外扩程序存储器、数据存储器或输入/输出端口时，外部芯片需要单片机为其提供地址总线、数据总线和控制总线。这些总线和单片机内的 I/O 口线一起构成了单片机的片外总线。图 2-4 为单片机的片外总线结构，由图可知，MCS-51 单片机的许多 I/O 口线用于外部扩展的地址总线、数据总线和控制总线，不能都当作用户 I/O 口线。只有8051/8751 等内部有程序存储器的单片机，在外部不扩展芯片的情况下，P0、P1、P2、P3 口才可都作为用户的 I/O 口线使用；否

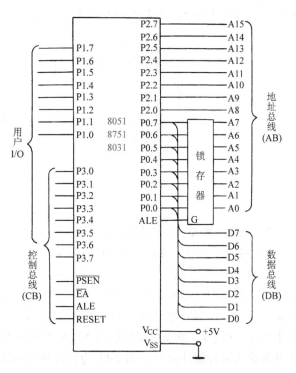

图 2-4　MCS-51 单片机的片外总线结构

则只有 P1 口，以及部分作为第一功能使用的 P3 口可作为用户的 I/O 口线使用。

我们也可以看到，单片机的引脚除了电源、复位、时钟和用户 I/O 口外，其余引脚都是为实现系统扩展而设置的。这些引脚构成了 MCS-51 单片机片外三总线结构。

1）地址总线（AB）。地址总线宽度为 16 位，可访问 64 KB 的外部程序存储器和 64 KB 的外部数据存储器。低 8 位地址总线（A0~A7）由 P0 口经地址锁存器提供，高 8 位地址总线（A8~A15）直接由 P2 口提供。

2）数据总线（DB）。数据总线宽度为 8 位，由 P0 口提供。

3）控制总线（CB）。由 P3 口的第二功能状态和 4 根独立控制线 RESET、$\overline{\text{EA}}$、ALE 和 $\overline{\text{PSEN}}$ 组成。

2.2 MCS-51 单片机的时钟电路及 CPU 的工作时序

2.2.1 时钟电路

1. NMOS 型单片机时钟电路

时钟电路是单片机的心脏，它控制着单片机的工作节奏。MCS-51 单片机允许的时钟频率因型号而异，典型值为 12 MHz。图 2-5a 是 NMOS 型单片机的时钟电路内部结构图，由图可见，时钟电路是一个反相放大器，XTAL1、XTAL2 分别为反相放大器输入和输出端，外接晶振（或陶瓷谐振器）和电容组成振荡器。振荡器产生的时钟频率主要由晶振的频率决定，电容 C_1 和 C_2 的作用有两个：其一是使振荡器起振，其二是对振荡器的频率 f 起微调作用（C_1、C_2 变大，f 变小），其典型值为 30 pF。振荡器在加电以后约 10 ms 开始起振，XTAL2 输出 3 V 左右的正弦波。振荡器产生的时钟脉冲送至单片机内部的各个部件。NMOS 型单片机也可以不使用内部时钟电路，直接从外部输入时钟脉冲，图 2-5b 是从外部直接输入时钟的电路图。

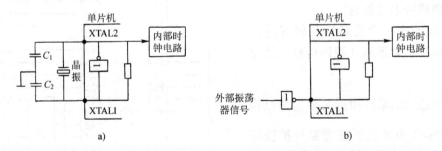

图 2-5 NMOS 型单片机的时钟电路原理图

a）时钟电路内部结构图 b）从外部直接输入时钟脉冲的电路图

2. CMOS 型单片机时钟电路

CMOS 型单片机（如 80C51BH）内部有一个可控的反相放大器，外接晶振（或陶瓷谐振器）和电容组成振荡器，图 2-6a 为 CMOS 型单片机时钟电路图。振荡器工作受 $\overline{\text{PD}}$ 端控制，由软件置"1" PD（即特殊功能寄存器 PCON.1），使 $\overline{\text{PD}}=0$，振荡器停止工作，整个单片机也停止工作，以达到节电目的。清零 PD，使振荡器工作产生时钟脉冲信号，单片机便正常运作。图中晶振、C_1、C_2 的作用和取值与 NMOS 型单片机时钟电路相同。CMOS 型单片机也可以直接从外部输入时钟脉冲信号，图 2-6b 为直接从外部输入时钟脉冲或信号的电路图。

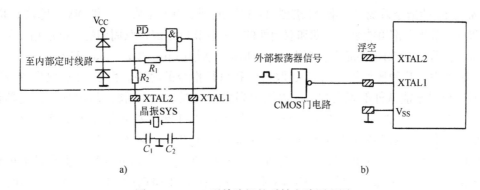

图 2-6 CMOS 型单片机的时钟电路原理图

a）CMOS 型单片机时钟原理图 b）直接从外部输入时钟脉冲或信号的电路图

2.2.2 CPU 的工作时序

一条指令可以分解为若干基本的微操作，而这些微操作所对应的脉冲信号，在时间上有严格的先后次序，这些次序就是单片机的时序。时序是非常重要的概念，它指明单片机内部以及内部与外部互相联系所遵守的规律。因此，首先简要介绍有关的几个常用概念，以便后面正确地理解指令系统。图 2-7 表明了各种周期的相互关系。

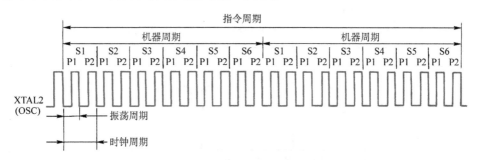

图 2-7 MCS-51 单片机各种周期的相互关系

1）振荡周期：是指为单片机提供定时信号的振荡源 OSC 的周期。

2）状态周期：又称 S 周期。状态周期是振荡周期的两倍，状态周期被分成两个节拍，即 P1 节拍和 P2 节拍。在每个时钟的前半周期，P1 信号有效，这时通常完成算术逻辑操作；在每个时钟的后半周期，P2 信号有效，内部寄存器与寄存器间的传输一般在此状态发生。

3）机器周期：一个机器周期由 6 个状态（S1、S2、…、S6）组成，即 6 个状态周期，12 个振荡周期。可依次表示为 S1P1、S1P2、S2P1、S2P2、…、S6P1、S6P2，共 12 个节拍，每个节拍持续一个振荡周期，每个状态持续两个振荡周期。可以用机器周期把一条指令划分成若干个阶段，每个机器周期完成某些规定操作。

4）指令周期：是指执行一条指令所占用的全部时间，一个指令周期通常含有 1~4 个机器周期（依指令类型而定）。

若外接晶振为 12 MHz 时，MCS-51 单片机的 4 个周期的具体值如下。

振荡周期 = 1/12 μs。

状态周期 = 1/6 μs。

机器周期 = 1 μs。

指令周期 = 1~4 μs。

　　在 MCS-51 的指令系统中，指令长度为 1~3 字节，除 MUL（乘法）和 DIV（除法）指令外，单字节和双字节指令都可能是单周期和双周期的，3 字节指令都是双周期的，乘法指令为 4 周期指令。所以，若用 12 MHz 的晶振，则指令执行时间分别为 1 μs、2 μs、3 μs 和 4 μs。

　　图 2-8 列举了几种典型指令的 CPU 取指令和执行指令的时序。由于 CPU 取出指令和执行指令的时序信号不能从外部观察到，所以图中列出了 XTAL2（18 脚）端出现的振荡器信号和芯片 ALE（30 脚）端的信号做参考。ALE 信号为 MCS-51 单片机扩展系统的外部存储器地址低 8 位的锁存信号，在访问程序存储器的机器周期内 ALE 信号两次有效，第一次发生在 S1P2 和 S2P1 期间，第二次在 S4P2 和 S5P1 期间，如图 2-8 所示。在访问外部数据存储器的机器周期内，ALE 信号一次有效，即执行 MOVX 指令时，在第 2 周期的 S1P2 至 S2P1 期间不产生 ALE 信号，因此 ALE 的频率是不稳定的。所以，当把 ALE 引脚作为时钟输出时，在 CPU 执行 MOVX 指令时，会丢失一个脉冲，这一点应特别注意。图 2-8 中的 ALE 信号只是一般的情况，仅作参考。

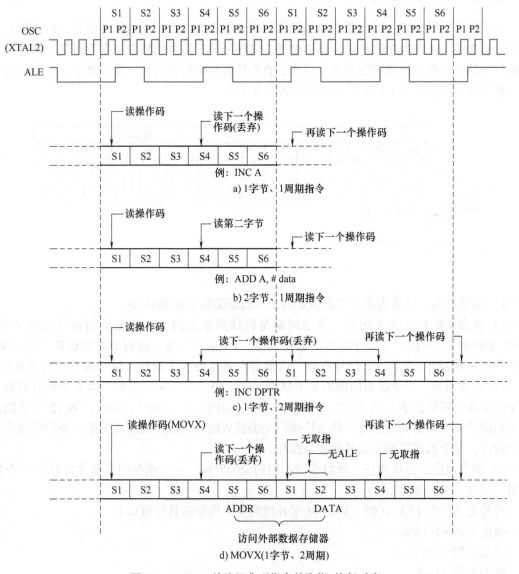

图 2-8　MCS-51 单片机典型指令的取指/执行时序

对于单周期指令，从 S1P2 开始执行指令，这时操作码被锁存到指令寄存器内。如果是双字节指令，则在同一机器周期的 S4P2 读入第二个字节。如果是单字节指令，在 S4P2 仍旧有读操作，但被读进来的字节（应是下一个指令的操作码）是不予考虑的，并且程序计数器不加 1。图 2-8a 和 b 分别表示单字节单周期和双字节单周期指令的时序。在任何情况下，这两类指令都会在 S6P2 结束时完成操作。

图 2-8c 表示单字节双周期指令的时序，在两个机器周期内发生 4 次读操作码的操作，但由于是单字节指令，所以，后 3 次读操作都是无效的。另外，比较特殊的是 MUL（乘法）和 DIV（除法）指令是单字节 4 周期的。

图 2-8d 表示访问外部数据存储器指令 MOVX 的时序，这是一条单字节双周期指令。一般情况下，两个指令码字节在一个机器周期内从程序存储器取出，而在 MOVX 执行期间，少执行两次取指操作。在第 1 机器周期 S5 开始时，送出外部数据存储器地址，随后读或写数据。读写期间 ALE 端不输出有效信号（这就是上面提到的为什么 CPU 执行 MOVX 指令时，会丢失一个 ALE 脉冲），在第 2 机器周期，即外部数据存储器已被寻址和选通后，也不产生取指操作。

2.3　MCS-51 单片机存储器分类及配置

MCS-51 单片机存储器从物理结构上可分为片内、片外程序存储器（8031 和 8032 没有片内程序存储器）与片内、片外数据存储器 4 个部分；从寻址空间分布可分为程序存储器、内部数据存储器和外部数据存储器 3 个部分；从功能上可分为程序存储器、内部数据存储器、特殊功能寄存器、位地址空间和外部数据存储器 5 个部分。图 2-9 是 MCS-51 单片机存储器空间结构图。图 2-9a 是程序存储器，图 2-9b 是内部数据存储器，图 2-9c 是外部数据存储器。

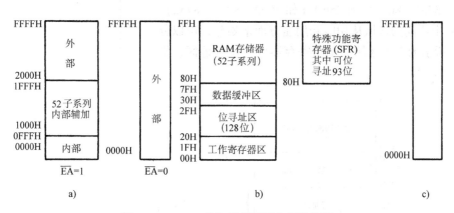

图 2-9　MCS-51 单片机存储器空间结构图
a）程序存储器　b）内部数据存储器　c）外部数据存储器

MCS-51 系列单片机有以下 5 个独立的存储空间。

1）64 KB 程序存储器空间（0~0FFFFH）。

2）256B 内部 RAM 空间（0~0FFH）。

3）128B 内部特殊功能寄存器空间（80~0FFH）。

4）位寻址空间（0~0FFH）。

5）64 KB 外部数据存储器（RAM/IO）空间（0~0FFFFH）。

2.3.1 程序存储器

MCS-51 的程序存储器空间为 64 KB，其地址指针为 16 位的程序计数器 PC。0 开始的部分程序存储器（4 KB、8 KB、16 KB、……）可以在单片机的内部也可以在单片机的外部，这取决于单片机的类型，并由单片机的输入引脚$\overline{EA}$的电平所控制。若单片机内部有程序存储器（如定制 8051 或 8751），则单片机的$\overline{EA}$引脚必须接 V_{CC}（+5 V），程序计数器 PC 的值在 0～0FFFH 之间时，CPU 取指令时访问内部的程序存储器；PC 值大于 0FFFH 时，则访问外部的程序存储器。如果$\overline{EA}$接 V_{SS}（地），则内部的程序存储器被忽略，CPU 总是从外部的程序存储器中取指令。单片机外部扩展的程序存储器一般为 EPROM 电路（紫外线可擦除电可编程的只读存储器）。MCS-51 的引脚$\overline{PSEN}$输出外部程序存储器的读选通信号，仅当 CPU 访问外部程序存储器时，$\overline{PSEN}$才有效（输出负脉冲）。对于内部没有程序存储器的单片机（如 8031、8032）必须外接程序存储器，引脚$\overline{EA}$必须接地。

MCS-51 复位以后，程序计数器 PC 为 0，CPU 从地址 0 开始执行程序，即复位入口地址为 0。另外，MCS-51 的中断入口也是固定的，程序存储器地址 0003H、000BH、0013H、001BH 和 0023H 单元为中断入口，MCS-51 的中断源数目是因型号而异的，中断入口也有多有少，但总是从地址 3 开始，每隔 8B 安排一个中断入口，如图 2-10 所示。

2.3.2 数据存储器

MCS-51 内部数据存储器空间为 256B，但实际提供给用户使用的 RAM 容量也是随型号而变化的，一般为 128B（如 8051、8751、8031）或 256B（如 8052、8032、8752）。内部 RAM 中不同的区域从功能和用途方面来划分，可以分成图 2-11 所示的 3 个区域：工作寄存器区、位寻址区、堆栈或数据缓冲器区。

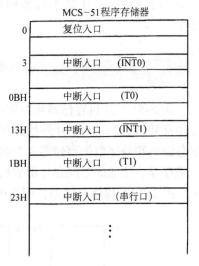

图 2-10 MCS-51 单片机的
复位入口和中断入口

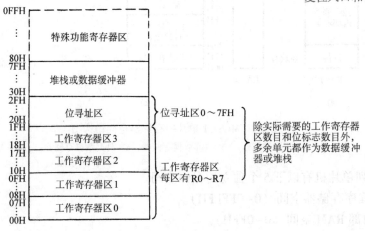

图 2-11 MCS-51 内部 RAM 功能划分

1. 工作寄存器区

内部 RAM 的 00H～1FH 区域为 4 组寄存器区，每个区有 8 个工作寄存器 R0～R7，寄存和 RAM 单元地址的对应关系见表 2-2。

CPU 当前使用的工作寄存器区是由程序状态字 PSW 的第三和第四位指示的，PSW 中这两位状态和所使用的寄存器对应关系见表 2-3。CPU 通过修改 PSW 中的 RS1、RS0 两位的状态，就能任选一个工作寄存器区。这个特点提高了 MCS-51 现场保护和现场恢复的速度。这对于提高 CPU 的工作效率和响应中断的速度是很有利的。若在一个实际的应用系统中，不需要 4 组工作寄存器，那么这个区域中多余单元可以作为一般的数据缓冲器使用。对于这部分 RAM，CPU 对它们的操作可视为工作寄存器（寄存器寻址），也可视为一般 RAM（直接寻址或寄存器间接寻址）。

表 2-2　寄存器和 RAM 地址映照表

工作寄存器区 0		工作寄存器区 1		工作寄存器区 2		工作寄存器区 3	
地址	寄存器	地址	寄存器	地址	寄存器	地址	寄存器
00H	R0	08H	R0	10H	R0	18H	R0
01H	R1	09H	R1	11H	R1	19H	R1
02H	R2	0AH	R2	12H	R2	1AH	R2
03H	R3	0BH	R3	13H	R3	1BH	R3
04H	R4	0CH	R4	14H	R4	1CH	R4
05H	R5	0DH	R5	15H	R5	1DH	R5
06H	R6	0EH	R6	16H	R6	1EH	R6
07H	R7	0FH	R7	17H	R7	1FH	R7

表 2-3　工作寄存器选择表

PSW.4（RS1）	PSW.3（RS0）	当前使用的工作寄存器区 R0~R7	PSW.4（RS1）	PSW.3（RS0）	当前使用的工作寄存器区 R0~R7
0	0	0 组（00H~07H）	1	0	2 组（10H~17H）
0	1	1 组（08H~0FH）	1	1	3 组（18H~1FH）

2. 位寻址区

MCS-51 的内部 RAM 中 20H~2FH 单元以及特殊功能寄存器中地址为 8 的倍数的特殊功能寄存器可以位寻址，它们构成了 MCS-51 的位存储器空间。这些 RAM 单元和特殊功能寄存器既有一个字节地址（8 位作为一个整体的地址），每一位又有 1 个位地址。表 2-4 列出了内部 RAM 中位寻址区的位地址编址，表 2-5 列出了基本的特殊功能寄存器中具有位寻址功能的位地址编址。内部 RAM 的 20H~2FH 位寻址区域，这 16 个单元的每一位都有一个位地址，它们占据位地址空间的 00H~7FH。这 16 个单元的每一位都可以视作一个软件触发器，用于存放各种程序标志、位控制变量。同样，位寻址区的 RAM 单元也可以作为一般的数据缓冲器使用。CPU 对这部分 RAM 既可以字节操作也可以位操作。MCS-51 内的布尔处理器，能对位地址空间中的位存储器直接寻址，对它们执行置"1"、清零、取反、测试等操作。布尔处理器的这种功能提供了把逻辑式（组合逻辑）直接变为软件的简单明了的方法。不需要过多的数据传送、字节屏蔽和测试分支树，就能实现复杂的组合逻辑功能。

表 2-4　内部 RAM 中位地址表

RAM 地址	D7	D6	D5	D4	D3	D2	D1	D0
20H	07	06	05	04	03	02	01	00
21H	0F	0E	0D	0C	0B	0A	09	08
22H	17	16	15	14	13	12	11	10
23H	1F	1E	1D	1C	1B	1A	19	18

（续）

RAM 地址	D7	D6	D5	D4	D3	D2	D1	D0
24H	27	26	25	24	23	22	21	20
25H	2F	2E	2D	2C	2B	2A	29	28
26H	37	36	35	34	33	32	31	30
27H	3F	3E	3D	3C	3B	3A	39	38
28H	47	46	45	44	43	42	41	40
29H	4F	4E	4D	4C	4B	4A	49	48
2AH	57	56	55	54	53	52	51	50
2BH	5F	5E	5D	5C	5B	5A	59	58
2CH	67	66	65	64	63	62	61	60
2DH	6F	6E	6D	6C	6B	6A	69	68
2EH	77	76	75	74	73	72	71	70
2FH	7F	7E	7D	7C	7B	7A	79	78

表 2-5　部分特殊功能寄存器地址映象

专用寄存器名称	符号	地址	位地址与位名称（功能）							
			D7	D6	D5	D4	D3	D2	D1	D0
P0 口	P0	80H	87	86	85	84	83	82	81	80
堆栈指针	SP	81H								
数据指针低字节	DPL	82H								
数据指针高字节	DPH	83H								
定时器/计数器控制	TCON	88H	TF1 8F	TR1 8E	TF0 8D	TR0 8C	IE1 8B	IT1 8A	IE0 89	IT0 88
定时器/计数器方式控制	TMOD	89H	GATE	C/$\overline{\text{T}}$	M1	M0	GATE	C/$\overline{\text{T}}$	M1	M0
定时器/计数器 0 低字节	TL0	8AH								
定时器/计数器 1 低字节	TL1	8BH								
定时器/计数器 0 高字节	TH0	8CH								
定时器/计数器 1 高字节	TH1	8DH								
P1 口	P1	90H	97	96	95	94	93	92	91	90
电源控制	PCON	97H	SMOD	—	—	—	GF1	GF0	PD	IDL
串行口控制	SCON	98H	SM0 9F	SM1 9E	SM2 9D	REN 9C	TB8 9B	RB8 9A	TI 99	RI 98
串口数据	SBUF	99H								
P2 口	P2	A0H								
中断允许	IE	A8H	EA AF	— AE	— AD	ES AC	ET1 AB	EX1 AA	ET0 A9	EX0 A8
P3 口	P3	B0H								
中断优先级	IP	B8H	— BF	— BE	— BD	PS BC	PT1 BB	PX1 BA	PT0 B9	PX0 B8
程序状态字寄存器	PSW	D0H	CY D7	AC D6	F0 D5	RS1 D4	RS0 D3	OV D2	— D1	P D0
累加器	ACC	E0H	E7H	E6H	E5H	E4H	E3H	E2H	E1H	E0H
暂存器	B	F0H	F7H	F6H	F5H	F4H	F3H	F2H	F1H	F0H

3. 堆栈或数据缓冲器

在实际应用中，往往需要一个后进先出的 RAM 缓冲器用于保护 CPU 的现场，这种后进先出的缓冲器称为堆栈（堆栈的用途详见指令系统和中断的章节）。MCS-51 的堆栈原则上可以设在内部 RAM（00H~7FH 或 00H~0FFH）的任意区域，但由于 00H~1FH 和 20H~2FH 区域具有上面所述的特殊功能，堆栈一般设在 30H~7FH（或 30H~0FFH）的范围内。栈顶位置由堆栈指针 SP 所指出。进栈时，MCS-51 的堆栈指针（SP）先加"1"，然后数据进栈（写入 SP 指出的栈区）；而退栈时，先数据退栈（读出 SP 指出的单元内容），然后（SP）减"1"。复位以后（SP）为 07H。这意味着初始堆栈区设在 08H 开始的 RAM 区域，而 08H~1FH 是工作寄存器区。一般应对 SP 初始化来具体设置堆栈区，如 6FH→SP，则堆栈设在 70H 开始区域。内部RAM 中除了作为工作寄存器、位标志和堆栈区以外的单元都可以作为数据缓冲器使用，存放输入的数据或运算的结果。

4. 特殊功能寄存器（SFR）

MCS-51 内部的 I/O 口锁存器以及定时器、串行口、中断等各种控制寄存器和状态寄存器都作为特殊功能寄存器（SFR），它们离散地分布在 80H~0FFH 的特殊功能寄存器地址空间（见表 2-5）。不同型号的单片机内部 I/O 功能不同，实际存在的特殊功能寄存器数量差别较大。MCS-51 最基本的特殊功能寄存器（8051、8751、8031 所具有的 SFR）有 21 个。

ACC 是累加器。它是运算器中最重要的工作寄存器，用于存放参加运算的操作数和运算的结果。在指令系统中常用助记符 A 表示累加器。

B 寄存器也是运算器中的一个工作寄存器，在乘法和除法运算中存放操作数和运算的结果，在其他运算中，可以作为一个中间结果寄存器使用。

SP 是 8 位的堆栈指针，数据进入堆栈前 SP 加 1，数据退出堆栈后 SP 减 1，复位后 SP 为07H。若不对 SP 设置初值，则堆栈在 08H 开始的区域。

DPTR 为 16 位的数据指针，它由 DPH 和 DPL 所组成，一般作为访问外部数据存储器的地址指针使用，保存一个 16 位的地址，CPU 对 DPTR 操作也可以对高位字节 DPH 和低位字节DPL 单独进行。

PSW 是程序状态字寄存器，用于保存数据操作的结果标志。程序状态字 PSW 的功能如下。

CY：进位标志。又是布尔处理器的累加器 C。

AC：辅助进位位。

OV：溢出标志。

P：奇偶标志。P 总是表示 ACC 的奇偶性，只随 A 的内容变化而变化。

RS1：工作寄存器选择位高位。

RS0：工作寄存器选择位低位。

F0：用户标志位。供用户使用的软件标志，其功能和内部 RAM 中位寻址区的各位相似。

其他的特殊功能寄存器将在第 4 章（讲解 I/O 口、定时器、串行口和中断等内容）中做详细讨论。特殊功能寄存器空间中有些单元是空着的，这些单元是为 MCS-51 系列的新型单片机保留的，一些已经出现的新型单片机因内部功能部件的增加而增加了不少特殊功能寄存器。为了使软件与新型单片机兼容，用户程序不要对空着的单元进行读写操作。

5. 外部 RAM 和 I/O 口

MCS-51 最多可以扩展 64 KB 的外部 RAM 和 I/O 口，即 CPU 可以寻址 64 KB 的外部存储空间。外部扩展 RAM 和 I/O 口是统一编址的，也就是说，一个 I/O 口相当于 RAM 的一个存储单元，CPU 都是通过 MOVX 指令对它们进行读写操作的。

2.4 CHMOS 型单片机的低功耗工作方式

MCS-51 系列的 CHMOS 型单片机运行时耗电小，而且还提供两种节电工作方式——空闲方式（等待方式）和掉电方式（停机方式），以进一步降低功耗，它们特别适用于电源功耗要求很低的应用场合，这类应用系统往往是直流供电或停电时依靠备用电源供电，以维持系统的持续工作。CHMOS 型单片机的工作电源和后备电源加在同一个引脚 V_{CC}，正常工作时电流为 11~20 mA，空闲状态时为 1.7~5 mA，掉电状态时为 5~50 μA。空闲方式和掉电方式的内部控制电路如图 2-12 所示。在空闲方式中，振荡器保

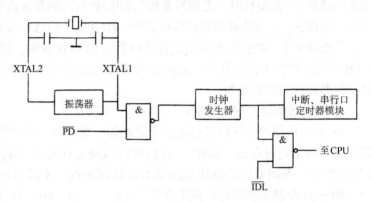

图 2-12　空闲方式和掉电方式控制电路图

持工作，时钟脉冲继续输出到中断、串行口、定时器等功能部件，使它们继续工作，但时钟脉冲不再送到 CPU，因而 CPU 停止工作。在掉电方式中，振荡器工作停止，单片机内部所有的功能部件停止工作。

CHMOS 型单片机的节电工作方式是由特殊功能寄存器 PCON 控制的，PCON 的格式如下：

	D7	D6	D5	D4	D3	D2	D1	D0
PCON	SMOD	—	—	—	GF1	GF0	PD	IDL

- SMOD：串行口波特率倍率控制位。
- GF1：通用标志位。
- GF0：通用标志位。
- PD：掉电方式控制位，置"1"后，使器件进入掉电方式。
- IDL：空闲方式控制位，置"1"后，使器件进入空闲方式。
- PCON.4~PCON.6 为保留位，对于 HMOS 型单片机仅 SMOD 位有效。对于 CHMOS 型单片机，当 IDL 和 PD 同时置"1"时，也使器件进入掉电方式。

2.4.1　空闲方式

CPU 执行一条置"1" PCON.0（IDL）的指令，就使它进入空闲方式状态，该指令是 CPU 执行的最后一条指令，这条指令执行完以后 CPU 停止工作。进入空闲方式以后，中断、串行口和定时器继续工作。CPU 现场（堆栈指针 SP、程序计数器 PC、程序状态字 PSW、累加器 ACC）、内部 RAM 和其他特殊功能寄存器内容维持不变，引脚保持进入空闲方式时的状态，ALE 和 $\overline{PSEN}$ 保持逻辑高电平。

进入空闲方式以后，有两种方法使器件退出空闲方式：

一种是被允许的中断源请求中断时，由内部的硬件电路清零 PCON.0（IDL），于是中止空

闲方式, CPU 响应中断, 执行中断服务程序, 中断处理完以后, 从激活空闲方式指令的下一条指令开始继续执行程序。

PCON 中的 GF0 或 GF1 可以用来指示中断发生在正常工作状态或空闲方式状态。例如, CPU 在置"1" IDL 激活空闲方式时, 可以先置"1" GF0 (或 GF1), 由于产生了中断而退出空闲方式, CPU 在执行该中断服务程序中查询 GF0 的状态时, 可以判别出在发生中断时 CPU 是否处于空闲方式。

另一种是硬件复位, 因为空闲方式中振荡器在工作, 所以仅需两个机器周期便可完成复位。应用时需注意, 激活空闲方式的下一条指令不应是对端口的操作指令和对外部 RAM 的写指令, 以防止硬件复位过程中对外部 RAM 的误操作。

2.4.2　掉电方式

CPU 执行一条置位 PCON.1 (PD) 的指令, 该指令是 CPU 执行的最后一条指令, 执行完该指令后, 便使器件进入掉电方式, 内部所有的功能部件都停止工作。在掉电方式期间, 内部 RAM 和寄存器的内容维持不变, I/O 引脚状态和相关的特殊功能寄存器的内容相对应。ALE 和 $\overline{\text{PSEN}}$ 为逻辑低电平。

退出掉电方式的唯一方法是硬件复位。复位以后特殊功能寄存器的内容被初始化, 但 RAM 单元的内容仍保持不变。在掉电方式期间, V_{CC} 电源可以降至 2 V, 但应注意只有当 V_{CC} 恢复正常值 (5 V) 并经过一段时间后才可以使器件退出掉电方式。

2.4.3　节电方式的应用

当 CPU 空闲时激活空闲方式, 当接收到一个中断时退出空闲方式, 若处理完以后又没有事做时, 再激活空闲方式, 这样 CPU 断断续续地工作以达到节电的目的。实际上这是以空闲工作方式代替一般的 CPU 空转 (循环等待某个事件的发生)。

在以交流供电为主而直流电池作为备用电源的系统中, 只是在停电时才激活空闲方式或掉电方式。在器件处于空闲方式时, 若产生了中断, CPU 退出空闲方式, 执行该中断的服务程序, 处理完以后查询交流供电是否恢复, 若没有恢复再次激活空闲方式。当器件处于掉电方式状态下, 交流供电恢复时, 由硬件电路产生一个复位信号, 使 CPU 退出掉电方式继续工作。

1. 空闲方式的应用

假设有一个 80C31 数据采集系统在交流供电正常时完成所规定的全部功能, 停电时只有 80C31 和外部 RAM 依靠备用电池供电, 要求系统的实时时钟继续工作, 外部 RAM 中的数据维持不变。该系统的供电线路如图 2-13 所示。

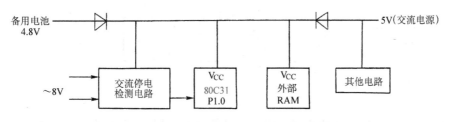

图 2-13　空闲方式 80C31 系统供电线路图

该系统的实时时钟由软件计时, T0 产生 1 ms 的定时中断, T0 中断服务程序完成实时时钟计数及其他的定时操作, 同时检测 P1.0 上的输入状态, 若 P1.0 为低电平, 则交流供电正常; 若 P1.0 为高电平, 则交流电将要停电或已经停电, 这时置位 GF0 后返回。通常主程序是一个无限循环的程序，当查询到 GF0 为 "1" 时激活空闲方式，该指令下面的程序为循环查询 GF0 的状态，以确定是否需要再次激活空闲方式。T0 中断程序和主程序的操作框图如图 2-14 所示。

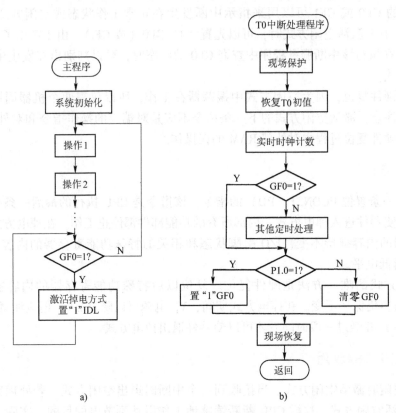

图 2-14　空闲方式程序框图

a) 系统主程序框图　b) T0 中断系统框图

2. 掉电方式的应用

若有一个 80C31 应用系统，停电时只需保持外部 RAM 中的数据不变。硬件电路图在图 2-13 的基础上增加一个交流上电的复位电路（见图 2-15）。在交流电恢复供电时产生一个复位信号，使器件退出掉电方式。

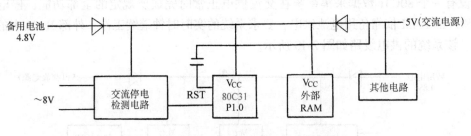

图 2-15　掉电方式 80C31 系统供电线路图

系统软件定时查询 P1.0 的状态，当查询到停电时，置 "1" PCON.1（PD），使器件进入掉电工作方式，直至交流电恢复供电时，才由硬件复位信号使 80C31 退出掉电工作方式，恢复系统的正常工作。

2.5　习题

1. 请分别写出一个 MCS-51 中 ROM、EPROM、EEPROM、无 ROM 型单片机的型号和内部资源。其中哪个产品内部具有固化的软件？该软件能否被所有的用户所使用？怎样使用市售的该种产品？

2. MCS-51 中无 ROM 型单片机，在应用中 P2 口和 P0 口能否直接作为输入/输出口连接开关、指示灯之类的外围设备？为什么？

3. 什么是堆栈？8032 的堆栈区可以设在什么地方？一般应设在什么区域？如何实现？试举例说明。

4. 8031 的内部 RAM 中，哪些可以作为数据缓冲区？

5. 对于 8052 单片机，地址为 90H 的物理单元有哪些？

6. MCS-51 单片机构成系统时，程序存储器的容量最大是多少？

7. 当单片机系统程序存储器的容量为 8 KB 时，程序存储器的开始地址为多少？

8. MCS-51 单片机构成系统时，外部数据存储器的容量最大是多少？

9. 当单片机系统外部数据存储器的容量为 8 KB 时，数据存储器的开始地址一定要是 0000H 吗？

10. 什么是单片机的节电方式？

11. CHMOS 型单片机，进入掉电方式时，单片机的振荡器是否工作？采用什么办法能使单片机退出掉电方式？

12. CHMOS 型单片机，进入空闲方式时，单片机的振荡器是否工作？采用什么办法能使单片机退出空闲方式？

MCS-51 系列单片机的指令系统具有两种形式：机器语言和汇编语言形式。机器语言指令是单片机能直接识别、分析和执行的二进制码，用机器语言写的程序即为目标程序。而汇编语言是由一系列描述计算机功能及寻址方式的助记符构成的，便于人们理解、记忆和使用，用汇编语言编写的程序必须经汇编后才能生成目标码，被单片机识别，它和用高级语言写的程序一样均称为源程序。

MCS-51 单片机共有 111 条指令，其中单字节指令 49 条，双字节指令 45 条，只有 17 条三字节指令。在一个机器周期（12 个系统时钟振荡周期）执行完的指令就有 64 条，两个机器周期的有 45 条，只有乘法和除法两条指令占 4 个机器周期。以系统时钟 12 MHz 为例，机器周期为 1 μs，那么，大多数常用指令执行时间是 1 μs，平均不到 2 μs。MCS-51 单片机指令系统具有占用存储空间少，且执行速度快的双重优点，有很强的实时处理能力，特别适合于现场控制的场合。

教学视频 3-1

3.1　指令格式

3.1.1　汇编指令

MCS-51 单片机汇编语言语句格式规定如下：

[标号:]操作码 [操作数 1][,操作数 2][,操作数 3][;注释]

其中，[　]中的内容都不是必需的。

标号：是语句地址的标志符号，必须以字母开始，后跟 1~8 个字母、数字或下横线符号"_"，并以冒号":"结尾，用户定义的标号不能和汇编保留符号（包括指令操作码助记符以及寄存器名等）重复。标号的值是它后面的操作码的存储地址，具有唯一性，因此标号不能多处重复定义。程序中定义过的标号名可在指令中作为操作数使用。标号的使用方便了子程序的调用、转移指令的转入及调试时的查找和修改。

【例 3-1】　A1、abc、A1_C、A2B3C4D5 等均可以作标号，但 1A、JB、DB、a+b 等均不能作标号。

操作码：是由 2~5 个英文字母所组成的功能助记符，用来反映指令的功能，它是每条汇编指令中必需的部分。助记符和对应操作的英文全称对照表见表 3-1。

操作数：以一个或几个空格和操作码隔开，根据指令功能的不同，操作数可以有 1、2、3 个，也可以没有。操作数之间以逗号","分开。操作数可以是多种进制的立即数和直接地址：二进制加后缀 B、十进制加后缀 D 或不加、十六进制加后缀 H（以字母开头需加前导 0），工作寄存器、已定义的标号地址、带加减算符的表达式等。

【例 3-2】 10010010B、34、45D、45H、0C8H、A、R3、@ R0、DPTR、@ A+PC 等都可以作为操作数。

表 3-1 助记符和英文全称对照表

助 记 符	英 文 全 称	备 注
MOV	MOVe	传送
MOVC	MOVe Code	代码传送
MOVX	MOVe eXternal	外部传送
PUSH	PUSH	压栈
POP	POP	退栈
XCH	eXCHange	交换
XCHD	eXCHange Decimal	十进制交换
ADD	ADD	加
ADDC	ADD with Carry	带进位加
SUBB	SUBtract with Borrow	带减位减
INC	INCrement	增量
DEC	DECrement	减量
MUL	MULtiply	乘
DIV	DIVide	除
DA	Decimal Adjust	十进制调整
ANL	Logical ANd	逻辑与
ORL	Logical OR	逻辑或
XRL	Logical eXclusive-oR	逻辑异或
CPL	ComPLement	求补
CLR	CLeaR	清除
SETB	SET Bit	置位
RL	Rotate Left	循环左移
RR	Rotate Right	循环右移
RLC	Rotate Left through the Carry flag	带进位循环左移
RRC	Rotate Right through the Carry flag	带进位循环右移
SWAP	SWAP	（半字节）互换
AJMP	Absolute JuMP	短跳转（转移）
LJMP	Long JuMP	长跳转
SJMP	Short JuMP	相对转移
JMP	JuMP	跳转
JZ	Jump if acc is Zero	累加器为零转移
JNZ	Jump if acc is Not Zero	累加器不为零转移
JC	Jump if Carry（if Cy = 1）	进位位为 1 转移
JNC	Jump if Not Carry（if Cy = 0）	进位位为零转移
JB	Jump if Bit is set（if Bit = 1）	指定位为 1 转移
JNB	Jump if Not Bit（if Bit = 0）	指定位为零转移
JBC	Jump if Bit is set and Clear bit	指定位等于 1 转移并清该位
CJNE	Compare and Jump if Not Equal	比较不相等转移
DJNZ	Decrement and Jump if Not Zero	减 1 不为零转移
ACALL	Absolute CALL	短调用
LCALL	Long CALL	长调用
RET	RETurn	子程序返回
RETI	RETurn from Interrupt	中断返回
NOP	No OPeration	空操作

须注意，汇编语言指令中的操作数与机器语言中的操作数不一定是一一对应的，一般汇编语言指令中的寄存器操作数在机器语言指令中均隐含在操作码中。

注释：只是对程序的说明，通常对程序的作用、主要内容、进入和退出子程序的条件等关键进行注释，以提高程序的可读性。注释和源程序一起存储、打印，但汇编时不被翻译，因而在机器代码的目标程序中并不出现，不会影响程序的执行。

注释必须以分号 ";" 开始，当注释较长占用多行时，每一行都必须以 ";" 开始。

3.1.2 常用的缩写符号

MCS-51 指令系统中常用符号的含义见表 3-2。

表 3-2 常用符号的含义

符 号	含 义
A	累加器 A
AB	累加器 A 及寄存器 B，在进行乘除法时使用的寄存器对
addr	程序存储器地址，常在它后面跟有数字，以表示地址的二进制位数。例如，addr11 表示 11 位地址
B	寄存器 B，乘除运算时用
bit	可直接位寻址的位地址
$\overline{\text{bit}}$	可直接位寻址的位地址，并取该位的反值
C	进位标志（寄存器 C，PSW.7）
D	半字节（4 位数据）
#data	立即数
direct	直接寻址时数据单元地址
DPTR	数据指针，16 位地址
PC	程序计数器（的值），16 位
PSW	程序状态字
re1	相对地址（补码）
Ri	能间接寻址的寄存器（i=0、1）。在机器码中用一位二进制位 i 来表示 R0 或 R1
Rn	工作寄存器（n=0~7），在机器码中用三个二进制位 r 来表示 R0~R7 中任一个
SP	堆栈指针，8 位地址
#	立即数前缀
@	寄存器间接寻址前缀
$	程序计数器当前值
(x)	x 单元的内容
((x))	以 x 单元的内容为地址的单元的内容
($\overline{x}$)	x 单元的内容取反
+	加
−	减
*	乘
/	除
∧	与
∨	或
⊕	异或
=	等于
<	小于
>	大于
<>	不等于
→	传送
⇔	交换

3.1.3 伪指令

伪指令仅仅在机器汇编时供汇编程序识别和执行，用来对汇编过程进行控制和操作。汇编时伪指令并不产生供机器直接执行的机器码，也不会直接影响存储器中代码和数据的分布。

不同的 MCS-51 汇编程序对伪指令的规定有所不同，但基本的用法是相似的。下面介绍一些常用的伪指令及其基本用法。

1. 定位伪指令

格式：ORG　m

m 一般为十进制或十六进制数表示的 16 位地址。m 指出在该伪指令后的指令的汇编地址，即生成的机器指令起始存储器的地址。在一个汇编语言源程序中允许使用多条定位伪指令，但其值应和前面生成的机器指令存放地址不重叠。

【例 3-3】

```
            ORG     0000H
    START：SJMP     MAIN
              ⋮
            ORG     0030H
    MAIN：  MOV     SP,# 30H
              ⋮
```

以 START 开始的程序汇编为机器码后从 0000H 存储单元开始连续存放，不能超过 0030H 存储单元，以 MAIN 开始的程序机器码则从 0030H 存储单元开始连续存放。

2. 汇编结束伪指令

格式：END

结束汇编伪指令 END 必须放在汇编语言源程序的末尾。机器汇编时遇到 END 就认为源程序已经结束，对 END 后面的指令都不再汇编。因此一个源程序只能有一个 END 指令。

3. 定义字节伪指令

格式：DB　$x_1, x_2, \ldots, x_n$

定义字节伪指令 DB（Define Byte）将其右边的数据依次存放到以左边标号为起始地址的存储单元中，x_i 为 8 位二进制数，可以采用二进制、十进制、十六进制和 ASCII 码等多种表示形式。DB 通常用于定义一个常数表。

【例 3-4】

```
            ORG     7F00H
    TAB：   DB 01110010B,16H,45,′8′,′A′
```

汇编后存储单元内容为

(7F00H)= 72H	(7F01H)= 16H	(7F02H)= 2DH
(7F03H)= 38H	(7F04H)= 40H	

4. 定义字伪指令

格式：DW　$y_1, y_2, \ldots, y_n$

定义字伪指令 DW（Define Word）功能与 DB 相似，但 DW 定义的是一个字（2 个字节），主要用于定义 16 位地址表（高 8 位在前，低 8 位在后）。

【例 3-5】

```
            ORG 6000H
    TAB：   DW  1254H,32H,161
```

汇编后存储单元内容为

(6000H)= 12H	(6001H)= 54H	(6002H)= 00H
(6003H)= 32H	(6004H)= 00H	(6005H)= 0A1H

5. 定义空间伪指令

格式：DS　表达式

定义空间伪指令 DS 从指定的地址开始，保留若干字节内存空间作备用。汇编后，将根据表达式的值来决定从指定地址开始留出多少个字节空间，表达式也可以是一个指定的数值。

【例3-6】

```
ORG   0F00H
DS    10H
DB    20H,40H
```

汇编后，从0F00H开始，保留16个字节的内存单元，然后从0F10H开始，按照下一条DB伪指令给内存单元赋值，得(0F10H)=20H，(0F11H)=40H。保留的空间将由程序的其他部分决定其用处。

DB、DW、DS伪指令都只对程序存储器起作用，不能用来对数据存储器的内容进行赋值或其他初始化的工作。

6. 等值伪指令

格式：字符名称　EQU　数据或汇编符

等值伪指令EQU（Equate）将其右边的数据或汇编符赋给左边的字符名称。字符名称必须先赋值后使用，通常将等值语句放在源程序的开头。

"字符名称"被赋值后，在程序中就可以作为一个8位或16位的数据或地址来使用。

【例3-7】

```
        ORG   8500H
AA      EQU   R1
A10     EQU   10H
DELAY   EQU   87E6H
        MOV   R0,A10      ;R0←(10H)
        MOV   A,AA        ;A←(R1)
        LCALL DELAY       ;调用起始地址为87E6H的子程序
        END
```

EQU赋值后，AA为寄存器R1，A10为8位直接地址10H，DELAY为16位地址87E6H。

7. 数据地址赋值伪指令

格式：字符名称　DATA　表达式

数据地址赋值伪指令DATA将其右边"表达式"的值赋给左边的"字符名称"。表达式可以是一个8位或16位的数据或地址，也可以是包含所定义"字符名称"在内的表达式，但不可以是一个汇编符号（如R0~R7）。

DATA伪指令定义的"字符名称"没有先定义后使用的限制，可以用在源程序的开头或末尾。

8. 位地址赋值伪指令

格式：字符名称　BIT　位地址

位地址赋值伪指令将其右边位地址赋给左边的字符名称。

【例3-8】

```
A1      BIT   ACC.1
USER    BIT   PSW.5
```

这样就把位地址ACC.1赋给了变量A1，把位地址PSW.5赋给了变量USER，在编程中A1和USER就可以作为位地址使用了。

3.2　寻址方式

指令给出参与运算的操作数的方式称为寻址方式。要正确应用指令，首先必须透彻地理解寻址方式。

　　MCS-51 指令中操作数的寻址方式主要有：寄存器寻址、立即寻址、直接寻址、寄存器间接寻址、基寄存器加变址寄存器间接寻址、相对寻址和位寻址。

3.2.1　寄存器寻址

　　寄存器寻址方式由指令指出某一个寄存器的内容作为操作数。寄存器寻址对所选的工作寄存器区中 R0~R7 进行操作，指令操作码字节的低 3 位指明所用的寄存器。如指令

　　　　INC R1 ;R1←(R1)+1

　　其功能是使寄存器 R1 的内容加1。若当前工作寄存器区为 1 区，即 PSW 寄存器中 RS1 RS0 = 01，则执行过程如图 3-1 所示。

　　累加器 ACC、B、AB（ACC 和 B 同时）、PC、DPTR 和进位 C（布尔处理机的累加器 C）也可用寄存器寻址方式访问，只是对它们寻址时具体寄存器名隐含在操作码中。

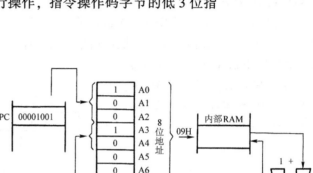

图 3-1　INC R1 指令执行过程示意图

3.2.2　立即寻址

　　立即寻址方式中操作数包含在指令字节中，即操作数以指令字节的形式存放在程序存储器中。如指令

　　　　ADD A,#70H;A←(A)+70H

　　其功能是把常数 70H 和累加器 A 的内容相加，结果送累加器 A。操作数 1（"A"）隐含在操作码中，操作数 2 采用立即寻址。该指令执行过程如图 3-2 所示。

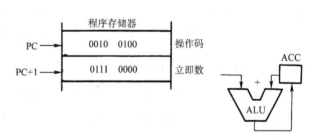

图 3-2　ADD A，#70H 指令执行过程示意图

3.2.3　直接寻址

　　直接寻址方式由指令指出参与运算或传送的操作数所在的字节单元或位的地址。该方式访问以下三种存储空间：

　　1）特殊功能寄存器（只能用直接寻址方式访问）。

　　2）内部 RAM 的低 128B（对于 8032/8052 等单片机，其内部高 128B RAM（80H~0FFH）不能用直接寻址方式访问，而只能用寄存器间接寻址方式访问）。

　　3）位地址空间。

　　【例 3-9】　指令

　　　　ANL 70H,#48H ;70H←(70H)∧48H

　　其功能是把内部 RAM 中 70H 单元的内容和常数 48H 逻辑与后，结果写入 70H 单元。指令

中操作数1采用直接寻址方式，70H为操作数1的地址。执行过程如图3-3所示。

3.2.4　寄存器间接寻址

寄存器间接寻址方式由指令指出某一个寄存器的内容作为操作数的地址（特别应注意寄存器的内容不是操作数，而是操作数所在的存储器地址）。

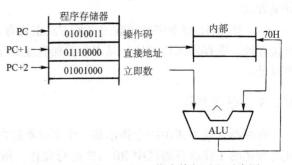

图3-3　ANL 70H，#48H指令执行过程示意图

寄存器间接寻址使用当前工作寄存器区中R0或R1作地址指针（堆栈操作指令用栈指针SP）来寻址内部RAM(00H~0FFH)。寄存器间接寻址也适用于访问外部扩展的数据存储器，用R0、R1或DPTR作为地址指针。寄存器间接寻址用符号@表示。

【例3-10】　指令

　　MOV A,@ R0 ;A←((R0))

其功能为当前工作寄存器区中R0所指出的内部RAM单元内容送累加器A。设当前工作寄存器区为2区，即PSW寄存器中RS1 RS0＝10，则上述指令执行过程如图3-4所示。图中设(10H)＝60H。

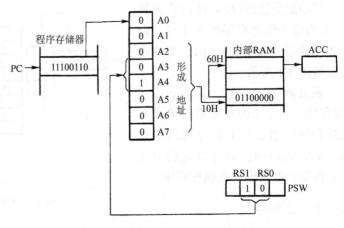

图3-4　MOV A,@ R0指令执行过程示意图

操作数2采用寄存器间接寻址方式，以R0作为地址指针。

3.2.5　基寄存器加变址寄存器间接寻址

这种寻址方式以16位的程序计数器PC或数据指针DPTR作为基寄存器，以8位的累加器A作为变址寄存器。基寄存器和变址寄存器的内容相加形成16位的地址，该地址即为操作数的地址。

【例3-11】　指令

　　MOVC A,@ A+PC　　　;((A)+(PC))→A
　　MOVC A,@ A+DPTR　　;((A)+(DPTR))→A

这两条指令中操作数2采用了基寄存器加变址寄存器的间接寻址方式。

3.2.6　相对寻址

相对寻址方式以PC的内容作为基地址，加上指令中给定的偏移量，所得结果送PC寄存器作为转移地址。应注意偏移量是有符号数，在−128~+127之间。

【例3-12】　指令

　　SJMP 80H ;短跳转

若这条双字节的转移指令存放在1005H，取出操作码后PC指向1006H；取出偏移量后PC指向1007H，故在计算偏移量相加时，PC已为1007H单元，即指向该条指令的下条指令的第1个字节。由于偏移量是用补码表示的有符号数，80H即为−128。补码运算后，形成跳转地址为0F87H。其示意图如图3-5所示。

相对寻址方式是否为一种独立的寻址方式？国内各教材对此看法不一。多数教材中将其单独列出，但 Intel 公司只给出了前 5 种寻址方式。事实上也可将相对寻址方式看作是操作数 1 为 PC（寄存器寻址），操作数 2 为偏移量（立即寻址），执行的运算为有符号加法。通过与 ADD A，#70H 指令执行过程的比较，不难看到二者的共同点。

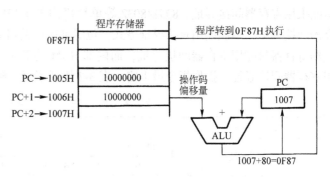

图 3-5　STMP 80H 指令执行过程示意图

3.2.7　位寻址

从本质上看，位寻址不是一种新的寻址方式，而是直接寻址方式的一种形式。它的寻址对象是可寻址位空间中的一个位，而不是一个字节。由于在使用上存在一些特殊性，故将其单独列出。

为了使程序方便可读，MCS-51 提供了 5 种位地址的表示方法：

1）直接使用位寻址空间中的位地址。

【例 3-13】

　　　　MOV C,00H ;Cy←(00H)

2）采用第几字节单元第几位的表示法。

【例 3-14】　上述位地址 00H 可以表示为 20H.0。相应指令为

　　　　MOV C,20H.0 ;Cy←20H.0

3）可以位寻址的特殊功能寄存器允许采用寄存器名加位数的命名法。

【例 3-15】　程序状态字寄存器 PSW 的第 5 位可以表示为 PSW.5，把 PSW.5 位状态送到进位标志位 Cy 的指令是

　　　　MOV C,PSW.5 ;Cy←PSW.5

4）特殊功能寄存器中的某些可寻址位具有位。

【例 3-16】　上述位地址 PSW.5 也可以用位名称 F0 表示。相应指令为

　　　　MOV C,F0 ;Cy←F0

5）经伪指令定义过的字符名称，详见 3.1.3 节。

【例 3-17】

　　　　USER　BIT　PSW.5
　　　　MOV　　C,　USER

也可实现将 PSW.5 位状态送入进位标志位 Cy 的功能。

MCS-51 具有 5 个寄存器空间，且多数从零地址开始编址：

程序寄存器空间　　　　　　　　0000～0FFFFH

内部 RAM 空间　　　　　　　　00～0FFH

特殊功能寄存器空间　　　　　　80H～0FFH

位地址空间　　　　　　　　　　00～0FFH

外部 RAM/IO 空间　　　　　　0000～0FFFFH

指令对哪一个存储器空间进行操作是由指令的操作码和寻址方式确定的。对程序存储器只能采用立即寻址和基寄存器加变址寄存器间接寻址方式，特殊功能寄存器只能采用直接寻址方式，

不能采用寄存器间接寻址，8052/8032等单片机内部 RAM 的高 128B（80H~0FFH）只能采用寄存器间接寻址，不能使用直接寻址方式，位寻址区中的可寻址位只能采用直接寻址。外部扩展的数据寄存器只能用寄存器间接寻址，而内部 RAM 的低 128B（00~7FH）既能用直接寻址，也能用寄存器间接寻址，操作指令最丰富。表3-3概括了每一种寻址方式可以存取的存储器空间。

表3-3　寻址方式及相关的存储器空间

寻 址 方 式	寻 址 范 围
寄存器寻址	R0~R7
	A、B、C（CY）、AB（双字节）、DPTR（双字节）、PC（双字节）
直接寻址	内部 RAM 低 128B
	特殊功能寄存器
	内部 RAM 位寻址区的 128 个位
	特殊功能寄存器中可寻址的位
寄存器间接寻址	内部数据存储器 RAM［@R0，@R1，@SP（仅 PUSH，POP）］
	内部数据存储器单元的低 4 位（@R0，@R1）
	外部 RAM 或 I/O 口（@R0，@R1，@DPTR）
立即寻址	程序存储器（常数）
基寄存器加变址 寄存器间接寻址	程序存储器（@A+PC，@A+DPTR）

3.3　指令的类型、字节和周期

3.3.1　指令系统的结构及分类

教学视频 3-3

MCS-51 指令系统中共有 111 条指令，按功能可分为以下四大类：

1）数据传送类。

2）算术操作类。

3）逻辑操作类。

4）控制转移类。

每一大类中又分成若干小类，图3-6给出了 MCS-51 指令系统结构。

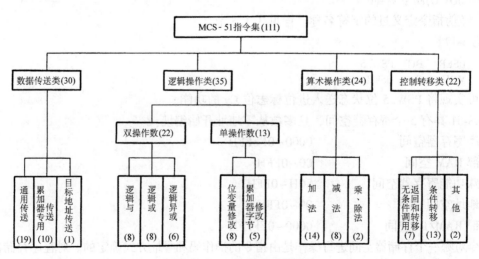

图3-6　MCS-51 指令系统结构

3.3.2　指令的字节和周期

MCS-51 指令的形式为

［标号:］操作码［操作数 1］［,操作数 2］［,操作数 3］［;注释］

从寻址方式一节可知,当操作数为寄存器时,由于寄存器名可隐含或包含在操作码中,故在相应的机器码指令中相应操作数无须单独占用一个字节。而当操作数为直接地址或立即数时,直接地址和立即数本身就是 8 位或 16 位的,不可能与操作码合并,因此在相应的机器码指令中,相应操作数必须单独占用一个字节。根据这一规律可以很容易地确定汇编指令的机器码字节数。例如,可以简单地判别 MOV A, R1 是一条单字节的指令。因为 R1 的地址可以和操作码合用一个字节,累加器 A 可以隐含在操作码中。再如,也可以简单地确定 MOV　30H, #40H 是一条三字节指令。因为直接地址 30H 和立即数#40H 都是 8 位的,都必须占用一个字节,再加操作码一个字节,总共为 3B。

执行每条指令所需的机器周期数,既决定于每条指令所含的字节数,也决定于指令在执行过程中的微操作。很明显,由于单片机 CPU 在每个机器周期最多只能进行两次读操作,每次一个字节。所以,单字节、双字节指令均可能在一个机器周期内完成,但三字节指令却不可能在一个机器周期内完成。另外,单字节指令可能但并不一定在一个机器周期内完成,也可能在两个机器周期内完成,甚至需 4 个机器周期才能完成(如乘、除法指令)。如 MOVX A, @R0 是一条单字节指令,但它必须在第一机器周期内读操作码及 R0 的值。在第二机器周期才能读 R0 所指单元的值,然后送入累加器 A。而 MOV A, R0 却只需一个机器周期就能完成,因为它在第一个机器周期就能读得操作码及 R0 的值,即可把 R0 的值送入累加器 A。前者需两个机器周期,后者只需一个机器周期。

3.4　数据传送指令

数据传送是单片机工作中最基本的操作。数据传送的使用直接影响程序执行速度,甚至程序执行的正确性。数据传送类指令除用 POP 或 MOV 指令将数据传送到 PSW 外,一般均不影响除奇偶标志位 P 以外的标志位。

MCS-51 的数据传送操作可以在累加器 A、工作寄存器 R0 ~ R7、内部 RAM、特殊功能寄存器、外部数据存储器及程序存储器之间进行。

教学视频 3-4

3.4.1　一般传送指令

一般传送指令的汇编指令格式为

MOV〈目的字节〉,〈源字节〉

MOV 是传送指令的操作助记符。其功能是将源字节内容传送到目的字节,源字节内容不变。

1. 内部 8 位数据传送指令

内部 8 位数据传送指令共有 15 条,用于单片机内部的数据存储器和寄存器之间的数据传送。有立即寻址、直接寻址、寄存器寻址及寄存器间接寻址等寻址方式。该类指令的助记符、操作数、功能、字节数及执行时间(机器周期数),按目的操作数归类,在表 3-4 中列出。考虑到在实际应用中,汇编语言程序都是通过汇编程序自动转换为机器语言程序,因此没有太大的必要去关心每条汇编语言指令对应的机器语言指令。有兴趣的读者可查阅附录。

表 3-4　数据传送指令

操作码	目　　的	源	操作内容	字节数	执行时间
MOV	A,	#data	A←data	2	1
		direct	A←(direct)	2	1
		@Ri	A←((Ri))	1	1
		Rn	A←(Rn)	1	1
	Rn,	#data	Rn←data	2	1
		direct	Rn←(direct)	2	2
		A	Rn←(A)	1	1
	direct,	#data	direct←data	3	2
		A	direct←(A)	2	1
		direct	direct←(direct)	3	2
		@Ri	direct←((Ri))	2	2
		Rn	direct←(Rn)	2	2
	@Ri,	#data	(Ri)←data	2	1
		direct	(Ri)←(direct)	2	2
		A	(Ri)←(A)	1	1

【例 3-18】

```
    MOV A,  30H  ;A←(30H)
    MOV A,#30H   ;A←30H
```

应注意到#30H 和 30H 的区别，以上第 2 条指令如漏写"#"，汇编时不会出错，但变成第 1 条指令，将实现完全不同的功能。

【例 3-19】

```
    MOV A,  R1  ;A←(R1)
    MOV A,@R1   ;A←((R1))
```

应特别注意 @R1 和 R1 的区别，以上第 1 条指令的功能是将寄存器 R1 的内容送累加器 A，而第 2 条指令的功能是将以寄存器 R1 的内容作为地址的单元内容送累加器 A。具体而言，设程序状态字 PSW 的 RS1=0，RS0=1，则当前寄存器区的 R1 就是内部 RAM 09H，再设(09H)=40H 则上述两条指令的功能分别为

```
    MOV A,R1   ;A←40H
    MOV A,@R1  ;A←(40H)
```

【例 3-20】

```
    MOV   90H,#40H   ;P1←40H
    MOV   P1,#40H    ;P1←40H
    MOV   R0,#90H    ;R0←90H
    MOV   @R0,#40H   ;90H←40H
```

以上第 1、第 2 条指令的功能均是将立即数 40H 送特殊功能寄存器 P1，指令中可直接使用特殊功能寄存器名，也可使用其地址；第 3 条指令的功能是将立即数 90H 送寄存器 R0，第 4 条指令的功能是将立即数 40H 送以 R0 的内容作为地址的单元。第 3、4 条指令的组合实现将立即数 40H 送内部 RAM 90H 字节的功能。MCS-51 单片机的特殊功能寄存器只能采用直接寻址，而内部 RAM 高 128B 只能采用寄存器间接寻址。

以下几点也需要注意。

1）目的操作数不能采用立即寻址。

2）@Ri 中的 i 范围为 0 和 1。

3）Rn 中的 n 的范围为 0~7。

4）每条指令中最多只能有 1 个 Rn 或@Ri。

【例 3-21】　以下指令都是错误的。

```
MOV    #30H,    40H
MOV    A,       @ R2
MOV    R1,      R3
MOV    R1,      @ R0
MOV    @ R1,    R2
MOV    @ R0,    @ R1
```

【例 3-22】

```
MOV    A, 60H          ;A←(60H),目的操作数为寄存器寻址
MOV    0E0H,60H        ;A←(60H),目的操作数为直接寻址
MOV    09H,#40H        ;09H←40H,目的操作数为直接寻址
MOV    R1,#40H         ;R1←40H,目的操作数为寄存器寻址
```

以上第 1、2 条指令均实现将内部 RAM 60H 字节的内容送累加器 A 的相同功能，但由于第 1 条指令采用寄存器寻址方式，字节数为 2，执行时间为一个机器周期，而第 2 条指令采用直接寻址方式，字节数为 3，执行时间为两个机器周期。当程序状态字 PSW 的 RS1＝0，RS0＝1 时，第 4 条指令和第 3 条指令均实现将立即数 40H 送内部 RAM 09H 字节的相同功能，但由于第 3 条指令中目的操作数为直接寻址，指令字节数为 3，执行时间为两个机器周期，而第 4 条指令中目的操作数为寄存器寻址，指令字节数为 2，执行时间为一个机器周期。由此可见，实现相同功能，采用寄存器寻址方式可达到提高存储效率和执行速度的双重效果。

【例 3-23】　分析程序的执行结果。

设内部 RAM 中 30H 单元的内容为 80H，试分析执行下面程序后各有关单元的内容。

```
MOV    60H,#30H ;60H←30H
MOV    R0,#60H  ;R0←60H
MOV    A,@ R0   ;A←30H
MOV    R1,A     ;R1←30H
MOV    40H,@ R1 ;40H←80H
```

程序执行结果为

(A)＝30H,(R0)＝60H,(R1)＝30H,(60H)＝30H,(40H)＝80H,(30H)＝80H

2. 位变量传送指令

```
MOV    C,bit    ;C←(bit)
MOV    bit,C    ;bit←(C)
```

这组指令的功能是把由源操作数指出的位变量送到目的操作数的位单元中去。其中一个操作数必须为位累加器 C（即程序状态字 PSW 中的进位位 Cy），另一个可以是任何可直接寻址位，位变量的传送必须经过 C 进行。

【例 3-24】　00H 位的内容送 P1.0 输出的程序。

```
MOV C ,00H        ;00H 位内容,即 20H.0 先送 Cy
MOV P1.0 ,C       ;Cy 内容再送 P1.0 输出
```

结果为

P1.0←20H.0

应注意位变量传送指令与字节数据传送指令的区别。

【例 3-25】

```
MOV A, 30H        ;字节数据传送指令,功能是将 30H 字节的内容送累加器 A
MOV C, 30H        ;位变量传送指令,功能是将 30H 位的内容送位累加器 C
```

3. 16 位数据传送指令

```
MOV DPTR,#data16 ;DPTR←data16
```

MCS-51 单片机指令系统中仅此一条 16 位数据传送指令，功能是将 16 位数据传送到数据

指针 DPTR 中，其中高 8 位送 DPH，低 8 位送 DPL。

4. 累加器 A 与外部 RAM 的传送指令

```
MOVX  A,@ Ri        ;A←((Ri))
MOVX  @ Ri,A        ;(Ri)←(A)
MOVX  A,@ DPTR      ;A←((DPTR))
MOVX  @ DPTR,A      ;(DPTR)←(A)
```

这些指令的功能是在累加器 A 与外部 RAM 之间传送一个字节的数据，采用间接寻址方式寻址外部 RAM。

采用 Ri 进行间接寻址，可寻址 0~255 个字节单元的地址空间，此时 8 位地址和数据均由 P0 口总线分时输入/输出。若需访问大于 256 个字节的外部 RAM 时，可选用任何其他输出口（一般选用 P2 口）线先行输出高 8 位地址，然后用 Ri 间接寻址传送指令。

选用 16 位数据指针 DPTR 进行间接寻址，可寻址 64 KB 的外部 RAM。其低 8 位地址（DPL 的内容）由 P0 口经锁存器输出，高 8 位地址（DPH 的内容）由 P2 口输出。

【例 3-26】　将内部 RAM 80H 单元的内容送入外部 RAM 70H 单元。

程序如下：

```
MOV   R0,#80H
MOV   A,@ R0
MOV   R0,#70H
MOVX  @ R0,A
```

此例中访问内部 RAM 和访问外部 RAM 均通过 R0 间接寻址，不同的是访问内部 RAM 使用操作码 MOV，访问外部 RAM 使用操作码 MOVX，二者不能混淆。

【例 3-27】　将外部 RAM 1000H 单元的内容传送到内部 RAM 60H 单元。

程序如下：

```
MOV   DPTR,#1000H
MOVX  A,@ DPTR
MOV   60H,A
```

5. 查表指令

MCS-51 单片机的程序存储器除了存放程序外，还可以存放一些常数，通常以表格的形式集中存放。MCS-51 单片机指令系统提供了两条访问存储器的指令，称为查表指令。

```
MOVC A,@ A+PC       ;PC←(PC)+1
                    ;A←((A)+(PC))
MOVC A,@ A+DPTR     ;A←((A)+(DPTR))
```

第 1 条指令以 PC 作为基址寄存器，A 的内容作为无符号数，与 PC 内容（下一条指令的起始地址）相加后得到一个 16 位地址，由该地址指示的程序存储器单元内容送累加器 A。显然，该指令的查表范围为查表指令后的 256B 地址空间。

第 2 条指令 MOVC A，A+DPTR 以 DPTR 为基址寄存器，因此其寻址范围为整个程序存储器的 64 KB 空间，表格可以放在程序存储器的任何位置。

【例 3-28】　执行程序：

```
地址      指令
0F00H     MOV    A,#30H
0F02H     MOVC   A,@ A+PC
          ⋮
0F33H     3FH
          ⋮
```

实现将程序存储器 0F33H 单元内容 3FH 送入 A 的功能。

【例 3-29】　执行程序：

```
MOV    DPTR,#2000H
MOV    A, #30H
MOVC   A,@ A+DPTR
```

实现将程序存储器中 2030H 单元的内容送入累加器 A 的功能。

6. 堆栈操作指令

入栈指令：

```
PUSH direct ;SP←(SP)+1
            ;(SP)←(direct)
```

入栈指令的功能是先将推栈指针 SP 的内容加 1，指向堆栈顶的一个空单元，然后将指令指定的直接寻址单元内容传送至这个空单元中。

【例 3-30】　设（SP）= 70H，（ACC）= 50H，（B）= 60H，执行下述指令：

```
PUSH ACC ;SP←(SP)+1,71H←(ACC)
PUSH B   ;SP←(SP)+1,72H←(B)
```

结果为

（71H）= 50H,（72H）= 60H,（SP）= 72H

此例中 ACC 和 B 都是用直接寻址方式寻址的，不能用寄存器寻址方式。入栈指令常用于保护 CPU 现场等场合。

出栈指令：

```
POP direct ;direct←((SP))
           ;SP←(SP)-1
```

出栈指令的功能是将当前堆栈指针 SP 所指示的单元的内容传送到该指令指定的直接寻址单元中，然后 SP 中的内容减 1。

【例 3-31】　设（SP）= 72H，（72H）= 60H，（71H）= 50H，执行下述指令：

```
POP DPL  ;DPL←((SP)),SP←(SP)-1
POP DPH  ;DPH←((SP)),SP←(SP)-1
```

结果为

（DPTR）= 5060H,（SP）= 70H

出栈指令常用于恢复 CPU 现场等场合。

以上数据传送指令通道可由图 3-7 概括表示。

3.4.2　累加器专用数据交换指令

1. 字节交换指令

```
XCH A,Rn     ; (A)⇔(Rn)
XCH A,direct ; (A)⇔(direct)
XCH A,@ Ri   ; (A)⇔((Ri))
```

这组指令的功能是将累加器 A 的内容和源操作数内容互换。

【例 3-32】　设（A）= 34H，（R3）= 56H，执行指令：

```
XCH A,R3
```

则结果为

（A）= 56H,（R3）= 34H

2. 半字节交换指令

```
XCHD A,@ Ri ; (A)_{3\sim0}⇔((Ri))_{3\sim0}
```

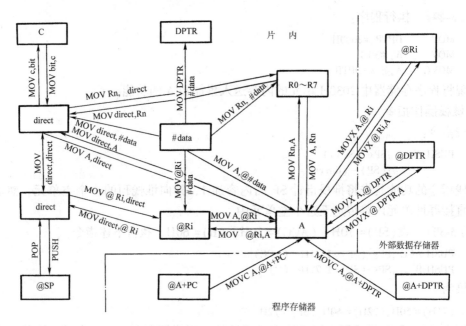

图 3-7 数据传送指令通道

这条指令将累加器 A 的低 4 位和 Ri（R0 或 R1）指出的 RAM 单元低 4 位互换，各自的高 4 位不变。

【例 3-33】 设（A）= 34H，（R0）= 30H，（30H）= 56H，执行指令：

    XCHD A,@R0

则结果为

    （A）= 36H，（30H）= 54H

累加器专用数据交换指令通道由图 3-8 概括表示。

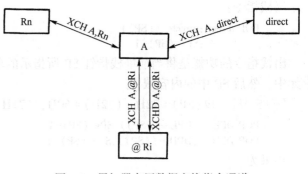

图 3-8 累加器专用数据交换指令通道

3.5 算术运算指令

MCS-51 单片机的算术运算指令包括加、减、乘、除、加 1、减 1 等指令。其中加、减指令的执行结果将影响程序状态字 PSW 的进位标志位 C、溢出标志位 OV、辅助进位标志位 AC 和奇偶标志位 P；乘除指令的执行结果将影响 PSW 的进位标志位 C、溢出标志位 OV 和奇偶标志位 P；加 1、减 1 指令的执行结果只影响 PSW 的奇偶标志位 P。

3.5.1 加减指令

1. 加法指令

```
ADD A,Rn        ;A←(A)+(Rn)
ADD A,direct    ;A←(A)+(direct)
ADD A,@Ri       ;A←(A)+((Ri))
ADD A,#data     ;A←(A)+data
```

加法指令的功能是将源操作数与累加器 A 中的内容相加，结果存入累加器 A 中。加法指令中源操作数的寻址方式种类与以累加器 A 为目的操作数的一般数据传送指令中源操作数的寻址方式种类相同。

2. 带进位的加法指令

```
ADDC  A,Rn      ;A←(A)+(Rn)+(C)
ADDC  A,direct  ;A←(A)+(direct)+(C)
ADDC  A,@ Ri    ;A←(A)+((Ri))+(C)
ADDC  A,#data   ;A←(A)+data+(C)
```

这 4 条指令与加法指令一一对应。这些指令是将源操作数与累加器 A 中的内容相加，再加上进位位 C 的内容，结果放入累加器 A 中。此类指令主要用于多字节数的加法运算。

3. 带借位的减法指令

```
SUBB  A,Rn      ;A←(A)-(Rn)-(C)
SUBB  A,direct  ;A←(A)-(direct)-(C)
SUBB  A,@ Ri    ;A←(A)-((Ri))-(C)
SUBB  A,#data   ;A←(A)-data-(C)
```

带借位的减法指令中的操作数也是和加法指令中的操作数一一对应的。这些指令的功能是将累加器 A 中的内容减去源操作数，再减去进位位 C 的内容，结果存入累加器 A 中。由于减法指令是带借位的，因此，如果要进行单字节或多字节数的最低 8 位数的减法运算，应先清除进位位 C。

执行上述加减法指令时单片机确定 PSW 中各标志位的规则如下。

1）运算后如果位 7 有进（借）位输出，则 Cy 置"1"，否则清零。

2）运算后如果位 3 有进（借）位输出，则辅助进位位 AC 置"1"，否则清零。

3）运算后如果位 7 有进（借）位输出而位 6 没有，或者位 6 有进（借）位输出而位 7 没有，则溢出标志 OV 置"1"，否则清零。

4）A 的结果里 1 的个数为奇数，则奇偶标志 P 置"1"，否则清零。

加减运算可用于无符号数（0～255）运算，也可用于补码形式（-128～+127）的带符号数运算，但此时只有当溢出标志 OV=0 时才能保证结果是正确的。

【例 3-34】 设(A)=85H，(R0)=0AFH，执行指令：

```
ADD A,R0
```

运算过程为

```
AC=1 ─────────────────────────┐
OV=1 ─┌─1─┐                    │
Cy=1 ─┘   └──────────┐         │
          1  0  0  0  1  1  1  1   进位
        ─ ─ ─ ─ ─ ─ ─ ─ ─ ─ ─ ─ ─
          1  0  0  0  0  1  0  1   (A)
      +)  1  0  1  0  1  1  1  1   (R0)
P=1 ───────────0  0  1  1  0  1  0  0
```

结果为

  (A)=34H

标志位为

  Cy=1,OV=1,AC=1,P=1

【例 3-35】 设（A）=56H，Cy=1，执行指令：

ADDC A,#89H

运算过程为

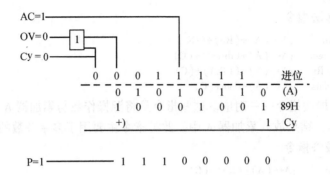

结果为

(A)= 0E0H

标志位为

Cy=0,OV=0,AC=1,P=1

【例 3-36】 设(A)= 0C9H，(R0)= 60H，(60H)= 54H，Cy=1，执行指令：

SUBB A,@ R0

运算过程为

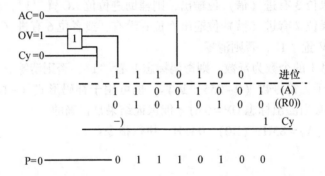

结果为

(A)= 74H

标志位为

Cy=0,OV=1,AC=0,P=0

【例 3-37】 已知内部 RAM 60H、61H 和 62H、63H 中分别存放着两个 16 位无符号数 X1 和 X2（低 8 位在前，高 8 位在后）。编制将 X1 与 X2 相加，并把结果存入 60H、61H 单元（低 8 位在 60H 单元、高 8 位在 61H 单元）的程序。

解：处理两个多字节数加法的方法是，两个操作数的低字节相加得到和的低字节，相加过程中形成的进位位（在 Cy）与两个操作数的高字节一起相加得到和的高字节。

```
MOV   R0,#60H
MOV   R1,#62H
MOV   A,@ R0
ADD   A,@ R1
MOV   @ R0,A
INC   R0
```

```
INC    R1
MOV    A,@R0
ADDC   A,@R1
MOV    @R0,A
```

【例 3-38】 若将上例中的加法改成减法，编制相关程序。

解：处理两个多字节数减法的方法是先将进位位 Cy 清零，然后两个操作数的低字节相减得到差的低字节，再进行两个操作数的高字节的逐字节带借位减法得到差的高字节。

```
MOV    R0,#60H
MOV    R1,#62H
CLR C
MOV    A,@R0
SUBB   A,@R1
MOV    @R0,A
INC    R0
INC    R1
MOV    A,@R0
SUBB   A,@R1
MOV    @R0,A
```

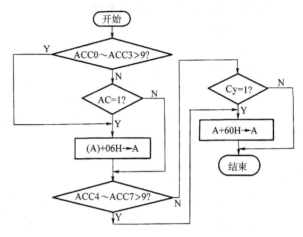

图 3-9 DA A 指令执行示意图

4. 十进制调整指令

  DA A ;若 AC=1 或 A3~0>9,则 A←(A)+06H
     ;若 Cy=1 或 A7~4>9,则 A←(A)+60H

这条指令对累加器 A 中由上一条加法指令（加数和被加数均为压缩的 BCD 码）所获得的 8 位结果进行调整，使它调整为压缩 BCD 码数。该指令的执行过程如图 3-9 所示。

【例 3-39】 编制 85+59 的 BCD 加法程序，并对其工作过程进行分析。

解：相应 BCD 加法程序为

```
MOV A,#85H   ;A←85
ADD A,#59H   ;A←85+59= 0DEH
DA A         ;A←44,Cy=1
```

二进制加法和进制调整过程为

```
        85     10000101  (A)
   +)   59     01011001  data
      ─────────────────
      144 (0)  11011110
                    110   ;低 4 位>9,加 6 调整
             ──────────
               11100100
                    110   ;高 4 位>9,加 60H 调整
             ──────────
          (1)  01000100
```

运算结果为

  （A）= 44H,Cy = 1

即十进制的 144。

5. 加 1 指令

  INC A   ;A←(A)+1

```
INC   Rn          ;Rn←(Rn)+1
INC   direct      ;direct←(direct)+1
INC   @Ri         ;(Ri)←((Ri))+1
INC   DPTR        ;DPTR←(DPTR)+1
```

加1指令的功能是将指定的操作数加1，若原来为0FFH，加1后将溢出为00H，除对A操作可能影响P外，不影响其他标志位。

6. 减1指令

```
DEC   A           ;A←(A)−1
DEC   Rn          ;Rn←(Rn)−1
DEC   direct      ;direct←(direct)−1
DEC   @Ri         ;(Ri)←((Ri))−1
```

减1指令的功能是将指定的操作数减1。若原来为00H，减1后将下溢为0FFH，除对A操作可能影响P外，不影响其他标志位。

3.5.2 乘法和除法指令

乘法指令和除法指令是MCS-51单片机指令系统中仅有的两条4机器周期指令。

1. 乘法指令

```
MUL   AB          ;A←A×B 低字节,B←A×B 高字节
```

乘法指令的功能是将累加器A和寄存器B中的8位无符号整数进行相乘，16位积的低8位存于A中，高8位存于B中。如果积大于255（即B≠0），则溢出标志位OV置"1"，否则清零。进位标志位Cy总是清零，奇偶标志位P由A的内容确定。

【例3-40】 设(A)=80H，(B)=21H，执行指令：

```
MUL   AB
```

结果为

$$(A)=80H,(B)=10H,OV=1,Cy=0,P=1$$

2. 除法指令

```
DIV   AB          ;A←A/B(商),B←A/B(余数)
```

除法指令的功能是累加器A中8位无符号整数除以B寄存器中8位无符号整数，所得到的商的整数部分存于A中，余数部分存于B中。标志位Cy清零，奇偶标志位P由A的内容确定。当除数为0时，OV置"1"，否则清零。

【例3-41】 设(A)=0B6H，(B)=0FH，执行指令：

```
DIV   AB
```

结果为

$$(A)=0CH,(B)=02H,OV=0,Cy=0,P=0$$

3.6 逻辑运算指令

3.6.1 累加器A的逻辑运算指令

1. 累加器A清零指令

```
CLR A ;A←0
```

这条指令的功能是将累加器 A 清零，不影响 Cy、AC、OV 等标志。

2. 累加器 A 取反指令

      CPL A ;A←($\overline{\text{A}}$)

这条指令的功能是将累加器 A 的每一位逻辑取反，原来为 1 的位变 0，原来为 0 的位变 1。不影响任何标志。

【例 3-42】 50H 单元中有一个带符号数 X，试编制对它求补的程序。

解：一个 8 位带符号二进制数的补码可以通过其反码加 "1" 获得。

      MOV   A,50H   ;A←X
      CPL   A   ;A←$\overline{\text{X}}$
      INC   A   ;[X]$_{\!\!补}$=[X]$_{\!\!反}$+1
      MOV   50H,A   ;50H←[X]$_{\!\!反}$

3. 累加器 A 移位指令

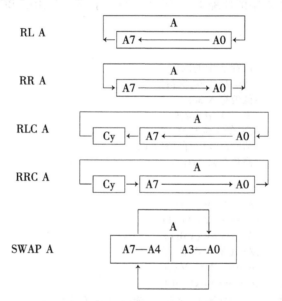

      RL A
      RR A
      RLC A
      RRC A
      SWAP A

第 1、2 条为不带 Cy 标志位的左、右环移指令，累加器 A 中最高位 A7 和最低位 A0 相接向左或向右移位；第 3、4 条为带 Cy 标志位的左移或右移指令；第 5 条半字节交换指令，用于累加器 A 中的高 4 位和低 4 位相互交换。

【例 3-43】 编制程序将 M1、M1+1 单元中存放的 16 位二进制数扩大到 2 倍。（设该数低 8 位在 M1 单元中，扩大后小于 65536）

解：二进制数左移一次即扩大到 2 倍，可以用二进 8 位的移位指令实现 16 位数的移位程序。

      CLR   C   ;Cy←0
      MOV   R0,#M1   ;操作数低 8 位地址送 R0
      MOV   A,@R0   ;A←操作数低 8 位
      RLC   A   ;低 8 位操作数左移,低位补 0,最高位在 Cy 中
      MOV   @R0,A   ;送回 M1 单元
      INC   R0   ;R0 指向 M1+1 单元
      MOV   A,@R0   ;A←操作数高 8 位
      RLC   A   ;高 8 位操作数左移,M1 最高位通过 Cy 移入最低位
      MOV   @R0,A   ;送回 M1+1 单元

3.6.2 两个操作数的逻辑运算指令

两个操作数的逻辑运算指令有与、或、异或运算。这些指令中的操作数都是8位，它们在执行时，不影响P以外的标志位。

1. 逻辑与指令

```
ANL    A,Rn          ;A←(A)∧(Rn)
ANL    A,direct      ;A←(A)∧(direct)
ANL    A,@Ri         ;A←(A)∧((Ri))
ANL    A,#data       ;A←(A)∧data
ANL    direct,A      ;direct←(direct)∧(A)
ANL    direct,#data  ;direct←(direct)∧data
```

逻辑与指令常用于清零字节中的某些位。欲清零的位用"0"去"与"，欲保留的位用"1"去"与"。

【例3-44】 将累加器A中的压缩BCD码拆成两个字节的非压缩BCD码，低位放入30H，高位放入31H单元中。

程序如下：

```
PUSH   ACC           ;保存A中的内容
ANL    A,#0FH        ;清除高4位,保留低4位
MOV    30H,A         ;低位存入30H
POP    ACC           ;恢复A中原数据
SWAP   A             ;高、低4位互换
ANL    A,#0FH        ;清除高4位,保留低4位
MOV    31H,A         ;高位存入31H
```

2. 逻辑或指令

```
ORL    A,Rn          ;A←(A)∨(Rn)
ORL    A,direct      ;A←(A)∨(direct)
ORL    A,@Ri         ;A←(A)∨((Ri))
ORL    A,#data       ;A←(A)∨data
ORL    direct,A      ;direct←direct∨(A)
ORL    direct,#data  ;direct←direct∨data
```

逻辑或指令常用于置1字节中的某些位，欲保留的位用"0"去"或"，欲置1的位用"1"去"或"。

【例3-45】 编制程序把累加器A中低4位送入P1口低4位，P1口高4位不变。

解：

```
ANL    A,#0FH        ;取出A中低4位,高4位为0
ANL    P1,#0F0H      ;使P1口低4位为0,高4位不变
ORL    P1,A          ;字节装配
```

3. 逻辑异或指令

```
XRL    A,Rn          ;A←(A)⊕(Rn)
XRL    A,direct      ;A←(A)⊕(direct)
XRL    A,@Ri         ;A←(A)⊕((Ri))
XRL    A,#data       ;A←(A)⊕data
XRL    direct,A      ;direct←(direct)⊕(A)
XRL    direct,#data  ;direct←(direct)⊕data
```

逻辑异或指令用来对某些位取反，欲取反的位用"1"去"异或"，欲保留的位用"0"去"异或"。

【例3-46】 设(A)=0FH，(R1)=55H，执行指令：

XRL A,R1

运算过程为

$$
\begin{array}{r}
0\,0\,0\,0\,1\,1\,1\,1 \\
\oplus)\quad 0\,1\,0\,1\,0\,1\,0\,1 \\
\hline
0\,1\,0\,1\,1\,0\,1\,0
\end{array}
$$

结果为

(A)= 5AH

3.6.3 单位变量逻辑运算指令

```
CLR      C      ;C←0
CLR      bit    ;bit←0
CPL      C      ;C←(C̄)
CPL      bit    ;bit←(bit̄)
SETB     C      ;C←1
SETB     bit    ;bit←1
```

这组指令将操作数指出的位清零、取反、置 1，不影响其他标志。

3.6.4 双位变量逻辑运算指令

```
ANL      C,bit    ;C←(C)∧(bit)
ANL      C,/bit   ;C←(C)∧(bit̄)
ORL      C,bit    ;C←(C)∨(bit)
ORL      C,/bit   ;C←(C)∨(bit̄)
```

位变量逻辑操作是在位累加器 C 与另一可直接寻址位内容之间进行，结果都送位累加器 C。

【例 3-47】 用 P1.0~P1.3 作为输入，P1.4 作为输出，编写程序实现图 3-10 所示的逻辑运算功能。

解：图 3-10 中逻辑运算功能的逻辑表达式为 $Q=\overline{W+X}\cdot\overline{(Y+\overline{Z})}$

```
W      BIT    P1.0    ;用伪指令定义符号地址
X      BIT    P1.1
Y      BIT    P1.2
Z      BIT    P1.3
Q      BIT    P1.4
MOV    C,     W       ;C←(W)
ORL    C,     X       ;C←(W)∨(X)
MOV    F0,    C       ;F0←(W)∨(X)
MOV    C,     Y       ;C←(Y)
ORL    C,     /Z      ;C←(Y)∨(Z̄)
ANL    C,     /F0     ;C←[(W)∨(X)]∧[(Y)∨(Z̄)]
MOV    Q,     C       ;Q←[(W)∨(X)]∧[(Y)∨(Z̄)]
```

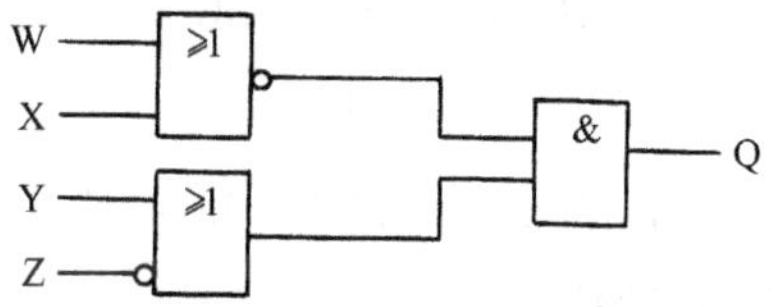

图 3-10 逻辑电路

3.7 控制转移指令

控制转移指令通过改变程序计数器 PC 中的内容，改变程序执行的流向，可分为无条件转移、条件转移、调用和返回等。

3.7.1 无条件转移指令

1. 16 位地址的无条件转移指令

LJMP addr16 ;PC←addr 15~0

这条指令中的地址是 16 位的，因此该指令可实现在 64 KB 全地址空间范围内的无条件转移，因而又称为长转移指令。高 8 位地址和低 8 位地址分别在指令的第 2、第 3 字节中。在使用时地址往往用标号表示，由汇编程序汇编成机器码。

2. 11 位地址的无条件转移指令

AJMP addr11 ;PC←(PC)+2, $PC_{10\sim0}$←addr11

这是 2 KB 范围内的无条件转跳指令。该指令在运行时先将 PC+2，然后通过把 PC 的高 5 位和指令第一字节高 3 位以及指令第二字节 8 位相连（$PC15PC14PC13PC12PC11a_{10}$ $a_9a_8a_7a_6a_5a_4a_3a_2a_1a_0$）而得到转跳目的地址送入 PC。因此，目标地址必须与它下一条指令的存放地址在同一个 2 KB 区域内。

【例 3-48】 以下是一程序片断，左边为存储器地址，其后一条 AJMP 指令在汇编时出错。

```
07FEH    AJMP    K11     ;转移到 K11 处,在 0800H~0FFFH 页内
0800H            …
                 …
0E00H    K11：   …
                 …
0F80H    K12：   …
                 …
0FFEH    AJMP    K12
1000H
```

此段程序在汇编到 "0FFEH AJMP K12" 时会报错，因为地址标号 "K12" 的实际地址 0F80H 不在 1000H~17FFH 页内，因此产生错误。

3. 相对转移指令

SJMP rel ;PC←(PC)+2,PC←(PC)+rel

该指令执行时，在 PC 加 2 后，把指令的有符号偏移量 rel 加到 PC 上，并计算出目标地址。因此，转向的目标地址可以在这条指令的前 126B 到后 129B 之间。

【例 3-49】 程序中等待功能常由以下指令实现：

HERE：SJMP HERE

或　　　　　SJMP $

指令中偏移量 rel 在汇编时自动算出为 0FEH，即 -2 的补码，执行后目标地址就是本指令的起始地址。

4. 散转指令

JMP @A+DPTR ;PC←(A)+(DPTR)

这条指令的功能是把累加器 A 中 8 位无符号数与数据指针 DPTR 中的 16 位数相加（模 2^{16}），结果作为下条指令地址送入 PC，不改变累加器和数据指针内容，也不影响标志。利用这条指令能实现程序的散转。

【例 3-50】 设累加器 A 中存放待处理命令的编号（0~n；n≤85），程序存储器中存放着标号为 PGTB 的转移表，则执行以下程序，将根据 A 内命令编号转向相应的命令处理程序。

```
PG:      MOV     B,#3            ;A←(A)*3
         MUL     AB
         MOV     DPTR,#PGTB      ;DPTR←转移表首址
         JMP     @A+DPTR
PGTB:    LJMP    PG0             ;转向命令 0 处理入口
         LJMP    PG1             ;转向命令 1 处理入口
           ⋮
         LJMP    PGn             ;转向命令 n 处理入口
```

3.7.2 条件转移指令

条件转移指令在执行过程中判断某种条件是否满足，若满足则转移，否则顺序执行下面的指令。目的地址在以下一条指令的起始地址为中心的 256B 范围中（−128B ~ +127B）。当条件满足时，把 PC 加到指向下一条指令的第一个字节地址，再把有符号的相对偏移量加到 PC 上，计算出转向地址。指令中的相对偏移量均可用标号代入。

条件转移指令可分为测试条件符合转移、比较不相等转移、减 1 不为 0 转移三类。

1. 测试条件符合转移指令

JZ rel	;若(A) = 0,则 PC←(PC)+2+rel
	;若(A) ≠ 0,则 PC←(PC)+2
JNZ rel	;若(A) ≠ 0,则 PC←(PC)+2+rel
	;若(A) = 0,则 PC←(PC)+2
JC rel	;若 Cy = 1,则 PC←(PC)+2+rel
	;若 Cy = 0,则 PC←(PC)+2
JNC rel	;若 Cy = 0,则 PC←(PC)+2+rel
	;若 Cy = 1,则 PC←(PC)+2
JB bit,rel	;若(bit) = 1,则 PC←(PC)+3+rel
	;若(bit) = 0,则 PC←(PC)+3
JNB bit,rel	;若(bit) = 0,则 PC←(PC)+3+rel
	;若(bit) = 1,则 PC←(PC)+3
JBC bit,rel	;若(bit) = 1,则 PC←(PC)+3+rel,且 bit←0
	;若(bit) = 0,则 PC←(PC)+3

2. 比较不相等转移指令

CJNE A,#data,rel	;若(A) ≠ data,	则 PC←(PC)+3+rel,Cy 按规则形成
	;若(A) = data,	则 PC←(PC)+3,Cy = 0
CJNE A,direct,rel	;若(A) ≠ (direct),	则 PC←(PC)+3+rel,Cy 按规则形成
	;若(A) = (direct),	则 PC←(PC)+3,Cy = 0
CJNE Rn,#data,rel	;若(Rn) ≠ data,	则 PC←(PC)+3+rel,Cy 按规则形成
	;若(Rn) = data,	则 PC←(PC)+3,Cy = 0
CJNE @Ri,#data,rel	;若((Ri)) ≠ data,	则 PC←(PC)+3+rel,Cy 按规则形成
	;若((Ri)) = data,	则 PC←(PC)+3,Cy = 0

比较不相等转移指令的功能是，当第 1 操作数和第 2 操作数不相等时，程序发生转移，否则顺序执行。Cy 形成的规则为：第 1 操作数小于第 2 操作数时，Cy = 1，否则 Cy = 0。此类指令不改变任何操作数。

【例 3-51】 以下程序中，执行第 1 条比较不相等转移指令后，将根据 R4 的内容大于 35H、等于 35H、小于 35H 三种情况作不同的处理：

```
        CJNE   R4,#35H,NEQ ;(R4)≠35H 转移
   EQ:  …                  ;(R4)= 35H 处理程序
        ⋮
   NEQ: JC     LESS         ;(R4)<35H 转移
   LAG: …                   ;(R4)>35H 处理程序
        ⋮
   LESS: …                  ;(R4)<35H 处理程序
```

3. 减 1 不为 0 转移指令

DJNZ	Rn,rel	;Rn←(Rn)−1
		;若(Rn) ≠ 0,则 PC←(PC)+2+rel
		;若(Rn) = 0,则 PC←(PC)+2
DJNZ	direct,rel	;direct←(direct)−1

```
                              ;若(direct)≠0,则 PC←(PC)+3+rel
                              ;若(direct)= 0,则 PC←(PC)+3
```

这两条指令的功能是,首先将第 1 操作数减 1,判断结果是否为 0,若为 0,则程序顺序执行;若不为 0,则程序按偏移地址转移。这两条指令常用于构成循环程序,第 1 操作数就是循环次数。

【例 3-52】 编制程序,将内部 RAM 70H 字节起始的 16 个数送外部 RAM 1000H 字节起始的 16 个单元。

```
         MOV    R7,#16         ;数据长度送 R7
         MOV    R0,#70H        ;数据块起始地址送 R0
         MOV    DPTR,#1000H    ;存放区起始地址送 DPTR
LOOP:    MOV    A, @ R0        ;从内 RAM 取数据
         MOVX   @ DPTR,A       ;数据送外 RAM
         1NC    R0             ;修改数据地址
         1NC    DPTR           ;修改存放地址
         DJNZ   R7,LOOP        ;数据未送完,则继续送,否则结束
```

3.7.3 子程序调用和返回指令

编写程序时,为了减少编写和调试工作量,减少程序占有的存储空间,常把具有某种完整功能的公用程序段定义为子程序,以供调用。

在需要时主程序通过调用指令自动转入子程序。子程序执行完后,通过放在子程序末尾的返回指令自动返回断点地址,执行调用指令下面的下一条指令,实现主程序对子程序的一次完整调用。主程序可在多处对同一个子程序进行多次调用。图 3-11 给出了主程序二次调用子程序的情况。

调用和返回指令是成对使用的,调用指令具有把程序计数器 PC 中断点地址保护到堆栈、把子程序入口地址自动送入程序计数器 PC 的功能,返回指令具有把堆栈中的断点地址自动恢复到程序计数器 PC 的功能。

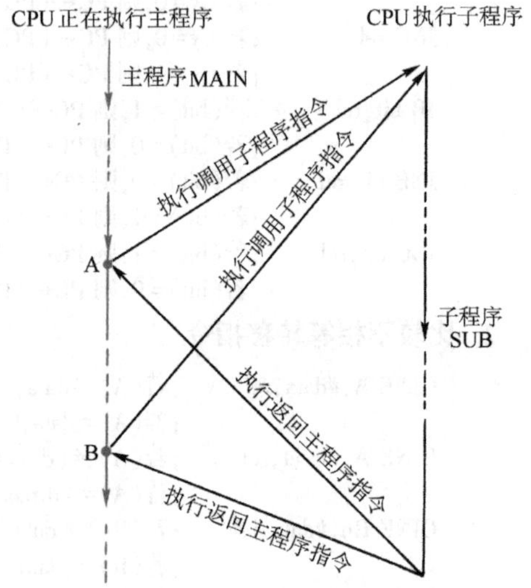

图 3-11 主程序二次调用子程序示意图

1. 长调用指令

```
   LCALL addr16   ;PC←(PC)+3
                  ;SP←(SP)+1,(SP) ←PC₇₋₀
```
```
                  ;SP←(SP)+1,(SP) ←PC₁₅₋₈
                  ;PC←addr16
```

指令中 addr16 是被调用子程序的 16 位首地址,编程时可用标号表示。主程序和被调用子程序可以位于 64 KB 范围内任何地方。

【例 3-53】 设(SP)= 30H,标号 M1 的值为 0500H,标号 SUB1 的值为 9000H,则执行指令:

```
   M1:LCALL SUB1
```

结果为

```
   (SP)= 32H,(31H)= 03H,(32H)= 05H,(PC)= 9000H
```

2. 短调用指令

```
   ACALL addr11   ;PC←(PC)+2
                  ;SP←(SP)+1,(SP)←PC₇₋₀
```

```
;SP←(SP)+1,(SP)←PC₁₁~₈
;PC₁₀~₀←addr11
```

指令中 addr11 是被调用子程序首地址的低 11 位，编程时可用标号表示，所调用的子程序的起始地址必须在与 ACALL 下面指令的第一个字节在同一个 2KB 区域内。

【例 3-54】　设(SP)= 30H，标号 M1 的值为 8500H，标号 SUB1 的值为 8600H，则执行指令：

```
M1:ACALL SUB1
```

结果为

$$(SP)= 32H,(31H)= 02H,(32H)= 85H,(PC)= 8600H$$

3. 返回指令

子程序返回指令：

```
RET    ;PC₁₅~₈←((SP)),SP←(SP)-1
       ;PC₇~₀←((SP)),SP←(SP)-1
```

中断返回指令：

```
RETI   ;PC₁₅~₈←((SP)),SP←(SP)-1
       ;PC₇~₀←((SP)),SP←(SP)-1
       ;清相应中断优先级状态位
```

返回指令把堆栈保存的主程序断点地址恢复到程序计数器 PC 中，使程序回到断点处继续执行。

子程序返回指令必须用在子程序末尾，中断返回指令必须用在中断服务程序末尾。RET 指令和 RETI 指令的功能差别为：执行 RETI 指令后，除程序返回原断点处继续执行外，还将清除相应中断优先级状态位，以允许单片机响应该优先级的中断请求。

【例 3-55】　编制程序将 30H、31H，32H、33H，34H、35H 单元中存放的双字节数（均小于 32768）扩大一倍。（设低位在低字节）

```
            MOV    R0 ,# 30H
            ACALL  LSHIFT
            MOV    R0 ,# 32H
            ACALL  LSHIFT
            MOV    R0 ,# 34H
            ACALL  LSH1FT
            ...
LSHIFT: MOV    A ,@ R0
            CLR    C
            RLC    A
            MOV    @ R0 ,A
            INC    R0
            RLC    A
            MOV    @ R0 ,A
            RET
```

4. 空操作指令

```
NOP    ;PC←(PC)+1
```

该指令使 PC 内容加 1，仅产生一个机器周期的延时，不进行任何操作。

3.8　习题

1. 指出下列指令中画线操作数的寻址方式和指令的操作功能。

```
MOV    A,#78H
MOV    A,78H
MOV    A,R6
INC    @R0
PUSH   ACC
RL     A
CPL    30H
SJMP   $
MOVC   A,@A+PC
```

2. 指出下列指令中哪些是非法的?

```
INC    @R1
DEC    DPTR
MOV    A,@R2
MOV    R1,@R0
MOV    P1.1,30H
MOV    #30H,A
MOV    20H,21H
MOV    OV,30H
MOV    A,@A+DPTR
RRC    30H
RL     B
ANL    20H,#30H
XRL    C,30H
```

3. 如何将 1 个立即数 30H 送入内部 RAM 90H 单元? 如何将该立即数送特殊功能寄存器 P1?

4. 执行下列一般程序后, 试分析有关单元内容。

```
MOV    PSW,#0
MOV    R0,#30H
MOV    30H,#40H
MOV    40H,#50
MOV    A,@R0
ADDC   A,#0CEH
INC    R0
```

5. 试编写一段程序, 将内部 RAM 40H、41H 单元内容传送到外部 RAM 2000H、2001H 单元中去。

6. 试编写一段程序, 根据累加器 A 的内容, 到程序存储器 1000H 起始的表格中取一双字节数, 送内部 RAM 50H、51H 单元。

7. 试编写一段程序, 进行两个 16 位数的相减运算: 6483H-56E2H。结果高 8 位存内部 RAM 40H, 低 8 位存 41H。

8. 试编写一段程序, 将 30H、31H 单元中存放的两个 BCD 数, 压缩成一个字节 (原 30H 单元内容为高位), 并放入 30H 单元。

9. 试编写一段程序, 将 30H~32H 单元中的压缩 BCD 拆成 6 个单字节 BCD 数, 并放入 33H~38H 单元。

10. 设晶振频率为 6 MHz, 试编写一个延时 1 ms 的子程序, 并利用该子程序, 编写一段主程序, 在 P1.0 引脚上输出高电平宽 2 ms、低电平宽 1 ms 的方波信号。

第 4 章　单片机的其他片内功能部件

MCS-51 的其他内部功能部件包括并行口、定时器和串行口。MCS-51 系列所有的产品一般都具有这些部件。除此以外，一些新型的 51 系列单片机还在片内集成了 A-D 转换器、PWM 输出口、实时时钟、I^2C BUS 串行口和 Watchdog 等部件。

教学视频 4-1

4.1　并行 I/O 口

8051 单片机内部有 4 个 8 位并行 I/O 端口，记作 P0、P1、P2 和 P3，每个端口都是 8 位准双向口，包含一个锁存器、一个输出驱动器和一个输入缓冲器。

P0~P3 这四个并行 I/O 口都可以作准双向通用 I/O 口，既可以作输入口，又可以作输出口，还可以作双向口。输出有锁存功能，输入有三态缓冲但无锁存功能。它们既可以按字节寻址，也可以按位独立输入/输出。一般称这种功能为第一功能。

P0、P2 和 P3 口还有复用的第二功能。

P0~P3 口在结构和特性上有相同之处，但又各具特色。它们的电路设计非常巧妙。熟悉它们的逻辑电路，不但有利于正确合理使用这 4 个并行 I/O 口，而且会对设计单片机外围逻辑电路有所启发。下面分别进行介绍。

4.1.1　P1 口

1. P1 口的内部结构

图 4-1 为 P1 口的位结构原理图，P1 口是准双向口，它的每一位可以分别定义为输入线或输出线，用户可以把 P1 口的某些位作为输出线使用，另外的一些位作为输入线使用。

输出时，将 "1" 写入 P1 口的某一位口锁存器，则 $\overline{Q}$ 端上的输出场效应晶体管 T 截止，该位的输出引脚由内部的拉高电路拉成高电平输出 "1"；将 "0" 写入口锁存器，输出场效应晶体管 T 导通，引脚输出低电平，即输出 "0"。

输入时，该位的口锁存器必须置 "1"，使输出场效应晶体管 T 截止，这时该位引脚由内部拉高电路拉成高电平，也可以由外部

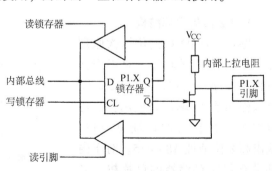

图 4-1　P1 口的位结构

的电路拉成低电平，CPU 读 P1 引脚状态时实际上就是读取外部电路的输入信息。P1 口作为输入时，可以被任何 TTL 电路和 MOS 电路所驱动，由于内部具有提升电路，也可直接被集电极开路或漏极开路的电路所驱动。

2. P1 口作通用 I/O 口

对 P1 口的操作，可以采用字节操作，也可以采用位操作。复位以后，口锁存器为"1"，对于作为输入的口线，相应位的口锁存器不能写入"0"，在图 4-2 中 P1.0～P1.3 作为输出线，接指示灯 L0～L3，P1.4～P1.7 作为输入线，接 4 个开关 S0～S3。例 4-1 的子程序采用字节操作指令将开关状态送指示灯显示，Si 闭合，Li 亮。例 4-2 用位操作指令实现同样的功能。

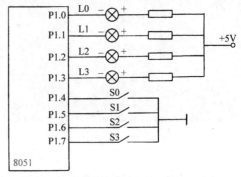

图 4-2　P1 口的输入/输出

【例 4-1】

```
    MOV     A,P1
    SWAP    A
    ORL     A,#0F0H        ;保持 P1.4～P1.7 口锁存器为 1
    MOV     P1,A
    RET
```

【例 4-2】

```
    MOV     C,P1.4         ;位传送不影响 P1.4～P1.7 口锁存器
    MOV     P1.0,C
    MOV     C,P1.5
    MOV     P1.1,C
    MOV     C,P1.6
    MOV     P1.2,C
    MOV     C,P1.7
    MOV     P1.3,C
    RET
```

CPU 对端口的操作有两种：一种是"读-修改-写"指令（例如，ORL P1, #0F0H），先将 P1 口的数据读入 CPU，在 ALU 中进行运算，运算结果再送回 P1 口；另一种是读指令（例如，MOV A, P1），CPU 读取口引脚上的外部输入信息，这时引脚状态通过下方的三态缓冲器送到内部总线。

4.1.2　P2 口

1. P2 口的内部结构

图 4-3 为 P2 口的位结构原理图。P2 口有两种功能，对于内部有程序存储器的单片机，P2 口既可以作为输入/输出口使用，也可以作为系统扩展的地址总线口，输出高 8 位地址 A8～A15。对于内部没有程序存储器的单片机，必须外接程序存储器，一般情况下

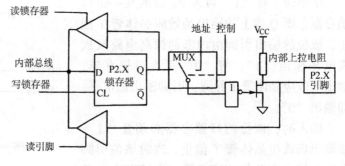

图 4-3　P2 口的位结构

P2 口只能作为系统扩展的高 8 位地址总线口,而不能作为外部设备的输入/输出口。

P2 口的输出驱动器上有一个多路电子开关,当输出驱动器转接至 P2 口锁存器的 Q 端时,P2 口作为第一功能输入/输出线,这时 P2 口的结构和 P1 口相似,其功能和使用方法也和 P1 口相同。

当输出驱动器转接至地址时,P2 口引脚状态由所输出的地址确定。CPU 访问外部的程序存储器时,P2 口输出程序存储器的地址 A8~A15,该地址来源于内部的程序计数器 PC 的高 8 位。当 CPU 以 16 位地址指针 DPTR 访问外部 RAM/IO 时,P2 口输出的地址来源于 DPH。

2. P2 口作通用 I/O 口

对于内部有程序存储器的单片机所构成的基本系统(如 8751 或定制的 8051),既不扩展程序存储器,也不扩展 RAM/IO 口,这时 P2 口作为 I/O 口使用,和 P1 口一样,是一个准双向口,对 P2 口操作可以采用字节操作,也可以采用位操作。

【例 4-3】

```
XRL  P2,#01H   ;P2.0 取反
CPL  P2.0      ;P2.0 取反
```

3. P2 口作地址总线

在系统中如果外接有程序存储器,由于访问片外程序存储器的连续不断的取指操作,P2 口需要不断送出高位地址,这时 P2 口的全部口线均不宜再作 I/O 口使用。

在无外接程序存储器而有片外数据存储器的系统中,P2 口使用可分为两种情况:

1)若片外数据存储器的容量小于等于 256B,可使用"MOVX A,@DPTR",或者"MOVX @Ri,A"类指令访问片外数据存储器,这时 P2 口不输出地址,P2 口仍可作为 I/O 口使用。

【例 4-4】 将 56H 写入外部 RAM 的 38H 单元,CPU 执行下面的程序段不影响 P2 口状态:

```
MOV   R0, #38H
MOV   A, #56H
MOVX  @R0, A
```

2)若片外数据存储器的容量大于等于 256B,这时使用"MOVX A,@DPTR"与"MOVX @DPTR,A"指令访问片外数据存储器,P2 口需输出高 8 位地址。在片外数据存储器读、写选通期间,P2 口引脚上锁存高 8 位地址信息,但是在选通结束后,P2 口内原来锁存的内容又重新出现在引脚上。此时可以根据片外数据存储器读、写选通的频繁程度,有限制地将 P2 口作 I/O 口使用。此时可从软件上设置,只利用 P1、P3 甚至 P2 口中的某几根口线送高位地址,从而保留 P2 口的全部或部分口线作 I/O 口用。注意,这时使用的是"MOVX A,@Ri"及"MOVX @Ri,A"类访问指令,高位地址不再是自动送出的,而要通过程序设定。

【例 4-5】 某一单片机系统片外数据存储器地址范围为 0~0FFFH,将 56H 写入外部 RAM 的 0438H 单元,CPU 执行下面的程序段不会影响 P2 口高 4 位的状态:

```
ANL   P2,#0F0H
ORL   P2,#04H
MOV   R0,#38H
MOV   A,#56H
MOVX  @R0, A
```

4.1.3 P0 口

P0 口的位结构如图 4-4 所示。它由一个输出锁存器、两个三态输入缓冲器和输出驱动电路及控制电路组成。其工作状态受控制电路"与门"4、"反相器"3 和"多路

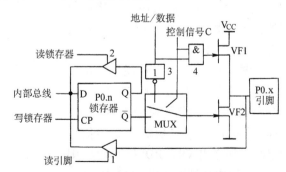

图 4-4 P0 口的位结构

转换开关" MUX 控制。

当 CPU 使控制信号 C = 0 时, 转换开关 MUX 拨向锁存器的 $\overline{Q}$ 输出端。P0 口为通用 I/O 口; 当 C = 1 时, 开关 MUX 拨向反相器 3 的输出端, P0 口分时作为地址/数据总线使用。因此, P0 口有两种功能: 地址/数据分时复用总线和通用 I/O 接口。

在访问外部存储器时, P0 口是一个真正的双向口, 当 P0 口输出地址/数据信息时, 控制信号为 "1", 使模拟开关 MUX 把地址/数据信息经反相器和 VF2 接通, 同时打开与门, 输出的地址/数据信息即通过与门去驱动 VF1, 又通过反相器去驱动 VF2, 使两个 FET 构成推拉输出电路。若地址/数据信息为 "0", 则该信号使 VF1 截止, 使 VF2 导通, 从而引脚上输出相应的 "0" 信号。若地址/数据信息为 "1", 则 VF1 导通, VF2 截止, 引脚上输出 "1" 信号。若由 P0 口输入数据, 则输入信号从引脚通过输入缓冲器进入内部总线。

当 P0 口作为通用 I/O 口使用时, CPU 内部发控制信号 "0" 封锁与门, 使 VF1 截止, 同时使模拟开关 MUX 把锁存器的 $\overline{Q}$ 端与 VF2 的栅极接通。在 P0 作输出时, 由于 $\overline{Q}$ 端和 VF2 的反相作用, 内部总线上的信号与到达 P0 上的信息是同相位的, 只要写脉冲加到锁存器的 CP 端, 内部总线上的信息就送到了 P0 的引脚上, 此时 VF2 为漏极开路输出, 故需外接上拉电阻。

当 P0 口作输入时, 由于该信号既加到 VF2 又加到下面一个三态缓冲器上, 假若此前该口曾输出锁存过数据 "0", 则 VF2 是导通的, 这样, 引脚上的电位就被 VF2 钳在 "0" 电平上, 使输入的 "1" 无法读入, 故作为通用 I/O 口使用时, P0 口是一个准双向口, 即输入数据前, 应先向口写 "1", 使 VF2 截止。但在访问外部存储器期间, CPU 会自动向 P0 的锁存器写入 "1", 所以对用户而言, P0 口作为地址/数据总线时, 则是一个真正的双向口。

综上所述, P0 口既可作通用 I/O 口 (用 8051/8751 时) 使用, 又可作地址/数据分时复用总线使用。作通用 I/O 输出时, 输出级属开漏电路, 必须外接上拉电阻, 才有高电平输出; 作通用 I/O 输入时, 必须先向对应的锁存器写入 "1", 使 VF1 截止, 不影响输入电平, 这就是 "准双向" 的含义。当 P0 口被地址/数据总线占用时, 在从 P0 口输入数据前, CPU 会自动地把对应的锁存器写入 "1", 从而被称为 "真双向" 数据总线。另外, 因为采用了复用技术, 要使地址和数据分离, 必须在片外增加一个地址锁存器, 用于锁存 P0 口输出的地址信号。这时, P0 口不能再作通用 I/O 口使用了。

4.1.4　P3 口

1. P3 口的内部结构

图 4-5 为 P3 口的位结构原理图。P3 口除了作为准双向通用 I/O 接口使用外, 每一根线还具有第二种功能, 其定义见表 4-1。

由图可见, 当 P3 口作通用输出口使用时, 选择输出功能端应为 "1", 使锁存器的信号能顺利传送到引脚。同样, 若需用于第二功能作专用信号输出时 (如送出 $\overline{\text{WR}}$、$\overline{\text{RD}}$ 等信号), 则该位锁存器的 Q 端置 "1", 使 $\overline{\text{WR}}$、$\overline{\text{RD}}$

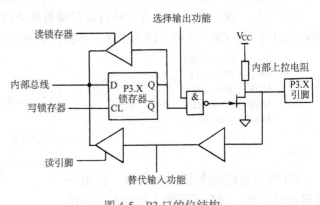

图 4-5　P3 口的位结构

等信号顺利传送到引脚。而对输入而言，无论该位是作通用输入口或作第二功能输入口，相应的锁存器和选择输出功能端都应置"1"，这个工作在开机复位时自动完成。

2. P3 口作通用 I/O 口

一般情况下，P3 口部分口线作为第一功能输入/输出线，另一部分口线作为第二功能输入/输出线，对于第一功能输入或第二功能输入/输出的口线，相应的口锁存器不能写入"0"。

表 4-1 P3 口的第二功能定义

引脚	第 二 功 能
P3.0	RXD（串行输入口）
P3.1	TXD（串行输出口）
P3.2	$\overline{INT0}$（外部中断 0 请求输入端）
P3.3	$\overline{INT1}$（外部中断 1 请求输入端）
P3.4	T0（定时器/计数器 0 计数脉冲输入端）
P3.5	T1（定时器/计数器 1 计数脉冲输入端）
P3.6	$\overline{WR}$（片外数据存储器写选通信号输出端）
P3.7	$\overline{RD}$（片外数据存储器读选通信号输出端）

例如，若将"0"写入 P3.6、P3.7，则 CPU 不能对外部 RAM/IO 进行读/写，若将 0 写入 P3.0、P3.1 则串行口不能正常工作。与 P1 口相同，对 P3 口的操作可以采用字节操作指令，也可采用位操作指令。

【例 4-6】

```
ANL    P3, #0DFH    ;0→P3.5
CLR    P3.5         ;0→P3.5
ORL    P3, #20H     ;1→P3.5
SETB   P3.5         ;1→P3.5
XRL    P3, #20H     ;P3.5 取反
CPL    P3.5         ;P3.5 取反
```

从例 4-6 中可以看出，将某一位置"1"或清零时，用位操作指令直观，不容易混淆，而采用逻辑操作指令时，应仔细考虑屏蔽字节常数的值。

4.2 定时器/计数器

在单片机实时应用系统中，往往需要实时时钟或对外部参数计数的功能。一般常用软件、专门的硬件电路或可编程定时器/计数器来实现。采用软件只能定时，且占用 CPU 的时间，降低了 CPU 的使用效率。若用专门的硬件电路，参数调节不便。最好的方法是利用可编程定时器/计数器。MCS-51 单片机内部提供了两个 16 位的可编程定时器/计数器，通过编程可方便灵活地修改定时或计数的参数或方式，并能与 CPU 并行工作，大大提高 CPU 的工作效率。

4.2.1 定时器的一般结构和工作原理

定时器/计数器作为 MCS-51 单片机的重要功能模块之一，在检测、控制及智能仪器等应用中发挥重要作用。常用定时器作实时时钟，实现定时检测、定时控制。计数器主要用于外部事件的计数。

定时器由一个 N 位计数器、计数时钟源控制电路、状态和控制寄存器等组成，计数器的计数方式有加"1"和减"1"两种，计数时钟可以是内部时钟也可以是外部输入时钟（以外部输入脉冲作为时钟），其一般结构如图 4-6 所示。它具有以下特点。

1) MCS-51 内部定时器/计数器可以分为定时器模式和计数器模式两种。在这两种模式下，又可单独设定为方式 0、方式 1、方式 2 和方式 3 工作。

2) 定时模式下的定时时间或计数器模式下的计数值均可由 CPU 通过程序设定，但都不能

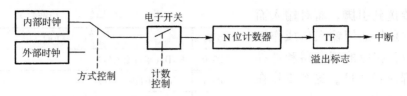

图 4-6 定时器的一般结构

超过各自的最大值。最大定时时间或最大计数值和定时器/计数器位数的设定有关，而位数设定又取决于工作方式的设定。例如，若定时器/计数器在定时器模式的方式 0 下工作，则它按二进制 13 位计数。因此，最大定时时间为

$$T_{max} = 2^{13} \times T_{计数}$$

式中，$T_{计数}$ 为定时器/计数器的计数脉冲周期时间，由单片机主脉冲经 12 分频得到。

3）定时器/计数器是一个二进制的加"1"计数器，当计数器计满回零时能自动产生溢出中断请求，表示定时时间已到或计数已经终止。

1. 定时方式

当定时器/计数器工作在定时方式时，每一个机器周期计数器加"1"，直至计满溢出产生中断请求。对于一个 N 位的加 1 计数器，若计数时钟的频率 f 是已知的，则从初值 a 开始加 1 计数至溢出所占用的时间为

$$T = \frac{1}{f} \times (2^N - a)$$

当 $N = 8$、$a = 0$、$t = \frac{1}{f}$ 时，最大的定时时间为

$$T = 256t$$

这种情况下就工作于定时器方式，其计数目的就是为了定时。

2. 计数方式

当定时器/计数器工作在计数方式时，外部输入信号是加到 T0（P3.4）或 T1（P3.5）端。外部输入信号的下降沿将触发计数，计数器在每个机器周期的 S5P2 期间采样外部输入信号，若一个周期的采样值为"1"，下一个周期的采样值为"0"，则计数器加"1"，故识别一个从"1"到"0"的跳变需 2 个机器周期，所以，对外部输入信号最高的计数速率是晶振频率的 1/24。同时，外部输入信号的高电平与低电平保持时间均需大于一个机器周期。这种方式通常称为计数方式。

例如，在电动机控制中，通过计取测速传感器（如旋转编码器）的脉冲个数，就可以达到对电动机转速进行测量的目的。在转速较高的数字转速测量中，常采用 M 法，即在规定检测周期内，计取测速传感器（如旋转编码器）的脉冲个数；在转速较低的测量中，常采用 T 法，即在测速传感器一个脉冲周期内，计取高频时钟脉冲的个数。

一旦定时器/计数器被设置成某种工作方式后，它就会按设定的工作方式独立运行，不再占用 CPU 的操作时间，直到加 1 计数器计满溢出，才向 CPU 申请中断。

4.2.2 定时器/计数器 T0 和 T1

MCS-51 系列的单片机内有两个 16 位的定时器/计数器：定时器 0（T0）和定时器 1（T1）。定时器/计数器是一种可编程的部件，在其工作之前必须将控制字写入工作方式和控制寄存器，用以确定工作方式，这个过程称为定时器/计数器的初始化。直接与 16 位定时器/计数器 T0、

T1 有关的特殊功能寄存器有 TH0、TL0、TH1、TL1、TMOD、TCON，另外还有中断控制寄存器 IE、IP。TH0、TL0 为 T0 的 16 位计数器的高 8 位和低 8 位，TH1、TL1 为 T1 的 16 位计数器的高 8 位和低 8 位，TCON 为 T0、T1 的状态和控制寄存器，存放 T0、T1 的运行控制位和溢出中断标志。

通过对 TH0、TL0 和 TH1、TL1 的初始化编程来设置 T0、T1 计数器初值，通过对 TCON 和 TMOD 的编程来选择 T0、T1 的工作方式和控制 T0、T1 的运行。

1. 方式寄存器 TMOD

特殊功能寄存器 TMOD 为 T0、T1 的工作方式寄存器，其格式如下：

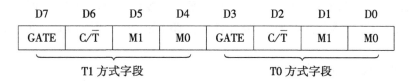

TMOD 的所有位复位后清零。TMOD 不能位寻址，只能用字节方式设置。

各位的功能如下。

（1）M1、M0：工作方式控制位

可构成如表 4-2 所示的 4 种工作方式。

表 4-2 定时器的方式选择

M1	M0	工作方式	功能说明
0	0	0	为 13 位的定时器/计数器
0	1	1	为 16 位的定时器/计数器
1	0	2	为常数自动重新装入的 8 位定时器/计数器
1	1	3	仅适用于 T0，分为两个 8 位计数器，T1 停止计数

（2）$C/\overline{T}$：定时器/外部事件计数方式选择位

如前所述，定时器方式和外部事件计数方式的差别是计数脉冲源和用途的不同，$C/\overline{T}$ 实际上是选择计数脉冲源。

$C/\overline{T}=0$ 为定时方式。在定时方式中，以振荡器输出时钟脉冲的 12 分频信号作为信号，也就是每一个机器周期定时器加 "1"。若晶振为 12 MHz，则定时器计数频率为 1 MHz，计数的脉冲周期为 1 μs。定时器从初值开始加 "1" 计数，直至定时器溢出所需的时间是固定的，所以称为定时方式。

$C/\overline{T}=1$ 为外部事件计数方式，这种方式采用外部引脚（T0 为 P3.4，T1 为 P3.5）上的输入脉冲作为计数脉冲。对外部输入脉冲计数的目的通常是为了测试脉冲的周期、频率或对输入的脉冲数进行累加。

（3）GATE：门控位

GATE 为 "1" 时，定时器的计数受外部引脚输入电平的控制（$\overline{INT0}$ 控制 T0 的运行，$\overline{INT1}$ 控制 T1 的运行）。只有 $\overline{INT0}$（或 $\overline{INT1}$）引脚为 "1"，且用软件对 TR0（或 TR1）置 "1"，才能启动定时器。

GATE 为 "0" 时，定时器计数不受外部引脚输入电平的控制。只要用软件对 TR0（或 TR1）置数就能启动定时器。

2. 控制寄存器 TCON

特殊功能寄存器 TCON 的高四位为定时器的运行控制位和溢出标志位，低四位为外部中断的触发方式控制位和锁存外部中断请求源（见4.4）。TCON 格式如下：

D7	D6	D5	D4	D3	D2	D1	D0
TF1	TR1	TF0	TR0	IE1	IT1	IE0	IT0

（1）定时器 T0 运行控制位 TR0

TR0 由软件置位和清零。门控位 GATE 为"0"时，T0 的计数仅由 TR0 控制，TR0 为"1"时允许 T0 计数，TR0 为"0"时禁止 T0 计数；门控位 GATE 为"1"时，仅当 TR0 等于"1"且 $\overline{\text{INT0}}$（P3.2）输入为高电平时 T0 才计数，TR0 为"0"或 $\overline{\text{INT0}}$ 输入低电平时都禁止 T0 计数。

（2）定时器 T0 溢出标志位 TF0

当 T0 被允许计数以后，T0 从初值开始加"1"计数，最高位产生溢出时，TF0 置"1"。TF0 可以由程序查询和清零。TF0 也是中断请求源，当 CPU 响应 T0 中断时，由硬件清零。

（3）定时器 T1 运行控制位 TR1

TR1 由软件置位和清零。门控位 GATE 为"0"时，T1 的计数仅由 TR1 控制，TR1 为"1"时允许 T1 计数，TR1 为"0"时禁止 T1 计数；门控位 GATE 为"1"时，仅当 TR1 为"1"且 $\overline{\text{INT1}}$（P3.3）输入为高电平时 T1 才计数，TR1 为"0"或 $\overline{\text{INT1}}$ 输入低电平时都将禁止 T1 计数。

（4）定时器 T1 溢出标志位 TF1

当 T1 被允许计数以后，T1 从初值开始加"1"计数，最高位产生溢出时，TF1 置"1"。TF1 可以由程序查询和清零，TF1 也是中断请求源，当 CPU 响应 T1 中断时，由硬件清零。

3. T0、T1 的工作方式和计数器结构

由上可知，TMOD 中的 M1、M0 具有 4 种组合，从而构成定时器/计数器的 4 种工作方式。不同工作方式的计数器的结构不同，功能上也有差别，下面以 T0 为例说明各种工作方式的结构和工作原理。

（1）工作方式 0

定时器 T0 方式 0 的结构框图如图 4-7 所示。方式 0 为 13 位的计数器，由 TL0 的低 5 位和 TH0 的 8 位组成，TL0 低 5 位计数溢出时向 TH0 进位，TH0 计数溢出时，置"1"溢出标志 TF0。

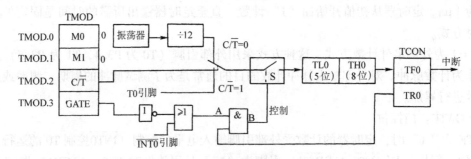

图 4-7 定时器 T0 方式 0 结构图

在图 4-7 的 T0 计数脉冲控制电路中，有一个方式电子开关和允许计数控制电子开关。$C/\overline{T}=0$ 时，方式电子开关打在上面，以振荡器的 12 分频信号作为 T1 的计数信号；$C/\overline{T}=1$

时，方式电子开关打在下面，此时以 T0（P3.4）引脚上的输入脉冲作为 T0 的计数脉冲。

当 GATE 为 "0" 时，只要 TR0 为 "1"，计数控制开关的控制端即为高电平，使开关闭合，计数脉冲加到 T0，允许 T0 计数。

当 GATE 为 "1" 时，仅当 TR0 为 "1" 且 $\overline{INT0}$ 引脚上输入高电平时控制端才为高电平，才使控制开关闭合，允许 T0 计数，TR0 为 "0" 或 $\overline{INT0}$ 输入低电平都使控制开关断开，禁止 T0 计数。

若 T0 工作于方式 0 定时，计数初值为 a，则 T0 从初值 a 加 "1" 计数至溢出的时间 T（μs）为

$$T = \frac{12}{f_{osc}} \times (2^{13} - a)$$

如果 $f_{osc} = 12\,MHz$，则 $T = 12^{13} - a$。

（2）工作方式 1

方式 1 和方式 0 的差别仅仅在于计数器的位数不同，方式 1 为 16 位的定时器/计数器。定时器 T0 工作于方式 1 的逻辑结构框图如图 4-8 所示。

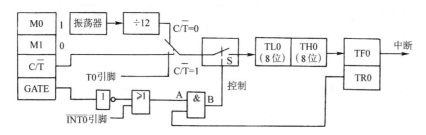

图 4-8 定时器 T0 方式 1 结构图

T0 工作于方式 1 时，由 TH0 作为高 8 位，TL0 作为低 8 位，构成一个 16 位计数器。若 T0 工作于方式 1 定时，计数初值为 a，$f_{osc} = 12\,MHz$，则 T0 从计数初值加 "1" 计数到溢出的定时时间 T（μs）为

$$T = 2^{16} - a$$

（3）工作方式 2

方式 2 为自动恢复初值的 8 位计数器，其逻辑结构如图 4-9 所示。

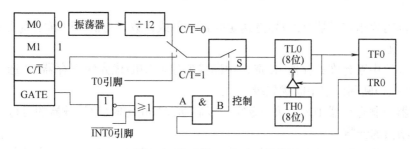

图 4-9 定时器 T0 方式 2 结构图

TL0 作为 8 位计数器，TH0 作为计数初值寄存器，当 TL0 计数溢出时，一方面置 "1" 溢出标志 TF0，向 CPU 请求中断，同时将 TH0 内容送 TL0，使 TL0 从初值开始重新加 "1" 计数。因此，T0 工作于方式 2 定时，定时精度比较高，但定时时间 T（μs）小。

$$T = \frac{12}{f_{osc}} \times (2^8 - a)$$

（4）工作方式 3

方式 3 只适用于 T0，若 T1 设置为工作方式 3 时，则使 T1 停止计数。此时 T0 的逻辑结构如图 4-10 所示。

T0 分为两个独立的 8 位计数器 TL0 和 TH0。TL0 使用 T0 的所有状态控制位 GATE、TR0、$\overline{INT0}$(P3.2)、T0(P3.4)、TF0 等，TL0 可以作为 8 位定时器或外部事件计数器，TL0 计数溢出时置"1"溢出标志 TF0，TL0 计数初值必须由软件每次设定。

TH0 被固定为一个 8 位定时器方式，并使用 T1 的状态控制位 TR1、TF1。TR1 为 1 时，允许 TH0 计数，当 TH0 计数溢出时置"1"溢出标志 TF1。一般情况下，只有当 T1 用于串行口的波特率发生器时，T0 才在需要时选工作方式 3，以增加一个计数器。这时 T1 的运行由设定的方式来控制，方式 3 停止计数，方式 0~2 允许计数，计数溢出时并不置"1"标志 TF1。

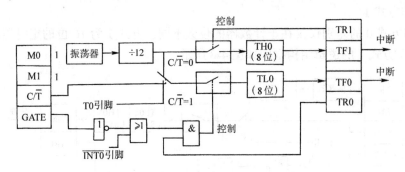

图 4-10　定时器 T0 方式 3 结构图

4.2.3 定时器/计数器的初始化

1. 初始化步骤

MCS-51 内部定时器/计数器是可编程序的，其工作方式和工作过程均可由 MCS-51 通过程序对它进行设定和控制。因此，MCS-51 在定时器/计数器工作前必须对它进行初始化。初始化步骤如下。

1）根据设计要求先给定时器方式寄存器 TMOD 送一个方式控制字，以设定定时器/计数器相应的工作方式。

2）根据实际需要给定时器/计数器选送定时器初值或计数器初值，以确定需要定时的时间和需要计数的初值。

3）根据需要给中断允许寄存器 IE 选送中断控制字和中断优先级寄存器 IP 选送中断优先级字，以开放相应中断和设定中断优先级。

4）给定时器控制寄存器 TCON 送命令字，以启动或禁止定时器/计数器的运行。

2. 计数器初值的计算

定时器/计数器在计数模式下工作时必须给计数器选送计数器初值，这个计数器初值是送到 TH0/TH1 和 TL0/TL1 中的。

定时器/计数器中的计数器是在计数初值基础上以加法计数的，并能在计数器从全"1"变为"0"时自动产生定时溢出中断请求。因此，可以把计数器计满为"0"所需要的计数值设定为 C 和计数初值设定为 TC，由此便可得到如下的计算通式：

$$TC = M - C$$

式中，M 为计数器模式，该值和计数器工作方式有关。在方式 0 时 $M = 2^{13}$；在方式 1 时 $M =$

2^{16}；在方式 2 和方式 3 时 $M = 2^8$。

3. 定时器初值的计算

在定时器模式下，计数器由单片机主脉冲经 12 分频后计数。因此，定时器定时时间 T 的计算公式为

$$T = (M - TC)\, T_{计数}$$

上式也可写成

$$TC = M - T / T_{计数}$$

式中，M 为模值，它和定时器的工作方式有关；$T_{计数}$ 是单片机时钟周期 T_{CLK} 的 12 倍；TC 为定时器的定时初值。

若设 $TC = 0$，则定时器定时时间为最大。由于 M 的值和定时器工作方式有关，因此不同工作方式下定时器的最大定时时间也不一样。例如，若设单片机主脉冲频率 Φ_{CLK} 为 12 MHz，则最大定时时间为

方式 0 时　　　　　　　　$T_{max} = 2^{13} \times 1\ \mu s = 8.192\ ms$

方式 1 时　　　　　　　　$T_{max} = 2^{16} \times 1\ \mu s = = 65.536\ ms$

方式 2 和方式 3 时　　　　$T_{max} = 2^8 \times 1\ \mu s = 0.256\ ms$

【例 4-7】　若单片机时钟频率 Φ_{CLK} 为 12 MHz，试计算定时 2 ms 所需的定时器初值。

解：由于定时器工作在方式 2 和方式 3 下时的最大定时时间只有 0.256 ms，因此要想获得 2 ms 的定时时间，定时器必须工作在方式 0 或方式 1。

若采用方式 0，则根据公式可得定时器初值为

$$TC = 2^{13} - 2\ ms / 1\ \mu s = 6192 = 1830H$$

即 TH0 应装#0C1H；TL0 应装#10H（高 3 位为 0）。

若采用方式 1，则根据公式可得定时器初值为

$$TC = 2^{16} - 2\ ms / 1\ \mu s = 63536 = F830H$$

即 TH0 应装#0F8H；TL0 应装#30H。

4.2.4　8052 等单片机的定时器/计数器 T2

8052 等单片机增加了一个定时器/计数器 T2。定时器/计数器 2 可以设置成定时器，也可以设置成外部事件计数器，并具有 3 种工作方式：16 位自动重装定时器/计数器方式、捕捉方式和串行口波特率发生器方式。

1. 定时器/计数器 T2 的结构

定时器/计数器 2 由特殊功能寄存器 TH2、TL2、RCAP2H、RCAP2L 等电路组成。TH2、TL2 构成 16 位加法计数器。RCAP2H、RCAP2L 构成 16 位寄存器，在自动重装方式中，RCAP2H、RCAP2L 作为 16 位初值寄存器，在捕捉方式中，当引脚 T2EX（P1.1）上出现负跳变时，把 TH2/TL2 的当前值捕捉到 RCAP2H、RCAP2L 中去。

T2CON 为 T2 的状态控制寄存器，其格式如下：

D7	D6	D5	D4	D3	D2	D1	D0
TF2	EXF2	RCLK	TCLK	EXEN2	TR2	C/$\overline{T2}$	CP/$\overline{RL2}$

1）TF2：T2 的溢出中断标志。在捕捉方式和常数自动再装入方式中，T2 加"1"计数溢出时，置"1"中断标志 TF2，CPU 响应中断转向 T2 中断入口（002BH）时，并不清零 TF2，

TF2 必须由用户程序清零。当 T2 作为串行口波特率发生器时，TF2 不会被置"1"。

2）EXF2：定时器 T2 外部中断标志。EXEN2 为"1"时，当 T2EX（P1.1）发生负跳变时置"1"中断标志 EXF2，CPU 响应中断转 T2 中断入口（022BH）时，并不清零 EXF2，EXF2 必须由用户程序清零。

3）TCLK：串行接口的发送时钟选择标志。TCLK = 1 时，T2 工作于波特率发生器方式，使定时器 T2 的溢出脉冲作为串行口方式 1 和方式 3 时的发送时钟。TCLK = 0 时，定时器 T1 的溢出脉冲作为串行口方式 1 和方式 3 时的发送时钟。

4）RCLK：串行接口的接收时钟选择标志位。RCLK = 1 时，T2 工作于波特率发生器方式，使定时器 T2 的溢出脉冲作为串行口方式 1 和方式 3 时的接收时钟，RCLK = 0 时，定时器 T1 的溢出脉冲作为串行口方式 1 和方式 3 时的接收时钟。

5）EXEN2：T2 的外部允许标志。T2 工作于捕捉方式，EXEN2 为"1"时，当 T2EX（P1.1）输入端发生高到低的跳变时，TL2 和 TH2 的当前值自动地捕捉到 RCAP2L 和 RCAP2H 中，同时还置"1"中断标志 EXF2（T2CON.6）；T2 工作于常数自动装入方式，EXEN2 为"1"时，当 T2EX（P1.1）输入端发生高到低的跳变时，常数寄存器 RCAP2L、RCAP2H 的值自动装入 TL2、TH2，同时置"1"中断标志 EXF2，向 CPU 申请中断。EXEN2 = 0 时，T2EX 输入电平的变化对定时器 T2 没有影响。

6）C/$\overline{\text{T2}}$：外部事件计数器/定时器选择位。C/$\overline{\text{T2}}$ = 1 时，T2 为外部事件计数器，计数脉冲来自 T2（P1.0）；C/$\overline{\text{T2}}$ = 0 时，T2 为定时器，以振荡脉冲的 12 分频信号作为计数信号。

7）TR2：T2 的计数控制位。TR2 为"1"时允许计数，为"0"时禁止计数。

8）CP/$\overline{\text{RL2}}$：捕捉和常数自动再装入方式选择位。CP/$\overline{\text{RL2}}$ 为"1"时工作于捕捉方式，CP/$\overline{\text{RL2}}$ 为"0"时 T2 为常数自动再装入方式。当 TCLK 或 RCLK 为"1"时，CP/$\overline{\text{RL2}}$ 被忽略，T2 总是工作于常数自动恢复的方式。

2. T2 的工作方式

（1）常数自动再装入方式

RCLK = 0、TCLK = 0、CP/$\overline{\text{RL2}}$ = 0 时，定时器/计数器 2 处于自动重装工作方式。其结构如图 4-11 所示。

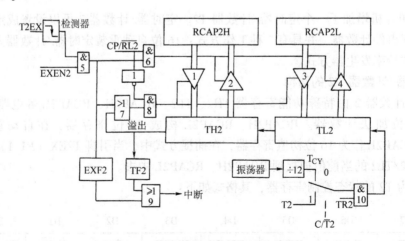

图 4-11　自动重装及捕捉方式结构图

TH2、TL2 构成 16 位加法计数器。RCAP2H、RCAP2L 构成 16 位初值寄存器，因为 CP/$\overline{\text{RL2}}$ = 0 封锁了三态门 2、4，打开了与门 8，当加法计数器计数溢出时，溢出信号（高电平）

经或门 7、与门 8 打开了三态门 1、3，将 RCAP2H、RCAP2L 中预置的初值自动装入 TH2、TL2。定时器/计数器 2 从初值开始重新加法计数。溢出信号还使溢出中断标志 TF2 = 1，向 CPU 申请中断。

若 TR2 = 0 封锁与门 10，定时器/计数器 2 停止工作。

$C/\overline{T2} = 0$、TR2 = 1 为定时器方式，机器周期脉冲 T_{CY} 送入加法计数器计数。当 $f_{osc} = 12\,MHz$ 时，定时范围为 $1 \sim 65536\,\mu s$。$C/\overline{T2} = 1$、TR2 = 1 为计数器方式。加法计数器对 T2（P1.0）引脚上的外部脉冲计数，计数范围为 $1 \sim 65536$。

EXEN2 = 1 时，如果 T2EX 引脚上电平无变化，定时器/计数器 2 的工作与上述相同。如果 T2EX 上出现"1"到"0"的负跳变，跳变检测器将输出高电平，经门 5、7、8，高电平打开三态门，将 RCAP2H、RCAP2L 中预置的初值送入 TH2、TL2，使定时器/计数器 2 提前开始新的计数周期。同时，置定时器/计数器 2 外部中断标志 EXF2 = 1，向 CPU 发出中断请求信号。

（2）捕捉工作方式

RCLK = 0、TCLK = 0、$CP/\overline{RL2} = 1$ 时，定时器/计数器 2 为捕捉工作方式。在图 4-11 中，$CP/\overline{RL2} = 1$ 经倒相后封锁了三态门 1、3。

如果 EXEN2 = 0，经与门 5、6，低电平封锁了三态门 2、4，这时 RCAP2H、RCAP2L 不起作用，定时器/计数器 2 的工作与定时器/计数器 0、1 的工作方式 1 相同。即 $C/\overline{T2} = 0$ 时为 16 位定时器，$C/\overline{T2} = 1$ 时为 16 位计数器，计数溢出时 TF2 = 1，发送中断请求信号。定时器/计数器 2 的初值必须由程序重新设定。

EXEN2 = 1 时为捕捉方式，T2EX 引脚上的负跳变经检测器成为高电平，并经与门 5、6 打开三态门 2、4，将 TH2、TL2 的当前值捕捉到 RCAP2H、RCAP2L 寄存器，同时置 EXF2 = 1，发出中断请求。

（3）波特率发生器工作方式

T2CON 寄存器中的 RCLK 或 TCLK 被置"1"，定时器/计数器 2 成为波特率发生器工作方式。结构如图 4-12 所示。

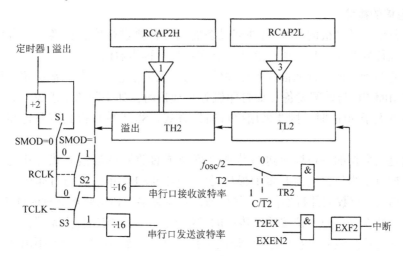

图 4-12　波特率发生器方式结构图

TH2、TL2 为 16 位加法计数器，RCAP2H、RCAP2L 为 16 位初值寄存器。$C/\overline{T2} = 1$ 时 TH2、TL2 对 T2（P1.0）引脚上的外部脉冲加法计数。$C/\overline{T2} = 0$ 时 TH2、TL2 对时钟脉冲（频率为 $f_{osc}/2$）加法计数，而不是对机器周期脉冲 T_{Cy}（频率为 $f_{osc}/12$）计数，这一点要特别注

意。TH2、TL2 计数溢出时 RCAP2H、RCAPL2 中预置的初值自动送入 TH2、TL2，使 TH2、TL2 从初值开始重新计数，因此，溢出脉冲是连续产生的周期脉冲。

溢出脉冲经 16 分频后作为串行口的发送脉冲或接收脉冲。发送脉冲、接收脉冲的频率称为波特率。溢出脉冲经电子开关 S2、S3 送往串行口。S2、S3 由 T2CON 寄存器中的 RCLK、TCLK 控制。RCLK = 1 时，定时器/计数器 2 的溢出脉冲形成串行口的接收脉冲，RCLK = 0 时，定时器/计数器 1 的溢出脉冲形成串行口的接收脉冲。同样，TCLK = 1 时，定时器/计数器 2 的溢出脉冲形成串行口的发送脉冲，TCLK = 0 时，定时器/计数器 1 的溢出脉冲形成串行口的发送脉冲。

定时器/计数器 2 处于波特率工作方式时，TH2 的溢出并不使 TF2 置位，因而不产生中断请求。EXEN2 = 1 时也不会发生重装载或捕捉的操作。所以，利用 EXEN2 = 1 可得到一个附加的外部中断。T2EX 为附加的外部中断输入脚，EXEN2 起允许中断或禁止中断的作用。当 EXEN2 = 1 时，若 T2EX 引脚上出现负跳变，则硬件置 EXF2 = 1，向 CPU 申请中断。

需要指出，在波特率发生器工作方式下，如果定时器/计数器 2 正在工作，CPU 是不能访问 TH2、TL2 的。对于 RCAP2H、RCAP2L，CPU 也只能读入其内容而不能改写。如果要改写 TH2、TL2、RCAP2H、RCAP2L 的内容，应先停止定时器/计数器 2 的工作。

4.3　串行通信接口

MCS-51 单片机除具有四个 8 位并行口外，还具有串行接口。此串行接口是一个全双工串行通信接口，即能同时进行串行发送和接收。它可以作 UART（通用异步接收和发送器）用，也可以作同步位移寄存器用。应用串行接口可以实现 8051 单片机系统之间点对点的单机通信、多机通信和 8051 与系统机（如 IBM-PC 等）的单机或多机通信。

4.3.1　串行通信及基础知识

1. 数据通信的概念

在实际工作中，计算机的 CPU 与外部设备之间常常要进行信息交换，一台计算机与其他计算机之间也往往要交换信息，所有这些信息交换均可称为通信。

通信方式有两种，即并行通信和串行通信。通常根据信息传送的距离决定采用哪种通信方式。例如，在 IBM-PC 与外部设备（如打印机等）通信时，如果距离小于 30 m，可采用并行通信方式；当距离大于 30 m 时，则要采用串行通信方式。8051 单片机具有并行和串行两种基本通信方式。

并行通信是指数据的各位同时进行传送（发送或接收）的通信方式。其优点是传递速度快；缺点是数据有多少位，就需要多少根传送线。例如 8051 单片机与打印机之间的数据传送就属于并行通信（8 位数据并行通信）。并行通信在位数多、传送距离又远时就不太适宜。

串行通信指数据是一位一位按顺序传送的通信方式，它的突出优点是只需一对传送线（利用电话线就可作为传送线），这样就大大降低了传送成本，特别适用于远距离通信。其缺点是传送速率较低。

2. 串行通信的传送方向

串行通信的传送方向通常有 3 种：一种为单工（或单向）配置，只允许数据向一个方向进行传送；另一种是半双工（或半双向）配置，允许数据向两个方向中的任何一方向传送，但一次只能有一个发送，一个接收；第三种传送方式是全双工（或全双向）配置，允许同时双向传送数据，因此，全双工配置是一对单工配置，它要求两端的通信设备都具有完整和独立的发送和接收能力。

3. 异步通信和同步通信

串行通信有两种基本通信方式，即异步通信和同步通信。

（1）异步通信

异步通信用起始位"0"表示字符的开始，然后从低位到高位逐位传送数据，最后用停止位"1"表示字符结束，如图 4-13 所示。一个字符又称一帧信息。图 4-13a 中，一帧信息包括 1 位起始位、8 位数据位和 1 位停止位，图 4-13b 中，数据位增加到 9

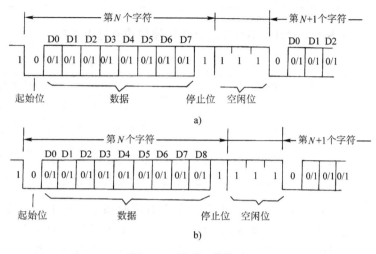

图 4-13　异步通信格式
a）8 位数据　b）9 位数据

位。在 MCS-51 计算机系统中，第 9 位数据 D8 可以用作奇偶校验位，也可以用作地址/数据帧标志，D8＝1 表示该帧信息传送的是地址，D8＝0 表示传送的是数据。两帧信息之间可以无间隔，也可以有间隔，且间隔时间可任意改变，间隔用空闲位"1"来填充。

（2）同步通信

在同步通信中，每一数据块开头时发送一个或两个同步字符，使发送与接收双方取得同步。数据块的各个字符间取消了起始位和停止位，所以通信速度得以提高，如图 4-14 所示。同

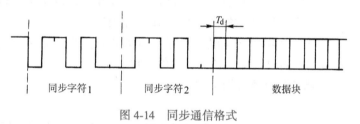

图 4-14　同步通信格式

步通信时，如果发送的数据块之间有间隔时间，则发送同步字符填充。

4.3.2　串行接口的组成和特性

MCS-51 的串行口是一个全双工的异步串行通信接口，可以同时发送和接收数据。串行口的内部有数据接收缓冲器和数据发送缓冲器。数据接收缓冲器只能读出不能写入，数据发送缓冲器只能写入不能读出，这两个数据缓冲器都用符号 SBUF 来表示，地址都是 99H。CPU 对特殊功能寄存器 SBUF 执行写操作，就是将数据写入发送缓冲器；对 SBUF 读操作，就是读出接收缓冲器的内容。

特殊功能寄存器 SCON 存放串行口的控制和状态信息，串行口用定时器 T1 或 T2（8052 等）作为波特率发生器（发送/接收时钟），特殊功能寄存器 PCON 的最高位 SMOD 为串行口波特率的倍率控制位。

1. 串行口控制寄存器 SCON

串行口控制寄存器 SCON 是一个特殊功能寄存器，地址为 98H，具有位寻址功能。SCON 包括串行口的工作方式选择位 SM0、SM1，多机通信标志 SM2，接收允许位 REN，发送接收的第 9 位数据 TB8、RB8，以及发送和接收中断标志 TI、RI。SCON 的格式如下：

D7	D6	D5	D4	D3	D2	D1	D0
SM0	SM1	SM2	REN	TB8	RB8	TI	RI

1）SM0、SM1：串行口的方式选择位功能见表4-3。

表4-3　串行口的方式选择位

SM0	SM1	方　　式	功 能 说 明
0	0	0	扩展移位寄存器方式（用于 I/O 口扩展），移位速率为 $f_{osc}/12$
0	1	1	8 位 UART，波特率可变（T1 溢出率/n）
1	0	2	9 位 UART，波特率为 $f_{osc}/64$ 或 $f_{osc}/32$
1	1	3	9 位 UART，波特率可变（TI 溢出率/n）

2）SM2：方式2和方式3的多机通信控制位。对于方式2或方式3，如SM2置为"1"，则接收到的第9位数据（RB8）为"0"时不激活RI。对于方式1，如SM2=1，则只有接收到有效的停止位时才会激活RI。对于方式0，SM2应该为"0"。

3）REN：允许串行接收位。由软件置位以允许接收。由软件清零来禁止接收。

4）TB8：对于方式2和方式3，是发送的第9位数据。需要时由软件置位或复位。

5）RB8：对于方式2和方式3，是接收到的第9位数据。对于方式1，如SM2=0，RB8是接收到的停止位。对于方式0，不使用RB8。

6）TI：发送中断标志。由硬件在方式0串行发送第8位结束时置位，或在其他方式串行发送停止位的开始时置位。必须由软件清零。

7）RI：接收中断标志。由硬件在方式0接收到第8位结束时置位，或在其他方式接收到停止位的中间时置位，必须由软件清零。

2. 特殊功能寄存器 PCON

D7	D6	D0
SMOD		

PCON 的最高位是串行口波特率系数控制位 SMOD，当 SMOD 为"1"时使波特率加倍。PCON 的其他位与串行接口无关。

4.3.3　串行接口的工作方式

MCS-51 串行接口具有四种工作方式，它们是由 SCON 中的 SM0、SM1 这两位来定义的。

1. 方式 0

方式 0 是扩展移位寄存器的工作方式，以串行扩展 I/O 接口。输出时将发送数据缓冲器中的内容串行地移到外部的移位寄存器，输入时将外部移位寄存器内容移入内部的输入移位寄存器，然后写入内部的接收数据缓冲器。

在以方式 0 工作时，数据由 RXD 串行地输入/输出，TXD 输出移位脉冲，使外部的移位寄存器移位。波特率固定为振荡器频率的 1/12。

（1）方式 0 输出

方式 0 输出时，串行口上外接 74LS164 串行输入并行输出移位寄存器的接口逻辑如图 4-15 所示。TXD 端输出的移位脉冲将 RXD 端输出的数据移入 74LS164。CPU 对发送数据缓冲器

SBUF 写入一个数据，就启动串行口从低位开始串行发送，经过 8 个机器周期，串行口输出数据缓冲器内容移入外部的移位寄存器 74LS164，置位 TI，串行口停止移位，于是完成一个字节的输出。由此可见，在串行口移位输出过程中，74LS164 的输出状态是动态变化的。若 f_{osc} = 12 MHz，则这个时间为 8 μs。另外，串行口是从低位开始串行输出的，所以在图 4-15 中，数据的低位在右、高位在左，这两点在具体应用中必须加以注意。串行口方式 0 输出时，可以串接多个移位寄存器。

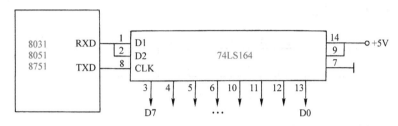

图 4-15　方式 0 输出时连接移位寄存器

【例 4-8】　图 4-16 中，串行口外接两个 74LS164，74LS164 的输出接指示灯 L0~L15，欲使 L0~L3、L8、L10、L12、L14 亮，其余灯暗，可按如下编程：

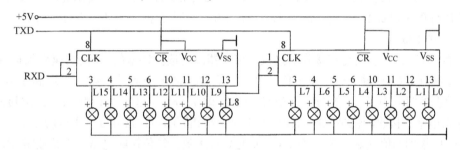

图 4-16　串行口方式 0 输出应用

```
LSUB0: MOV   SBUF,#0FH    ;#00001111B
       JNB   TI, $
       CLR   TI
       MOV   SBUF,#55H    ; #01010101B
       JNB   TI, $
       CLR   TI
       RET
```

（2）方式 0 输入

方式 0 输入时，RXD 作为串行数据输入线，TXD 作为移位脉冲输出线，串行口与外接的并行输入串行输出的移位寄存器 74LS166 的接口逻辑如图 4-17 所示。

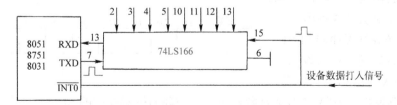

图 4-17　方式 0 输入时连接移位寄存器

在 REN = 1，RI = 0 时启动串行口接收，TXD 端输出的移位脉冲频率为 f_{osc}/12，若 f_{osc} = 12 MHz，移位速率为 1 μs/位，经过 8 次移位，外部移位寄存器的内容移入内部移位寄存器，并写入 SBUF, 置位 RI, 停止移位, 完成一个字节的输入, CPU 读 SBUF 的内容便得到输入结果。当检测到外部移位寄存器内容再次有效时 (设备将数据打入外部移位寄存器, 打入信号 ⊓ 向 CPU 请求中断), 清零 RI, 启动串行口接收下一个数据。

2. 方式 1

串行口定义为方式 1 时, 它是一个 8 位异步串行通信口, TXD 为数据输出线, RXD 为数据输入线。传送一帧信息的数据格式如图 4-18 所示, 一帧为 10 位: 1 位起始位, 8 位数据位 (先低位后高位), 1 位停止位。

图 4-18　方式 1 数据格式

(1) 方式 1 输出

CPU 向串行口发送数据缓冲器 SBUF 写入一个数据, 就启动串行口发送, 在串行口内部一个 16 分频计数器的同步控制下, 在 TXD 端输出一帧信息, 先发送起始位 0, 接着从低位开始依次输出 8 位数据, 最后输出停止位 1, 并置 "1" 发送中断标志 TI, 串行口输出完一个字符后停止工作, CPU 执行程序判断 TI = 1 后, 清零 TI, 再向 SBUF 写入数据, 启动串行口发送下一个字符。

(2) 方式 1 输入

REN 置 "1" 以后, 就允许接收器接收。接收器以所选波特率的 16 倍的速率采样 RXD 端的电平。当检测到 RXD 端输入电平发生负跳时, 复位内部的 16 分频计数器。计数器的 16 个状态把传送一位数据的时间分为 16 等分, 在每位中心, 即 7、8、9 这三个计数状态, 位检测器采样 RXD 的输入电平, 接收的值是三次采样中至少是两次相同的值, 这样处理可以防止干扰。如果在第 1 位时间接收到的值 (起始位) 不是 0, 则起始位无效, 复位接收电路, 重新搜索 RXD 端上的负跳变。如果起始位有效, 则开始接收本帧其余部分的信息。接收到停止位为 1 时, 将接收到的 8 位数据装入接收数据缓冲器 SBUF, 置位 RI, 表示串行口接收到有效的一帧信息, 向 CPU 请求中断。接着串行口输入控制电路重新搜索 RXD 端上负跳变, 接收下一个数据。

3. 方式 2 和方式 3

串行口定义为方式 2 或方式 3 时, 它是一个 9 位的异步串行通信接口, TXD 为数据发送端, RXD 为数据接收端。方式 2 的波特率固定为振荡器频率的 1/64 或 1/32, 而方式 3 的波特率由定时器 T1 或 T2 (8052) 的溢出率所确定。

在方式 2 和方式 3 中, 一帧信息为 11 位: 1 位起始位, 8 位数据位 (先低位后高位), 1 位附加的第 9 位数据 (发送时为 SCON 中的 TB8, 接收时第 9 位数据为 SCON 中的 RB8), 1 位停止位。数据的格式如图 4-19 所示。

(1) 方式 2 和方式 3 输出

CPU 向发送数据缓冲器 SBUF 写入一个数据就启动串行口发送, 同时将 TB8 写入输出移位寄存器

图 4-19　方式 2 和 3 数据格式

的第 9 位。实际发送在内部 16 分频计数器下一次循环的机器周期的 S1P1, 使发送定时与这个 16 分频计数器同步。先发送起始位 0, 接着从低位开始依次发送 SBUF 中的 8 位数据, 再发送 SCON 中 TB8, 最后发送停止位, 置 "1" 发送中断标志 TI, CPU 判 TI = 1 以后清零 TI, 可以再向 TB8 和 SBUF 写入新的数据, 再次启动串行口发送。

（2）方式 2 和方式 3 输入

REN 置 "1" 以后，接收器就以所选波特率的 16 倍的速率采样 RXD 端的输入电平。当检测到 RXD 上输入电平发生负跳变时，复位内部的 16 分频计数器。计数器的 16 个状态把一位数据的时间分成 16 等分，在一位中心，即 7、8、9 这三个计数状态，位检测器采样 RXD 的输入电平，接收的值是三次采样中至少有两次相同的值。如果在第 1 位时间接收到的值不是 0，则起始位无效，复位接收电路，重新搜索 RXD 上的负跳变。如果起始位有效，则开始接收本帧其余位信息。

先从低位开始接收 8 位数据，再接收第 9 位数据，在 RI＝0，SM2＝0 或接收到的第 9 位数据为 1 时，接收的数据装入 SBUF 和 RB8，置位 RI；如果条件不满足，把数据丢失，并且不置位 RI。一位时间以后又开始搜索 RXD 上的负跳变。

4.3.4　波特率设计

在串行通信中，收发双方或接收的数据速率要有一定的约定，通过软件对 8051 串行口编程可约定 4 种工作方式。其中，方式 0 和方式 2 的波特率是固定的，而方式 1 和方式 3 的波持率是可变的，由定时器 T1 的溢出率来决定。串行口的 4 种工作方式对应着 3 种波特率。由于输入的移位时钟的来源不同，所以，各种方式的波特率计算公式也不同。

1. 波特率的计算方法

（1）方式 0 波特率

串行口方式 0 的波特率由振荡器的频率所确定：

$$方式\ 0\ 波特率＝振荡器频率/12$$

（2）方式 2 波特率

串行口方式 2 的波特率由振荡器的频率和 SMOD（PCON.7）所确定：

$$方式\ 2\ 波特率＝2^{SMOD}×振荡器频率/64$$

SMOD 为 0 时，波特率等于振荡器频率的 1/64；SMOD 为 1 时，波特率等于振荡器频率的 1/32。

（3）方式 1 和方式 3 的波特率

串行口方式 1 和方式 3 的波特率由定时器 T1 或 T2（8052 等单片机）的溢出率和 SMOD 所确定。T1 和 T2 是可编程的，可以选的波特率范围比较大，因此串行口方式 1 和方式 3 是最常用的工作方式。

2. 波特率的产生

（1）用定时器 T1 产生波特率

当定时器 T1 作为串行口的波特率发生器时，串行口方式 1 和方式 3 的波特率由下式确定：

$$方式\ 1\ 和方式\ 3\ 波特率＝2^{SMOD}×(T1\ 溢出率)/32$$

其中，溢出率取决于计数速率和定时器的预置值。计数速率与 TMOD 寄存器中 $C/\overline{T}$ 的状态有关。当 $C/\overline{T}＝0$ 时，计数速率＝振荡器频率/12；当 $C/\overline{T}＝1$ 时，计数速率取决于外部输入时钟频率。

当定时器 T1 作波特率发生器使用时，通常选用可自动装入初值模式（工作方式 2），在工作方式 2 中，TL1 作计数用，而自动装入的初值放在 TH1 中，设计数初值为 X，则每过 "256－X" 个机器周期，定时器 T1 就会产生一次溢出。为了避免因溢出而引起中断，此时应禁止 T1 中断。这时有

$$溢出周期＝12/振荡器频率×(256-X)$$

溢出率为溢出周期的倒数,所以有

$$波特率 = 2^{SMOD} \times 振荡器频率 / [32 \times 12 \times (256 - X)]$$

此时,定时器 T1 在工作方式 2 时的初值为

$$X = 256 - \frac{振荡器频率 \times (SMOD+1)}{384 \times 波特率}$$

【例 4-9】 已知 8051 单片机时钟振荡频率为 11.0592 MHz,选用定时器 T1 工作方式 2 作波特率发生器,波特率为 2400 bit/s,求初值 X。

设波特率控制位 SMOD = 0,则有

$$X = 256 - \frac{11.0592 \times 10^6 \times (0+1)}{384 \times 2400} = 244 = F4H$$

表 4-4 列出了最常用的波特率以及相应的振荡器频率、T1 工作方式和计数初值。

表 4-4 常用波特率

波特率 /(bit/s)	f_{osc} /MHz	SMOD	定时器		
			C/T̄	方式	重新装入值
方式 0 最大	1 M	12	×	×	×	×
方式 2 最大	375 k	12	1	×	×	×
方式 1、3	62.5 k	12	1	0	2	FFH
	19.2 k	11.0592	1	0	2	FDH
	9.6 k	11.0592	0	0	2	FDH
	4.8 k	11.0592	0	0	2	FAH
	2.4 k	11.0592	0	0	2	F4H
	1.2 k	11.0592	0	0	2	E8H
	137.6	11.986	0	0	2	1DH
	110	6	0	0	2	72H
	110	12	0	0	1	FEEBH

当振荡器频率选用 11.0592 MHz 时,对于常用的标准波特率,能正确地计算出 T1 的计数初值,所以这个频率是最常用的。

(2) 用定时器 T2 产生波特率

8052 等单片机内的定时器 T2 也可以作为串行口的波特率发生器,置位 T2CON 中的 TCLK 和 RCLK 位,T2 就工作于串行口的波特率发生器方式。这时 T2 的逻辑结构框图如图 4-20 所示。

T2 的波特率发生器方式和计数初值常数自动再装入方式相似,若 C/T̄2 = 0,以振荡器的二分频信号作为 T2 的计数脉冲,C/T̄2 = 0 时,计数脉冲是外部引脚 T2 (P1.0) 上的输入信号。T2 作为波特率发生器时,当 T2 计数溢出时,将 RCAP2H 和 RCAP2L 中常数(由软件设置)自动装入 TH2、TL2,使 T2 从这个初值开始计数,但是并不置 "1" TF2,RCAP2H 和 RCAP2L 中的常数由软件设定后,T2 的溢出率是严格不变的,因而使串行口方式 1 和 3 的波特率非常稳定,其值为

$$方式 1 和方式 3 波特率 = 振荡器频率 / 32 \times [65536 - (RCAP2H)(RCAP2L)]$$

T2 工作于波特率发生器方式时,计数溢出时不会置 "1" TF2,不向 CPU 请求中断,因此不必禁止 T2 的中断。如果 EXEN2 为 1,当 T2EX (P1.1) 上输入电平发生 "1" 至 "0" 的负跳变时,也不会引起 RCAP2H 和 RCAP2L 中的常数装入 TH2、TL2,仅仅置位 EXF2,向 CPU

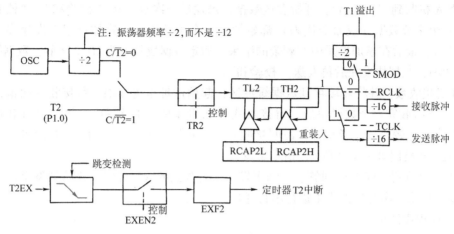

图 4-20　8052 的 T2 波特率发生器方式结构

请求中断，因此 T2EX 可以作为一个外部中断源使用。

在 T2 计数过程中（TR2＝1）不应该对 TH2、TL2 进行读/写。如果读，则读出结果不会精确（因为每个状态加 1）；如果写，则会影响 T2 的溢出率，使波特率不稳定。在 T2 的计数过程中，可以对 RCAP2H 和 RCAP2L 进行读，但不能写，如果写也将使波特率不稳定。因此，在初始化中，应先对 TH2、TL2、RCAP2H、RCAP2L 初始化编程以后才置 "1" TR2，启动 T2 计数。

4.3.5　单片机双机通信和多机通信

1. 双机通信

利用 8051 的串行口进行两个 8051 之间的串行异步通信，最简单的方法是将两片 8051 的串行口直接相连，即一片 8051 的 TXD、RXD 与另一片 8051 的 TXD、RXD 相连，地与地连通，如图 4-21 所示。

采用这种连接方法的硬件结构简单，接口只需三根导线。但由于 8051 串行口输出的是 TTL 电平，两片之间的传输距离一般不超过 1.5 m，因此，这种方法只适用于近距离通信。

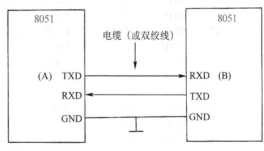

图 4-21　双机异步通信连接图

下面以 A 机发送，B 机接收为例，说明发送和接收程序的设计方法。

设 A、B 两机均选用 11.059 MHz 的振荡频率，波特率为 1200 bit/s，定时器 T1 选用工作方式 2，SMOD 位为 0，则计数初值为

$$X = 256 - \frac{\text{振荡器频率} \times (\text{SMOD}+1)}{384 \times \text{波特率}} = 256 - \frac{11.059 \times 10^6}{384 \times 1200}$$

X＝E8H，所以 T1 的初值为 TH1＝TL1＝E8H。

通信双方可以遵循如下约定。

1）设 A 机为发送者，B 机为接收者。

2）当 A 机开始发送时，先发一个 "AA" 信号，B 机收到后回答一个 "BB"，表示同意接收。

3）当 A 机收到"BB"后，开始发送数据，每发送一次求一次"校验和"。"校验和"是每发送的一个字节数据（或命令代码）都累加到一个单元中去，累加过程中发生多次向高位进位（丢失），最后在累加单元中所剩余的结果。假定数据块长度为 20 个字节，数据缓冲区起始地址为 30H，数据块发完后再发送"校验和"。

4）B 机接收数据并将其转存到数据缓冲区，起始地址也为 30H，每接收一次也计算一次"校验和"，当接收完一个数据块后，再接收从 A 机发来的"校验和"，并将它与 B 机求出的"校验和"进行比较。若二者相等，说明接收正确，B 机回答一个"00"；若两者不等，说明接收不正确，B 机回答一个"FF"，请求重发。

5）若 A 机收到"00"的回答后，结束发送。若收到的答复非零，则将数据重发一次。

6）双方均采用串行口方式 1 进行串行通信。

A 机发送程序清单：

```
ASEN: MOV    TMOD,   #20H      ;设 T1 为定时方式 2
      MOV    TH1,    #0E8H     ;设定波特率为 1200 bit/s
      MOV    TL1,    #0E8H
      MOV    PCON,   #00H
      SETB   TR1               ;启动定时器 T1
      MOV    SCON,   #50H      ;串行口设为方式 1
AT1:  MOV    SBUF,   #0AAH     ;发送联络信号
AW1:  JBC    TI,     AR1
      SJMP   AW1               ;等待发送出去
AR1:  JBC    RI,     AR2       ;等待 B 机应答
      SJMP   AR1
AR2:  MOV    A,      SBUF      ;接收联络信号
      XRL    A,      #0BBH
      JNZ    AT1               ;B 机未准备好,继续联络
AT2:  MOV    R0,     #30H      ;建立数据块地址指针
      MOV    R7,     #20H      ;数据块长度计数初值
      MOV    R6,     #00H      ;清校验和寄存器
AT3:  MOV    SBUF,   @R0       ;发送一个数据字节
      MOV    A,      R6
      ADD    A,      @R0       ;求校验和
      MOV    R6,     A         ;保存校验和
      INC    R0                ;修改地址指针
AW2:  JBC    TI,     AT4
      SJMP   AW2
AT4:  DJNZ   R7,     AT3       ;判数据块发送完否
      MOV    SBUF,   R6        ;发送校验和
AW3:  JBC    TI,     AR3
      SJMP   AW3
AR3:  JBC    RI,     AR4       ;等待 B 机应答
      SJMP   AR3
AR4:  MOV    A,      SBUF
      JNZ    AT2               ;若 B 机回答出错,则重发
      RET
```

B 机的接收程序清单：

```
BREV: MOV    TMOD,   #20H      ;设 T1 为定时方式 2
      MOV    TH1,    #0E8H     ;设定波特率为 1200 bit/s
      MOV    TL1,    #0E8H
      MOV    PCON,   #00H
      SETB   TR1               ;启动定时器 T1
```

```
            MOV     SCON,    #50H      ;串行口设为方式1
BR1：JBC     RI,      BR2      ;等待A机联络信号
     SJMP    BR1
BR2：MOV     A,       SBUF
     XRL     A,       #0AAH
     JNZ     BR1               ;判A机请求否
BT1：MOV     SBUF,    #0BBH    ;发应答信号
BW1：JBC     TI,      BR3
     SJMP    BW1
BR3：MOV     R0,      #30H     ;R0指向数据缓冲区首址
     MOV     R7,      #20      ;数据块长度计数初值
     MOV     R6,      #00H     ;校验和单元清零
BR4：JBC     RI,      BR5
     SJMP    BR4
BR5：MOV     A,       SBUF
     MOV     @R0,     A        ;接收的数据转存
     INC     R0
     ADD     A,       R6       ;求校验和
     MOV     R6,      A
     DJNZ    R7,      BR4      ;判数据块接收完否
BW2：JBC     RI,      BR6      ;接收A机校验和
     SJMP    BW2
BR6：MOV     A,       SBUF
     XRL     A,       R6       ;比较校验和
     JZ      BEND
     MOV     SBUF,    #0FFH    ;校验和不等,发错误标志
BW3：JBC     TI,      BR3      ;转重新接收
     SJMP    BW3
DEND：MOV    SBUF,    #00H
     RET
```

采用图4-21所示的两个8051串行口TTL电平直接相连的方法，通信距离只限于1.5 m以内。如果要加大通信距离，可以在两个单片机之间采用标准异步串行接口连接，如使用RS232C、RS422A、RS423A及RS449等串行接口总线。例如，同样对上述点对点通信程序，若采用RS232C标准接口，通信距离可增至15 m。

双机通信不仅适用于MCS-51单片机之间，也可用于MCS-51单片机与异种机之间的通信，例如8051与通用微机的通信等。MCS-51与异种机间的通信一般是通过双方的串行口进行的，在此不作详细介绍。

2. 多机通信

MCS-51串行口的方式2和方式3具有适于多机通信的专门功能，利用这一特性可构成多处理机通信系统。

图4-22是在单片机多机系统中常采用的总线型主从式多机系统。所谓主从式，即在多台

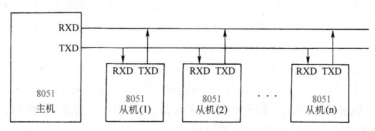

图 4-22　MCS-51 多机通信系统结构框图

单片机中，有一台是主机，其余的为从机。主机与各从机可实现全双工通信，而各从机之间只能通过主机交换信息。当然，在采用不同的通信标准时（如 RS422A 接口标准），还需进行相应的电平转换，以增大通信距离，还可以对传输信号进行光电隔离。

在图 4-22 所示的主从式多机通信系统中，主机发送的信息可传送到各个从机或指定的从机，而各从机发送的信息只能被主机接收。多机通信的实现主要依靠主、从机之间正确地设置与判断多机通信控制位 SM2 和发送或接收的第 9 数据位（D8）。多机通信控制过程如下。

1）使所有从机的 SM2 位置 "1"，处于只接收地址帧的状态。

2）主机发送一帧地址信息，其中包含 8 位地址和第 9 位为地址/数据信息的标志位。第 9 位（TB8）是 1，表示该帧为地址信息。

3）从机接收到地址帧后，各自将所接收到的地址与本从机的地址比较。对于地址相符的那个从机，使 SM2 位清零，并把本机的地址发送回主机作为应答，然后开始接收主机随后发来的数据或命令信息；对于地址不符的从机，仍保持 SM2 位为 "1"，对主机随后发来的数据不予理睬，直至发送新的地址帧。

4）主机收到从机发回的应答地址后，确认地址是否相符。如果地址相符，则清 TB8，开始发送命令，通知从机是进行数据接收还是进行数据发送；如果地址不符，则发复位信号（数据帧中 TB8 = 1）。

5）主从机之间进行数据通信。需要注意的是，通信的各机之间必须以相同的帧格式及波特率进行通信。

4.4 中断系统

MCS-51 有了存储器 ROM 和 RAM，就可以执行存储器中程序，对数据进行加工处理了。但是，人们是怎样把这些程序和数据存入存储器，并把处理后的运算结果送给外界呢？其实 MCS-51 是通过专门的外部设备来完成它与外界的这种联系的。外部设备分为输入设备和输出设备两种，故其又称为输入/输出（I/O）设备。人们通过输入设备向计算机输入原始的程序和数据，计算机则通过输出设备向外界输出运算结果。因此，外部设备也是微型计算机或单片微型计算机的重要组成部分。

在实际应用中，微型计算机和外部设备之间不是直接相连的，而是通过不同的接口电路来达到彼此间的信息传送的，这种信息传送方式通常可以分为同步传送、异步传送、中断传送和 DMA 传送四种，其中中断传送尤为重要。为了建立单片微型计算机的整机概念和弄清它对信息输入/输出的过程，就必须对中断系统进行分析和研究。

4.4.1 中断系统概述

当中央处理器 CPU 正在处理某事件时外界发生了更为紧急的请求，要求 CPU 暂停当前的工作，转而去处理这个紧急事件，处理完毕后，再回到原来被中断的地方，继续原来的工作，这样的过程称为中断。实现这一功能的部件称为中断系统，请示 CPU 中断的请求源称为中断源。中断系统是为使处理机对外界异步事件具有处理能力而设置的。功能越强的中断系统，其对外界异步事件的处理能力就越强。MCS-51 系列单片机有 5 个中断源，MCS-52 系列单片机有 6 个中断源；单片机的中断系统一般允许多个中断源，当几个中断源同时向 CPU 请求中断时，就存在 CPU 优先响应哪一个中断源请求的问题。

通常根据中断源的轻重缓急排队，优先处理最紧急事件的中断请求源，即规定每一个中断源有一个优先级别，CPU 总是最先响应级别最高的中断。它可分为两个中断优先级，即高优先级和低优先级；可实现两级中断嵌套。用户可以用关中断指令（或复位）来屏蔽所有的中断请求，也可以用开中断指令使 CPU 接收中断申请。即每一个中断源的优先级都可以由程序来设定。

1. 中断的嵌套和中断系统的结构

当 CPU 正在处理一个中断源请求时，发生了另一个优先级比它高的中断源请求。如果 CPU 能够暂停原来的中断源的处理程序，转而去处理优先级更高的中断源请求，处理完以后，再回到原来的低级中断处理程序，这样的过程称为中断嵌套。

具有这种功能的中断系统称为多级中断系统；没有中断嵌套功能的则称为单级中断系统。

具有二级中断服务程序嵌套的中断过程如图 4-23 所示。

MCS-51 的中断系统结构示意图如图 4-24 所示，它由 4 个与中断有关的特殊功能寄存器（TCON、SCON 的相关位作中断源的标志位）、中断允许控制寄存器 IE 和中断顺序查询逻辑等组成。中断顺序查询逻辑亦称硬件查询逻辑，5 个中断源的中断请求是否会得到响应，要受中断允许寄存器 IE 各位的控制，它们的优先级分别由 IP 各位来确定；同一优先级内的各中断源同时请求中断时，就由内部的硬件查询逻辑来确定响应次序；不同的中断源有不同的中断矢量。

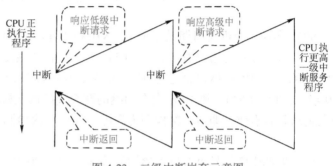

图 4-23　二级中断嵌套示意图

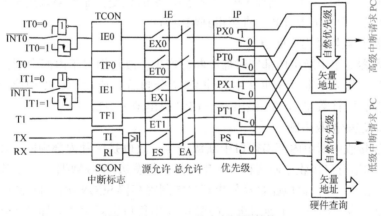

图 4-24　MCS-51 的中断系统结构

2. 中断源

在 MCS-51 系列单片机中，单片机类型不同，其中断源个数和中断标志位的定义也不尽相同。由图 4-25 可知，MCS-51 系列（如 8031、8051 等）单片机有 5 个中断源：两个外部 $\overline{INT0}$（P3.2）和 $\overline{INT1}$（P3.3）输入的中断源、两个定时器 T0 和 T1 的溢出中断和一个串行口发送/接收中断。

（1）外部中断源：$\overline{INT0}$ 和 $\overline{INT1}$

MCS-51 系列外部中断 0 和外部中断 1 的中断请求信号分别由 P3.2 和 P3.3 引脚输入。并允许外部中断源以低电平或负边沿两种中断触发方式来输入中断请求信号。请求信号的有效电平可由定时器控制寄存器 TCON 的 IT0 和 IT1 设置，如图 4-25 所示。

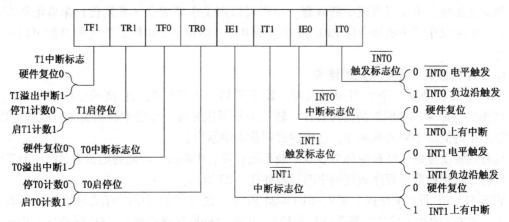

图 4-25　定时器控制寄存器 TCON 各位的定义

8031 会在每个机器周期结束时对 $\overline{INT0}$ 和 $\overline{INT1}$ 线上中断请求信号进行一次检测，检测方式和中断触发方式的选取有关。若 8031 设定为电平触发方式（即 IT0 = 0 或 IT1 = 0 时），则 CPU 检测到 $\overline{INT0}$ 和 $\overline{INT1}$ 低电平时就可认定其中断请求有效；若设定为边沿触发方式（即 IT0 = 1 或 IT1 = 1 时），则 CPU 会在相继的两个周期两次检测 $\overline{INT0}$ 和 $\overline{INT1}$ 线上电平才能确定其中断请求是否有效，即前一次检测为高电平和后一次检测为低电平时 $\overline{INT0}$ 和 $\overline{INT1}$ 中断请求才有效。

由于外部中断信号每个机器周期被采样一次，由引脚 $\overline{INT0}$ 和 $\overline{INT1}$ 输入信号应至少保持一个机器周期，即 12 个振荡周期。如果外部为边沿触发方式，则引脚处输入信号的高电平和低电平至少各保持一个周期，才能确保 CPU 检测到电平的跳变；而如果采用电平触发方式，外部中断源应一直保持中断请求有效，直至得到响应为止。

（2）定时器/计数器溢出中断源

定时器/计数器溢出中断由内部定时器中断源产生，故它们属于内部中断，内部有两个 16 位定时器/计数器，受内部定时脉冲（主脉冲经 12 分频后）或由 T0/T1 引脚上输入的外部定时脉冲控制。定时器/计数器 T0/T1 溢出后向 CPU 提出溢出中断请求。

（3）串行口发送/接收中断

串行口发送/接收中断由内部串行口中断源产生，故也是一种内部中断。串行口中断分为串行口发送中断和串行口接收中断两种。在串行口进行发送/接收数据时，每当串行口发送/接收完一组串行数据时，串行口电路自动使串行口控制寄存器 SCON 中的 TI 或 RI 中断标志位置位，并自动向 CPU 发出串行口中断请求，CPU 响应串行口中断后便立即转入串行口中断服务程序执行。因此，只要在串行中断服务程序中安排一段对 SCON 中 TI 和 RI 中断标志位状态的判断程序，便可区分串行口发生了接收中断请求还是发送中断请求。图 4-26 所示为串行口控制寄存器 SCON 各位定义。

D7	D6	D5	D4	D3	D2	D1	D0
SM0	SM1	SM2	REN	TB9	RB8	TI	RI

图 4-26　串行口控制寄存器 SCON 各位定义

串行口控制寄存器 SCON 的位地址从 98H 到 9FH，其中的 TI（位地址 99H）和 RI（位地址 98H）两位分别为串行口发送中断标志位和接收中断标志位。TI 为 "0"（通过软件复位）

时表示没有发送中断，为 "1" 时表示有发送中断；RI 为 "0"（通过软件复位）时表示没有接收中断，为 "1" 时表示有接收中断。

其中断申请信号的产生过程如下。

1）发送过程：当 CPU 将一个数据写入发送缓冲器 SBUF 时，就启动发送，每发送完一帧数据，由硬件自动将 TI 位置位，申请中断。但 CPU 响应中断时，并不能清除 TI 位，所以必须由软件清除。

2）接收过程：在串行口允许接收时，即可串行接收数据，当一帧数据接收完毕，由硬件自动将 RI 位置位，申请中断。同样 CPU 响应中断时不能清除 RI 位，必须由软件清除。

MCS-51 单片机系统复位后，TCON 和 SCON 中各位均清零，应用时要注意各位的初始状态。

3. 中断控制

CPU 对中断源的开放和屏蔽，以及每个中断源是否被允许中断，都受中断允许寄存器 IE 控制。每个中断源优先级的设定则由中断优先级寄存器 IP 控制。寄存器状态可通过程序由软件设定。

（1）中断的开放和屏蔽

MCS-51 没有专门的开中断和关中断指令，中断的开和关是通过中断允许寄存器 IE 进行两级控制的。

所谓两级控制是指有一个中断允许总控制位 EA，配合各中断源的中断允许控制位共同实现对中断请求的控制。这些中断允许控制位集成在中断允许寄存器 IE 中。图 4-27 所示为中断允许寄存器各位的定义。

D7	D6	D5	D4	D3	D2	D1	D0
EA	×	ET2	ES	ET1	EX1	ET0	EX0

图 4-27　中断允许寄存器 IE

IE 各位的作用如下。

1）EA：CPU 中断总允许位。EA=0 时，CPU 关中断，禁止一切中断；EA=1 时，CPU 开中断，而每个中断源是开还是屏蔽分别由各自的允许位确定。

2）×：保留位。

3）ET2：定时器 2 中断允许位。仅用于 MCS-52 子系列单片机中，ET2=1 时，允许定时器 2 中断，否则禁止中断。

4）ES：串行口中断允许位。ES=1 时，允许串行口的接收和发送中断；ES=0 时，禁止串行口中断。

5）ET1：定时器 1（T1 溢出中断）中断允许位。ET1=1 时，允许 T1 中断；否则禁止中断。

6）EX1：外部中断 1（$\overline{INT1}$）的中断允许位。EX1=1 时，允许外部中断 1 中断；否则禁止中断。

7）ET0：定时器 0（T0 溢出中断）的中断允许位。ET0=1 时，允许 T0 中断；否则禁止中断。

8）EX0：外部中断 0（$\overline{INT0}$）的中断允许位。EX0=1 时，允许外部中断 0 中断；否则禁止中断。

中断允许寄存器 IE 的单元地址是 A8H，各控制位（位地址为 A8H~AFH）可以进行字节寻址也可位寻址，所以既可以用字节传送指令又可以用位操作指令来对各个中断请求加以控制。

例如，可以采用如下字节传送指令来开定时器 T0 的溢出中断：

  MOV　IE，#82H

也可以用位寻址指令，则需采用如下两条指令实现同样功能：

  SETB　　EA

  SETB　　ET0

在 MCS-51 复位后，IE 各位被复位成 "0" 状态，CPU 处于关闭所有中断的状态。所以，在 MCS-51 复位以后，用户必须通过程序中的指令来开所需中断。

（2）中断优先级别的设定

MCS-51 系列单片机具有两个中断优先级。对于所有的中断源，均可由软件设置为高优先级中断或低优先级中断，并可实现两级中断嵌套。

一个正在执行的低优先级中断服务程序，能被高优先级中断源所中断。同级或低优先级中断源不能中断正在执行的中断服务程序。每个中断源的中断优先级都可以通过程序来设定，由中断优先级寄存器 IP 统一管理，如图 4-28 所示。

D7	D6	D5	D4	D3	D2	D1	D0
×	×	PT2	PS	PT1	PX1	PT0	PX0

图 4-28　中断优先级寄存器 IP

IP 各位的作用如下。

1）×：保留位。

2）PT2：定时器 2 优先级设定位。仅适用于 52 子系列单片机。PT2 = 1 时，设定为高优先级；否则为低优先级。

3）PS：串行口优先级设定位。PS = 1 时，串行口为高优先级；否则为低优先级。

4）PT1：定时器 1（T1）优先级设定位。PT1 = 1 时，T1 为高优先级；否则为低优先级。

5）PX1：外部中断 1（$\overline{INT1}$）优先级设定位。PX1 = 1 时，外部中断 1 高优先级；否则为低优先级。

6）PT0：定时器 0（T0）优先级设定位。PT0 = 1 时，T0 为高优先级；否则为低优先级。

7）PX0：外部中断 0（$\overline{INT0}$）优先级设定位。PX0 = 1 时，外部中断 0 为高优先级；否则为低优先级。

当系统复位后，IP 各位均为 0，所有中断源设置为低优先级中断。IP 也是可进行字节寻址和位寻址的特殊功能寄存器。

（3）优先级结构

中断优先级只有高低两级。所以在工作过程中必然会有两个或两个以上中断源处于同一中断优先级。若出现这种情况，内部中断系统对各中断源的处理遵循以下两条基本原则。

1）低优先级中断可以被高优先级中断所中断，反之不能。

2）一种中断（不管是什么优先级）一旦得到响应，与它同级的中断不能再中断它。

为了实现这两条规则，中断系统内部包含两个不可寻址的 "优先级激活" 触发器。其中一个指示某高优先级的中断正在得到服务，所有后来的中断都被阻断。另一个触发器指示某低优先级的中断正在得到服务，所有同级的中断都被阻断，但不阻断高优先级的中断。

当 CPU 同时收到几个同一优先级的中断请求时，哪一个请求将得到服务，取决于内部的硬件查询顺序，CPU 将按自然优先级顺序确定应该响应哪个中断请求。其自然优先级由硬件形成，排列如下：

中断源　　　　　　　　　同级自然优先级

外部中断 0　　　　　　　　最高级

定时器 0 中断

外部中断 1

定时器 1 中断

串行口中断　　　　　　　　最低级

定时器 2 中断　　　　最低级（MCS-52 系列单片机中）

在每一个机器周期中，CPU 在 S5 状态的 P2 对所有中断源都顺序地检查一遍，这样到任一机器周期的 S6 状态，可找到所有已激活的中断请求，并排好了优先权。在下一个机器周期 S1 状态，只要不受阻断就开始响应其中最高优先级的中断请求。若发生下列情况，中断响应受到阻断。

1）同级或高优先级的中断正在进行中。

2）现在的机器周期还不是执行指令的最后一个机器周期，即正在执行的指令没完成前不响应任何中断，以确保当前指令的完整执行。

3）正在执行的是中断返回指令 RETI 或访问专用寄存器 IE 或 IP 的指令，换而言之，在 RETI 或者读写 IE 或 IP 之后，不会马上响应中断请求，至少要在执行其他一条指令之后才会响应。

若存在上述任一种情况，中断查询结果就被取消。否则，在紧接着的下一个机器周期，中断查询结果变为有效。

4.4.2　中断处理过程

中断处理过程可分为三个阶段：中断响应、中断处理和中断返回。由于各计算机系统的中断系统硬件结构不同，中断响应的方式就有所不同。

1. 中断响应

（1）响应条件

CPU 响应中断的条件如下。

1）有中断源发出中断请求。

2）中断总允许位 EA=1，即 CPU 开中断。

3）申请中断的中断源的中断允许位为 1，即没有被屏蔽。

以上条件满足，一般 CPU 会响应中断，但在上面所述的中断受阻断的情况下，本次的中断请求 CPU 不会响应。待中断阻断的条件撤销后，CPU 才能响应。但如果中断标志已消失，该中断也不会再被响应。

（2）响应的过程

在响应条件满足的情况下，CPU 首先置位优先级状态触发器，以阻断同级和低级的中断。接着再执行由硬件产生的长调用指令 LCALL。该指令将程序计数器 PC 的内容压入堆栈保护起来。但对诸如 PSW、累加器 A 等寄存器并不保护（需要时可由软件保护）。然后将对应的中断入口地址装入程序计数器 PC，使程序转移到该中断入口地址单元，去执行中断服务程序。与各中断源相对应的中断入口地址见表 4-5。

表 4-5 中断入口地址表

中　断　源	中断入口地址	中　断　源	中断入口地址
外部中断 0	0003H	定时器 T1 中断	001BH
定时器 T0 中断	000BH	串行口中断	0023H
外部中断 1	0013H		

通常在中断入口地址单元存放一条长转移指令，中断服务程序可在程序存储器 64KB 空间内任意安排。

（3）响应时间

CPU 不是在任何情况下对任何中断请求都予以响应；在不同的情况下对中断响应的时间也是不同的。下面将以外部中断为例，说明中断响应的最短时间。

在每个机器周期的 S5P2 期间，$\overline{INT1}$ 和 $\overline{INT0}$ 两引脚的电平经反向后被锁存到 TCON 的 IE0 和 IE1 标志位，CPU 在下一个机器周期才会查询这些值。这时如果满足中断响应条件，下一条要执行的指令将是一条硬件长调用指令 LCALL，使程序转至中断源对应的矢量地址入口。

硬件长调用指令本身需要 2 个机器周期，这样从外部中断请求有效到开始执行中断服务程序的第一条指令，中间要隔 3 个机器周期，这是最短的响应时间。如果遇到中断受阻的情况，中断响应时间会更长一些。例如，一个同级或高优先级的中断正在进行，则附加的等待时间将取决于正在进行的中断服务程序。如果正在执行的一条指令还没有进行到最后一个机器周期，附加的等待时间为 1~3 个机器周期，因为一条指令的最长执行时间为 4 个机器周期（MUL 和 DIV 指令），如果正在执行的是 RETI 指令，则附加的时间在 5 个机器周期之内（为完成正在执行的指令，还需要 1 个机器周期，加上完成下一条指令所需的最长时间为 4 个周期，故最长为 5 个机器周期）。但如果系统中只有一个中断源，则一般外部中断响应时间在 3~8 个机器周期之间。

2. 中断处理

CPU 响应中断结束后，即转至中断服务程序的入口。从中断服务程序的第一条指令开始到返回指令为止，这个过程称为中断处理或中断服务。不同的中断源服务的内容及要求各不相同，其处理过程也就有所区别。一般情况下，中断处理包括保护现场和为中断源服务两个部分的内容。现场通常有 PSW、工作寄存器、专用寄存器和累加器等。如果在中断服务程序中要用这些寄存器，则在进入中断服务之前应将它们的内容保护起来，称保护现场；同时在中断结束、执行 RETI 指令之前应恢复现场。

中断服务是针对中断源的具体要求进行处理。其次，用户在编制中断服务程序时应注意以下几点。

1）各中断源的入口矢量地址之间，只相隔 8 个单元，一般中断服务的程序在此之间是容纳不下的，因而通常是在中断入口矢量地址单元处存放一条无条件转移指令，而转至存储器其他的任何空间去执行中断服务程序。

2）若要在执行当前中断程序时禁止更高优先级中断，应用软件关闭 CPU 中断，或屏蔽更高级中断源的中断，在中断返回前再开放中断。

3）在保护现场和恢复现场时，为了不使现场信息受到破坏或造成混乱，一般情况下，应关 CPU 中断，使 CPU 暂不响应新的中断请求。

这样就要求在编写中断服务程序时，应注意在保护现场之前，要关中断；在保护现场之后，若允许高优先级中断打断它，则应开中断。同样在恢复现场之前应关中断，恢复之后开中断。

3. 中断返回

中断服务程序是从入口地址开始到返回指令 RETI 结束。RETI 指令的执行标志着中断服务程序的终结，所以该指令自动将断点地址从栈顶弹出，装入程序计数器 PC 中，使程序转向断点处，继续执行原来被中断的程序。

当考虑到某些中断的重要性，需要禁止更高级别的中断时，可用软件使 CPU 关闭中断，或者禁止高级别中断源的中断。但在中断返回前必须再用软件开放中断。

4.4.3　中断系统的应用

从上面的讨论可以看到，中断控制就是对 4 个与中断有关的专用寄存器 TCON、SCON、IE 和 IP 进行管理和控制。只要这些寄存器的相应位按照希望的要求进行设置，CPU 就会按照我们的意愿对中断源进行管理和控制。管理和控制的项目如下。

1）CPU 中断的开与关。

2）某中断源中断请求的允许和禁止。

3）各中断源优先级别的设定。

4）外部中断请求的触发方式。

中断管理与控制程序一般包含在主程序中，根据需要通过几条指令来实现，例如 CPU 开中断，可用指令"SETB EA"或"ORL IE,#80H"来实现，关中断可用指令"CLR EA"或"ANL IE,#7FH"来实现。

中断服务程序是一种具有特定功能的独立程序段。它为中断源的特定要求服务，以中断返回指令结束。在中断响应过程中，断点的保护是由硬件电路来实现的。而用户在编写中断服务程序时，主要需考虑现场的保护及恢复。当存在中断嵌套的情况下，为了不至于在保护现场或恢复现场时，由于 CPU 响应其他更高级的中断请求而破坏了现场，通常在保护现场和恢复现场时，CPU 不响应外界的中断请求，即关中断。在保护现场和恢复现场之后，可根据需要，使 CPU 重新开中断。中断服务程序的一般格式如下：

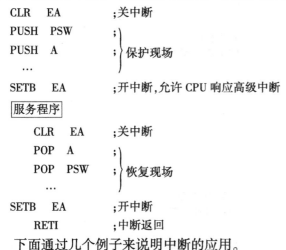

```
  CLR    EA          ;关中断
  PUSH   PSW         ;
  PUSH   A           ; }保护现场
    …
  SETB   EA          ;开中断,允许 CPU 响应高级中断
┌─────┐
│服务程序│
└─────┘
    CLR    EA        ;关中断
    POP    A         ;
    POP    PSW       ; }恢复现场
      …
  SETB   EA          ;开中断
    RETI             ;中断返回
```

下面通过几个例子来说明中断的应用。

1. 定时器/计数器的应用和编程

定时器/计数器是单片机应用系统中经常使用的部件之一。定时器/计数器的使用方法对程序编制、硬件电路以及 CPU 的工作都有直接影响。下面通过几个综合的实例来说明定时器的具体应用方法。

应用定时器/计数器时需注意两点：一是初始化（写入控制字），二是对初值的计算。

初始化步骤如下：

1）向 TMOD 写工作方式控制字。

2）向计数器 TLx、THx 装入初值。

3）置 TRx=1，启动计数。

4）置 ETx=1，允许定时器/计数器中断（若需要时）。

5）置 EA=1，CPU 开中断（若需要时）。

【例 4-10】　假设时钟频率采用 6 MHz，要在 P1.0 上输出一个周期为 2 ms 的方波，方波的周期用定时器 T0 确定，采用中断的方法来实现，即在 T0 中设置一个时间常数，使其每隔 1 ms 产生一次中断，CPU 响应中断后，在中断复位程序中对 P1.0 取反。T0 中断入口地址为 000BH。为此要做如下几步工作。

（1）确定定时常数

$$机器周期 = 12/晶振频率 = 12/(6×10^6)\,\mu s = 2\,\mu s$$

设需要初值为 X，则 $(2^{13}-X)×2×10^{-16} = 1×10^{-3}$，即

$$2^{13}-X = 500 \qquad X = 7692$$

化为十六进制 $X=1E0CH$。根据 13 位定时器特性，初值应为 TH0=0F0H，TL0=0CH。

（2）计数器初始化程序

初始化程序包括定时器初始化和中断系统初始化，主要是对 IP、IE、TCON、TMOD 的相应位进行正确的设置，并将时间常数送入定时器中。在本例中，假设程序是从系统复位开始运行的，TMOD、TCON 均为 00H，因此不必对 TMOD 操作。

（3）计数器中断服务程序和主程序

中断服务程序除了完成要求的产生方波这一工作之外，还要注意将时间常数重新送入定时器中，为下一次产生中断做准备。主程序可以完成任何其他工作，一般情况下常常是键盘程序和显示程序。在本例中，用一条转至自身的短跳转指令来代替主程序。

程序清单如下：

```
            ORG     0000H
    RESET:  AJMP    MAIN            ;转主程序
            ORG     000BH           ;转中断处理程序
            AJMP    IT0P
            ORG     0100H
    MAIN:   MOV     SP,#60H
            ACALL   PT0M0
    HERE:   SJMP    HERE
    PT0M0:  MOV     TL0,#0CH        ;T0 置初值
            MOV     TH0,#0F0H
            SETB    TR0
            SETB    ET0             ;允许 T0 中断
            SETB    EA              ;CPU 开放中断
            RET
    IT0P:   MOV     TL0,#0CH        ;T0 重新置初值
            MOV     TH0,#0F0H
            CPL     P1.0            ;P1.0 取反
            RETI
            END
```

【例 4-11】　把 T0（P3.4）作为外部中断请求输入线，即 T0 引脚发生负跳变时，向 CPU

请求中断。下面的程序将 T0 定义为方式 2 计数，计数器初值为 FFH，即计数输入端 T0（P3.4）发生一次负跳变时，计数器加 1 即产生溢出标志，向 CPU 发中断。程序在 T0 产生一次负跳变后，使 P1.0 产生 2 ms 的方波。其中定时器 T1 用于产生 1 ms 定时（6 MHz）。

```
            ORG     0000H
    RESET:  AJMP    MAIN                ;复位入口转主程序
            ORG     000BH
            AJMP    IT0P                ;转 T0 中断服务程序
            ORG     001BH
            AJMP    IT1P                ;转 T1 中断服务程序
            ORG     0100H
    MAIN:   MOV     SP,#60H
            ACALL   PT0M2               ;对 T0、T1 初始化
    LOOP:   MOV     C,F0
            JNC     LOOP
            SETB    TR1                 ;启动 T1
            SETB    ET1                 ;允许 T1 中断
    HERE:   AJMP    HERE
    PT0M2:  MOV     TMOD,#16H           ;T0 初始化程序
            MOV     TL0,#0FFH           ;T0 置初值
            MOV     TH0,#0FFH
            SETB    TR0
            SETB    ET0
            MOV     TL1,#0CH
            MOV     TH1,#0FEH
            CLR     F0
            SETB    EA
            RET
    IT0P:   CLR     TR0                 ;停止 T0 计数
            SETB    F0                  ;建立标志
            RETI
    IT1P:   MOV     TL1,#0CH
            MOV     TH1,#0FEH
            CPL     P1.0                ;输出方波
            RETI
            END
```

2. 串行口的应用和编程

串行口编程包括编写串行口的初始化和串行口的输入/输出程序。对串行口初始化程序功能是选择串行口的工作方式、串行口的波特率以及允许串行口中断，就是对 SCON、PCON、TMOD、TCON、TH1、TL1、IE、IP 和 SBUF 编程。输入/输出程序的功能是在确定的工作方式下实现数据的串行输入/输出。

【例 4-12】　试编写一个程序，其功能为对串行口初始化为方式 1 输入/输出，$f_{osc} = 11.0592$ MHz，波特率为 9600 bit/s，首先在串行口上输出字符串'MCS-51 Microcomputer'，接着读串行口上输入的字符，又将该字符从串行口上输出。

```
    MAIN:   MOV     TMOD,#20H
            MOV     TH1,#0FDH
            MOV     TL1,#0FDH
            SETB    TR1
            MOV     SCON,#52H           ;选串行口方式 1,允许接收,初态 TI=1,
                                        ;以便循环程序的编写
            MOV     R4,#0               ;R4 作字符串表指针
            MOV     DPTR,#TSAB
```

```
MLP1:   MOV     A,R4
        MOVC    A,@A+DPTR
        JZ      MLP6                    ;字符串以 0 表示结束
MLP3:   JBC     TI,MLP2
        SJMP    MLP3
MLP2:   MOV     SBUF,A
        INC     R4
        SJMP    MLP1
MLP6:   JBC     RI,MLP5
        SJMP    MLP6
MLP5:   MOV     A,SBUF
MLP8:   JBC     TI,MLP7
        SJMP    MLP8
MLP7:   MOV     SBUF,A
        SJMP    MLP6
TSAB:   DB      'MCS-51 Microcomputer'
        DB      0AH,0DH,0
```

【例 4-13】　在一个 MCS-51 应用系统中，$f_{osc}=11.0592\,MHz$，利用串行口和 PC 通信，试编写一个程序，其功能为对串行口初始化为方式 3，波特率为 19200 bit/s，TB8、RB8 作为奇偶校验位，先向 PC 输出'MCS-51 READY'，然后以中断控制方式接收 PC 的命令（每个命令为一个 ASCII 字符，合法命令字符为 A~F），收到命令后置位标志 MCMD，主程序查询到 MCMD=1 作相应的命令处理。

```
MCMD    EQU     00H                     ;定义收到主机命令标志位
RXBUF   EQU     60H                     ;串行口数据接收缓冲器
        ORG     0000H
        LJMP    START
        ORG     0023H
        LJMP    SISO
ASAB:   DB      'MCS-51 READY'
        DB      00H
//      初始化程序
START:  MOV     SP,#2FH
        MOV     TMOD,#20H               ;波特率 19200 bit/s
        MOV     TH1,#0FDH
        MOV     TL1,#0FDH
        ORL     PCON,#80H               ;1→SMOD
        SETB    TR1
        MOV     SCON,#11000000B
        MOV     R4,#00H
        MOV     DPTR,#ASAB
        SETB    TI
START1: JNB     TI,START1
        CLR     TI
        MOV     A,R4
        MOVC    A,@A+DPTR
        JZ      SATRT2
        MOV     C,P                     ;奇偶位→TB8
        MOV     TB8,C
        MOV     SBUF,A                  ;写 SBUF,启动发送
        INC     R4
        SJMP    START1
START2: MOV     SCON,#11010000B
        SETB    ES                      ;允许串行口中断
```

```
        SETB    EA                      ;开中断
//主程序
MAIN：  JNB     MCMD,MAN1
        CLR     MCMD
        LCALL   PMCMD                   ;命令处理
MAN1：  …                               ;其他事务处理
        LJMP    MAIN
PMCMD：MOV     A,RXBUF                  ;命令处理程序
        SUBB    A,#'A'
        CJNE    A,#06H,PCMD1            ;判收到字符为 A~F?
PCMD1：JC      PCMD2
        RET
PCMD2：MOV     B,#03H
        MUL     AB
        MOV     DPTR,#PMAB
        JMP     @A+DPTR
PMAB：  LJMP    PMA                     ;转 A~F 命令处理入口
        LJMP    PMB
        LJMP    PMC
        LJMP    PMD
        LJMP    PME
        LJMP    PMF
PMA：   …                               ;命令 A 处理程序
        RET
PMB：   …                               ;命令 B 处理程序
        RET
PMC：   …                               ;命令 C 处理程序
        RET
PMD：   …                               ;命令 D 处理程序
        RET
PME：   …                               ;命令 E 处理程序
        RET
PMF：   …                               ;命令 F 处理程序
        RET
//串行口中断服务程序
SISO：  PUSH    PSW
        PUSH    ACC                     ;保护现场
        CLR     TI
        JBC     RI,SISO2
SISO1： POP     ACC                     ;恢复现场
        POP     PSW
        RETI
SISO2： MOV     A,SBUF
        MOV     C,P
        JNC     SISO4
        MOV     C,RB8
        JNC     SISO5
SISO3： MOV     RXBUF,A
        SETB    MCMD
        SJMP    SISO1
SISO4： MOV     C,RB8
        JNC     SISO3
SISO5： MOV     A,#0FFH                 ;奇偶错处理
        SJMP    SISO3
```

4.5 习题

1. 试根据 P1 口和 P3 口的结构特性，指出它们作为输入口或第二功能输入/输出的条件。

2. MCS-51 T0，T1 的定时器和计数器方式的差别是什么？试举例说明这两种方式的用途。

3. 若晶振为 12 MHz，用 T0 产生 1 ms 的定时，可以选择哪几种方式？分别写出定时器的方式字和计数初值。如需要 1 s 的定时，应如何实现？

4. 若晶振为 12 MHz，如何用 T0 来测试 20~1 kHz 之间的方波信号的周期？又如何测试频率为 0.5 MHz 左右的脉冲频率。

5. 若晶振为 11.0592 MHz，串行口工作于方式 1、波特率为 4800，分别写出用 T1，T2 作为波特率发生器的方式字和计数初值。

6. 串行口方式 0 输出时能否外接多个 74LS164？若不可以说明其原因，若可以画出逻辑框图并说明数据输出方法。

7. MCS-51 的中断处理程序能否存储在 64 KB 程序存储器的任意区域？若可以，则如何实现？

8. 在一个 8031 系统中，晶振为 12 MHz，一个外部中断请求信号是一个宽度为 500 ms 的负脉冲，则应该采用哪种中断触发方式，如何实现？

9. 若外部中断请求信号是一个低电平有效的信号，是否一定要选择电平触发方式？为什么？

10. 试设计一个测试 n 个脉冲平均周期的方案，要求其误差在一个机器周期之内。

第5章 汇编语言程序设计

所谓程序设计，就是用计算机所能接受的形式把解决问题的步骤描述出来。简单地说，程序设计就是编制计算机程序。要进行程序设计，首先应按照实际问题的要求和所使用的计算机的特点，决定所采用的计算方法和计算公式。然后，用指令系统依照尽可能节省数据存放单元、缩短程序长度和加快运算速度三个原则编译程序。

教学视频 5-1

本章从应用的角度出发，介绍 MCS-51 汇编语言的程序设计，并给出了一些不涉及硬件的基本程序。

5.1 汇编语言概述

程序设计时要考虑两个方面：其一是用哪一种语言进行程序设计；其二是解决问题的方法和步骤。对于同一个问题，可以选择高级语言（如 C、C++、BASIC 等）来进行设计，也可以选择汇编语言来进行程序设计。这种为解决问题而采用的方法和步骤称为"算法"。

5.1.1 汇编语言的优点

采用汇编语言编程与采用高级语言编程相比具有以下优点。
1）占用的内存单元和 CPU 资源少。
2）程序简短，执行速度快。
3）可直接调用计算机的全部资源，并可有效地利用计算机的专有特性。
4）能准确地掌握指令的执行时间，适用于实时控制系统。

5.1.2 汇编语言程序设计的步骤

用汇编语言编写程序，一般可分为以下几个步骤。
1）建立数学模型。根据要解决的实际问题，反复研究分析并抽象出数学模型。
2）确定算法。解决一个问题往往有多种不同的方法，从诸多算法中确定一种较为简捷的方法。
3）制定程序流程图。算法是程序设计的依据，把解决问题的思路和算法的步骤画成程序流程图。
4）确定数据结构。合理地选择和分配内存单元以及工作寄存器。
5）写出源程序。根据程序流程图，精心选择合适的指令和寻址方式来编制源程序。

6）上机调试程序。将编好的源程序进行汇编，并执行目标程序，检查和修改程序中的错误，对程序运行的结果进行分析，直到正确为止。

5.1.3 评价程序质量的标准

解决某一问题、实现某一功能的程序不是唯一的。判断程序的质量有以下几个标准。

1）程序的执行时间。

2）程序所占用的内存字节数。

3）程序的逻辑性、可读性。

4）程序的兼容性、可扩展性。

5）程序的可靠性。

一般来说，一个程序的执行时间越短，占用的内存单元越少，其质量也就越高。这就是程序设计中的"时间"和"空间"的概念。程序设计的逻辑性强、层次分明、数据结构合理、便于阅读也是衡量程序优劣的重要标准；同时还要保证程序在任何实际的工作条件下，都能正常运行。

另外，在较复杂的程序设计中，必须充分考虑程序的可读性和可靠性。同时，程序的可扩展性、兼容性以及容错性等都是衡量与评价程序优劣的重要标准。

5.2 简单程序设计

程序的简单与复杂很难有一个绝对标准，这里所说的简单程序是一种顺序执行的程序，它既无分支又无循环。这种程序虽然简单，但能完成一定的功能，是构成复杂程序的基础。

【例 5-1】 假设两个双字节无符号数，分别存放在 R1R0 和 R3R2 中，高字节在前，低字节在后。编程使两数相加，和数存放回 R2R1R0 中。

解：此为简单程序。求和的方法与笔算类同，先加低位，后加高位，无须画流程图。

直接编程如下：

```
        ORG    1000H
        CLR    C
        MOV    A,R0      ;取被加数低字节至 A
        ADD    A,R2      ;与加数低字节相加
        MOV    R0,A      ;存和数低字节
        MOV    A,R1      ;取被加数高字节至 A
        ADDC   A,R3      ;与加数高字节相加
        MOV    R1,A      ;存和数高字节
        MOV    A,#0
        ADDC   A,#0      ;加进位位
        MOV    R2,A      ;存和数进位位
  *     SJMP   $         ;原地踏步
        END
```

* 处表示：由于 MCS-51 指令系统无暂停指令，故用"SJMP $"指令（$ 表示"rel = 0FEH"）实现原地踏步以代替暂停指令，后面将不再重复解释。

【例 5-2】 将一个字节内的两个 BCD 码拆开并转换成 ASCII 码，存入两个 RAM 单元。设两个 BCD 码已存放在内部 RAM 的 20H 单元，将转换后的高半字节存放到 21H 中，低半字节存放到 22H 中。

方法一：因为 BCD 数中的 0~9 对应的 ASCII 码为 30H~39H，所以转换时，只需将 20H 中的 BCD 码拆开后，将其高 4 位置为"0011"即可。

编程如下：

```
ORG     1000H
MOV     R0,#22H         ;R0←22H
MOV     @R0,#0          ;22H←0
MOV     A,20H           ;两个 BCD 数送 A
XCHD    A,@R0           ;BCDL 送 22H 单元
ORL     22H,#30H        ;完成转换
SWAP    A               ;BCDH 至 A 的低四位
ORL     A,#30H          ;完成转换
MOV     21H,A           ;存数
SJMP    $
END
```

以上程序用了 8 条指令、15 个内存字节，执行时间为 9 个机器周期（指令所占存储字和执行周期请查阅附录中的单片机指令表）。

方法二：可采用除 10H 取余的方法（相当于右移 4 位）将两个 BCD 数拆开。即

编程如下：

```
ORG     1000H
MOV     A,20H           ;取 BCD 码至 A
MOV     B,#10H
DIV     AB              ;除 10H 取余,使 BCDH→A、BCDL→B
ORL     B,#30H          ;完成转换
MOV     22H,B           ;存 ASCII 码
ORL     A,#30H          ;完成转换
MOV     21H,A           ;存 ASCII 码
SJMP    $
END
```

此法用了 7 条指令、13 个内存字节，执行时间 10 个机器周期。

方法三：采用和 #0FH、#0F0H 相与的方法分离高、低 4 位，将两个 BCD 数拆开。

编程如下：

```
ORG     1000H
MOV     A,20H           ;取 BCD 码
ANL     A,#0FH          ;屏蔽高 4 位
ORL     A,#30H          ;完成转换
MOV     22H,A           ;存 ASCII 码
MOV     A,20H           ;取 BCD 码
ANL     A,#0F0H         ;屏蔽低 4 位
SWAP    A               ;交换至低 4 位
ORL     A,#30H          ;完成转换
MOV     21H,A           ;存 ASCII 码
SJMP    $
END
```

上述程序共用 9 条指令，占用 17 个字节，需 9 个机器周期。

【例 5-3】　双字节数求补，设两个字节原码数存在 R1R0 中，求补后结果存在 R3R2 中。

解：求补采用 "模-原码" 的方法，因为补码是原码相对于模而言的，对于双字节数来说其模为 10000H。

编程如下：

```
        ORG     1000H
        CLR     C               ;0→CY
        CLR     A               ;0→A
        SUBB    A,R0            ;低字节求补
        MOV     R2,A            ;送 R2
        CLR     A               ;0→A
        SUBB    A,R1            ;高字节求补
        MOV     R3,A            ;送 R3
        SJMP    $
        END
```

这段程序共用了 7 条指令，占用了 7 个字节，需 7 个机器周期。

【例 5-4】 将内部 RAM 的 20H 单元中的 8 位无符号二进制数转换为 3 位 BCD 码，并将结果存放在 FIRST（百位）和 SECOND（十位、个位）两单元中。

解：可将被转换数除以 100，得百位数；余数再除以 10 得十位数；最后余数即为个位数。编程如下：

```
FIRST   DATA    22H
SECOND  DATA    21H
        ORG     1000H
HBCD:   MOV     A,20H           ;取数
        MOV     B,#100          ;除数 100→B
        DIV     AB              ;除 100
        MOV     FIRST,A         ;百位 BCD
        MOV     A,B
        MOV     B,#10           ;除数 10→B
        DIV     AB              ;除 10
        SWAP    A               ;十位数送高位
        ORL     A,B             ;A 为（十位、个位）BCD
        MOV     SECOND,A        ;存十位、个位数
        SJMP    $
        END
```

例如，设（20H）= 0FFH，先用 100 除，商（A）= 02H→FIRST；余数（B）= 37H，再用 10 除，商（A）= 05H，余数（B）= 05H；十位 BCD 数送 A 高四位后，与个位 BCD 数相或，得到压缩的 BCD 码 55H→SECOND。

以上几例均为简单程序，可以完成一些特定的功能，若在程序的第 1 条指令加上标号，程序结尾改用一条子程序返回 RET 指令，则这些可完成某种特定功能的程序段，均可被主程序当作子程序调用。

5.3 分支程序

在一个实际的应用程序中，程序不可能始终是直线执行的。当用计算机解决一些实际问题时，要求计算机能够做出某种判断，并根据判断做出不同的处理。通常情况下，计算机会根据实际问题中给定的条件，判断条件满足与否，产生一个或多个分支，以决定程序的流向。因此条件转移指令形成的分支结构程序能够充分地体现计算机的智能。

5.3.1 简单分支程序

【例 5-5】 设内部 RAM 30H，31H 单元中存放两个无符号数，试比较它们的大小。将较小的数存放在 30H 单元，较大的数存放在 31H 单元中。

解：这是一个简单分支程序，可以使两数相减，用 JC 指令进行判断。若 CY = 1，则被减

数小于减数。程序流程图如图 5-1 所示。

编程如下:

```
            ORG     1000H
START:      CLR     C              ;0→CY
            MOV     A,30H
            SUBB    A,31H          ;做减法比较两数
            JC      NEXT           ;若(30H)小,则转移
            MOV     A,30H
            XCH     A,31H
            MOV     30H,A          ;交换两数
NEXT:       NOP
            SJMP    $
            END
```

【例 5-6】 空调机在制冷时,若排出空气比吸入空气温度低 8℃,则认为工作正常,否则认为工作故障,并设置故障标志。

设内存单元 40H 存放吸入空气温度值,41H 存放排出空气温度值。若(40H)-(41H) ≥ 8℃,则空调机制冷正常,在 42H 单元中存放 "0",否则在 42H 单元中存放 "FFH" 以示故障(在此 42H 单元被设定为故障标志)。

解:为了可靠地监控空调机的工作情况,应做两次减法,第一次减法(40H)-(41H),若 CY=1,则肯定有故障;第二次减法用两个温度的差值减去8℃,若 CY=1,说明温差小于8℃,空调机工作亦不正常。程序流程图如图 5-2 所示。

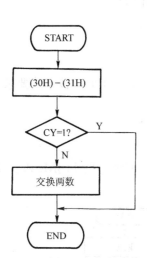

图 5-1 例 5-5 程序流程图

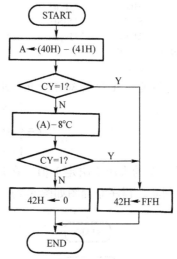

图 5-2 例 5-6 程序流程图

编程如下:

```
            ORG     1000H
START:      MOV     A,40H          ;吸入温度值送 A
            CLR     C              ;0→CY
            SUBB    A,41H          ;(40H)-(41H)→A
            JC      ERROR          ;CY=1,则故障
            SUBB    A,#8           ;温差小于 8℃?
            JC      ERROR          ;是则故障
            MOV     42H,#0         ;工作正常
            SJMP    EXIT           ;转出口
ERROR:      MOV     42H,#0FFH      ;否则置故障标志
EXIT:       SJMP    $              ;原地踏步
            END
```

5.3.2　多重分支程序

仅凭判断一个条件产生的分支无法解决的问题，需要判断两个或两个以上条件，通常也称为复合条件，进行多方面测试产生的分支程序称为多重分支程序。

【例 5-7】　设 30H 单元存放的是一元二次方程 $ax^2+bx+c=0$ 根的判别式 $\Delta=b^2-4ac$ 的值。在实数范围内，若 $\Delta>0$，则方程有两个不同的实根；若 $\Delta=0$，则方程有两个相同的实根；若 $\Delta<0$，则方程无实根。试根据 30H 中的值，编写程序判断方程根的三种情况，在 31H 中存放"0"代表无实根；存放"1"代表有相同的实根；存放"2"代表有两个不同的实根。

解：Δ 值为有符号数，它有三种情况，即大于零、等于零和小于零。可以用两个条件转移指令来判断，首先判断其符号位，用指令 JNB ACC.7，rel 判断，若 ACC.7 = 1，则一定为负数；若 ACC.7 = 0，则 $\Delta\geqslant0$。然后再用指令 JNZ rel 判断，若 $\Delta\neq0$，则一定是 $\Delta>0$；否则，$\Delta=0$。程序流程图如图 5-3 所示。

编程如下：

```
           ORG      1000H
START:     MOV      A,30H        ;Δ 值送 A
           JNB      ACC.7,YES    ;Δ≥0,转 YES
           MOV      31H,#0       ;Δ<0,无实根
           SJMP     FINISH
YES:       JNZ      TOW          ;Δ>0,转 TOW
           MOV      31H,#1       ;Δ=0,有相同实根
           SJMP     FINISH
TOW:       MOV      31H,#2       ;有两个不同实根
FINISH:    SJMP     $
           END
```

【例 5-8】　设变量 X 存入 30H 单元，求得函数 Y 存入 31H 单元。按下式要求给 Y 赋值：

$$Y=\begin{cases} X+1 & (10<X) \\ 0 & (5\leqslant X\leqslant10) \\ X-1 & (X<5) \end{cases}$$

解：要根据 X 的大小来决定 Y 值，在判断 $X<5$ 和 $X>10$ 时，采用 CJNE 和 JC 以及 CJNE 和 JNC 指令进行判断。程序流程图如图 5-4 所示。

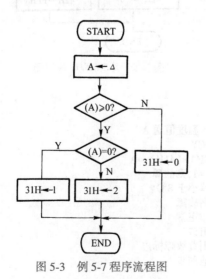

图 5-3　例 5-7 程序流程图

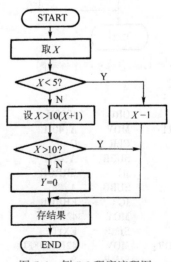

图 5-4　例 5-8 程序流程图

编程如下：

```
            ORG     1000H
            MOV     A,30H           ;取 X
            CJNE    A,#5,NEXT1      ;与 5 比较
NEXT1：     JC      NEXT2           ;X<5,则转 NEXT2
            MOV     R0,A
            INC     R0              ;设 10<X,Y=X+1
            CJNE    A,#11,NEXT3     ;与 11 比较
NEXT3：     JNC     NEXT4           ;10<X,则转 NEXT4
            MOV     R0,#0           ;5≤X≤10,Y=0
            SJMP    NEXT4
NEXT2：     MOV     R0,A
            DEC     R0              ;X<5,Y=X-1
NEXT4：     MOV     31H,R0          ;存结果
            SJMP    $
            END
```

5.3.3　N 路分支程序

N 路分支程序是根据前面程序运行的结果，可以有 N 种选择，并能转向其中任一处理程序。

【例 5-9】　N 路分支程序，设 N≤8，根据程序运行中产生的 R3 值来决定如何进行分支。

分析：若逐次按图 5-5 流程图进行处理也可使程序进入 8 个处理程序之一的入口地址。但这种方法判断次数多，当 N 较大时，运行速度慢。然而对 MCS-51 来说，由于有间接转移（也称为散转）指令 JMP　@A+ DPTR，通过一次转移即可方便地进入相应的分支处理程序，效率大大提高。实现 N 路分支程序的方法如下。

1）在程序存储器中，设置各分支程序入口地址表。

2）利用 MOVC　A，@A+DPTR 指令，根据条件查地址表，找到分支入口地址。方法是使 DPTR 指向地址表首址，再按运行中累加器 A 的偏移量找到相应分支程序入口地址，并将该地址存于 A 中。

3）利用散转指令 JMP　@A+DPTR 转向分支处理程序。

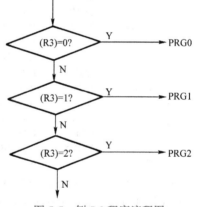

图 5-5　例 5-9 程序流程图

解：按以上分支，用几条指令便可实现多分支程序的转移。

编程如下：

```
            MOV     A,R3
            MOV     DPTR,#PRGTBL    ;分支入口地址表首址送 DPTR
            MOVC    A,@A+DPTR       ;查表
            JMP     @A+DPTR         ;转移
PRGTBL：    DB      PRG0-PRGTBL
            DB      PRG1-PRGTBL
            …
            …
```

第 3 条指令是查表，查表结果：

（A）= PRGi-PRGTBL；即第 i 段分支程序的入口地址与散转表首址之差

执行第 4 条指令时，

PC←A+DPTR=PRGi-PRGTBL+PRGTBL=PRGi；程序转入 PC 直接指向的第 i 个分支入口

地址 PRGi

设 $N=4$，即有 4 个分支。

功能：根据入口条件转向 4 个程序段，每个程序段分别从内部 RAM 256 B、外部 RAM 256 B、外部 RAM 64 KB 和外部 RAM 4 KB 数据缓冲区读取数据。

入口条件：$(R3)=(0, 1, 2, 3)$；

　　　　　　$(R0)=$ RAM 的低 8 位地址；

　　　　　　$(R1)=$ RAM 的高 8 位地址。

出口条件：累加器 A 中的内容为执行不同程序段后读取的数据。

参考程序如下：

```
                MOV     A,R3
                MOV     DPTR,#PRGTBL
                MOVC    A,@A+DPTR
                JMP     @A+DPTR
    PRGTBL:     DB      PRG0-PRGTBL
                DB      PRG1-PRGTBL
                DB      PRG2-PRGTBL
                DB      PRG3-PRGTBL
    PRG0:       MOV     A,@R0            ;从内部 RAM 读数
                SJMP    PRGE
    PRG1:       MOV     P2,R1
                MOVX    A,@R0            ;从外部 RAM 256 B 读数
                SJMP    PRGE
    PRG2:       MOV     DPL,R0
                MOV     DPH,R1
                MOVX    A,@DPTR          ;从外部 RAM 64 KB 读数
                SJMP    PRGE
    PRG3:       MOV     A,R1
                ANL     A,#0FH           ;屏蔽高 4 位
                ANL     P2,#11110000B    ;P2 口高 4 位可作他用
                ORL     P2  A            ;只送 12 位地址
                MOVX    A,@R0            ;从外部 RAM 4 KB 读数
    PRGE:       SJMP    $
```

最后一个分支程序是从外部 RAM 的 4 KB 存储区域读数，只需送出 12 位地址即可，不必占用 16 位地址线，P2 口的高 4 位可作他用。

使用这种方法，地址表长度加上分支处理程序的长度，必须小于 256 B。如果希望更多分支，则应采用其他方法。

【例 5-10】　128 路分支程序。

功能：根据 R3 的值（00H~7FH）转到 128 个目的地址。

入口条件：$(R3)=$ 转移目的地址代号（00H~7FH）。

出口条件：转移到 128 个分支程序段入口。

参考程序如下：

```
    JMP128:     MOV     A,R3
                RL      A                ;(A)×2
                MOV     DPTR,#PRGTBL     ;散转表首址送 DPTR
                JMP     @A+DPTR          ;散转
    PRGTBL:     AJMP    ROUT00           ;
                AJMP    ROUT01           ;⎫
                ...                      ;⎬ 128 个 AJMP 指令占用 256 B
                AJMP    ROUT7F           ;⎭
```

程序中第二条指令 RL　A 把 A 中的内容乘以 2。由于分支代号是 00H~7FH，而散转表中用的 128 条 AJMP 指令，每条 AJMP 指令占两个字节，整个散转表共用了 256 B 单元，因此必须把分支地址代号乘 2，才能使 JMP　@A+DPTR 指令转移到对应的 AJMP 指令地址上，以产生分支。

由于散转表中用的是 AJMP 指令，因此，每个分支的入口地址（ROUT00~ROUT7F）必须与对应的 AJMP 指令在同一 2 KB 存储区内。也就是说，分支入口地址的安排仍受到限制。若改用长转移 LJMP 指令，则入口地址可安排在 64 KB 程序存储器的任何一区域，但程序也要作相应的修改。

【例 5-11】　256 路分支程序。

功能：根据 R3 的值转移到 256 个目的地址。

入口条件：(R3) = 转移目的地址代号（00H~FFH）。

出口条件：转移到相应分支处理程序入口。

参考程序如下：

```
        JMP256:   MOV    A,R3              ;取 N 值
                  MOV    DPTR,#PRGTBL      ;DPTR 指向分支地址表首址
                  CLR    C
                  RLC    A                 ;(A)×2
                  JNC    LOW128            ;是前 128 个分支程序,则转移
                  INC    DPH               ;否则基址加 256
        LOW128:   MOV    TEMP,A            ;暂存 A
                  INC    A                 ;指向地址低 8 位
                  MOVC   A,@A+DPTR         ;查表,读分支地址低 8 位
                  PUSH   ACC               ;地址低 8 位入栈
                  MOV    A,TEMP            ;恢复 A,指向地址高 8 位
                  MOVC   A,@A+DPTR         ;查表,读分支地址高 8 位
                  PUSH   ACC               ;地址高 8 位入栈
                  RET                      ;分支地址弹入 PC 实现转移
        PRGTBL:   DW     ROUT00            ;
                  DW     ROUT01            ;
                  ...                       }  256 个分支程序首地址占用 512 B
                  DW     ROUTFF            ;
```

该程序可产生 256 路分支程序，分支处理程序可以分布在 64 KB 程序存储器任何位置。

该程序根据 R3 中分支地址代码 00H~FFH，转到相应的处理程序入口地址 ROUT00~ROUTFF，由于入口地址是双字节（16 位），查表前应先把 R3 内容乘以 2，当地址代号为 00H~7FH 时（前 128 路分支），乘 2 不产生进位。当地址代号为 80H~FFH 时，乘 2 会产生进位，当有进位时，使基址高 8 位 DPH 内容加 1，指令 RLC　A 完成乘 2 功能。

该程序采用"堆栈技术"巧妙地将查表得到的分支入口地址的低 8 位和高 8 位分别压入堆栈，然后执行 RET 指令，把栈顶内容（分支入口地址）弹入 PC 实现转移。执行这段程序后，堆栈指针 SP 不受影响，仍恢复原来值。

【例 5-12】　大于 256 路分支转移程序。

功能：根据入口条件转向 N 个分支处理程序。

入口条件：(R7R6) = 转移目的地址代号。

出口条件：转移到相应分支处理程序入口。

参考程序如下：

```
        JMPN:     MOV    DPTR,#PRGTBL      ;DPTR 指向表首址
                  MOV    A,R7              ;取地址代号高 8 位
                  MOV    B,#3
                  MUL    AB                ;×3
                  ADD    A,DPH
```

```
            MOV     DPH,A           ;修改指针高8位
            MOV     A,R6            ;取地址代号低8位
            MOV     B,#3            ;×3
            MUL     AB
            XCH     A,B             ;交换乘积的高低字节
            ADD     A,DPH           ;乘积的高字节加DPH
            MOV     DPH,A
            XCH     A,B             ;乘积的低字节送A
            JMP     @A+DPTR         ;散转
PRGTBL：    LJMP    ROUT0           ;
            LJMP    ROUT1           ;
            ...                          N个LJMP指令占用了N×3B
            LJMP    ROUTN           ;
```

程序散转表中有 *N* 条 LJMP 指令，每条 LJMP 指令占 3 个字节，因此要按入口条件将址代号乘以 3，用乘积的高字节加 DPH，乘积的低字节送 A（变址寄存器）。这样执行 JMP A+DPTR 指令后，就会转向表中去执行一条相应的 LIMP 指令，从而进入分支程序。

例 5-9~例 5-12 分支程序都有一个散转表。例 5-9 的散转表中为分支入口地址和表首地址的相对值；例 5-10 的散转表中存放的是一组 AJMP 指令；例 5-11 的散转表中为分支入口地址；例 5-12 的转换表中存放的是一组 LJMP 指令。总之，其目的是为了使程序进入分支，读者应根据实际情况选择使用。

5.4　循环程序

5.4.1　循环程序的导出

前面介绍的是简单程序和分支程序，程序中的指令一般执行一次。而在一些实际应用系统中，往往同一组操作要重复执行多次，这种有规可循又反复处理的问题，可采用循环结构的程序来解决。这样可使程序简短，占用内存少，重复次数越多，运行效率越高。

教学视频 5-2

【例 5-13】　在内部 RAM 30H~4FH 连续 32 个单元中存放单字节无符号数。求 32 个无符号数之和，并存入内部 RAM 51H、50H 中。

解：这是重复相加问题。设用 R0 作加数地址指针，R7 作循环次数计数器，R3 作和数高字节寄存器。则程序流程图如图 5-6 所示。

参考程序如下：

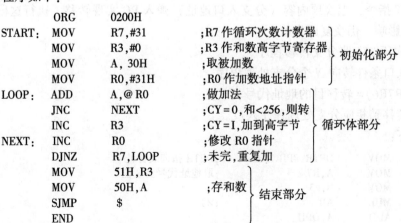

```
            ORG     0200H
START：     MOV     R7,#31          ;R7作循环次数计数器
            MOV     R3,#0           ;R3作和数高字节寄存器    初始化部分
            MOV     A, 30H          ;取被加数
            MOV     R0,#31H         ;R0作加数地址指针
LOOP：      ADD     A,@R0           ;做加法
            JNC     NEXT            ;CY=0,和<256,则转
            INC     R3              ;CY=I,加到高字节       循环体部分
NEXT：      INC     R0              ;修改R0指针
            DJNZ    R7,LOOP         ;未完,重复加
            MOV     51H,R3
            MOV     50H,A           ;存和数             结束部分
            SJMP    $
            END
```

通过以上例子，不难看出循环程序的基本结构：

（1）初始化部分

程序在进入循环部分之前，应对各循环变量、其他变量和常量赋初值。为循环做必要的准备工作。

（2）循环体部分

这一部分由重复执行部分和循环控制部分组成。这是循环程序的主体，又称为循环体。值得注意的是，每执行一次循环体后，必须为下一次循环创造条件。如对数据地址指针、循环计数器等循环变量的修改工作，还要检查判断循环条件。符合循环条件，则继续重复循环；不符合时就退出循环，以实现对循环的判断与控制。

（3）结束部分

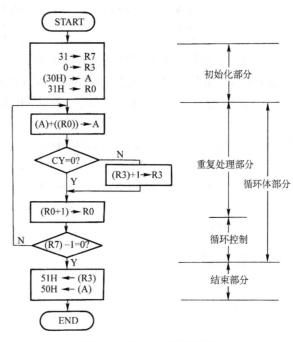

图 5-6　例 5-13 程序流程图

用来存放和分析循环程序的处理结果。

循环程序的关键是对各循环变量的修改和控制，尤其是循环次数的控制。在一些实际系统中有循环次数为已知的循环，可以用计数器控制循环；还有循环次数为未知的循环，可以按问题给定的条件控制循环。

【例 5-14】　从外部 RAM BLOCK 单元开始有一无符号数数据块，数据块长度存入 LEN 单元，求出其中的最大数存入 MAX 单元。

解：这是一基本搜索问题。采用两两比较法，取两者较大的数再与下一个数进行比较，若数据块长度 LEN=n，则应比较 n-1 次，最后较大的数就是数据块中的最大数。

为了方便进行比较，使用 CY 标志来判断两数的大小，使用 B 寄存器作比较与交换的暂存器，使用 DPTR 作外部 RAM 地址指针。其程序流程图如图 5-7 所示。

参考程序如下：

```
        ORG     0400H
        BLOCK   DATA   0100H      ;定义数据块首址
        MAX     DATA   31H        ;定义最大数暂存单元
        LEN     DATA   30H        ;定义长度计数单元
FMAX:   MOV     DPTR,#BLOCK       ;数据块首址送 DPTR
        DEC     LEN               ;长度减 1
        MOVX    A,@ DPTR          ;取数至 A
LOOP:   CLR     C                 ;0→CY
        MOV     B,A               ;暂存于 B
        INC     DPTR              ;修改指针
        MOVX    A,@ DPTR          ;取数
        SUBB    A,B
        JNC     NEXT
        MOV     A,B               ;大者送 A
        SJMP    NEXT1
NEXT:   ADD     A,B               ;(A)>(B),则恢复 A
NEXT1:  DJNZ    LEN,LOOP          ;未完继续比较
```

	MOV	MAX,A	;存最大数
	SJMP	$	;＊若用 RET 指令结尾则
	END		;该程序可作子程序调用

【例5-15】 在外部 RAM 的 BLOCK 单元开始有一数据块，数据块长度存入 LEN 单元。试统计其中正数、负数和零的个数，分别存入 PCOUNT、MCOUNT 和 ZCOUNT 单元。

解：这是一个多重分支的单循环程序。数据块中是带符号（补码）数，因而首先用 JB ACC.7，rel 指令判断符号位。若 ACC.7＝1，则该数一定是负数，MCOUNT 单元加1；若 ACC.7＝0，则该数可能为正数，也可能为零，用 JNZ rel 指令判断之，若 A≠0，则一定是正数，PCOUNT 加1；否则该数为零，ZCOUNT 加1。当数据块中所有的数被顺序判断一次后，则 PCOUNT、MCOUNT 和 ZCOUNT 单元中就是正数、负数和零的个数。程序流程图如图5-8所示。

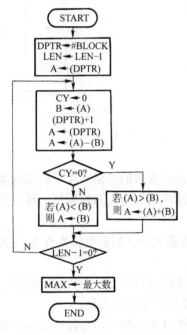

图5-7 例5-14程序流程图

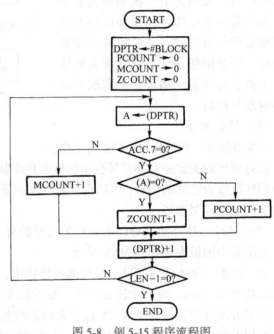

图5-8 例5-15程序流程图

参考程序如下：

```
        ORG     0200H
        BLOCK   DATA  2000H      ;定义数据块首址
        LEN     DATA  30H        ;定义长度计数单元
        PCOUNT  DATA  31H        ;正计数单元
        MCOUNT  DATA  32H        ;负计数单元
        ZCOUNT  DATA  33H        ;零计数单元
START:  MOV     DPTR,#BLOCK
        MOV     PCOUNT,#0
        MOV     MCOUNT,#0        ;计数单元清零
        MOV     ZCOUNT,#0
LOOP:   MOVX    A,@DPTR          ;取数
        JB      ACC.7,MCON       ;若 ACC.7＝1,转负计数
        JNZ     PCON             ;若(A)≠0,转正计数
        INC     ZCOUNT           ;若(A)＝0,则零的个数加1
        AJMP    NEXT
MCON:   INC     MCOUNT           ;负计数单元加1
```

```
           AJMP      NEXT
PCON：      INC       PCOUNT           ;正计数单元加 1
NEXT：      INC       DPTR             ;修正指针
           DJNZ      LEN,LOOP         ;未完继续
           SJMP      $
END
```

5.4.2　多重循环

前面介绍的三个例子中，程序只有一个循环，这种程序被称为单循环程序。而遇到复杂问题时，采用单循环往往不够，必须采用多重循环才能解决。所谓多重循环，就是在循环程序中还嵌套有其他循环程序，这就是多重循环结构的程序。利用机器指令周期进行延时是最典型的多重循环程序。

【例 5-16】　延时 20 ms 子程序，设晶振主频为 12 MHz。

解：在系统晶振主频确定之后，延时时间主要与两个因素有关：其一是循环体（内循环）中指令的执行时间的计算；其二是外循环变量（时间常数）的设置。

已知主频为 12 MHz，一个机器周期为 1 μs，执行一条 DJNZ　Rn,rel 指令的时间为 2 μs。

延时 20 ms 的子程序如下：

```
DELY：      MOV       R7,#100
DLY0：      MOV       R6,#100
DLY1：      DJNZ      R6,DLY1          ;2 μs×100 = 200 μs
           DJNZ      R7,DLY0          ;200 μs×100
           RET
```

以上延时时间不太精确，没有把执行外循环过程中其他指令计算进去。若把循环体以外的指令计算在内，则它的延时时间为

$$(200\ \mu s + 3\ \mu s)×100 + 3\ \mu s = 20303\ \mu s = 20.303\ ms$$

如果要求比较精确的延时，程序修改如下：

```
DELY：      MOV       R7,#100
DLY0：      MOV       R6,#98
           NOP
DLY1：      DJNZ      R6,DLY1          ;2 μs×98 = 196 μs
           DJNZ      R7,DLY0
           RET
```

它的实际延时为

$$(196\ \mu s + 2\ \mu s + 2\ \mu s)×100 + 3\ \mu s = 20003\ \mu s = 20.003\ ms$$

这样也有一定误差。如果需要延时更长时间，则可以采用更多的循环。

【例 5-17】　将内部 RAM 中 41H~43H 单元中的内容左移 4 位，移出部分送 40H 单元。即

解：用 RLC A 指令左循环移位，每左移一位，4 个字节需移 4 次，以 R4 作内循环计数器；本题要求左移 4 位，用 R5 作外循环计数器。程序流程如图 5-9 所示。

参考程序如下：

```
           ORG       0200H
           MOV       R5,#4            ;外循环计数器(4 位)
           MOV       40H,#0           ;0→40H
```

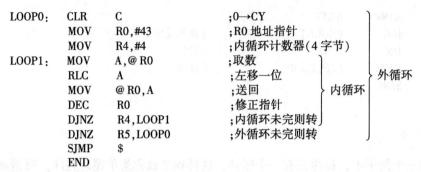

```
LOOP0:  CLR    C               ;0→CY
        MOV    R0,#43          ;R0 地址指针
        MOV    R4,#4           ;内循环计数器(4 字节)
LOOP1:  MOV    A,@R0           ;取数
        RLC    A               ;左移一位
        MOV    @R0,A           ;送回
        DEC    R0              ;修正指针
        DJNZ   R4,LOOP1        ;内循环未完则转
        DJNZ   R5,LOOP0        ;外循环未完则转
        SJMP   $
        END
```

在内循环中 40H~43H 单元的内容依次左移 1 位（共 4 次），在外循环中也是共做 4 次这样的工作，即完成本题的要求。

【例 5-18】　在外部 RAM 中 BLOCK 开始的单元中有一无符号数据块，其长度存入 LEN 元。试将这些无符号数按递减次序重新排列，并存入原存储区。

解：处理这个问题要利用双重循环程序，在内循环中将相邻两单元的数进行比较，若符合从大到小的次序则不动，否则两数交换。这样两两比较下去，比较 $n-1$ 次后，所有的数都比较与交换完毕，最小数沉底，在下一个内循环中将减少一次比较与交换。此时若从未交换过，则说明这些数据本来就是按递减次序排列的，程序可结束。否则将进行下一个循环，如此反复比较与交换，每次内循环的最小数都沉底（下一内循环将减少一次比较与交换），而较大的数一个个冒上来，因此排序程序又叫作"冒泡程序"。

用 P2 口作数据地址指针的高字节地址；用 R0、R1 作相邻两单元的低字节地址；用 R7、R6 作外循环与内循环计数器；用程序状态字 PSW 的 F0 作交换标志。

参考流程图如图 5-10 所示。

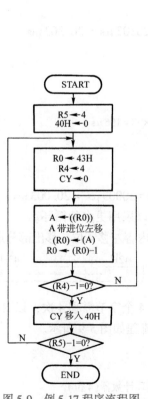

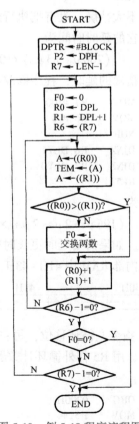

图 5-9　例 5-17 程序流程图　　　　图 5-10　例 5-18 程序流程图

参考程序如下：

```
              ORG       1000H
              BLOCK     DATA   2200H
              LEN       DATA   51H
              TEM       DATA   50H
              MOV       DPTR,#BLOCK        ;置数据块地址指针
              MOV       P2,DPH             ;P2 作地址指针高字节
              MOV       R7,LEN             ;置外循环计数初值
              DEC       R7                 ;比较与交换 n-1 次
LOOP0：        CLR       F0                 ;交换标志清零
              MOV       R0,DPL
              MOV       R1,DPL             ;置相邻两数地址指针低字节
              INC       R1
              MOV       A,R7
              MOV       R6,A               ;置内循环计数器初值
LOOP1：        MOVX      A,@ R0             ;取数
              MOV       TEM,A              ;暂存
              MOVX      A,@ R1             ;取下一个数
              CJNE      A,TEM,NEXT         ;两相邻数比较,不等则转
              SJMP      NOCHA              ;相等不交换
NEXT：         JC        NOCHA             ;CY=1,不交换
              SETB      F0                 ;置位交换标志
              MOVX      @ R0,A
              XCH       A,TEM
              MOVX      @ R1,A             ;两数交换,大者在上,小者在下
NOCHA：        INC       R0
              INC       R1                 ;修改指针
              DJNZ      R6,LOOP1           ;内循环未完,则继续
              JNB       F0,HAL             ;若从未交换,则结束
              DJNZ      R7,LOOP0           ;未完,继续
HAL：          SJMP      $
              END
```

从上面介绍的几个例子，不难看出，循环程序的结构大体上是相同的。要特别注意以下问题。

1）在进入循环之前，应合理设置循环初始变量。

2）循环体只能执行有限次，如果无限执行，则称为"死循环"，这是应当避免的。

3）不能破坏或修改循环体，要特别注意的是避免从循环体外直接跳转到循环体内。

4）多重循环的嵌套，应当是以图 5-11a、b 这两种形式，应避免图 5-11c 的情况。由此可见，多重循环是从外层向内层一层层进入，从内层向外层一层层退出。不要在外层循环中用跳转指令直接转到内层循环体内。

5）循环体内可以直接转到循环体外或外层循环中，实现一个循环由多个条件控制结束的结构。

6）对循环体的编程要仔细推敲，合理安排，对其进行优化时，应主要放在缩短执行时间上，其次是程序的长度。

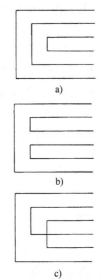

a)

b)

c)

图 5-11　几种多重循环嵌套示意图
a) 正确　b) 正确　c) 错误

5.5 查表程序

查表是程序设计中经常遇到的，对于一些复杂参数的计算，不仅程序长，难以计算，而且要耗费大量时间。尤其是一些非线性参数，用一般算术运算解决是十分困难的。它涉及对数、指数、三角函数，以及微分和积分运算。对于这些运算，用汇编语言编程都比较复杂，有些甚至无法建立数学模型，如果采用查表法解决就容易多了。

所谓查表，就是把事先计算或测得的数据按一定顺序编制成表格，存放在程序存储器中。查表程序的任务就是根据被测数据，查出最终所需要的结果。因此查表比直接计算简单得多，尤其是对非数值计算的处理。利用查表法可完成数据运算、数据转换和数据补偿等工作，并具有编程简单、执行速度快、适合于实时控制等优点。

编程时可以方便地利用伪指令 DB 或 DW 把表格的数据存入程序存储器 ROM 中。MCS-51 指令系统中有两条指令具有极强的查表功能。

（1）MOVC A,@A+DPTR

该指令以数据地址指针 DPTR 的内容作基址，它指向数据表格的首址，以变址器 A 的内容为所查表格的项数（即在表格中的位置是第几项）。执行指令时，基址加变址，读取表格中的数据，（A+DPTR）内容送 A。

该指令可以灵活设置数据地址指针 DPTR 的内容，可在 64KB 程序存储器范围内查表，故称为长查表指令。

（2）MOVC A,@A+PC

该指令以程序计数器 PC 的内容作基址，以变址器 A 的内容为项数加变址调整值。执行指令时，基址加变址，读取表格中数据，（A+PC）内容送 A。

变址调整值即 MOVC A,@A+PC 指令执行后的地址到表格首址之间的距离，即两地址之间其他指令所占的字节数。

用 PC 内容作基址查表只能查距本指令 256 个字节以内的表格数据，故被称为页内查表指令或短查表指令。执行该指令时，PC 当前值是由 MOVC A,@A+PC 指令在程序中的位置加 2 以后决定的，还要计算变址调整值，使用起来比较麻烦。但它不影响 DPTR 内容，使程序具有一定灵活性，仍是一种常用的查表方法。

值得注意的是，如果数据表格存放在外部程序存储器中，执行这两条查表指令时，均会在控制引脚PSEN上产生一个程序存储器读信号。

【例 5-19】 一个十六进制数存放在 HEX 单元的低 4 位，将其转换成 ASCII 码并送回 HEX 单元。

解：十六进制 0~9 的 ASCII 码为 30H~39H，A~F 的 ASCII 码为 41H~46H，ASCII 码表格的首址为 ASCTAB。

参考程序如下：

```
        ORG     0100H
        HEX     EQU 30H
HEXASC: MOV     A,HEX
        ANL     A,#00001111B
        ADD     A,#3            ;变址调整
        MOVC    A,A+PC
        MOV     HEX,A           ;2B
        RET                     ;1B
```

```
ASCTAB: DB    30H,31H,32H,33H
        DB    34H,35H,36H,37H
        DB    38H,39H,41H,42H
        DB    43H,44H,45H,46H
        END
```

在这个程序中，查表指令 MOVC A,@ A+PC 到表格首地址之间有 2 条指令，占用 3 个地址空间，故变址调整值为 3（即本指令到表格首址的距离）。

【例 5-20】 一组长度为 LEN 的十六进制数存入 HEXR 开始的单元中，将它们转换成 ASCII 码，并存入 ASCR 开始的单元中。

解：由于每个字节含有两个十六进制数，因此要拆开转换两次，每次都要通过查表求得 ASCII 码。由于两次查表指令 MOVC A,@ A+PC 在程序中所处的位置不同，且 PC 当前值也不同，故对 PC 值的变址调整值是不同的。

参考程序如下：

```
            ORG      0100H
            HEXR     EQU    20H
            ASCR     EQU    40H
            LEN      EQU    1FH
HEXASC:     MOV      R0,#HEXR        ;R0 作十六进制数存放指针
            MOV      R1,#ASCR        ;R1 作 ASCII 码存放指针
            MOV      R7,#LEN         ;R7 作计数器
LOOP:       MOV      A,@ R0          ;取数
            ANL      A,#0FH          ;保留低 4 位
            ADD      A,#15           ;第一次变址调整
            MOVC     A,@ A+PC        ;第一次查表
            MOV      @ R1,A          ;存放 ASCII 码(1B)
            INC      R1              ;修正 ASCII 码存放指针(1B)
            MOV      A,@ R0          ;重新取数(1B)
            SWAP     A               ;(1B)
            ANL      A,#0FH          ;准备处理高 4 位(2B)
            ADD      A,#6            ;第二次变址调整(2B)
            MOVC     A,@ A+PC        ;第二次查表(1B)
            MOV      @ R1,A          ;存 ASCII 码(1B)
            INC      R0              ;(1B)
            INC      R1              ;修正地址指针(1B)
            DJNZ     R7,LOOP         ;未完继续(2B)
            RET                      ;返回(1B)
ASCTAB:     DB       '0  1  2  3'
            DB       '4  5  6  7'
            DB       '8  9  A  B'
            DB       'C  D  E  F'
            END
```

注意：数据表格中用单引号 ' ' 括起来的元素，程序汇编时，将这些元素当作 ASCII 码处理。

【例 5-21】 求 $y=n!(n=0,1,2,\cdots,9)$ 的值。

解：如果按照求阶乘的运算，程序设计十分烦琐，需连续做 $n-1$ 次乘法。但如果将函数值列成表格，见表 5-1，则不难看出，每个 n 值所对应的 y 值在表格中的地址可按下面公式计算出来：

$$y\ 地址 = 函数表首址 + n \times 3$$

因而可采用计算查表法。对每一 n 值，首先按上述公式计算出对应于 y 的地址，然后从该

单元中取出 y 值。

设 n 值存放在 TEM 单元，表的首址为 TABL，用 MOVC A,@ A+DPTR 指令查表取出 y 值存入 R2R1R0 中。

表 5-1 $n!$ 表格

n 值	y 值	y 地址	n 值	y 值	y 地址
	0 0	TABL		2 0	TABL+F
0	0 0	TABL+1	5	0 1	TABL+10
	0 0	TABL+2		0 0	TABL+11
	0 1	TABL+3		2 0	TABL+12
1	0 0	TABL+4	6	0 7	TABL+13
	0 0	TABL+5		0 0	TABL+14
	0 2	TABL+6		4 0	TABL+15
2	0 0	TABL+7	7	5 0	TABL+16
	0 0	TABL+8		0 0	TABL+17
	0 6	TABL+9		2 0	TABL+18
3	0 0	TABL+A	8	0 3	TABL+19
	0 0	TABL+B		0 4	TABL+1A
	2 4	TABL+C		8 0	TABL+1B
4	0 0	TABL+D	9	2 8	TABL+1C
	0 0	TABL+E		3 6	TABL+1D

参考程序如下：

```
            ORG    2000H
            TEM    EQU    30H
CALN:       MOV    A,TEM            ;取 n 值
            MOV    B,#3
            MUL    AB              ;n×3-A
            MOV    B,A             ;暂存
            MOV    DPTR,#TAB        ;指向表首址 L
            MOV    A,@ A+DPTR       ;查表取低字节
            MOV    R0,A            ;存入 R0
            INC    DPTR            ;修正地址指针
            MOV    A,B             ;恢复 n×3
            MOV    A,@ A+DPTR       ;查表取中间字节
            MOV    R1,A            ;存入 R1
            INC    DPTR            ;修正地址指针
            MOV    A,B             ;恢复 n×3
            MOVC   A,@ A+DPTR       ;查表取高字节
            MOV    R2,A            ;存入 R2
            RET
TABL:       DB   00,00,00,01,00,00
            ...
```

【例 5-22】 从 200 个人的档案表格中，查找一个名叫张三（关键字）的人。若找到，则记录其地址存入 R3R2 中，否则，将 R3R2 清零。表格首址为 TABL。

解：由于这是一个无序表格，所以只能一个单元一个单元逐个搜索。

参考程序如下：

```
            ORG    2000H
ZHANG       EQU    30H             ;定义关键字,ZHANG=30H
FZHANG:     MOV    31H,ZHANG        ;关键字送 31H
            MOV    R7,#200          ;查找次数
            MOV    DPTR,#TABL
            MOV    A,#16H           ;变址修正量
```

```
LOOP:     PUSH      ACC                            ;暂存 A
          MOVC      A,@ A+PC                       ;查表
          CJNE      A,31 H,NOF                     ;未找到,转 NOF(3B)
          MOV       R3,DPH                         ;(2B)
          MOV       R2,DPL                         ;找到了,记录地址(2B)
          POP       ACC                            ;(2B)
DONE:     RET                                      ;(1B)
NOF:      POP       ACC                            ;恢复 A(2B)
          INC       A                              ;求下一地址(1B)
          INC       DPTR                           ;表地址加 1(1B)
          DJNZ      R7,LOOP                         ;未完继续(2B)
          MOV       R3,#0                          ;(2B)
          MOV       R2,#0                          ;未找到 R3R2 清零(2B)
          AJMP      DONE                           ;(2B)
TABL:     DB        ××,××,××
          …
          END
```

在这个程序中,查表使用短查表指令 MOVC　A,@ A+PC。DPTR 并没有参与查表,而是用来记录关键字的地址。若使用长查表指令 MOVC　A,@ A+DPTR,也可以实现上述功能。请读者自己分析。

5.6　子程序的设计及调用

5.6.1　子程序的概念

在一个程序中,往往许多地方需要执行同样的运算和操作。例如,求三角函数和各种加减乘除运算、代码转换以及延时程序等。这些程序是在程序设计中经常用到的。如果编程过程中每遇到这样的操作都编写一段程序,会使编程工作十分烦琐,也会占用大量存储器空间。通常人们把这些能完成某种基本操作并具有相同操作的程序段单独编制成子程序,以供不同程序或同一程序反复调用。在程序中需要执行这种操作的地方执行一条调用指令,转到子程序中完成规定操作,并返回到原来的程序中继续执行下去。这就是所谓的子程序结构。

教学视频 5-3

在程序设计中恰当地使用子程序有如下优点。
1)不必重复书写同样的程序,提高编程效率。
2)程序的逻辑结构简单,便于阅读。
3)缩短了源程序和目标程序的长度,节省了程序存储器空间。
4)使程序模块化、通用化,便于交流,共享资源。
5)便于按某种功能调试。

通常人们将一些常用的标准子程序驻留在 ROM 或外部存储器中,构成子程序库。丰富的子程序库对用户十分方便,对某子程序的调用,就像使用一条指令一样方便。

5.6.2　调用子程序的要点

1. 子程序结构

用汇编语言编制程序时,要注意以下两个问题。

1）子程序开头的标号区段必须有一个使用户了解其功能的标志（或称为名字），该标志即子程序的入口地址，以便在主程序中使用绝对调用指令 ACALL 或长调用指令 LCALL 转入子程序。例如调用延时子程序：

        LCALL   DELY

或   ACALL   DELY

这两条调用指令属于程控类（转子）指令，不仅具有寻址子程序入口地址的功能，而且在转入子程序之前能自动使主程序断点入栈，具有保护主程序断点的功能。

2）子程序结尾必须使用一条子程序返回指令 RET。它具有恢复主程序断点的功能，以便断点出栈送 PC，继续执行主程序。

一般来说，子程序调用指令和子程序返回指令要成对使用。请读者参阅指令系统中的调用与返回指令。

2. 参数传递

子程序调用时，要特别注意主程序与子程序的信息交换问题。在调用一个子程序时，主程序应先把有关参数（子程序入口条件）放到某些约定的位置，子程序在运行时，可以从约定的位置得到有关参数。同样子程序结束前，也应把处理结果（出口条件）送到约定位置。返回后，主程序便可从这些位置中得到需要的结果，这就是参数传递。参数传递可采用多种方法。

（1）子程序无须传递参数

这类子程序中所需参数是子程序赋予的，不需要主程序给出。

【例 5-23】 调用延时 20 ms 子程序 DELY。

主程序：

                ⋮

                LCALL DELY

                ⋮

子程序：

```
DELY:    MOV     R7,#100
DLY0:    MOV     R6,#98
         NOP
DLY1:    DJNZ    R6,DLY1
         DJNZ    R7,DLY0
         RET
```

子程序根本不需要主程序提供入口参数，从进入子程序开始，到子程序返回，这个过程花费 CPU 时间约 20 ms。

（2）用累加器和工作寄存器传递参数

这种方法要求所需的入口参数在转入子程序之前将它们存入累加器 A 和工作寄存器R0~R7 中。在子程序中就用累加器 A 和工作寄存器中的数据进行操作，返回时，出口参数即操作结果就在累加器和工作寄存器中。采用这种方法，参数传递最直接最简单，运算速度最高。但是工作寄存器数量有限，不能传递更多的数据。

【例 5-24】 双字节求补子程序 CPLD。

解：入口参数：（R7R6）= 16 位数。

        出口参数：（R7R6）= 求补后的 16 位数。

```
CPLD:    MOV     A,R6
         CPL     A
```

```
            ADD      A,#1
            MOV      R6,A
            MOV      A,R7
            CPL      A
            ADDC     A,#0
            MOV      R7,A
            RET
```

这里与例 5-3 的求补不同，采用"变反+1"的方法，值得注意的是，十六位数变反加 1 要考虑进位问题，不仅低字节要加 1，高字节也要加低字节的进位，故采用 ADD A，#1 指令，而不能用 INC 指令，因为 INC 指令不影响 CY 位。

（3）通过操作数地址传递参数

子程序中所需操作数存放在数据存储器 RAM 中。调用子程序之前的入口参数为 R0、R1 或 DPTR 间接指出的地址；出口参数（即操作结果）仍是由 R0、R1 或 DPTR 间接指出的地址。一般内部 RAM 由 R0、R1 作地址指针，外部 RAM 由 DPTR 作地址指针。这种方法可以节省传递数据的工作量，可实现变字长运算。

【例 5-25】　n 字节求补子程序。

解：入口参数：（R0）= 求补数低字节指针，（R7）=$n-1$。

出口参数：（R0）= 求补后的高字节指针。

```
CPLN:       MOV      A,@R0
            CPL      A
            ADD      A,#1
            MOV      @R0,A
NEXT:       INC      R0
            MOV      A,@R0
            CPL      A
            ADDC     A,#0
            MOV      @R0,A
            DJNZ     R7,NEXT
            RET
```

（4）通过堆栈传递参数

堆栈可用于参数传递，在调用子程序前，先把参与运算的操作数压入堆栈。转入子程序之后，可用堆栈指针 SP 间接访问堆栈中的操作数，同时又可以把运算结果压入堆栈中。返回主程序后，可用 POP 指令获得运算结果。值得注意的是，转入子程序时，主程序的断点地址也要压入堆栈，占用堆栈两个字节，弹出参数时要用两条 DEC SP 指令修改 SP 指针，以便使 SP 指向操作数。另外在子程序返回指令 RET 之前要加两条 INC SP 指令，以便使 SP 指向断点地址，保证能正确返回主程序。

【例 5-26】　在 HEX 单元存放两个十六进制数，将它们分别转换成 ASCII 码并存入 ASC 和 ASC+1 单元。

解：由于要进行两次转换，故可调用查表子程序完成。

主程序：

```
MAIN:       ⋮
            PUSH     HEX               ;取被转换数
            LCALL    HASC              ;转入子程序
*PC→        POP      ASC               ;ASCL→ASC
            MOV      A,HEX             ;取被转换数
            SWAP     A                 ;处理高 4 位
```

```
        PUSH    ACC
        LCALL   HASC              ;转入子程序
        POP     ASC+1             ;ASCH→ASC+1
        ⋮
```

在主程序中设置了入口参数 HEX 入栈，即 HEX 被推入 SP+1 指向的单元，当执行 LCALL
HASC 指令之后，主程序的断点地址 PC 也被压入堆栈，即＊PCL 被推入 SP+2 单元、＊PCH
被推入 SP+3 单元。堆栈中的数据变化如图 5-12 所示。

子程序：

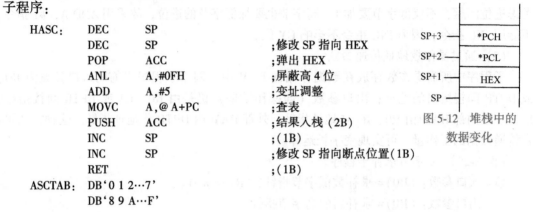

```
        HASC：  DEC     SP
                DEC     SP              ;修改 SP 指向 HEX
                POP     ACC             ;弹出 HEX
                ANL     A,#0FH          ;屏蔽高 4 位
                ADD     A,#5            ;变址调整
                MOVC    A,@A+PC         ;查表
                PUSH    ACC             ;结果入栈 (2B)
                INC     SP              ;(1B)
                INC     SP              ;修改 SP 指向断点位置(1B)
                RET                     ;(1B)
        ASCTAB：DB‘0 1 2…7’
                DB‘8 9 A…F’
```

图 5-12　堆栈中的数据变化

使用堆栈来传递参数，方法简单，能传递大量参数，不必为特定参数分配存储单元。

3. 现场保护

在转入子程序时，特别是进入中断服务子程序时，要特别注意现场保护问题。即主程序使
用的内部 RAM 内容、各工作寄存器内容、累加器 A 内容和 DPTR 以及 PSW 等寄存器内容，都
不应因转子程序而改变。如果子程序所使用的寄存器与主程序使用的寄存器有冲突，则在转入
子程序后首先要采取保护现场的措施。方法是将要保护的单元压入堆栈，而空出这些单元供子
程序使用。返主程序之前要弹出到原工作单元，恢复主程序原来的状态，即恢复现场。

例如，十翻二子程序的现场保护。

```
        BCDCB：  PUSH    ACC
                 PUSH    PSW
                 PUSH    DPL             ;保护现场
                 PUSH    DPH
                 ⋮
                                         ;十翻二
                 POP     DPH
                 POP     DPL
                 POP     PSW             ;恢复现场
                 POP     ACC
                 RET
```

压入与弹出的顺序应按"先进后出"，或"后进先出"的顺序，才能保证现场的恢复。

对于一个具体的子程序是否要进行现场保护，以及哪些单元应该保护，要具体情况具体对
待，不能一概而论。

4. 设置堆栈

恰当地设置堆栈指针 SP 的初值是十分必要的。调用子程序时，主程序的断点将自动入栈；
转入子程序后，现场的保护都要占用堆栈工作单元，尤其多重转子或子程序嵌套，需要使栈区
有一定的深度。由于 MCS-51 的堆栈是由 SP 指针组织的内部 RAM 区，仅有 128 个单元，堆栈
并非越深越好，深度要恰当。

5.6.3　子程序的调用及嵌套

1. 子程序调用

一个子程序可以供同一程序或不同程序多次调用或反复调用而不会被破坏，不仅给程序设计带来了极大灵活性，方便了用户，而且简化了程序设计的逻辑结构，节省了程序存储器空间。

【例 5-27】　要求将内部 RAM 41H~43H 中内容左移 4 位，移出部分送 40H 单元。

解：由于多字节移位是程序设计中经常用到的，有一定普遍性。为了给程序设计带来灵活性，编制一个"n 字节左移一位"子程序，反复调用 4 次即为 n 字节左移 4 位。

功能：n 字节左移一位。

入口：(R0) 指向内部 RAM 的操作数低位字节地址。

　　　(R4)= 字节长度。

出口：(R0) 指向内部 RAM 的结果高位字节地址。

子程序：

```
RLC1:    CLR    C
LOOP0:   MOV    A,@R0
         RLC    A
         MOV    @R0,A'
         DEC    R0
         DJNZ   R4,LOOP0
         MOV    A,@R0
         RLC    A
         MOV    @R0,A
         RET
```

为了完成要求，可编制左移 4 位子程序。

```
RLC4:    MOV    R7,#4          ;R7 为左移位数计数器
NEXT:    MOV    R0,#43         ;为进入 RLC1 子程序设置入口条件
         MOV    R4,#3
         ACALL  RLC1           ;转向子程序
*PC→     DJNZ   R7,NEXT        ;未完,继续
         MOV    A,@R0
         ANL    A,#0FH         ;屏蔽结果高四位
         MOV    @R0,A          ;存结果高四位
         RET
```

注意： *PC 是子程序的返回地址，即当前主程序的断点。

在这个简单的子程序中，由于子程序 RLC1 和主程序 RLC4（相对于子程序 RLC1 而言）所用的寄存器没有冲突，即调用子程序 RLC1 时，主程序 RLC4 的现场没有被破坏，因此无须在子程序 RLC1 中保护现场。否则将在 RLC1 的入口用 PUSH 指令保护现场，在 RET 指令之前，用 POP 指令恢复现场。

在这个例子中，不难看出参数传递的方式，采用了地址传递参数方式和工作寄存器参数传递方式。入口参数是由 R0 给出的地址指针，指向内部 RAM 中操作数的低位字节，由 R4 给出字节长度。出口参数也是由 R0 给出的地址，它指向结果存放 RAM 的高位字节。

子程序调用指令 ACALL (LCALL) 不仅具有寻址子程序入口地址的功能，而且能在转入子程序之前，利用堆栈技术自动将断点 *PCL-(SP+1) 和 *PCH-(SP+2) 压入堆栈，有效保护了断点。当子程序返回，执行 RET 指令时，能使断点出栈送入 PC，即返回到主程序继续执行。

2. 子程序嵌套

主程序与子程序的概念是相对的，一个子程序除了末尾有一条返回 RET 指令外，其本身

的执行与主程序并无差异，因而在子程序中可以引用其他子程序，这种情况称为子程序嵌套或多重转子。

　　例如，在一个数据处理的程序中，经常要调用"左移 4 位"子程序 RLC4。数据处理程序如下：

　　主程序：

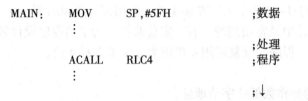

```
MAIN:    MOV     SP,#5FH              ;数据
         ⋮
                                      ;处理
         ACALL   RLC4                 ;程序
         ⋮
                                      ;↓
```

　　这个程序就采用了子程序的嵌套。为什么要在主程序的第一条指令就要定义堆栈指针呢？因为子程序的嵌套必须借助堆栈来完成。

　　多次调用子程序伴随着多次子程序返回操作，每次调用指令都有一个断点入栈操作，每次的返回指令都有一个断点出栈操作。而最后一次被调用的子程序返回地址，必须最先被弹出才能保证程序的正确性。换句话说，这时保护入栈的断点地址及从栈中弹出的返回地址必须按照"先进后出"（或后进先出）的操作次序，这种操作恰好是堆栈操作的原则。

　　下面以一个子程序三重嵌套为例说明多重转子堆栈中断点的保护与弹出，子程序的嵌套过程如图 5-13 所示。

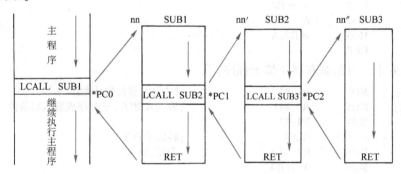

图 5-13　子程序嵌套过程

　　主程序运行时，遇到调用指令 LCALL　SUB1 时，首先将断点（即调用指令的下一条指令）地址 *PC0 压入栈，如图 5-14a 所示，然后子程序 SUB1 的入口地址 nn→PC，程序转入 SUB1；在子程序 SUB1 的运行中，遇到 LCALL　SUB2 指令，此时断点地址 *PC1 入栈，如图 5-14b 所示，然后子程序 SUB2 的入口地址 nn′→PC，程序转入 SUB2；在子程序 SUB2 的运行中，又遇到 LCALL　SUB3 指令，此时断点地址 *PC2 入栈，如图 5-14c 所示，然后子程序 SUB3 的入口地址 nn″→PC，程序运行 SUB3。

　　在 SUB3 运行结束时执行一条 RET 指令，它将最后一个压入的断点 *PC2 弹出到 PC，并自动修改 SP 指针，如图 5-15a 所示，程序返回 SUB2 继续运行；当 SUB2 运行完并执行 RET 指令时，它将栈顶的断点 *PC1 弹出到 PC，如图 5-15b 所示，程序返回 SUB1 继续执行；当执行完 SUB1，再执行一条 RET 指令，它将最先入栈的断点 *PC0 最后弹出到 PC，如图 5-15c 所示，程序返回主程序继续执行。此时堆栈指令 SP 又恢复到 5FH。

　　从上述分析可看出堆栈与子程序调用的关系。每一次调用子程序，都要将断点压入堆栈，并自动修改（加 2）SP 指针；每一次返回都要将断点弹出，SP 自动减 2。调用和返回总是成对进行的，保证了堆栈里的数据（断点地址）有序进出。

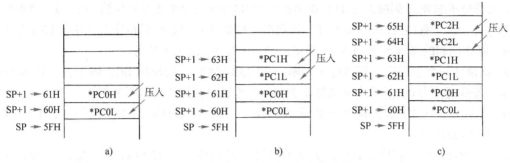

图 5-14　子程序嵌套时断点入栈过程

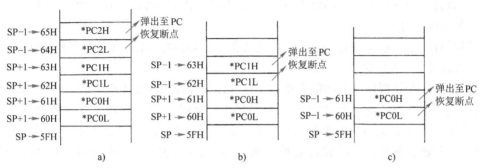

图 5-15　子程序嵌套时断点出栈过程

　　中断响应与中断返回和子程序调用与子程序返回具有相同的过程。所不同的是调用指令 LCALL 是编程者在程序中安排的，断点为已知固定的；而中断响应是随机的，因而中断的断点地址也是随机的。有了堆栈技术，不管断点是固定的还是随机的，都可以得到有效的保护和恢复。这里要强调的是伴随着断点的进出栈，SP 指针也将不断地得到修正，它总是指向栈顶。

5.7　习题

　　1. 若晶振为 6 MHz，试编写一个 2 ms 延时子程序。

　　2. 试编制一个子程序，对串行口初始化，使串行口以方式 1，波特率为 1200 bit/s（晶振为 11.059 MHz）发送字符串"MCS-51"。

　　3. 晶振为 11.059 MHz，串行口工作于方式 3，波特率为 2400 bit/s，第 9 位数据为奇校验位。试编制一个程序，对串行口初始化，并用查询方式接收串行口上输入的 10 个字符存于内部 RAM 中 30H 开始的区域。

　　4. 写一个子程序，其功能为将（R0）指出的两个 RAM 单元中的数转换为 ASCII 字符，并用查询方式从串行口上发送出去（设串行口已由主程序初始化）。

　　5. 试编制一个子程序将字符串'MCS-51 Microcomputer'装入外部 RAM 8000H 开始的显示缓冲区。

　　6. 试设计一个 2 字节的无符号十进制数加法子程序，其功能为将（R0）和（R1）指出的内部 RAM 中两个 2 字节压缩 BCD 码无符号十进制整数相加，结果存放于被加数单元中。子程序入口时，R0、R1 分别指向被加数和加数的低位字节，字节数 n 存于 R2，出口时 R0 指向和的高位字节，CY 为进位位。

　　7. 试设计一个 2 字节的无符号十进制数减法子程序，其功能为将（R0）指出的内部 RAM 中

2字节无符号压缩BCD码减去（R1）指出的内部RAM中2字节无符号压缩BCD码，结果存放于被减数单元中。子程序入口时，R0，R1分别指向被减数和减数的低位字节，字节数n存于R2，出口时R0指向和的高位字节，CY=1为正，CY=0为负，结果为补码。

8. 试设计一个子程序，其功能为判断（R2R3R4R5）中的压缩BCD码十进制数最高位是否为0，若最高位为0，且该十进制数不为0，则通过左移使最高位不为零。

9. 试设计一个双字节无符号整数乘法子程序，其功能为将（R3R2）和（R5R4）相乘，积存于30H~33H单元。

10. 试设计一个子程序，其功能为将无符号二进制整数（R2R3R4R5）除以（R6R7），其商存放于30H、31H单元，余数存于R2R3。

11. 试设计一个子程序，其功能为将（R0）指出的内部RAM中6个单字节正整数按从小到大的次序重新排列。

12. 试设计一个子程序，其功能为应用查表指令：MOVC A,@A+PC，求累加器（A）的平方值，结果送A，入口时（A）<15。

13. 试设计一个子程序，其功能为将（R0）指出的内部RAM中双字节压缩BCD码转换为二进制数存于R1指出的内部RAM中，并将结果再转换成BCD码存放于30H开始的单元中。

14. 若晶振为6MHz，用T0产生500μs的定时中断，试编写有关的初始化程序和对时钟进行计数的T0中断服务程序。时钟计数单元为30H、31H、32H，分别存放压缩BCD码的时、分、秒参数。

15. 在一个8031系统中，晶振为12MHz，P1口上输入8路脉冲，频率为0.1~3Hz，现用T0产生1ms定时，由T0中断服务程序读P1口的状态，若发生上跳则该路软件计数单元加1，每到1min将各路计数值拆分成2位十六进制数送显示缓冲区70H~7FH，并清零各计数器。试编写有关程序。

16. 在某应用系统中，有A~T共20个单字符合法命令，这些命令的处理程序入口地址依次存放在标号为CADR开始的地址表中，若输入的命令字符存放于A，试编写一个散转程序，其功能为：若（A）为非法字符，则转CDER；若为合法命令字符，则转相应的入口地址。

第6章 单片机系统的并行扩展

6.1 MCS-51 系统的并行扩展原理

6.1.1 MCS-51 并行扩展总线

MCS-51 的 P0 口和 P2 口可以作为并行扩展总线口，P2 口输出高 8 位地址 A8~A15，P0 口分时输出低 8 位地址 A0~A7 和数据 D0~D7，控制总线有外部程序存储器的读选信号 $\overline{\text{PSEN}}$，外部数据存储器的读写信号 $\overline{\text{RD}}$ (P3.7)、$\overline{\text{WR}}$ (P3.6)，低 8 位地址锁存允许信号 ALE，以及片内或片外程序存储器选择信号 $\overline{\text{EA}}$。

教学视频 6-1

P0 口是一个复用口，输出的地址在 ALE 上升以后有效，在 ALE 下降以后消失，因此可以用 ALE 的负跳变将地址打入地址锁存器，图 6-1 给出了用 74LS373 作为地址锁存器的 MCS-51 系统扩展总线图。

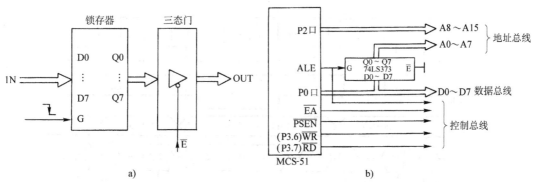

图 6-1　74LS373 逻辑符号及其作为地址锁存器的 MCS-51 系统扩展总线图
a）74LS373 逻辑符号　b）用 74LS373 作地址锁存器的 MCS-51 扩展总线

74LS373 的 $\overline{\text{E}}$ 为 Q0~Q7 上三态门的允许输出控制输入端，$\overline{\text{E}}$ 接地，则 Q0~Q7 总是允许输出。G 为锁存信号输入端，高电平时 Q0~Q7 = D0~D7，负跳变时将 D0~D7 打入 Q0~Q7，并在 G 为低电平时，Q0~Q7 保持不变。G 接 MCS-51 的 ALE。ALE 高电平时 P0 口输出的地址直接通过 74LS373 输出，使 P2 口和 P0 口输出的地址信息同时到达地址总线；ALE 负跳变时，P0 口上输出地址打入 Q0~Q7，使总线上 A0~A7 信息保持不变，接着 P0 口可传送数据。图 6-2 给出了 MCS-51 访问外部存储器的时序波形。

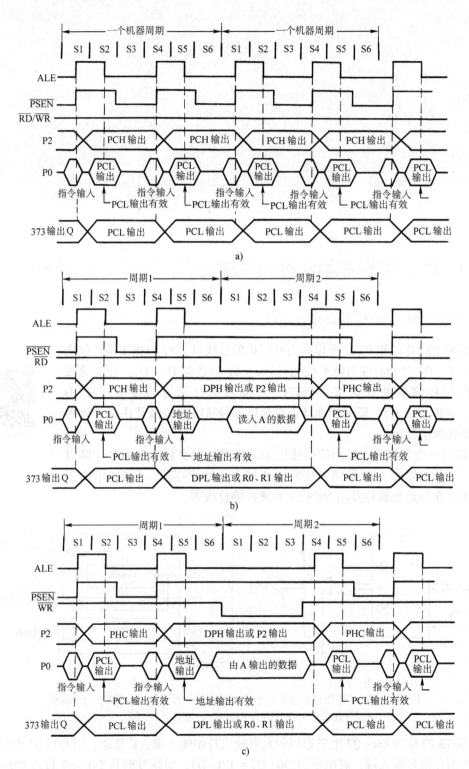

图 6-2　MCS-51 访问外部存储器的时序波形

a）读片外 EPROM 时序波形　b）读片外 RAM/IO 口时序波形　c）写片外 RAM/IO 口时序波形

图 6-2 中有几点值得注意。

1）对应于 ALE 下降沿时刻，出现在 P0 口上的信号必然是低 8 位地址信号 A0～A7。

2）对应于$\overline{\text{PSEN}}$上升沿时刻，出现在 P0 口上的信号必然是指令信号，P2 口上的信号是外部程序存储器高 8 位地址信号 A8～A15，地址锁存器输出信号是外部程序存储器低 8 位地址信号 A0～A7。

3）对应于$\overline{\text{RD}}$和$\overline{\text{WR}}$上升沿时刻，出现在 P0 口上的信号必然是送往（或来自）A 的数据信号，P2 口上的信号是外部数据存储器的高 8 位地址信号 A8～A15，地址锁存器输出信号是外部数据存储器的低 8 位地址信号 A0～A7。

6.1.2　地址译码方法

MCS-51 单片机的 CPU 是根据地址访问外部存储器的，即由地址线上送出的地址信息选中某一芯片的某个单元进行读写。在逻辑上芯片选择是由高位地址译码实现的，选中的芯片中单元的选择则由低位地址信息确定。地址译码方法有线选法、全地址译码法及部分地址译码法三种。

1. 线选法

所谓线选法就是用某一位地址线接到所扩展的芯片的片选端，一般片选端（$\overline{\text{SC}}$、$\overline{\text{CE}}$等符号表示）均为低电平有效，只要这一位地址线为低电平，就选中该电路进行读/写。在外部扩展的芯片中，如果所用地址最多为 A0～Ai，则可以作为片选的地址线为 A(i+1)～A15。如果 i = 12，则只有 A15、A14、A13 可以作为片选线，A15 作为$\overline{\text{CS0}}$，A14 作为$\overline{\text{CS1}}$，A13 作为$\overline{\text{CS2}}$，分别接到 0#、1#、2#芯片的片选端。图 6-3a 给出了线选法的示意图，由于 CPU 不能同时对两个芯片进行访问，因此，A15、A14、A13 中不能有两位以上地址线同时为低。采用线选法时，不管芯片内有多少个单元，所占的地址空间大小是一样的。

芯片的地址范围由 A15～A0 的取值（即 P2 口和 P0 口的内容）决定，以 0#芯片为例，A15～A0 的取值如下：

A15	A14	A13	A12	A11	A10	A9	A8	A7	A6	A5	A4	A3	A2	A1	A0	
0	1	1	X	X	X	X	X	X	X	X	X	X	0	0	0	0#单元
0	1	1	X	X	X	X	X	X	X	X	X	X	0	0	1	1#单元
0	1	1	X	X	X	X	X	X	X	X	X	X	0	1	0	2#单元
0	1	1	X	X	X	X	X	X	X	X	X	X	0	1	1	3#单元
0	1	1	X	X	X	X	X	X	X	X	X	X	1	0	0	4#单元
0	1	1	X	X	X	X	X	X	X	X	X	X	1	0	1	5#单元
0	1	1	X	X	X	X	X	X	X	X	X	X	1	1	0	6#单元
0	1	1	X	X	X	X	X	X	X	X	X	X	1	1	1	7#单元

其中，X 为无关项，即无论 X 取 0 或取 1，都不会影响对单元的确定，当 X 由全 "0"，变到全 "1" 时，0#芯片的地址范围即为 6000H～7FFFH。本例中无关项 X 的个数为 10，显然，该芯片中每个单元都有 2^{10} 个重叠地址。例如，6000H、6008H、6010H、…、7EF8H 均是 0#单元的地址。

为保证在选中某一芯片时，不同时选中其他芯片，并避免重叠地址。芯片中单元地址的一种简单确定方法为：该芯片未用到的地址线取 1，用到的地址线由所访问的芯片和单元确定。例如，0#芯片的$\overline{\text{CS}}$接 A15，三位地址线 A0、A1、A2 接芯片的单元地址选择线 A0、A1、A2，则该芯片地址范围为 7FF8H～7FFFH。也可用另一种方法来确定芯片中单元的地址：该芯片未用到的片选线取 1, 未用到的其他地址线取 0, 用到的地址线由所访问的芯片和单元确定。仍按上例中的情况, 则 0#芯片地址范围为 6000H ~ 6007H。

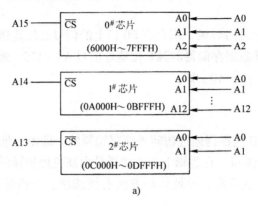

a)

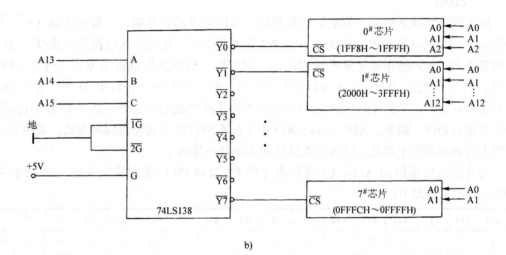

b)

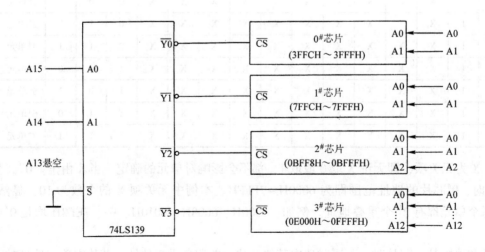

c)

图 6-3 地址译码示意图

a) 线选法 b) 全地址译码法 c) 部分地址译码法

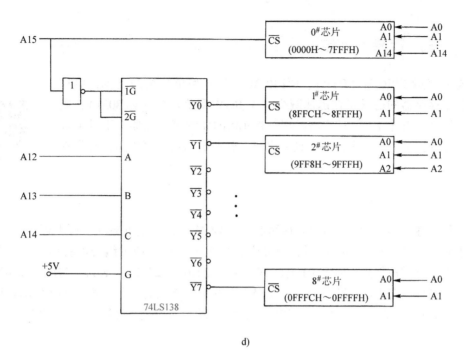

d)

图 6-3　地址译码示意图（续）

d) 二级译码法

2. 全地址译码法

线选法的优点是简单，缺点是地址空间没有被充分利用，可以连接的芯片少。若扩展较多 RAM/IO 口，则需全地址译码，常用地址译码器如下。

1）2-4 译码器 74LS139。对 A15、A14 译码产生 4 个片选信号，可接 4 个芯片，每个芯片占 16 KB。

2）3-8 译码器 74LS138。对 A15、A14、A13 译码产生 8 个片选信号，可接 8 个芯片，每个芯片占 8 KB。

3）4-16 译码器 74LS154。对 A15、A14、A13、A12 译码产生 16 个片选信号，可接 16 个芯片，每个芯片占 4 KB。

图 6-3b 给出了这种译码方法的示意图。

3. 部分地址译码法

当系统中扩展的芯片不多，不需要全地址译码，但采用线选法、片选线又不够时，可采用部分地址译码法。此时单片机的片选线中只有一部分参与译码，其余部分是悬空的，由于悬空片选地址线上的电平无论怎样变化，都不会影响它对存储单元的选址，故 RAM/IO 口中每个单元的地址不是唯一的，即具有重叠地址。可采用与线选法中相同的方法来消除重叠地址。图 6-3c 给出了这种译码方法的示意图。

4. 二级译码器

当系统扩展了一片大容量的 RAM，使得能参与译码的地址线较少，同时又需扩展较多的 I/O 口时，可采用对较低位地址线再译码的方法，此时第一级译码器产生的片选信号作为第二级译码器的使能信号。图 6-3d 给出了二级译码方法的示意图，图中非门实际上构成了1~2 译码器。

6.2　程序存储器扩展

随着大容量 EPROM（OTP）、E²PROM、Flash 型单片机的出现，单片机扩展程序存储器的需求正在迅速减少。无 ROM 型单片机（如 8031），或程序容量较大（几十 KB）时才需扩展外部 EPROM 程序存储器。不过了解程序存储器的扩展方法，无论是设计新电路，还是分析解剖老电路，都是有必要的。

教学视频 6-2

6.2.1　常用 EPROM 存储器电路

外部程序存储器一般用 EPROM 存储器，EPROM 是紫外线可擦除电可编程的只读存储器，芯片置于紫外线灯下照 20 min 以后，内部内容变为全 "1"，通过编程器将程序代码写入后信息不会丢失，可靠性很高。EPROM 电路有 2716（2 KB）、2732（4 KB）、2764（8 KB）、27128（16 KB）、27256（32 KB）和 27512（64 KB）。由于价格相近，且大容量的 EPROM 读取速度快，故常用 2764、27128、27256 和 27512 来作为外部程序存储器。图 6-4 给出了它们的引脚图。

27512	27256	27128	2764	V_{PP}	左	右	V_{CC}	2764	27128	27256	27512
A15	V_{PP}	V_{PP}	V_{PP}	A12	1	28	A14	V_{CC}	V_{CC}	V_{CC}	V_{CC}
A12	A12	A12	A12	A7	2	27	A13	$\overline{PGM}$	$\overline{PGM}$	A14	A14
A7	A7	A7	A7	A6	3	26	A8	NC	A13	A13	A13
A6	A6	A6	A6	A5	4	25	A9	A8	A8	A8	A8
A5	A5	A5	A5	A4	5	24	A11	A9	A9	A9	A9
A4	A4	A4	A4	A3	6	23	$\overline{OE}$	A11	A11	A11	A10
A3	A3	A3	A3	A2	7	22	A10	$\overline{OE}$	$\overline{OE}$	$\overline{OE}$	$\overline{OE}$
A2	A2	A2	A2	A1	8	21	$\overline{CE}$	A10	A10	A10	A11
A1	A1	A1	A1	A0	9	20	O7	$\overline{CE}$	$\overline{CE}$	$\overline{CE}$	$\overline{CE}$
A0	A0	A0	A0	O0	10	19	O6	O7	O7	O7	O7
O0	O0	O0	O0	O1	11	18	O5	O6	O6	O6	O6
O1	O1	O1	O1	O2	12	17	O4	O5	O5	O5	O5
O2	O2	O2	O2	GND	13	16	O3	O4	O4	O4	O4
GND	GND	GND	GND		14	15		O3	O3	O3	O3

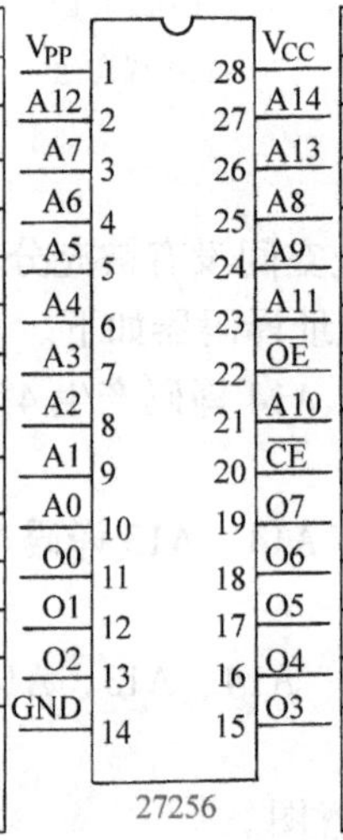

27256

图 6-4　常用 EPROM 存储器电路的引脚图

从图中可以看到，2764、27128、27256 和 27512 这几种 EPROM 之间具有很强的兼容性，不同的 EPROM 仅仅是地址线数目和编程信号引脚有些差别。引脚符号意义如下。

1）A0~Ai：地址输入线，i = 13~15。

2）O0~O7：三态数据总线（有时用 D0~D7 表示），读或编程检验时为数据输出线，编程时为数据输入线。维持或编程禁止时，O0~O7 呈高阻抗。

3）$\overline{CE}$：片选信号输入线，"0"（低电平）有效。

4）$\overline{PGM}$：编程脉冲输入线。

5）$\overline{OE}$：读选通信号输入线，"0" 有效。

6）V_{PP}：编程电源输入线，V_{PP} 的值因芯片型号和制造厂商而异。

7）V_{CC}：主电源输入线，V_{CC} 一般为 +5 V。

8）GND：线路接地。

9）NC：不连接。

除容量外，各种型号的 EPROM 还有不同的应用参数。主要有最大读出时间（工作速度）、工作温度、电压容差等。其中最大读出时间范围在 200 ~ 450 ns 之间，在选用 12 MHz 晶振的条件下，$\overline{PSEN}$ 负脉冲宽度最小只有 205 ns。因此，要保证系统可靠工作，必须选用 200 ns 的 EPROM。EPROM 的工作温度有 0 ~ 70℃ 和 –40 ~ 85℃ 两档。电压容差有 5(1±5%) V 和 5(1± 10%) V 两种。应根据应用系统的应用环境进行选择。

对 EPROM 的主要操作方式如下。

1）编程方式：把程序代码（机器指令、常数）固化到 EPROM 中。

2）编程校验方式：读出 EPROM 中的内容，检验编程操作的正确性。

3）读出方式：CPU 从 EPROM 中读取指令或常数，是单片机应用系统中的工作方式。

4）维持方式：不对 EPROM 操作，数据端呈高阻。

5）编程禁止方式：适用于多片 EPROM 并行编程不同数据。

表 6-1 给出了 27256 不同操作方式下控制引脚的电平。

表 6-1　27256 不同操作方式下控制引脚的电平

引脚 方式	$\overline{CE}$ (20)	$\overline{OE}$ (22)	V_{PP} (1)	V_{CC} (28)	O0 ~ O7 (11 ~ 13)(15 ~ 19)
读	VIL	VIL	V_{CC}	5V	数据输出
禁止输出	VIL	VIH	V_{CC}	5V	高阻
维持	VIH	任意	V_{CC}	5V	高阻
编程	VIL	VIH	V_{PP}	5V	数据输入
编程校验	VIH	VIL	V_{PP}	5V	数据输出
编程禁止	VIH	VIH	V_{PP}	5V	高阻

不同公司生产的 EPROM 的编程电压不同，有 12.5 V、21 V、25 V 等几种。

6.2.2　程序存储器扩展方法

内部有程序存储器的单片机扩展外部程序存储器时，$\overline{EA}$ 接高电平。CPU 取指令时，PC 值在内部程序存储器范围内时从内部取指令，PC 值大于内部程序存储器地址时从外部 EPROM 中取指令。对于 8031，其内部没有用户程序存储器，$\overline{EA}$ 接地，外接 EPROM，CPU 总是从外部 EPROM 中取指令。一般来说，外部程序存储器由一片 EPROM 组成，EPROM 片选信号可以直接接地。当 $\overline{EA}$ 接地时，外部 EPROM 的地址从零地址开始；当 $\overline{EA}$ 接高电平时，外部 EPROM 的地址紧跟在内部程序存储器地址后开始。图 6-5a 给出了 8031 单片机和 EPROM 27256 的接口方法。图 6-5b 是图 6-5a 的简便表示方法，着重刻画了 MCS-51 外部总线与所扩展芯片间的连接关系。后面对于较为复杂的接口电路，我们以简便表示方法为主。

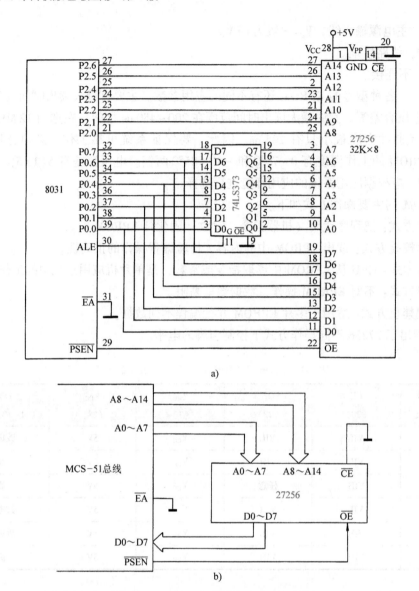

图 6-5　一片 27256 的 EPROM 扩展电路

a) 实际连线表示法　b) MCS-51 总线简便表示法

6.3　数据存储器扩展

MCS-51 系列单片机内已具有 128B 或 256B 的数据存储器 RAM，它们可以作为工作寄存器、堆栈、软件标志和数据缓冲器使用，CPU 对内部 RAM 具有丰富的操作指令。对大多数控制性应用场合，内部 RAM 已能满足系统对数据存储器的要求。对需要大容量数据缓冲器的应用系统（如数据采集系统），就需要在单片机的外部扩展数据存储器。

6.3.1　常用的数据存储器

数据存储器用于存储现场采集的原始数据、运算结果等，所以外部数据存储器应能随机读/写，通常采用半导体静态随机存取存储器 RAM 电路。E²PROM 电路也可用作外部数据存储器。

目前单片机系统常用的 RAM 电路有 6116（2 KB）、6264（8 KB）和 62256（32 KB）。图 6-6 给出了它们的引脚图，引脚符号功能如下。

1）A0~Ai：地址输入线，i＝10（6116）、12（6264）、14（62256）。

2）O0~O7：双向三态数据线，有时用 D0~D7 表示。

3）$\overline{CE}$：片选信号输入线，低电平有效。

4）$\overline{OE}$：读选通信号输入线，低电平有效。

5）$\overline{WE}$：写选通信号输入线，低电平有效。

6）V_{CC}：工作电源+5 V。

7）GND：线路接地。

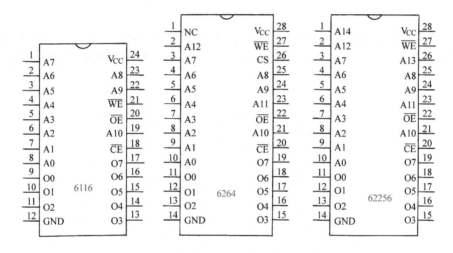

图 6-6　常用 RAM 电路引脚图

图中 6264 的 NC 为悬空脚，CS 为 6264 第二片选信号脚，高电平有效。CS＝1，$\overline{CE}$＝0 选中。

以上三种芯片都是易失性的，一旦掉电，内部的所有信息都会丢失。近年来市场上出现了一种非易失性数据存储器产品 NVRAM，与以上芯片完全兼容，可在原有芯片插座上将对应的 NVRAM 直接插上替代，存取速度为 55 ns 和 70 ns，可以单字节读写，读写次数无限。内置锂电池，在无外部供电情况下，数据保存 10 年不丢失。产品分民品级、工业级和军品级三档。对应环境温度分别为−20~70℃、−45~85℃ 和−55~125℃。电压容差为 4.2~5.5 V。由于其优越的性能，该类产品得到了广泛的应用。

6.3.2　数据存储器扩展方法

对于 MCS-51 的扩展系统，经常需要扩展多片 RAM 和 I/O 口，由于 RAM 和 I/O 口均使用 $\overline{RD}$、$\overline{WD}$ 信号作为选通信号，故 RAM 和 I/O 口共占 64 KB 的地址空间，因此 RAM、I/O 口的片选信号一般由高位地址译码产生，或者用线选法，即用某一位高位地址作为片选信号。图 6-7 给出了用线选法外接一片 6264 的接口方法，6264 的地址为 6000H~7FFFH。由图 6-2 可见，MCS-51 访问外部数据存储器时 $\overline{PSEN}$ 保持高电平，对外部 RAM 或 I/O 读/写时，外部 EPROM 的数据线呈高阻态。所以 MCS-51 可以同时扩展 64 KB 程序存储器和 64 KB 数据存储器。

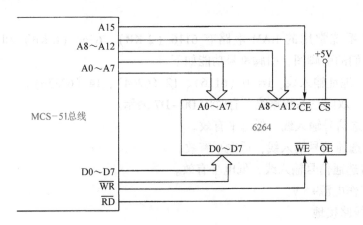

图 6-7　MCS-51 总线与 6264 的接口方法

最后，作为存储器扩展部分的综合应用，来看一个 MCS-51 单片机同时扩展 EPROM 和 RAM 的接口方法。图 6-8 给出了 MCS-51 单片机与 1 片 2764 和 1 片 6264 的接口电路。

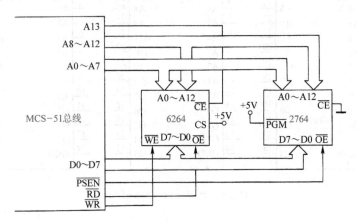

图 6-8　MCS-51 总线与 1 片 2764 及 1 片 6264 的接口方法

6.4　并行接口的扩展

MCS-51 系列的单片机大多具有四个 8 位并行 I/O 口（即 P0、P1、P2、P3），原理上这四个口均可用作双向并行 I/O 接口。但在实际应用系统中，单片机往往通过 P0 和 P2 口构成扩展总线，扩展 EPROM、RAM 或其他功能芯片，此时 P0 口和 P2 口就不能作为一般的 I/O 口使用，P3 口是双功能口，某些位又经常作为第二功能口使用，MCS-51 单片机可提供给用户使用的 I/O 口只有 P1 口和部分 P3 口。因此，在大部分的 MCS-51 单片机应用系统设计中都需要进行 I/O 口的扩展。

I/O 接口扩展有多种方法，采用不同的芯片，可以构成各种不同的扩展电路满足各种不同的需要。当所需 I/O 口较少时，可采用中小规模集成电路进行扩展，当所需 I/O 口较多时，则可采用专用接口芯片进行扩展，也可利用串行口进行并行 I/O 口的扩展。

无论是采用哪种方法，并行 I/O 口的并行扩展均应遵照"输入三态、输出锁存"的原则与总线相连。"输入三态"可保证在未被选通时，I/O 芯片的输出与数据总线隔离，防止总线上的数据出错，"输出锁存"则可使通过总线输出的信息得以保持，以备速度较慢的外设较长时间读取，或能长期作用于被控对象。

6.4.1　用 74 系列器件扩展并行 I/O 口

由于 TTL 或 MOS 型 74 系列器件的品种多、价格低，故常选用 74 系列器件作为 MCS-51 的并行 I/O 口。下面是常用电路的接口方法。

1. 用 74LS377（或 74HC377）扩展并行输出口

74LS377 是一种 8D 触发器，它的功能如图 6-9 所示，当它的接数允许端 $\overline{E}$ 为低电平且接数时钟 CLK 端电平正跳时，D0～D7 端的数据被锁存到 8D 触发器中。

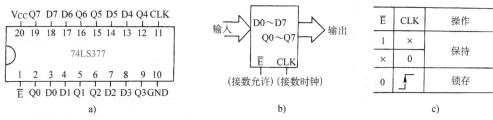

图 6-9　74LS377 的功能
a) 引脚　b) 结构　c) 操作控制

MCS-51 单片机与 74LS377 的接口，应满足以下条件。

1）在单片机访问 74LS377 时，在 D0～D7 上出现待输出数据，$\overline{E}$ 端现低电平，CLK 端出现由低到高的正跳变信号。

2）此时使用 $\overline{WR}$ 作为选通信号的所有其他芯片的片选端必须保持为高电平。

3）在单片机不访问 74LS377 的时候，$\overline{E}$ 端和 CLK 端不能出现 1）中所列的情况。

将 74LS377 的 $\overline{E}$ 作为片选信号线，CLK 作为写选通线，即能满足上述要求。图 6-10 给出了 MCS-51 和 74LS377 的一种接口方法。在这种情况下，根据 6.1.2 中所介绍的芯片单元地址确定的原则。A15（P2.7）取 0，其余地址线均取 1，则 74LS377 的地址为 7FFFH。当执行以下三条指令时，在 74LS377 的有关引脚，就会出现图 6-11 所示的信号，把累加器 A 的内容锁存到 74LS377 中。

```
MOV    DPTR,#7FFFH    ;指向 74LS377
MOV    A,    #data    ;输出的数据先送 A
MOVX   @ DPTR,A       ;A 中数据通过 P0 口送往 74LS377
```

适宜作为并行输出口的芯片还有 74LS273、74LS373 等 8D 锁存器，但接口电路应稍作修改。

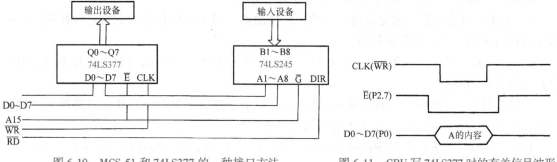

图 6-10　MCS-51 和 74LS377 的一种接口方法　　图 6-11　CPU 写 74LS377 时的有关信号波形

2. 用 74LS245 扩展并行输入口

74LS245 是一种三态门 8 总线收发器/驱动器，无锁存功能。当 DIR = 1 时，8 位数据从 A 端传送到 B 端。当 DIR = 0 时，数据传送方向则相反。使能信号 $\overline{G}$ = 0 时，允许传输；$\overline{G}$ = 1 时，禁止传输，输出为高阻态。74LS245 引脚分布如图 6-12 所示。根据输入三态的原则，可以把 DIR 作为片选线，将 $\overline{G}$ 作为读选通线，在执行以下两条指令时，在 74LS245 的有关引脚，就会出现图 6-13 所示的信号，把输入设备的数据通过 74LS245 传送到数据总线，送往累加器 A。

```
MOV     DPTR,   #7FFFH
MOVX    A,      @ DPTR
```

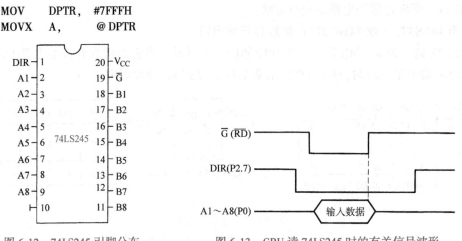

图 6-12　74LS245 引脚分布　　　图 6-13　CPU 读 74LS245 时的有关信号波形

需要说明的是，I/O 接口的方法不是唯一的。例如将 74LS245 的 DIR 接地，使 P2.7 与 $\overline{RD}$ 相或后连到 74LS245 的 $\overline{G}$，则也能实现相同的功能。

图 6-10 中地址线 A15 既接 74LS377 的 $\overline{E}$ 又接 74LS245 的 $\overline{G}$，使 74LS377 和 74LS245 的口地址都为 7FFFH，但由于 74LS377 是输出口，74LS245 是输入口，对 7FFFH 写操作写入 74LS377，读操作则读 74LS245。

适宜作为并行输入口的芯片还有 74LS244 等 8 位三态数据缓冲器。

6.4.2　可编程并行 I/O 扩展接口 8255A

8255A 是 Intel 公司的一种通用的可编程并行接口电路，在单片机应用系统中被广泛用作可编程外部 I/O 扩展接口。

1. 8255A 的结构

在单片机应用系统中，8255A 与 MCS-51 单片机连接方式简单，其工作方式由程序设定。图 6-14 给出了 8255A 的逻辑框图和引脚图。

8255A 可编程并行 I/O 芯片由以下 4 个逻辑结构组成。

1) 数据总线驱动器。这是双向三态的 8 位驱动器，用于和单片机的数据总线相连，以实现单片机与 8255A 芯片的数据传送。

2) 并行 I/O 端口，A 口、B 口和 C 口。这三个 8 位 I/O 端口功能完全由编程决定，但每个口都有自己的特点。

A 口：具有一个 8 位数据输出锁存/缓冲器和一个 8 位数据输入锁存器。它是最灵活的输入输出寄存器，可编程作为 8 位输入输出或双向寄存器。

B 口：具有一个 8 位数据输出锁存/缓冲器和一个 8 位数据输入缓冲器（不锁存）。可编程作为 8 位输入或输出寄存器，但不能双向输入输出。

C 口：具有一个 8 位数据输出锁存/缓冲器和一个 8 位数据输入缓冲器（不锁存）。这个口通过方式控制字，可分为两个 4 位口使用。C 口除作输入、输出口使用外，还可以作为 A 口、B 口选通方式操作时的状态控制信号。

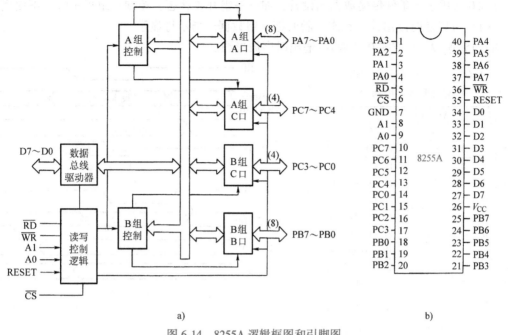

图 6-14　8255A 逻辑框图和引脚图

a）8255A 逻辑框图　b）8255A 引脚图

3）读/写控制逻辑。它用于管理所有的数据、控制字或状态字的传送，接收单片机的地址信号和控制信号来控制各个口的工作状态。

$\overline{\text{CS}}$：8255A 的片选引脚端。

$\overline{\text{RD}}$：读控制端。当 $\overline{\text{RD}}=0$ 时，允许单片机从 8255A 读取数据或状态字。

$\overline{\text{WR}}$：写控制端。当 $\overline{\text{WR}}=0$ 时，允许单片机将数据或控制字写入 8255A。

A0、A1：口地址选择。通过 A0、A1 可选中 8255A 的 4 个寄存器。口地址选择如下：

    A1　A0　寄存器

　　0　　0　　输出寄存器 A（A 口）

　　0　　1　　输出寄存器 B（B 口）

　　1　　0　　输出寄存器 C（C 口）

　　1　　1　　控制寄存器（控制口）

RESET：复位控制端。当 RESET=1 时，8255 复位。复位状态是：控制寄存器被清除，所有接口（A、B、C）被置入输入方式。

4）A 组 B 组控制块。每个控制块接收来读/写控制逻辑的命令和内部数据总线的控制字，并向对应口发出适当的命令。

A 组控制块控制 A 口及 C 口的高四位。

B 组控制块控制 B 口及 C 口的低四位。

表 6-2 列出了 CPU 对 8255A 端口的寻址和操作控制。

2. 8255A 操作方式

8255A 有方式 0、方式 1 和方式 2 三种操作方式。

（1）方式 0（基本 I/O 方式）

8255A 的 PA、PB、PC4~PC7、PC0~PC3 可分别被定义为方式 0 输入或方式 0 输出。方式 0 输出具有锁存功能，输入没有锁存。

方式 0 适用于无条件传输数据的设备，如读一组开关状态、控制一组指示灯，不使用应答信号，CPU 可以随时读出开关状态，随时把一组数据送指示灯显示。

图 6-15 是 8255A 方式 0 的输入/输出时序波形图。

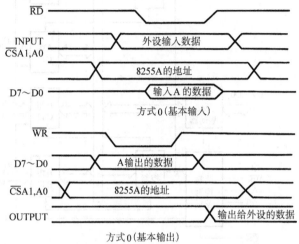

图 6-15　8255A 方式 0 的输入/输出时序波形图

表 6-2　CPU 对 8255A 端口的寻址和操作控制

CS	$\overline{RD}$	$\overline{WR}$	A1 A0	操　　作
0	1	0	00	D0~D7→PA 口
0	1	0	01	D0~D7→PB 口
0	1	0	10	D0~D7→PC 口
0	1	0	11	D0~D7→控制口
0	0	1	00	PA 口→D0~D7
0	0	1	01	PB 口→D0~D7
0	0	1	10	PC 口→D0~D7
1	×	×	××	D0~D7 呈高阻
0	1	1	××	D0~D7 呈高阻
0	0	0	××	非法操作
0	0	1	11	非法操作

（2）方式 1（应答 I/O 方式）

PA 口、PB 口定义为方式 1 时，PC 口的某些位为状态控制线，其余位作 I/O 线。

1）方式 1 输入和时序。若 PA 口、PB 口定义为方式 1 输入，则 8255A 的逻辑结构如图 6-16 所示，相应的状态控制信号的意义如下：

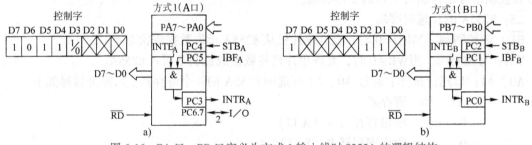

图 6-16　PA 口、PB 口定义为方式 1 输入线时 8255A 的逻辑结构

$\overline{STB}$：设备的选通信号输入线，低电平有效。$\overline{STB}$ 的下降沿将端口数据线上信息打入端口锁存器。

IBF：端口锁存器满标志输出线，IBF 和设备相连。IBF 为高电平表示设备已将数据打入端口锁存器，但 CPU 尚未读取。当 CPU 读取端口数据后，IBF 变为低电平，表示端口锁存器空。

INTE：8255A 端口内部的中断允许触发器。只有当 INTE 为高电平时才允许端口中断请求。$INTE_A$、$INTE_B$ 分别由 PC 的第 4、第 2 位置位/复位控制（见后面 8255A 控制字）。

INTR：中断请求信号线，高电平有效。当 $\overline{STB}$、IBF、INTE 都为"1"时，INTR 就置"1"，$\overline{RD}$ 的下降沿使它复"0"。

8255A 方式 1 的输入时序如图 6-17 所示。

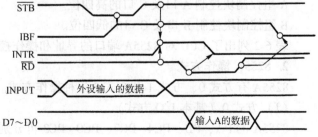

图 6-17　8255A 方式 1 的输入时序

2）方式 1 输出和时序。PA 口、PB 口定义为方式 1 输出时的逻辑组态如图 6-18 所示。涉及的状态控制信号的意义如下：

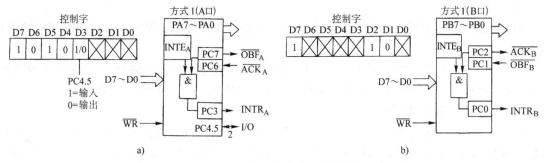

图 6-18　PA 口、PB 口定义为方式 1 输出时的逻辑组态

$\overline{OBF}$：输出锁存器满状态标志输出线。$\overline{OBF}$ 为低电平，表示 CPU 已将数据写入端口，输出数据有效。设备从端口取走数据后发来的回答信号使 $\overline{OBF}$ 升为高电平。

$\overline{ACK}$：设备响应信号输入线。$\overline{ACK}$ 上出现设备送来的负脉冲，表示设备已取走了端口数据。

INTE：端口内部的中断允许触发器。INTE 为高电平时才允许端口中断请求。$INTE_A$ 和 $INTE_B$ 分别由 PC 口第 6 位、第 2 位置位/复位控制。

INTR：中断请求信号输出线，高电平有效。当 $\overline{ACK}$、$\overline{OBF}$ 和 INTE 都为 "1" 时，INTR 被置 "1"，$\overline{WR}$ 的下降沿使它复 "0"。

8255A 方式 1 输出的时序波形如图 6-19 所示。

方式 1 适用于打印机等具有握手信号的输入/输出设备。

（3）方式 2（双向选通 I/O 方式）

方式 2 是方式 1 输入和方式 1 输出的结合。方式 2 仅对 PA 口有意义。

方式 2 使 PA 口成为 8 位双向三态数据总线口，既可发送数据，又可接收数据。PA 口方式 2 工作时，PB 口仍可作方式 0 和方式 1 I/O 口，PC 口高 5 位作状态控制线。

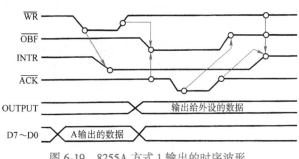

图 6-19　8255A 方式 1 输出的时序波形

图 6-20 是 8255A 的 PA 口方式 2 时的逻辑组态，其中涉及的状态控制信号的意义同方式 1。图 6-21 是 PA 口方式 2 的时序波形。

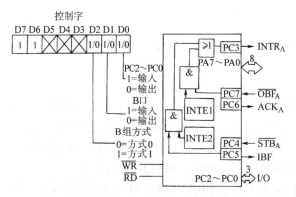

图 6-20　PA 口方式 2 的逻辑组态

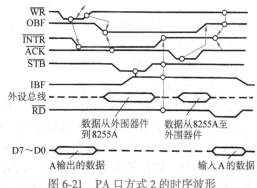

图 6-21　PA 口方式 2 的时序波形

3. 8255A 的控制字

8255A 有两种控制字，即方式控制字和 PC 口位置位/复位控制字。

（1）方式控制字

方式控制字控制 8255A 三个口的工作方式，其格式如图 6-22a 所示，方式控制字的特征是最高位为 1。

【例 6-1】 若要使 8255A 的 PA 口为方式 0 输入、PB 口为方式 1 输出、PC4~PC7 为输出、PC0~PC3 为输入，则应将方式控制字 95H（即 10010101B）写入 8255A 控制口。

（2）PC 口位置位/复位控制字

8255A 的 PC 口输出操作具有位（bit）操作功能，PC 口位置位/复位控制字是一种对 PC 口的位操作命令，直接把 PC 口的某位置"1"或清零。图 6-22b 是 PC 口位置位/复位控制字格式，它的特征是最高位为 0。

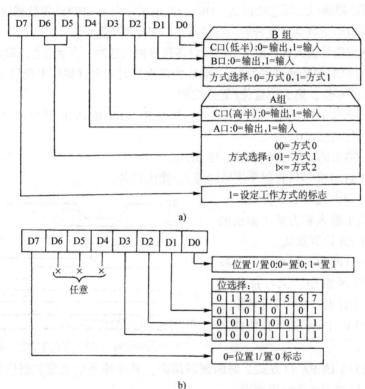

图 6-22 8255A 的控制字
a）方式控制字格式 b）PC 口位置位/复位控制字格式

【例 6-2】 若要使 PC 口的第 2 位置"1"，则应将控制字 05H（即 00000101B）写入 8255A 控制口。

4. 8255A 的应用

8255A 可以工作在三种工作方式，图 6-23 是 8255A 的一种接口逻辑。图中 8255A 的 $\overline{RD}$、$\overline{WR}$ 分别连 MCS-51 的 $\overline{RD}$、$\overline{WR}$；8255A 的 D0~D7 接 MCS-51 的 P0；采用线选法寻址 8255A，P2.7（A15）接 8255 的 CS，MCS-51 的最低两位地址线连 8255A 的端口选择线 A1、A0，所以 8255A 的 PA 口、PB 口、PC 口、控制口的地址分别为 7FFCH、7FFDH、7FFEH、7FFFH。

【例 6-3】 假设图 6-23 中 8255A 的 PA 口接 8 只开关，PB 口和 PC 口接 16 只指示灯，如果要将开关状态读入 MCS-51 内部 RAM 40H 单元，将 MCS-51 内部 RAM 41H、42H 的内容送指

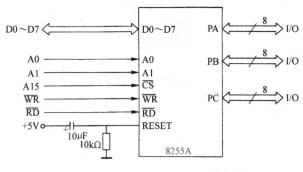

图 6-23 8255A 接口逻辑

示灯显示，则 8255A 的方式控制字为 90H（即 10010000B）。8255A 初始化和输入/输出程序如下：

```
MOV    DPTR,#7FFFH      ;写方式控制字(PA 口方式 0 输入,PB 口方式 0 输出)
MOV    A,#90H
MOVX   @DPTR,A
MOV    DPTR,#7FFCH      ;将 PA 口内容读入 40H 单元
MOVX   A,@DPTR
MOV    40H,A
INC    DPTR            ;将 41H 内容输出到 PB 口
MOV    A,41H
MOVX   @DPTR,A
INC    DPTR            ;将 42H 内容输出到 PC 口
MOV    A,42H
MOVX   @DPTR,A
```

【例 6-4】 图 6-24 是 8255A 选通 I/O 方式接口逻辑。其中 8255A 的 PA 口用作选通输入口，PB 口用作选通输出口。

若图中 PB 口所接设备为打印机，此打印机每打印完一个字符后会输出"打印完"信号（负脉冲），故 8255A 可采用方式 1 工作，CPU 可采用中断方式控制打印机打印。如果要把 MCS-51 内部 RAM 中 30H 开始的 32 个单元的字符输出打印，则可这样编程：

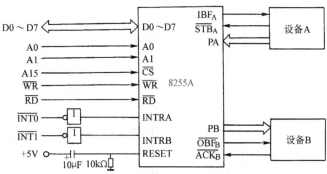

图 6-24 8255A 选通 I/O 方式接口逻辑

主程序

```
MAIN：MOV    8,#30H       ;RAM 首址→1 区 R0
      MOV    0FH,#20H     ;长度→1 区 R7
      SETB   EA           ;开中断
      SETB   EX1          ;允许外中断,电平触发方式
      MOV    DPTR,#7FFFH  ;将 8255A 的 PC2(即 INTE_B)置"1"
      MOV    A,#05H
      MOVX   @DPTR,A
      MOV    A,#0BCH      ;写方式控制字(PB 口方式 1 输出)
      MOVX   @DPTR,A
      MOV    DPTR,#7FFDH  ;从 PB 口输出第一个数据打印
      MOV    A,30H
      MOVX   @DPTR,A
```

```
                INC      8               ;RAM 指针加 1
                DEC      0FH             ;长度减 1
                …                        ;执行其他任务
```

外中断 1 服务程序

```
    PINT1：     PUSH     ACC             ;现场保护(A,DPTR 等进堆栈)
                PUSH     DPH
                PUSH     DPL
                PUSH     PSW
                MOV      PSW,#8          ;当前工作寄存器区切换到 1 区
                MOV      A,@ R0          ;从 PB 口输出下一个数据打印
                MOV      DPTR,#7FFDH
                MOVX     @ DPTR,A
                INC      R0              ;修改指针、长度
                DJNZ     R7,BACK
                CLR      EX1             ;长度为 0,关中断返回
                SETB     F0              ;置打印结束标志位 F0
    BACK：      POP      PSW             ;现场恢复(A,DPTR 等退栈)
                POP      DPL
                POP      DPH
                POP      ACC
                RETI
```

6.4.3 带 RAM 和计数器的可编程并行 I/O 扩展接口 8155

8155 芯片内具有 256B RAM、2 个 8 位和 1 个 6 位的可编程 I/O 口、1 个 14 位减法计数器,与 MCS-51 单片机接口简单,故被广泛应用于单片机应用系统。

1. 结构与引脚功能

图 6-25 给出了 8155 的引脚图和逻辑框图。

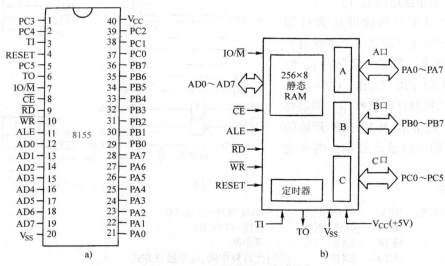

图 6-25　8155 引脚图和逻辑框图

a) 8155 引脚图　b) 8155 逻辑框图

8155 的引脚功能如下。

AD0~AD7：双向地址/数据总线,分时传送单片机和 8155 之间的地址、数据、命令和状态信息。

ALE：地址锁存信号输入,在 ALE 下降沿将 AD0~AD7 上的低 8 位地址、RAM/IO 口选择

信息锁存。因此，MCS-51 单片机的 P0 口输出的低 8 位地址不需要再外接锁存器。

IO/$\overline{\text{M}}$：RAM/IO 口选择，IO/$\overline{\text{M}}$=0，单片机选择 8155 中的 RAM 读/写，AD0~AD7 上地址为 RAM 单元地址；IO/$\overline{\text{M}}$=1，选择 8155 的寄存器或端口，地址分配见表 6-3。

表 6-3 8155 端口地址分配

$\overline{\text{CE}}$	IO/$\overline{\text{M}}$	A7	A6	A5	A4	A3	A2	A1	A0	所选端口
0	1	X	X	X	X	X	0	0	0	命令/状态寄存器
0	1	X	X	X	X	X	0	0	1	A 口
0	1	X	X	X	X	X	0	1	0	B 口
0	1	X	X	X	X	X	0	1	1	C 口
0	1	X	X	X	X	X	1	0	0	计数器低 8 位
0	1	X	X	X	X	X	1	0	1	计数器高 8 位
0	0	X	X	X	X	X	X	X	X	RAM 单元

$\overline{\text{CE}}$：片选信号，低电平有效。

$\overline{\text{RD}}$、$\overline{\text{WR}}$：读、写控制输入线，低电平有效。

RESET：输入一个大于 600 ns 正脉冲时，8155 总清零，各 I/O 口定义为输入方式。

PA0~7：A 口 I/O 数据传送。

PB0~7：B 口 I/O 数据传送。

PC0~5：C 口 I/O 数据传送或 A、B 口选通方式时传送命令/状态信息。

TI、TO：14 位计数器输入、输出。

V_{CC}、V_{SS}：+5 V 电源和接地。

2. 8155 的命令和状态字

8155 提供的 PA 口、PB 口、PC 口以及定时器/计数器都是可编程的。CPU 通过写命令字来控制对它们的操作，通过读状态字来判别它们的状态。命令字和状态字寄存器共用一个口地址，命令字寄存器只能写不能读。状态字寄存器只能读不能写。

（1）8155 命令字格式

8155 命令字格式如下：

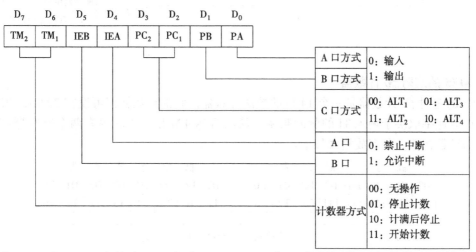

其中 ALT_1 和 ALT_2 为基本 I/O 方式，A、B、C 各口分别用作无条件输入或输出。ALT_3 和 ALT_4 为选通 I/O 方式，A、B 口分别用作选通输入或输出，C 口各线规定为 A、B 口的联络线。

图 6-26 给出了 8155 I/O 口的逻辑组态。

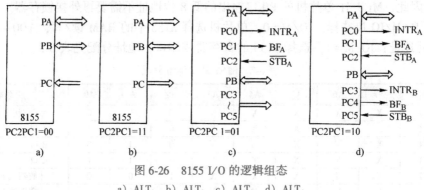

图 6-26 8155 I/O 的逻辑组态

a) ALT_1 b) ALT_2 c) ALT_3 d) ALT_4

（2）8155 状态字格式

8155 状态字格式如下：

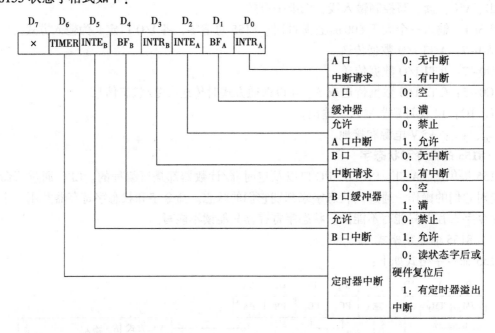

3. 8155 的定时器/计数器

8155 的定时器/计数器是一个 14 位的减法计数器。它的计数初值可设在 0002H～3FFFH 之间。其计数速率取决于输入 TI 的脉冲频率。最高可达 4 MHz。8155 内有两个寄存器存放操作方式码和计数初值。其存放格式如下：

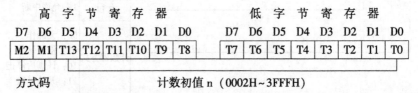

最高两位存放的方式码决定定时器/计数器的 4 种操作方式，操作方式的选择及相应的输出波形见表 6-4。

使用 8155 的定时器/计数器时，应先对它的高、低字节寄存器编程，设置操作方式和计数初值 n。然后对命令寄存器编程（命令字最高两位为 1），启动定时器/计数器计数。

表 6-4　8155 定时器/计数器的 4 种操作方式

M2 M1	方 式	T0 脚输出波形	说　　明
0　0	单负方波		宽为 $n/2$ 个(n 偶)或($n-1$)/2 个(n 奇)TI 时钟周期
0　1	连续方波		低电平宽 $n/2$ 个(n 偶)或($n-1$)/2 个(n 奇)TI 时钟周期；高电平宽 $n/2$ 个(n 偶)或($n+1$)/2 个(n 奇)TI 时钟周期，自动恢复初值
1　0	单负脉冲		计数溢出时输出一个宽为 TI 时钟周期的负脉冲
1　1	连续脉冲		每次计数溢出时输出一个宽为 TI 时钟周期的负脉冲并自动恢复初值

通过将命令寄存器的最高两位编程为 01 或 10，可使定时器/计数器立即停止计数或待定时器/计数器溢出时停止计数。

4. MCS-51 和 8155 的接口方法

因 8155 的 AD0~AD7 为三态双向的地址/数据总线口，内部有地址锁存器，故 8155 能直接和 MCS-51 的 P0 口（D0~D7）相连。图 6-27 是 MCS-51 和 8155 的一种接口逻辑。图中 P2.7 和 P2.0 分别接 8155 的 $\overline{CE}$ 和 IO/$\overline{M}$，所以 8155 的 RAM 地址为 7E00H~7EFFH，命令/状态寄存器为 7F00H，PA

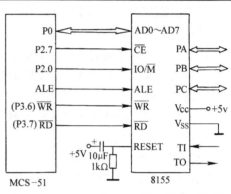

图 6-27　MCS-51 和 8155 的一种接口逻辑

口为 7F01H，PB 口为 7F02H，PC 口为 7F03H，计数器低 8 位为 7F04H，计数器高 8 位为 7F05H。

如果使 PA 口和 PB 口为基本输入口，PC 为基本输出口，8155 的定时器/计数器作为方波发生器，TO 输出方波频率是 TI 输入时钟的二十分频，则初始化子程序如下：

```
INI8155:  MOV    DPTR,#7F04H    ;置 8155 定时器初值为 20
          MOV    A,#20
          MOVX   @ DPTR,A
          INC    DPTR           ;置 8155 定时器为方式 1
          MOV    A,#40H
          MOVX   @ DPTR,A
          MOV    DPTR,#7F00H    ;PA 口、PB 口输入,PC 口输出
          MOV    A,#0CCH
          MOVX   @ DPTR,A
          RET
```

6.5　D-A 接口的扩展

在科学研究和生产过程中，测控对象的参数往往是温度、压力、流量、液位等非电量，通过传感器将非电量变换成连续变化的电信号，再将该模拟电信号离散化，转换成计算机能接受的数字量，这一过程称为模-数（A-D）转换。经过计算机处理的数字量，往往又需要转换成模拟量电压、电流信号以控制伺服电动机的转速，或调节阀的开度等。对测控对象实施控制，将计算机输出的数字量转换成模拟量的过程称为数-模（D-A）转换。微机测控系统的模拟量输入、输出通道如图 6-28 所示。

教学视频 6-3

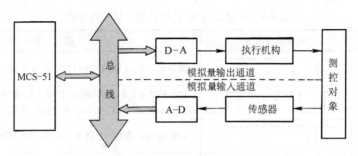

图 6-28 微机测控系统的模拟量输入、输出通道

实现数-模转换的功能部件称为 D-A 转换器，衡量 D-A 转换器性能的主要参数如下。

1）分辨率，即输出的模拟量的最小变化量，n 位的 D-A 转换器分辨率为 2^{-n}。

2）满刻度误差，即输入为全 1 时输出电压与理想值之间的误差，一般为 $2^{-(n+1)}$。

3）输出范围。

4）转换时间，指从转换器的输入改变到输出稳定的时间间隔。

5）是否容易和 CPU 接口。

根据转换原理，D-A 转换可以分为脉冲调幅、调宽（PWM）和梯形电阻式等。其中梯形电阻式用得较普遍，它是通过内部的梯形电阻解码网络对基准电流分流来实现 D-A 转换的，转换分辨率高。

6.5.1 梯形电阻式 D-A 转换原理

这类 D-A 转换器常采用 R-$2R$ 的电阻网络，其转换原理可以通过图 6-29 所示的 3 位二进制数 R-$2R$ 电阻解码网络的 D-A 来说明。

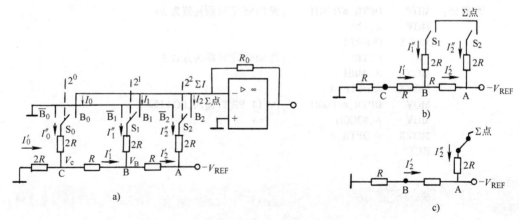

图 6-29 D-A 转换器转换原理

这种 R-$2R$ 电阻解码网络也叫 T 形解码网络。在这种网络中，有一个基准电源 V_{REF}，二进制数的每一位对应一个电阻 $2R$，一个由该位二进制值所控制的双向电子开关，二进制数位数的增加或减少，电阻网络和开关的数量也相应增加或减少。

在图 6-29 中，电子开关 $S_i(i=0,1,2)$ 的切换规律是 i 位的数码为 0 时，S_i 接通左边 $\overline{B_i}$，数码为 1 时接通右边 B_i。当 3 位二进制数的各位均为 1 时，开关 S_0、S_1、S_2 都接通右边 B_0、B_1、B_2，此时的模拟量电流 ΣI 的值计算如下：

在图 6-29a 中，运算放大器的求和点 $\sum$ 为虚拟地，因此 C 点对地电阻为 R，图 6-29b 与图 6-29a 等效，同时可得下式：

$$I_0'' = I_0' = I_0$$

根据图 6-29b，B 点对地电阻也为 R，故图 6-29b 又可等效成图 6-29c，同时得到下式：

$$I_1'' = I_1' = I_1 = 2I_0$$

根据图 6-29c，A 点对地电阻也是 R，可得下列等式：

$$I_2'' = I_2' = 2I_1 = 4I_0$$

$$I_2'' = -\frac{V_{REF}}{2R}$$

因而得

$$\sum I = I_0 + I_1 + I_2$$
$$= \frac{-V_{REF}}{R}\left(\frac{1}{8} + \frac{1}{4} + \frac{1}{2}\right)$$
$$= \frac{-V_{REF}}{R} \cdot \frac{7}{2^3}$$

根据以上的分析计算，可推理得到 n 位二进制数的转换表达式

$$\sum I = \frac{-V_{REF}}{R} \cdot \frac{D}{2^n}$$

其中，D 为 n 位二进制数的和，因此，电流 $\sum I$ 和二进制数呈线性关系。根据此式和图 6-29a 得运算放大器的输出电压为

$$V_0 = -V_{REF}\frac{R_0}{R} \cdot \frac{D}{2^n}$$

可见，输出电压也和二进制数呈线性关系。调整运算放大器的反馈电阻 R_0 和基准电源 V_{REF}，就得到和 n 位二进制数成比例的输出电压。

D-A 芯片是将 R-$2R$ 电阻网络、二进制数码控制的电子开关以及一些控制电路集成在一起的电路。

6.5.2 DAC0832

DAC0832 是美国数据公司的 8 位 D-A，片内带数据锁存器，电流输出，输出电流稳定时间为 1 μs，+5~+15 V 单电源供电，功耗为 20 mW。

1. DAC0832 结构

DAC0832 的引脚图和结构框图如图 6-30 所示。

DAC0832 的引脚功能如下：

1）D0~D7：数据输入线，TTL 电平，有效时间应大于 90 ns（否则锁存的数据会出错）。

2）ILE：数据锁存允许控制信号输入线，高电平有效。

3）$\overline{CS}$：片选信号输入线，低电平有效。

4）$\overline{WR1}$：数据锁存器写选通输入线，负脉冲有效（脉宽应大于 500 ns）。

当 $\overline{CS}$ 为"0"、ILE 为"1"、$\overline{WR1}$ 为"0"至"1"跳变时，$\overline{LE1}$ 发生由"1"到"0"的跳变，D0~D7 状态被锁存到输入锁存器。

5）$\overline{XFER}$：数据传输控制信号输入线，低电平有效。

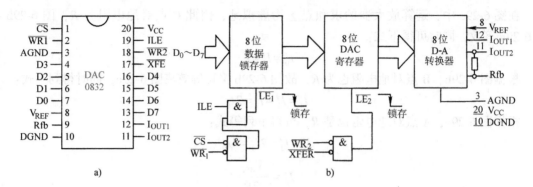

图 6-30　DAC0832 的引脚图和结构框图

a）DAC0832 引脚图　b）DAC0832 结构框图

6）$\overline{WR2}$：DAC 寄存器写选通输入线，负脉冲（脉宽应大于 500 ns）有效。

当$\overline{XFER}$为"0"且$\overline{WR2}$为"0"至"1"跳变时，数据锁存器的状态被锁存到 DAC 寄存器中。

7）I_{OUT1}：电流输出线，当 DAC 寄存器为全 1 时 I_{OUT1} 最大。

8）I_{OUT2}：电流输出线，其值和 I_{OUT1} 值之和为一常数。

9）Rfb：反馈信号输入线，改变 Rfb 端外接电阻值可调整转换满量程精度。

10）V_{CC}：电源电压线，V_{CC} 范围为 +5 ～ +15 V。

11）V_{REF}：基准电压输入线，V_{REF} 范围为 -10 ～ +10 V。

12）AGND：模拟地，常用符号▽表示。

13）DGND：数字地，常用符号⊥表示。

2. DAC0832 工作方式

根据对 DAC0832 的数据锁存器和 DAC 寄存器的不同控制方法，DAC0832 有如下三种工作方式。

1）单缓冲方式。此方式适用于只有一路模拟量输出或几路模拟量非同步输出的场合，方法是控制数据锁存器和 DAC 寄存器同时接收数据，或者只用数据锁存器而把 DAC 寄存器接成直通方式（$\overline{WR2}=0$、$\overline{XFER}=0$）。

2）双缓冲方式。此方式适用于多个 DAC0832 同步输出的场合，方法是先分别使这些 DAC0832 的数据锁存器接收数据，再控制这些 DAC0832 同时传递数据到 DAC 寄存器，以实现多个 D-A 转换同步输出。

3）直通方式。此方式适宜于连续反馈控制线路中，方法是使所有控制信号（$\overline{CS}$、$\overline{WR1}$、$\overline{WR2}$、ILE、$\overline{XFER}$）均有效。

3. 电流输出转换成电压输出

DAC0832 的输出是电流，有两个电流输出端（I_{OUT1} 和 I_{OUT2}），它们的和为一常数。

使用运算放大器可以将 DAC0832 的电流输出线性地转换成电压输出。根据运放和 DAC0832 的连接方法，运放的输出可以分为单极型和双极型两种。图 6-31a 是一种单极性电压输出电路，图 6-31b 是一种双极性电压输出电路。

4. DAC0832 与 MCS-51 的接口方法

由于 DAC0832 有数据锁存器、片选、读、写控制信号线，故可与 MCS-51 扩展总线直接接口。

图 6-32 是只有一路模拟量输出的 MCS-51 系统，单极型电压输出。其中 DAC0832 工作于

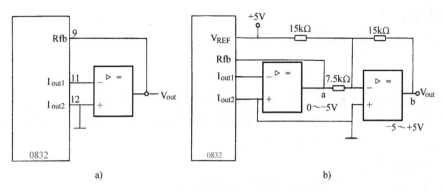

图 6-31　DAC0832 电压输出电路

a）单极性电压输出电路　b）双极性电压输出电路

单缓冲器方式，它的 ILE 接+5 V，$\overline{CS}$和$\overline{XFER}$相连后由 MCS-51 的 P2.7 控制，$\overline{WR1}$和$\overline{WR2}$相连后由 MCS-51 的$\overline{WR}$控制。这样，MCS-51 对 DAC0832 执行一次写操作就把一个数据直接写入 DAC 寄存器，模拟量输出随之而变化。

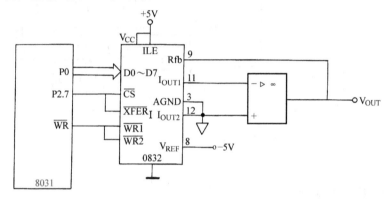

图 6-32　有一路模拟量输出的 MCS-51 系统

【例 6-5】　图 6-32 中电路，MCS-51 执行下面的程序后，运放的输出端产生一个锯齿型电压波：

```
MAIN：   MOV     DPTR,#7FFFH
         MOV     A,#0
LOOP：   MOVX    @DPTR,A
         INC     A
         AJMP    LOOP
```

6.6　A-D 接口的扩展

A-D 的种类很多，根据转换原理可以分为逐次逼近式、双积分式、并行式及计数器式。其中逐次逼近式和双积分式 A-D 转换器应用较普遍。

衡量 A-D 性能的主要参数如下：

1）分辨率，即输出的数字量变化一个相邻的值所对应的输入模拟量的变化值。

2）满刻度误差，即输出全 1 时输入电压与理想输入量之差。

3）转换速率。

4）转换精度。

5）是否可方便地和 CPU 接口。

6.6.1 MC14433

MC14433 是一种三位半双积分式 A-D。其最大输入电压为 199.9 mV 和 1.999 V 两档（由输入的基准电压 V_R 决定），抗干扰性强、转换精度高达读数的±0.05%±1 字，但转换速度较慢（在 50~150 kHz 时钟频率范围每秒 4~10 次）。

1. MC14433 的结构

图 6-33 给出了 MC14433 的引脚图和逻辑结构框图。

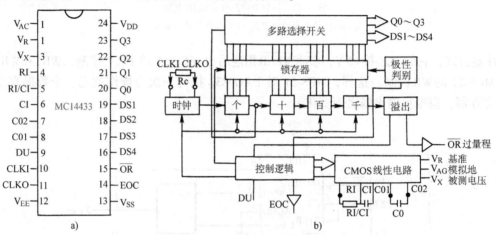

图 6-33　MC14433 的引脚图和逻辑结构框图

a）MC14433 引脚图　b）MC14433 逻辑结构框图

MC14433 的引脚功能如下。

1）V_{DD}：主电源，+5 V。

2）V_{EE}：模拟部分的负电源，−5 V。

3）V_{SS}：数字地。

4）V_R：基准电压输入线，为 200 mV 或 2 V。

5）V_X：被测电压输入线，最大为 199.9 mV 和 1.999 V。

6）V_{AG}：V_R 和 V_X 的地（模拟地）。

7）RI：积分电阻输入线，当 V_X 量程为 2 V 时，RI 取 470 kΩ；当 V_X 量程为 200 mV 时，RI 取 27 kΩ。

8）CI：积分电容输入线，CI 一般取 0.1 μF 的聚丙烯电容。

9）RI/CI：RI 和 CI 的公共连接端。

10）C01，C02：接失调补偿电容 C0，值约 0.1 μF。

11）CLKI，CLKO：外接振荡器时钟频率调节电阻 R_c，其典型值是 300 kΩ；时钟频率随 R_c 值上升而下降。

12）EOC：转换结束状态输出线，EOC 是一个宽为 0.5 个时钟周期的正脉冲。

13）DU：更新转换控制信号输入线，DU 若与 EOC 相连，则每次 A-D 转换结束后自动启动新的转换。

14）$\overline{OR}$：过量程状态信号输出线，低电平有效，当 $|V_X| > V_R$ 时，$\overline{OR}$ 有效。

15) DS4~DS1：分别是个、十、百、千位的选通脉冲输出线。这 4 个正选通脉冲宽度为 18 个时钟周期，相互之间的间隔时间为 2 个时钟周期（见图 6-34）。

16) Q3~Q0：BCD 码数据输出线，动态地输出千位、百位、十位、个位值，即：

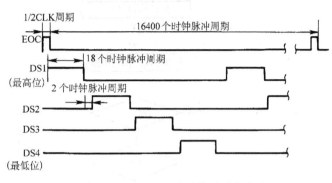

图 6-34　MC14433 选通脉冲时序波形

DS4 有效时，Q3~Q0 表示的是个位值（0~9）。

DS3 有效时，Q3~Q0 表示的是十位值（0~9）。

DS2 有效时，Q3~Q0 表示的是百位值（0~9）。

DS1 有效时，Q3 表示的是千位值（0 或 1）、Q2 表示转换极性（0 负 1 正）、Q1 无意义、Q0 为 1 而 Q3 为 0 表示过量程（太大）、Q0 为 1 且 Q3 为 1 表示欠量程（太小）。当转换值大于 1999 时，出现过量程，当转换值小于 180 时，则出现欠量程。

2. MCS-51 与 MC14433 接口方法

由于 MC14433 的输出是动态的，所以 MCS-51 必须通过并行接口和 MC14433 连接，而不能通过总线和 MC14433 连接。图 6-35 是 MCS-51 和 MC14433 的一种接口逻辑。

图 6-35 中，将 MC14433 的转换结果 Q0~Q3 和选通脉冲输出 DS1~DS4 分别接 MCS-51 的 P1.0~P1.3 和 P1.4~P1.7；MC14433 的转换结束标志 EOC 一方面接更新转换控制输入脚 DU，以便自动启动新的转换；另一方面，由于 EOC 正脉冲宽度很小，负跳变与正跳变在时间上相隔很近，故可不经反相直接连到 MCS-51 的 $\overline{\text{INT1}}$ 引脚，向单片机提供中断请求信号。MC14433 所需的基准电压 V_R 由精密电源 MC1403 提供。

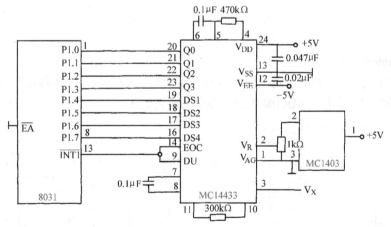

图 6-35　MCS-51 与 MC14433 的一种接口逻辑

MCS-51 以中断方式读取 MC14433 转换结果，相应程序流程图如图 6-36 所示。

6.6.2　ADC0809

ADC0809 是 8 路 8 位逐次逼近式 A-D，最大不可调误差小于 ±1LSB（Least Significant Bit）。典型时钟频率为 640 kHz。每一通道的转换时间需要 66~73 个时钟脉冲，约 100 μs。可以和 MCS-51 单片机通过总线直接接口。

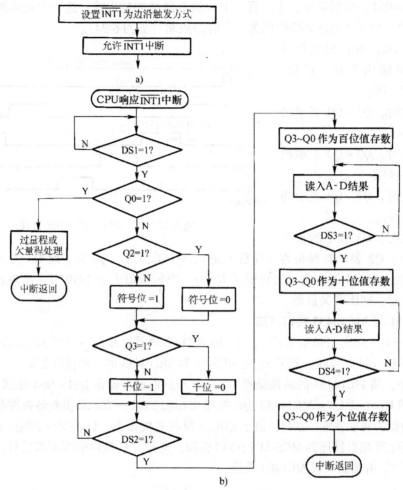

图 6-36　MC14433 A-D 转换程序流程图

a) 主程序　b) $\overline{INT1}$ 中断服务程序

1. ADC0809 的结构

ADC0809 由多路模拟开关、通道地址锁存与译码器、8 位 A-D 转换器以及三态输出数据锁存器等组成。图 6-37 给出了 ADC0809 的引脚图和逻辑框图。

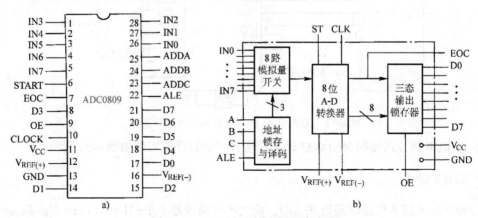

图 6-37　ADC0809 引脚图和逻辑框图

a) ADC0809 的引脚图　b) ADC0809 的逻辑结构框图

ADC0809 的引脚功能如下。

1）IN0~IN7：8 路模拟量输入通道。

2）D7~D0：8 位三态数据输出线。

3）A、B、C：通道选择输入线，其中 C 为高位，A 为低位。其地址状态与通道的对应关系见表 6-5。

4）ALE：通道锁存控制信号输入线，ALE 电平正跳变时把 A、B、C 指定的通道地址锁存到片内通道地址寄存器中。

5）START：启动转换控制信号输入线，该信号的上升沿清除内部寄存器（复位），下降沿启动控制电路开始转换。

6）CLK：转换时钟输入线，CLK 的典型值为 640 kHz，超过该频率时，转换精度会下降。

7）EOC：转换结束信号输出线，转换结束后 EOC 线输出高电平，并将转换结果打入三态输出锁存器。（复位）启动 ADC0809 转换后约 10 个 CLOCK 周期，EOC 线输出低电平。

8）OE：输出允许控制信号输出线，OE 为高电平时把转换结果送数据线 D7~D0，OE 为低电平时 D7~D0 为浮空态。

9）V_{CC}：主电源+5 V。

10）GND：数字地。

11）V_{REF+}：基准电压输入线，典型值为 $V_{REF+} = +5\,V$。

12）V_{REF-}：基准电压输出线，典型值为 $V_{REF-} = 0\,V$。

2. MCS-51 单片机与 ADC0809 的接口方法

（1）启动 A-D 转换

ADC0809 的控制时序如图 6-38 所示。

表 6-5　ADC0809 地址状态
与通道的对应关系

C	B	A	通道
0	0	0	0
0	0	1	1
0	1	0	2
0	1	1	3
1	0	0	4
1	0	1	5
1	1	0	6
1	1	1	7

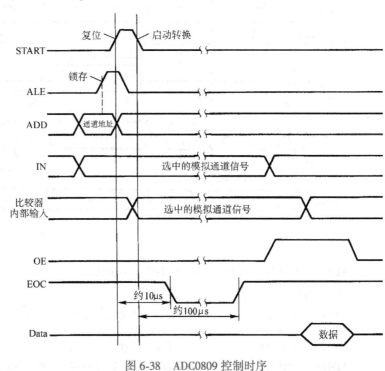

图 6-38　ADC0809 控制时序

从 ADC0809 的控制时序图可看到，要将特定模拟通道输入信号进行 A-D 转换，需满足以下条件。

1) 在 START 端需产生一个正脉冲，上升沿复位 ADC0809，下降沿启动 A-D 转换。

2) 在启动 A-D 转换之前，待转换的模拟通道的地址应稳定地出现在地址线上，同时需在 ALE 端产生一个正跳变，将地址锁存起来，使得在 A-D 转换期间，比较器内部输入始终是选中的模拟通道输入信号。

3) 在 A-D 转换结束之前，在 START 端和 ALE 端不能再次出现正脉冲信号。

用什么信号作为 START 端的复位和启动 A-D 转换信号，以及 ALE 端的地址锁存信号呢？我们自然地想到了 MCS-51 单片机的 $\overline{WR}$ 信号。将 $\overline{WR}$ 信号取反后送 ADC0809 的 START 端和 ALE 端，可满足条件①和②，将 $\overline{WR}$ 信号与某一仅在访问 ADC0809 时变低的片选线或非处理后，可进一步满足条件③。在这种接口方式下，启动 A-D 转换时序图如图 6-39 所示。从该图可看到，在 ADC0809 ALE 端地址锁存信号有效时，MCS-51 外部数据总线和地址总线上的信号都是稳定的，都可以作为 ADC0809 的地址信号。于是就形成了 ADC0809 与 MCS-51 单片机的三种硬件连接方法，如图 6-40 所示。三种情况下，启动 A-D 转换的程序指令需作相应的变动。

1) ADDA、ADDB、ADDC 分别接地址锁存器提供地址的低 3 位，如图 6-40a 所示，指向 IN7 通道的相应程序指令为

```
MOV     DPTR,#0EFF7H      ;指向 D-A 转换器和模拟通道的 IN7 地址
MOVX    @ DPTR,A          ;启动 A-D 转换,A 中可以是任意值
```

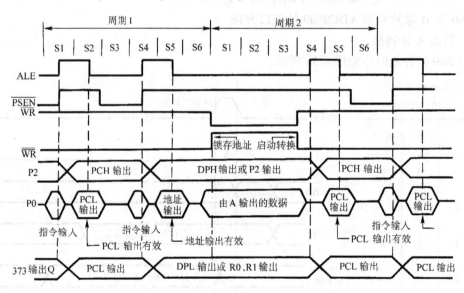

图 6-39 启动 A-D 转换时序图

2) ADDA、ADDB、ADDC 分别接数据线中的低三位（P0.0~P0.2），如图 6-40b 所示，则指向 IN7 通道的相应程序指令为

```
MOV     DPH,#0E0H         ;送 D-A 转换器端口地址
MOV     A,#07H            ;IN7 地址送 A
MOVX    @ DPTR,A          ;送地址并启动 A-D 转换
```

3) ADDA、ADDB、ADDC 分别接高 8 位地址中的低三位（P2.0~2.2），如图 6-40c 所示，则指向 IN7 通道的相应程序指令为

```
MOV     DPTR,#0E700H
```

```
       MOVX    @DPTR,A
```
（2）确认 A-D 转换完成

为了确认转换结束，可以采用无条件、查询和中断三种数据传送方式。

1）无条件传送方式。转换时间是转换器的一项已知和固定的技术指标。例如，ADC0809 转换时间为 128 μs，可在 A-D 转换启动后，调用一个延时足够长的子程序，规定时间到，转换也肯定已经完成。

2）查询方式。ADC0809 的 EOC 端高电平，表明 A-D 转换完成，查询测试 EOC 的状态，即可确知转换是否完成。需注意 ADC0809 从复位到 EOC 变低约需 10 μs 时间，查询时应首先确定 EOC 已变低，再变高，才说明 A-D 转换完成。

3）中断方式。把表明转换完成的状态信号（EOC）作为中断请求信号，以中断方式进行数据传送。

（3）转换数据的传送

不管使用上述哪种方式，一旦确认转换完成，即可通过指令传送在三态输出锁存器中的结果数据。对于如图 6-40 所示的硬件连接，只要对可使 P2.4=0 的端口地址做读操作，即可在 OE 端产生一个正脉冲，把转换数据送上数据总线，供单片机接收。例如：

```
       MOV     DPH,#0EFH
       MOVX    A,@DPTR
```

【例 6-6】　图 6-40a 电路中，对 IN0～IN7 上模拟电压巡回采集一遍数字量，并送入内部 RAM 以 50H 为起始地址的输入缓冲区的有关程序如下：

```
       ORG     0000H
       STMP    MAIN
               ORG     0013H
       LJMP    P1NT1
MAIN：  MOV     10H,#50H        ;输入数据区首址送工作寄存器区 2R0
       MOV     12H,#0          ;IN0 地址送工作寄存器区 2R2
       MOV     17H,#8          ;模拟量路数送工作寄存器区 2R7
       MOV     1E,#84          ;CPU 开中断,INT1开中断
       SETB    IT1             ;INT1为边沿触发
       MOV     SP,#50H         ;设置堆栈指针
       MOV     DPTR,#0EFF8H    ;启动 IN0 A-D 转换
       MOVX    @DPTR,A
       …
PINT1： PUSH    ACC             ;保护现场
       PUSH    PSW
       PUSH    DPH
       PUSH    DPL
       SETB    RS1             ;切换到工作寄存器区 2
       CLR     RS0
       MOV     DPH,#0EFH       ;读 A-D 转换值
       MOVX    A,@DPTR
       MOV     @R0,A           ;存 A-D 转换值
       DJNZ    R7,OUT1
       CLR     EX₁             ;采集完 8 路,关INT1中断
OUT：   POP     DPL             ;恢复现场
       POP     DPH
       POP     PSW
       POP     ACC
       RETI                    ;中断返回
OUT1：  INC     R0              ;指向输入数据区下一地址
```

```
INC        R2                    ;指向下一路模拟通道
MOV        DPH,#0EFH             ;启动下一路模拟通道 A-D 转换
MOV        DPL,R2
MOVX       @DPTR,A
SJMP       OUT
```

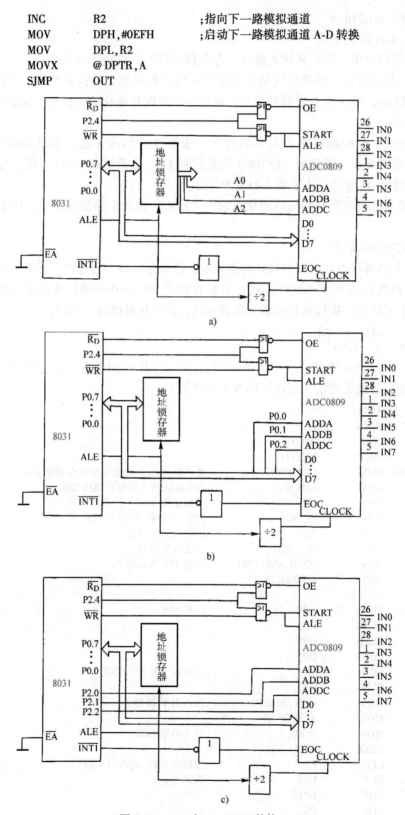

图 6-40　8031 与 ADC0809 的接口

6.7　习题

1. MCS-51 单片机，用线选法最多可扩展多少片 6264？它们的地址范围各是多少？试画出其逻辑图。

2. MCS-51 单片机用地址译码法最多可扩展多少片 6264？它们的地址范围各是多少？试画出其逻辑图。

3. 一个 8032 扩展系统，扩展了一片 27256、一片 62256、一片 74LS377、一片 74LS245、一片 8255、一片 0809 和一片 0832，试画出其逻辑图，并写出各器件的地址范围。

4. 在一个 89C51 扩展系统中，P2 口接 I/O 设备，P0 口作扩展总线口使用，扩展一片 8255 和一片 0832，试画出其逻辑图，并编写一个初始化子程序，使 8255 的 PA、PC 口为方式 0 输出，P0 口以方式 0 输入。

5. 在图 6-30 所示系统中，试编制一个程序，使 0832 输出一个幅度为 4V 的三角波形。

6. 图 6-29 中所示系统，晶振频率为 12 MHz，利用程序存储器中的 0E00H～0FFFH 表格内的 512 字节数据，通过 D-A 转换，产生频率约为 1 Hz 的正弦周期波形。试编制有关程序。

7. 在一个 8031 扩展系统中，以中断方式通过外接并行口 8255 读取 MC14433 的 A-D 转换结果，存入内部 RAM 20H～21H，试画出有关逻辑图，并编制读取 A-D 结果的中断服务程序。

8. 设计一个 ADC0809 与 8031 的接口电路。要求采用中断方式读取 A-D 转换结果，并编写相应的程序，将 8 个模拟通道的转换结果分别存放在内存 50H～57H 中。

9. 试画出 8031 扩展一片 74LS373 芯片作为并行输出口的逻辑图。

7.1 MCS-51 系统的串行扩展原理

目前，对控制系统微型化的要求越来越高，便携式的智能化仪器需求量越来越大。为了使仪器微型化，首先要设法减少仪器所用芯片的引脚数。因此，过去常用的并行总线接口方案由于需要较多的引脚数而不得不舍弃，转而采用只需少量引脚数的串行总线接口方案。SPI（Serial Peripheral Interface）和 I^2C（Inter-Integrated Circuit）就是两种常用的串行总线接口。SPI 三线总线只需 3 根引脚线就可与外部设备相连，而 I^2C 两线总线则只需两根引脚线就可与外部设备相连。

7.1.1 SPI 三线总线

1. SPI 总线概述

SPI 实际上是一种串行总线接口标准。SPI 方式可允许同时同步发送和接收 8 位数据，它工作时传输速率最高可达几十兆位/秒。SPI 用以下 3 个引脚来完成通信。

1）串行数据输出 SDO（Serial Data Out）。

2）串行数据输入 SDI（Serial Data In）。

3）串行时钟 SCK（Serial Clock）。

另外挂接在 SPI 总线上的每个从机还需一根片选控制线。

2. SPI 总线的结构与工作原理

SPI 总线有主机、从机的概念。主机的发送与从机的接收相连，主机的接收与从机的发送相连，主机产生的时钟信号输出到从机的时钟引脚上，除了以上 3 根通信线外，一般从机还需一根片选控制线。图 7-1 为两台设备采用 SPI 总线连接的示意图。

由于 SPI 的数据输出线（SDO）和数据输入线（SDI）是分开的，因此允许主机、从机之间发送和接收同时进行，至于数据是否有效，取决于应用软件。当主机发出片选控制信号以后，数据的传输节拍由主机的 SCK 信号控制。图 7-2 为 SPI 通信的时序图。对具有 SPI 功能的单片机，时序图中的 SDO 和 SCK 的波形由硬件自动产生，数据的接收也是由硬件自动完成的。主机的 SS 信号有效后，选中从设备，在 SCK 的上升沿，主机发送数据，在 SCK 的下降沿，主机接收数据。而对没有 SPI 功能的单片机，则时序图中 SDO 和 SCK 的波形要由软件产生，数据的接收也要由软件来完成。

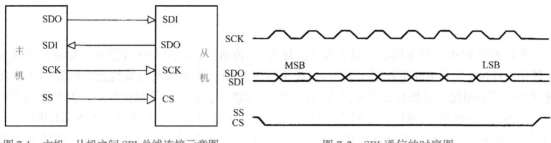

图 7-1　主机、从机之间 SPI 总线连接示意图　　　　图 7-2　SPI 通信的时序图

7.1.2　I²C 公用双总线

1. I²C 总线概述

I²C 也是一种串行总线的外设接口，它采用同步方式串行接收或发送信息，两个设备在同一个时钟下工作。与 SPI 不同的是 I²C 只用两根线：串行数据 SDA（Serial Data）和串行时钟 SCL（Serial Clock）。

由于 I²C 只有一根数据线，因此其发送信息和接收信息不能同时进行。信息的发送和接收只能分时进行。I²C 串行总线工作时传输速率最高可达 400 kbit/s。

2. I²C 的结构与工作原理

I²C 总线上所有器件的 SDA 线并接在一起，所有器件的 SCL 线并接在一起，且 SDA 线和 SCL 线必须通过上拉电阻连接到正电源。图 7-3 为 I²C 总线器件电气连接图。

I²C 总线的数据传输协议要比 SPI 总线复杂一些，因为 I²C 总线器件没有片选控制线，所以 I²C 总线数据传输的开始必须由主器件产生通信的开始条件（SCL 高电平时，SDA 产生负跳变）；通信结束时，由主器件产生通信的结束条件（SCL 高电平时，SDA 产生正跳变）。SDA 线上的数据在 SCL 高电平期间必须保持稳定，否则会被误认为开始条件或结束条件，只有在 SCL 低电平期间才能改变 SDA 线上的数据。图 7-4 为 I²C 总线的数据传输波形图。

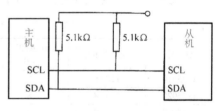

图 7-3　I²C 总线器件电气连接图

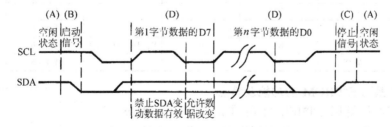

图 7-4　I²C 总线的数据传输波形图

7.2 **单片机的外部串行扩展**

串行外围器件由于具有体积小、价格低、占用 I/O 口线少等优点，正在越来越多的领域中得到广泛应用。下面分别介绍串行扩展 E²PROM、串行扩展 I/O 接口和串行扩展 A-D 转换器。

7.2.1 串行扩展 E^2PROM

串行 E^2PROM 具有体积小（通常为 8 脚封装）、价格低、占用 I/O 口线少、寿命长（能重复使用 100 000 次及 100 年数据不丢失）、抗干扰能力强、不易被改写等优点。随着当今智能化仪表趋于小型化，再加真正需要预设的数据位、控制位、保密位等数据并不占据太多的存储空间，串行 E^2PROM 正被广泛应用于多功能的智能化仪表中。表 7-1 列出了美国 ATMEL 公司 I^2C 总线的 AT24C 系列串行 E^2PROM，表 7-2 列出了美国 ATMEL 公司 SPI 总线的 AT25 系列串行 E^2PROM，为读者选择不同容量、不同接口总线及了解有关串行 E^2PROM 的详细性能提供参考。

表 7-1　美国 ATMEL 公司 AT24C 系列串行 E^2PROM

型　号	容量/bit	页缓冲区 /B	写速度 /(ms/pg)①	引脚数	工作电压/V	总线
AT24C01	128×8	4	10	8	1.8~6	I^2C
AT24C02	256×8	8	10	8, 14	1.8~6	I^2C
AT24C04	512×8	16	10	8, 14	1.8~6	I^2C
AT24C08	1 K×8	16	10	8, 14	1.8~6	I^2C
AT24C16	2 K×8	16	10	8, 14	1.8~6	I^2C
AT24C32	4 K×8	32	10	8, 14	1.8~6	I^2C
AT24C64	8 K×8	32	10	8, 14	1.8~6	I^2C
AT24C128	16 K×8	64	10	8, 14	1.8~6	I^2C
AT24C256	32 K×8	64	10	8	1.8~6	I^2C
AT24C512	64 K×8	64	10	8	1.8~6	I^2C

① ms/pg 是毫秒/页的意思，单片机的存储器 2KB 称为 1 页。

表 7-2　美国 ATMEL 公司 AT25 系列串行 E^2PROM

型　号	容量/bit	页缓冲区 /B	写速度 /(ms/pg)	引脚数	工作电压/V	总线
AT25010	128×8	8	5	8	1.8~6	SPI
AT25020	256×8	8	5	8	1.8~6	SPI
AT25040	512×8	8	5	8	1.8~6	SPI
AT25080	1 K×8	16	5	8, 14, 20	1.8~6	SPI
AT25160	2 K×8	16	5	8, 14, 20	1.8~6	SPI
AT25320	4 K×8	32	5	8, 14, 20	1.8~6	SPI
AT25640	8 K×8	32	5	8	1.8~6	SPI
AT25128	16 K×8	64	5	8	1.8~6	SPI
AT25256	32 K×8	64	5	8, 14, 16, 20	1.8~6	SPI
AT251024	1 M×8	64	5	8	1.8~6	SPI

1. AT24C 系列 E^2PROM 的功能及特点

AT24C 系列为美国 ATMEL 公司推出的串行 CMOS 型 E^2PROM，具有功耗小、宽电压范围等优点。工作电流约 3 mA，静态电流随电源电压不同为 30~110 μA，存储容量有 128×8 bit、256×8 bit、512×8 bit、1 K×8 bit、2 K×8 bit、4 K×8 bit、8 K×8 bit、16 K×8 bit、32 K×8 bit 和 64 K×8 bit 等多种规格，图 7-5 为 AT24C 系列串行 E^2PROM 的引脚图。图中 A0、A1、A2 为器件地址引脚，V_{SS} 为地，V_{CC} 为正电源，$\overline{WC}$ 写保护，SCL 为串行时钟线，

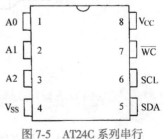

图 7-5　AT24C 系列串行 E^2PROM 的引脚图

SDA 为串行数据线。

2. AT24C 系列 E²PROM 接口及地址选择

AT24C 系列 E²PROM 采用 I²C 总线，I²C 总线上可挂接多个接口器件，在 I²C 总线上的每个器件应有唯一的器件地址，按 I²C 总线规则，器件地址为 7 位二进制数，它与 1 位数据方向位构成一个器件寻址字节。器件寻址字节的最低位（D0）为方向位（读/写）；最高 4 位（D7~D4）为器件型号地址（不同的 I²C 总线接口器件的型号地址由厂家给定，AT24C 系列 E²PROM 的型号地址皆为 1010）；其余 3 位（D3~D1）与器件引脚地址 A2A1A0 相对应。器件地址格式：$\boxed{1010 \quad A2A1A0}$

对于 E²PROM 的片内地址，AT24C01 和 AT24C02 由于芯片容量可用一个字节表示，故读写某个单元前，先向 E²PROM 写入一个字节的器件地址，再写入一个字节的片内地址。而 AT24C04、AT24C08 和 AT24C16 分别需要 9 位、10 位和 11 位片内地址，所以 AT24C04 把器件地址中的 D1 作为片内地址的最高位，AT24C08 把器件地址中的 D2D1 作为片内地址的最高两位，AT24C16 把器件地址中的 D3D2D1 作为片内地址的最高三位。凡在系统中把器件的引脚地址用作片内地址后，该引脚在电路中不得使用，做悬空处理。AT24C32、AT24C64、AT24C128、AT24C256 和 AT24C512 的片内地址采用两个字节。

3. AT24C 系列 E²PROM 的读写操作原理

下列读写操作中 SDA 线上数据传送状态标记注释如下：

$\boxed{S}$ 为开始信号（SCL 高电平时，SDA 产生负跳变），由主机发送。

$\boxed{P}$ 为结束信号（SCL 高电平时，SDA 产生正跳变），由主机发送。

$\boxed{addr}$、$\boxed{addr\_H}$ 和 $\boxed{addr\_L}$ 为地址字节，指定片内某一单元地址，由主机发送。

$\boxed{data}$ 为数据字节，由数据发送方发送。

$\boxed{0}$ 为肯定应答信号，由数据接收方发送。

$\boxed{1}$ 为否定应答信号，由数据接收方发送。

主机控制数据线 SDA 时，在 SCL 高电平期间必须保持 SDA 线上的数据稳定，否则会被误认为从机开始条件或结束条件。主机只能在 SCL 低电平期间改变 SDA 线上的数据。主机写操作期间，用 SCL 的上升沿写入数据；主机读操作期间，用 SCL 的下降沿读出数据。

从 AT24C 系列 AT24C01~AT24C16 中读 n 个字节的数据格式：

S	1010 A2 A1 A0 0	addr	0	S	1010 A2 A1 A0 1	0	data1	0

data2	0	…	datan	1	P

从 AT24C 系列 AT24C32~AT24C512 中读 n 个字节的数据格式：

S	1010A2A1A0 0	Addr_H	0	Addr_L	0	S	1010A2A1A0 1	0	data1	0

data2	0	…	datan	1	P

向 AT24C 系列 AT24C01~AT24C16 中写 n 个字节的数据格式（$n \leqslant$ 页长，且 n 个字节不能跨页）：

S	1010 A2 A1 A0 0	addr	0	data1	0	data2	0	…	datan	0	P

向 AT24C 系列 AT24C32~AT24C512 中写 n 个字节的数据格式（$n \leqslant$ 页长，且 n 个字节不能跨页）：

S	1010A2A1A0 0	addr_H	0	Addr_L	0	data1	0	data2	10	⋯	datan	0	P

4. AT24C 系列 E^2PROM 与 MCS-51 单片机的数据交换

图 7-6 为一片 AT24C 系列 E^2PROM 与 MCS-51 单片机的连接电路图。若有多片 E^2PROM 与 MCS-51 单片机相连，则各 E^2PROM 的器件地址引脚接线要不同。

7.2.2　串行扩展 I/O 接口

MCS-51 单片机的并行 I/O 接口与外部 RAM 是统一编址的，即扩展并行 I/O 接口要占用单片机的外部 RAM 的空间。若用串行的方法扩展 I/O 接口，则可以节省系统的硬件开销，是一种经济、实用的方法。下面分别介绍串行输入接口和串行输出接口。

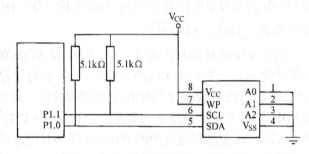

图 7-6　AT24C 系列 E^2PROM 与 MCS-51 单片机的连接电路图

1. 串行输入接口 74LS165

74LS165 是一个 8 位并行输入，串行输出的接口电路。其内部结构如图 7-7 所示。$\overline{PL}$ 为数据锁存端，当 $\overline{PL}$ 为低电平时锁存数据；CP_1 和 CP_2 为移位脉冲输入端；Q7 为数据输出端；D_s 为数据输入端；CP 的上升沿移出数据。74LS165 作为串行输入接口可以单片使用，也可级联使用。级联使用的电路如图 7-8 所示。

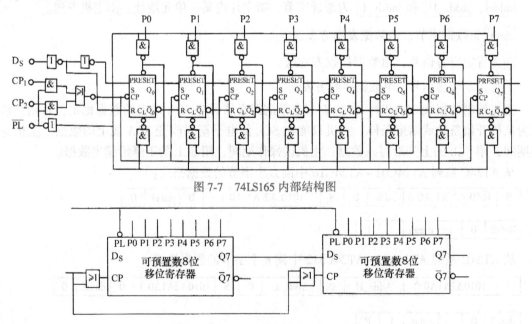

图 7-7　74LS165 内部结构图

图 7-8　74LS165 级联使用的电路连接图

2. 串行输出接口 74LS164

74LS164 是一个串行输入，8 位并行输出的接口电路。其内部结构如图 7-9 所示。$\overline{MR}$ 为清零端，当 $\overline{MR}$ 为低电平时清零；A 和 B 为数据输入端；CP 端为移位脉冲输入端，CP 的上升沿移入数据。74LS164 作为串行输出接口可以单片使用，也可级联使用。级联使用的电路连接如图 7-10 所示。

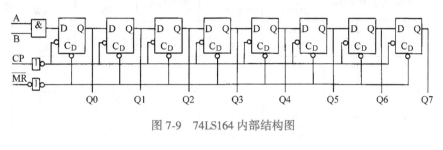

图 7-9　74LS164 内部结构图

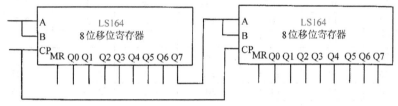

图 7-10　74LS164 级联使用的电路连接图

7.2.3　串行扩展 A-D 转换器

随着对智能化仪表微型化的要求越来越高，串行 A-D 转换器件由于具有体积小、价格低、占用 I/O 口线少等优点而被广泛应用。美国的模拟器件公司（ADI）、MAXIM 公司和德州仪器（TI）公司等许多公司纷纷推出能满足不同用户要求的串行 A-D 转换器件。表 7-3 列出了美国 TI 公司系列串行输出 A-D 转换器件。

表 7-3　美国 TI 公司的串行输出 A-D 转换器

型号	引脚	分辨率/bit	线性误差 /LSB[1]	采样率 /(KSPS)[2]	输入通道	电源电压 /V	最大功耗 /mW	总线
TLC0831	8	8	±1.0	31	1	5	12.5	SPI
TLC0832	8	8	±1.0	22	2	5	26	SPI
TLC0834	14	8	±1.0	20	4	5	12.5	SPI
TLC0838	20	8	±1.0	20	8	5	12.5	SPI
TLV0832	8	8	±1.0	44.7	2	3.3	26	SPI
TLV0838	20	8	±1.0	37.9	8	3.3	51	SPI
TLC540	20	8	±0.5	75	11	5	12	SPI
TLC541	20	8	±0.5	40	11	5	12	SPI
TLC542	20	8	±0.5	25	11	5	10	SPI
TLC545	28	8	±0.5	76	19	5	12	SPI
TLC546	28	8	±0.5	40	19	5	12	SPI
TLC548	8	8	±0.5	45.5	1	5	12	SPI
TLC549	8	8	±0.5	40	1	5	12	SPI
TLC1541	20	10	±1.0	32	11	5	12	SPI
TLC1542	20	10	±1.0	38	11	5	12	SPI
TLC1543	20	10	±1.0	38	11	5	12	SPI
TLV1543	20	10	±1.0	38	11	3.3	12	SPI
TLV1544	16	10	±1.0	66	4	3.3	8	SPI

（续）

型号	引脚	分辨率/bit	线性误差 /LSB[1]	采样率 /（KSPS）[2]	输入通道	电源电压 /V	最大功耗 /mW	总线
TLV1548	16	10	±1.0	66	8	3.3	8	SPI
TLC1549	8	10	±1.0	38	1	5	12	SPI
TLV1549	8	10	±1.0	38	1	3.3	12	SPI
TLV1570	20	10	±1.0	1250	8	2.7~5.5	8~40	SPI
TLV1572	8	10	±1.0	1250	1	2.7~5	25	SPI
TLC1514	16	10	±0.5	400	4	5	22	SPI
TLC1518	20	10	±0.5	400	8	5	22	SPI
TLV1504	16	10	±0.5	200	4	3.3	2.7	SPI
TLV1508	20	10	±0.5	200	8	3.3	2.7	SPI
TLC2543	20	12	±1.0	66	11	5	12.5	SPI
TLV2543	20	12	±1.0	66	11	3.3	8	SPI
TLV2544	16	12	±1.0	200	4	2.7~5.5	8.25	SPI
TLV2548	20	12	±1.0	200	8	2.7~5.5	8.25	SPI
TLC2558	20	12	±1.0	200	8	5		SPI

① LSB：最低有效位。

② KSPS：采样速率的单位，表示千次/s。

1. 11 通道 12 位串行模数转换器 TLC2543 引脚及内部结构介绍

TLC2543 是德州仪器公司生产的 12 位开关电容型逐次逼近模-数转换器，最大转换时间为 10 μs，11 个模拟输入通道，3 路内置自测试方式，采样率为 66KSPS，线性误差为±1LSBmax，有转换结束输出 EOC（转换结束信号），具有单、双极性输出，可编程的 MSB（最高有效位）或 LSB（最低有效位）导前，可编程选择输出数据长度。它具有三个控制输入端，采用简单的 3 线 SPI（串行接口），可方便地与微机进行连接，是 12 位数据采集系统的最佳选择器件之一。图 7-11 和图 7-12 分别是 TLC2543 的引脚排列图和内部结构图。TLC2543 有两种封装形式。表 7-4 是 TLC2543 的引脚功能说明。

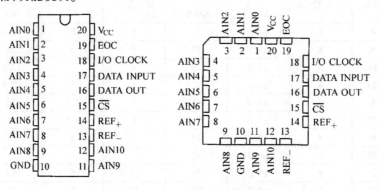

图 7-11　TLC2543 引脚分布图

表 7-4　TLC2543 的引脚功能说明

引　脚　号	名　　称	I/O	说　　　明
1~9, 11, 12	AIN0~ANI10	I	11 个模拟信号输入端
13	REF_	I	负基准电压端（通常接 GND）
14	REF+	I	正基准电压端（通常接 V_cc）
15	CS̅	I	片选输入端

（续）

引脚号	名　称	I/O	说　明
16	DATA OUT	O	串行数据输出端
17	DATA INPUT	I	串行数据输入端
18	CLOCK	I	串行时钟输入端
19	EOC	O	模-数转换结束端
10	GND		电源接地端
20	Vcc		电源正端

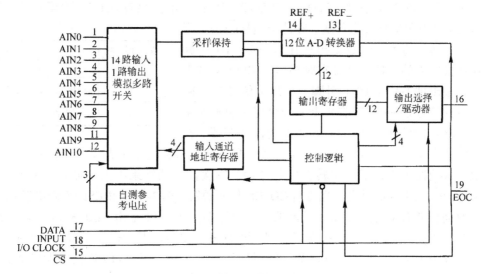

图 7-12　TLC2543 的内部结构图

2. TLC2543 的工作方式和输入通道的选择

TLC2543 是一个多通道和多工作方式的模-数转换器件，其工作方式和输入通道的选择是通过向 TLC2543 的控制寄存器写入一个 8 位的控制字来实现的。这个 8 位的控制字由 4 部分组成：D7 D6 D5 D4 选择输入通道，D3 D2 选择输出数据长度，D1 选择输出数据顺序，D0 选择转换结果的极性。八位控制字的各位的含义见表 7-5 ～ 表 7-8。主机以 MSB 为前导方式将控制字写入 TLC2543 的控制寄存器，每个数据位都是在 CLOCK 序列的上升沿被写入控制寄存器。

表 7-5　输入通道选择

数　据　位				输入通道选择	数　据　位				输入通道选择
D7	D6	D5	D4		D7	D6	D5	D4	
0	0	0	0	AIN0	1	0	0	0	AIN8
0	0	0	1	AIN1	1	0	0	1	AIN9
0	0	1	0	AIN2	1	0	1	0	AIN10
0	0	1	1	AIN3	1	0	1	1	（VREF$_+$+ VREF$_-$）/2
0	1	0	0	AIN4	1	1	0	0	VREF$_-$
0	1	0	1	AIN5	1	1	0	1	VREF$_+$
0	1	1	0	AIN6	1	1	1	0	软件断电
0	1	1	1	AIN7					

表 7-6　输出数据长度选择

数 据 位		输出数据长度选择
D3	D2	
X	0	12 位
0	1	8 位
1	1	16 位

表 7-7　输出数据顺序选择

数 据 位	输出数据顺序选择
D1	
0	MSB 导前
1	LSB 导前

3. TLC2543 的读写时序

当片选信号 $\overline{CS}$ 为高电平时，CLOCK 和 DATA_IN 被禁止、DATA_OUT 为高阻状态，以便为 SPI 总线上的其他器件让出总线。在片选信号 $\overline{CS}$ 的下降沿，A-D 转换结果的第一位数据出现在 DATA_OUT 引脚上，A-D 转换结果的其他数据位在时钟信号 CLOCK 的下降沿被串行输出到 DATA_OUT 引脚。在片选信号 $\overline{CS}$ 下降沿以后，时钟信号 CLOCK 的前 8 个上升沿将 8 位控制字从 DATA_IN 引脚串行输入到 TLC2543 的控制寄存器。在

表 7-8　转换结果极性选择

数 据 位	转换结果极性选择
D0	
0	单极性（无符号二进制）
1	双极性（二进制补码）

片选信号 $\overline{CS}$ 下降沿以后，经历 8 个（或 12 个/或 16 个）时钟信号完成对 A-D 转换器的一次读写。本次写入的控制字在下一次转换中起作用，本次读出的结果由上次输入的控制字决定。A-D 转换可由 $\overline{CS}$ 的下降沿触发，也可由 CLOCK 信号触发。图 7-13 是由 $\overline{CS}$ 的下降沿触发 A-D 转换、输出数据长度为 8 位、以 MSB 导前的读写时序图。图 7-14 是由 CLOCK 信号触发 A-D 转换、输出数据长度为 8 位、以 MSB 导前的读写时序图。图 7-15 是由 $\overline{CS}$ 的下降沿触发 A-D 转换、输出数据长度为 12 位、以 MSB 导前的读写时序图。图 7-16 是由 CLOCK 信号触发 A-D 转换、输出数据长度为 12 位、以 MSB 导前的读写时序图。图中的 （A11 A10 A9 A8）A7 … A0 为（12）8 位的 A-D 转换结果，B7 B6 … B0 为控制字。

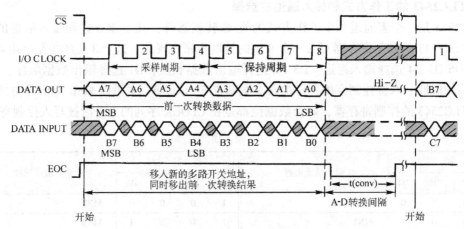

图 7-13　$\overline{CS}$ 的下降沿触发 A-D 转换、输出数据长度为 8 位、
以 MSB 导前的读写时序图

4. MCS-51 单片机对 TLC2543 的读写子程序

以下的子程序 RAD 用于读上次的 12 位 A-D 转换结果和写下一次转换的控制字。转换结果存放于寄存器 R4R5 中。下一次转换的控制字选择 AIN1 通道、输出数据长度为 12 位、MSB 导前、转换结果为单极性。MCS-51 单片机与 TLC2543 的硬件连接为：P1.0→$\overline{CS}$，P1.1→

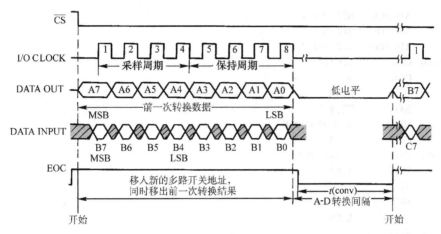

图 7-14 CLOCK 信号触发 A-D 转换、输出数据长度为 8 位、以 MSB 导前的读写时序图

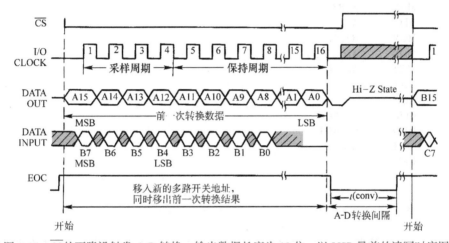

图 7-15 $\overline{CS}$ 的下降沿触发 A-D 转换、输出数据长度为 12 位、以 MSB 导前的读写时序图

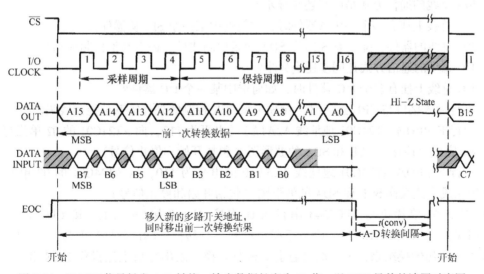

图 7-16 CLOCK 信号触发 A-D 转换、输出数据长度为 12 位、以 MSB 导前的读写时序图

CLOCK, P1.2→ DATA INPUT, P1.3→ DATA OUT。A-D 转换的程序清单如下:

```
AD_CS    BIT  P1.0
```

```
            AD_SCK    BIT   P1.1
            AD_SDI    BIT   P1.2
            AD_SDO    BIT   P1.3
    RAD: CLR          AD_CS
         CLR          A
         MOV          R5,A
         MOV          R2,#12
         MOV          A,#00010000B
         MOV          R3,A
    AD1: MOV          C,AD_SDO
         MOV          A,R5
         RLC          A
         MOV          R5,A
         MOV          A,R4
         RLC          A
         MOV          R4,A
         MOV          A,R3
         RLC          A
         MOV          R3,A
         MOV          AD_SDI,C
         SETB         AD_SCK
         NOP
         NOP
         CLR          AD_SCK
         DJNZ         R2,AD1
         SETB         AD_CS
         RET
```

7.3　习题

1. 具有 SPI 总线的器件，除具有 SDO、SDI 和 SCK 三条控制线外，还有其他控制线吗？

2. SPI 总线的通信方式是同步还是异步？

3. SPI 总线上挂有多个 SPI 从器件时，如何选中某一个 SPI 从器件？

4. I^2C 总线的器件，除具有 SCL 和 SDA 两条控制线外，还有其他控制线吗？

5. I^2C 总线的通信方式是同步还是异步？

6. I^2C 总线上挂有多个 I^2C 器件时，如何选中某一个 I^2C 器件？

7. 串行输入接口与 CPU 连接时，除 SDI 和 SCK 控制线外还需其他控制线吗？

8. 串行 E^2PROM AT24C01 地址线 A2A1A0 的电平为 110，向 AT24C01 的 02 单元写入数据 55H，画出完成上述操作 SCL 和 SDA 的波形图（包括开始和停止信号）。

9. 串行 E^2PROM AT24C01 地址线 A2A1A0 的电平为 110，从 AT24C01 的 02 单元读出数据，画出完成上述操作 SCL 和 SDA 的波形图（包括开始和停止信号）。

10. MCS-51 单片机与 TLC2543 串行 A-D 连接，P1.0 接 $\overline{CS}$、P1.1 接 CLOCK、P1.2 接 DATA_OUT、P1.3 接 DATA_IN。$\overline{CS}$ 的下降沿触发 A-D 转换、输出数据长度为 8 位、以 MSB 导前。从 A-D 读出转换结果，下一次对通道 2 进行转换，画出完成上述操作 P1.1 和 P1.3 的波形图。

第 8 章　单片机的人机接口

无论是单片机控制系统还是单片机测量系统，都需要一个人机对话装置，这种人机对话装置通常采用键盘和显示器。键盘是单片机应用系统中人机对话常用的输入装置，而显示器是单片机应用系统中人机对话常用的输出装置。

8.1　键盘接口

键盘由若干个按键开关组成，键的多少根据单片机应用系统的用途而定。键盘由许多键组成，每一个键相当于一个机械开关触点，当键按下时，触点闭合；当键松开时，触点断开。单片机接收到按键的触点信号后作相应的功能处理。因此对于单片机系统来说键盘接口信号是输入信号。

教学视频 8-1

8.1.1　键盘的工作原理和扫描方式

键盘的结构有两大类，一类是独立式，另一类为矩阵式。

独立式按键的每个键都有一根信号线与单片机电路相连，所有按键有一个公共地或公共正端，每个键相互独立互不影响。如图 8-1 所示，当按下键 1 时，无论其他键是否按下，键 1 的信号线都由 1 变 0；当松开键 1 时，无论其他键是否按下，键 1 的信号线都由 0 变 1。

矩阵式键盘的按键触点接于由行、列母线构成的矩阵电路的交叉处，每当一个键按下时，通过该键将相应的行、列母线连通。若在行、列母线中把行母线逐行置 0（一种扫描方式），那么列母线就用来作信号输入线。矩阵式键盘原理图如图 8-2 所示。

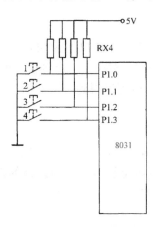

图 8-1　独立式按键原理

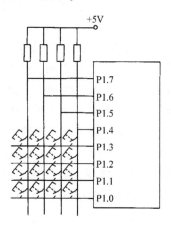

图 8-2　矩阵式键盘原理

针对以上这两大类键盘又存在 3 种扫描方式：程序控制扫描方式、定时扫描方式及中断扫描方式。

1）程序控制扫描方式就是在主程序中用一段专门的扫描和读键程序来检查有无键按下，并确定键值。

2）定时扫描方式就是利用单片机内的定时器来产生定时中断，然后在定时中断的服务程序中扫描和读键，检查有无键按下，并确定键值。

3）中断扫描方式就是当有键按下时由相应的硬件电路产生中断信号，单片机在中断服务程序中扫描和读键，再次检查有无键按下，并确定键值。

8.1.2 键盘的接口电路

独立式按键只适用于键的个数较少的应用系统，电路较简单。下面主要从实际应用的角度分析键盘的接口电路，并介绍两种常用电路（即用 8155 和 8255 可编程 I/O 接口组成的键盘接口电路）。通过这两种常用电路的分析可以掌握键盘的接口电路。

1. 用 8155 实现的键盘接口电路

8155 作为单片机应用系统常用的可编程 I/O 接口得到了广泛应用。对于单片机系统来说，用 8155 作为键盘的接口，无须再专门增加芯片。图 8-3 为用 8155 实现的矩阵式键盘接口电路。

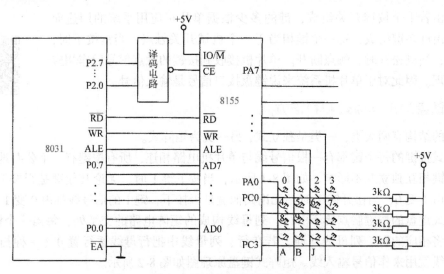

图 8-3 用 8155 实现的矩阵式键盘接口电路

由图看出，8155 的 A 口作为输出口，输出键盘的扫描信号，C 口作为输入口，用来接收键盘读入的信号。按下的键不同，产生的键值也不同，一个键只对应于一个键值，可以由表 8-1 来说明。事实上对应于每一种输出状态，只要按下一个键，就可以得到一个键的编码值，这个值对于不同的键是不同的，具有唯一性。

2. 用 8255 实现的键盘接口电路

与 8155 相类似，8255 作为单片机应用系统常用的可编程 I/O 接口也得到了广泛的应用，同样对于单片机系统来说，若系统已用到 8255，在 8255 资源足够时，作为键盘的接口无须再专门增加芯片。图 8-4 为用 8255 实现的矩阵式键盘接口电路。

表 8-1 扫描与键值编码表

键号	C 口值	A 口 值			
		0F7H	0FBH	0FDH	0FEH
		键 值			
0	0EH				0EEH
1	0EH			0DEH	
2	0EH		0BEH		
3	0EH	7EH			
4	0DH				0EDH
5	0DH			0DDH	
6	0DH		0BDH		
7	0DH	7DH			
8	0BH				0EBH
9	0BH			0DBH	
A	07H				0E7H
B	07H			0D7H	
J	07H		0B7H		

注：1. 键值 = (A&0FH) * 16 + C。

2. 编码方法不是唯一的。

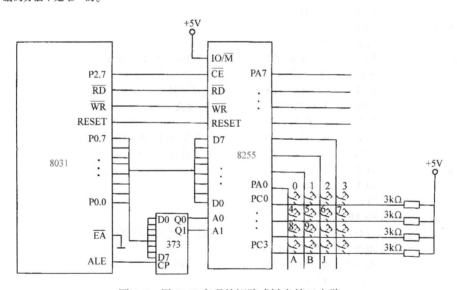

图 8-4 用 8255 实现的矩阵式键盘接口电路

图中 8255 的 A 口工作于方式 0 输出，C 口工作于方式 0 输入，单片机从 A 口输出数据，从 C 口输入数据。扫描时，单片机先使 8255 的 A 口的各位 PA0～PA7 均为低电平，再读 C 口（PC0～PC3）。若 C 口的各位不全为高电平，则先延时 10 ms（去抖动），然后再读 C 口，此时，若 C 口各位仍不全为高电平，说明确实有键按下，接下来就确定按下键的位置，其过程为：先置 PA0＝0，PA1～PA7 均为 1，再读 C 口，由 C 口低电位便可确定按下键的位置。例如，若在 PA0＝0 时 PC1＝0，那么是 0 号键按下。扫描结束时，按下键的位置信息存于某个存

储单元中，其中高4位是键所在行号，用二进制
码表示，低4位是键所在列的号码。行号和列号
的最小值为00H，行号最大值为80H，列号最大
值为08H。行号和列号可合并为一个字节，即
00H~88H。

对于超过4×4的键盘可以先用查表等方法将
行号和列号分别编码成0~7，然后再合并成一个
字节即可。

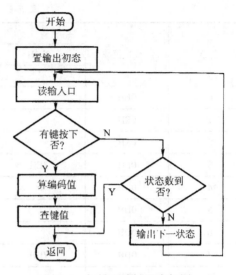

图8-5　扫描和读键程序框图

8.1.3　键盘输入程序设计方法

从三种键盘扫描方式来看，键盘输入程序的
核心为扫描和读键程序。对于任意一种键盘输入
程序，其扫描和读键程序框图如图8-5所示。

下面以8155为例按图8-5编写程序。

1. 8155的初始化

```
SET8155： MOV    DPTR,#7FFCH;7FFCH为8155的命令口地址
         MOV    A,#03H
         MOVX   @DPTR,A
```

2. 扫描与读键程序

```
KEYBOARD： MOV    R7,#7H
          MOV    R6,#1H
KEY1：    MOV    A,R6
          CPL    A
          MOV    DPTR,#7FFDH      ;7FFDH为A口地址
          MOVX   @DPTR,A          ;扫描状态送A口
          MOV    DPTR,#7FFFH      ;7FFFH为C口地址
          MOVX   A,@DPTR          ;读键
          ANL    A,#0FH
          CJNE   A,#0FH,KEY2      ;有键按下,从KEY2往下执行
          AJMP   KEY3             ;无键按下,准备返回
KEY2：    XCH    A,R5
          MOV    A,R6
          CPL    A
          SWAP   A
          ADD    A,R5             ;得到键的编码值
          MOV    DPTR,#KEYTAB
          MOVC   A,@A+DPTR        ;得到键值
          MOV    R5,A
          AJMP   KEY4
KEY3：    MOV    A,R6
          RL     A
          MOV    R6,A
          DJNZ   R7,KEY1
KEY4：    RET
KEYTAB：  DB……                  ;由键的编码查键值的数据表
```

在实际应用中调用一次扫描与读键程序后，要间隔10 ms左右再调用一次扫描与读键程序。
若两次结果相同，说明确实有键按下；若两次结果不同，说明有干扰或按键有抖动。

8.2 LED 显示器接口

LED 显示器是由发光二极管构成的字段组成的显示器，有 8 段（含小数点·段）和 16 段（"米"字）管两大类，如图 8-6 所示，这种显示器又有共阳极和共阴极之分。共阴极 LED 显示器的发光二极管的阴极连接在一起，可以接地，也可以用来作逐位扫描控制。

当一个或几个发光二极管的阳极为高电平时，相应的段被点亮即显示。同样，共阳极 LED 显示器的阳极连接在一起，也可以实现显示。

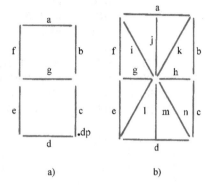

图 8-6 8 段和 16 段 LED 显示器
a) 8 段 LED 显示器 b) 16 段 LED 显示器

8.2.1 LED 显示器的工作原理

显示器有静态显示和动态显示两种方式。所谓静态显示就是需要显示的字符的各字段连续通电，所显示的字段连续发光。所谓动态显示就是所需显示字段断续通以电流，在需要多个字符同时显示时，可以轮流给每一个字符通以电流，逐次把所需显示的字符显示出来。

下面来分析静态显示和动态显示两种方式：

1. 静态显示电路

单片机可用本身的静态端口（P1 口）或扩展的 I/O 端口直接与 LED 电路连接，也可利用本身的串行端口 TXD 和 RXD 与 LED 电路连接。由于 TXD、RXD 可运行在工作方式 0，这样可方便地连接移位寄存器，如图 8-7 所示。

图 8-7 中 74LS164 为移位寄存器。P3.3 用于显示器的输入控制，显示程序先将其置"1"，然后再进行显示数据的输入。

2. 动态显示电路

动态显示控制的基本原理是，单片机依次发出段选控制字和对应哪一位 LED 显示器的位选控制信号，显示器逐个循环点亮。适当选择扫描速度，利用人眼"留光"效应，使得看上去好像这几位显示器同时在显示一样，而在动态扫描显示控制中，同一时刻，实际上只有一位 LED 显示器被点亮，如图 8-8 所示。

在这里采用共阴极 LED 电路连接，各位的阴极没有连在一起而是分别接到相应的位扫描信号线上，用于巡回扫描，实现动态显示。

8.2.2 LED 显示器的工作方式和显示程序设计

对应静态显示和动态显示两种方式，下面来分析图 8-7 和图 8-8 两种硬件电路所对应的软件程序。

1. 静态显示程序

设要显示的数据存放在 68H~6FH 中，程序如下：

```
DIR:    SETB    P3.3
        MOV     R7,#08H          ;循环次数为 8 次
        MOV     R0,#6FH          ;先送最后一个显示字符
DI0:    MOV     A,@R0            ;取显示的数据
```

```
        ADD     A,#0EH          ;加上字形码表的偏移量
        MOVC    A,@ A+PC        ;取字形码
        MOV     SBUF,A          ;送出显示
DI1:    JNB     TI,DI1          ;查询输出完否?
        CLR     TI
        DEC     R0
        DJNZ    R7,DI0
        CLR     P3.3
        RET
TBT:    DB      0C0H,0F9H,0A4H
TBL1:   DB      0B0H,99H,92H
TBL2:   DB      82H,0F8H,80H
TBL3:   DB      90H,00H,00H
```

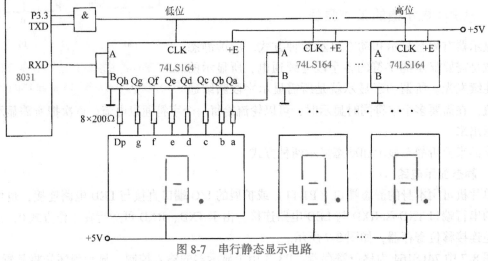

图 8-7   串行静态显示电路

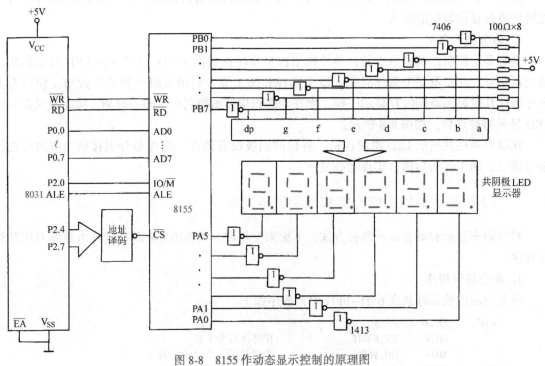

图 8-8   8155 作动态显示控制的原理图

这里单片机只需将数据送串行口并输出即可。点亮过程由硬件线路来完成。

2. 动态显示程序

根据图 8-8，设要显示的 6 位数据存放在 6AH～6FH 中，并假定 8155 已初始化，程序如下：

```
DIR：    MOV    R0,#6AH         ;显示缓冲区首地址送 R0
         MOV    R3,#01H         ;指向最右位
         MOV    A,R3
DI0：    MOV    DPTR,#0101H     ;DPTR 指向 8155 PA 口
         MOVX   @DPTR,A
         INC    DPTR
         MOV    A,@R0
         ADD    A,#12H          ;加上字形码表的偏移量
         MOVC   A,@A+PC
         MOVX   @DPTR,A
         ACALL  DELAY1          ;调 1 ms 子程序
         INC    R0
         MOV    A,R3
         JB     ACC.6,DI1       ;查 6 个显示位扫完否?
         RL     A
         MOV    R3,A
         AJMP   DI0
DI1：    RET
CODE：   DB 3FH,06H,5BH,4FH,66H,6DH
         DB 7DH,07H,7FH,6FH,77H,7CH
         DB 39H,5EH,79H,71H,73H,3EH
         DB 31H,6EH,1CH,23H,40H,03H
         DB 18H,00H,00H,00H
DELAY1： MOV R7,#02H
DE1：    MOV R6,#0FFH
DE2：    DJNZ R6,DE2
         DJNZ   R7,DE1
         RET
```

8.3　LCD 显示器接口

LCD 本身不能发光，它靠调制外界光达到显示目的。其不像主动型显示器件那样，靠发光刺激人眼实现显示，而是单纯依靠对外界光的不同反射形成的不同对比度来达到显示的目的，所以称为被动型显示。被动型显示适合人眼视觉，不易引起疲劳，这个优点在大信息量、高密度、快速变换、长时间观察时尤其重要。此外，被动显示还不怕光冲刷。所谓光冲刷，是指当环境光较亮时，被显示的信息被冲淡，从而显示不清晰。而被动型显示，由于它是靠反射外部光达到显示的目的，所以，外部光越强，反射的光也越强，显示的内容也就越清晰。

如今，液晶显示不仅可以用于室内，在阳光等强烈照明环境下也可以显示得很清晰。对于黑暗中不能观看的缺点，只要配上背光源，也可以解决。

8.3.1　LCD 显示器的工作原理

液晶显示器的主要材料是液态晶体（简称液晶）。它在特定的温度范围内，既具有液体的流动性，又具有晶体的某些光学特性，其透明度和颜色随电场、磁场和光照度等外界条件变化

而改变。因此，用液晶做成显示器件，就可以把上述外界条件的变化反映出来从而形成显示的效果。

液晶可制成分段式和点阵式数码显示屏，分段式显示屏的结构是在玻璃上喷上二氧化锡透明导电层，刻出八段作正面电极，将另一块玻璃上对应的字形作背电极，然后封装成间隙约10μm的液晶盒，灌注液晶后密封而成。若在液晶屏的正面电极的某段和背电极间，加上适当大小的电压，则该段所夹持的液晶产生"散射效应"，显示出字符来。

用液晶制成的显示器是一种被动式显示器件，液晶本身并不发光，而是借助自然光或外来光源显示数码。

8.3.2　LCD 显示器的接口电路和显示程序设计

对于 8 段和 16 段（"米"字）的字符式 LCD，在控制方法上与 LED 有很多的相似之处。在应用中大家可以参照 LED 的方法来编程。

这里主要介绍点阵式 LCD。点阵式 LCD 既可以显示数码又可以显示图形和汉字。下面结合使用较多的并有代表性的集成控制器 SED1335 与单片机的连接方法和软硬件来讲解。

1. LCD 显示器的接口电路

液晶显示控制器 SED1335 是同类控制器中功能最强的。其特点如下。

1）有较强功能的 I/O 缓冲器。

2）指令功能丰富。

3）4 位数据并行发送，最大驱动能力为 640×256 点阵。

SED1335 的电路原理图如图 8-9 所示。

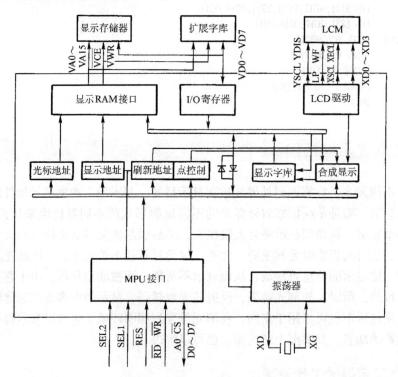

图 8-9　SED1335 的电路原理图

SED1335 的硬件结构可以分成 MPU（微处理器）接口部、内部控制部和驱动 LCM 的驱动部。这三部分的功能、特点及所属的引脚功能，将在下一节中详细讨论。

为了方便接收来自 MPU 系统的指令与数据，并产生相应的时序及数据控制液晶显示模块的显示，这次设计采用了 SED1335 液晶显示控制板，它是用于 MPU 系统与液晶显示模块之间的控制接口板，适配所有的 SED1335 外置控制器型液晶显示模块。

SED1335 接口部分具有功能较强的 I/O 缓冲器。如图 8-10 所示，用户可以方便地和成品显示板连接。

SED1335 功能表现在以下两个方面。

1）MPU 访问 SED1335 不需判其"忙"，SED1335 随时准备接收 MPU 的访问，并在内部时序下及时地把 MPU 发来的指令、数据传输就位。

2）SED1335 在接口部设置了适配 8080 系列和 M6800 系列 MPU 的两种操作时序电路，通过引脚的电平设置进行选择。选择方法见表 8-2 和表 8-3。

2. LCD 显示程序设计

SED1335 有 13 条指令，多数指令带有参数，参数值由用户根据所控制的液晶显示模块的特征和显示的需要来设置。

指令表见表 8-4。

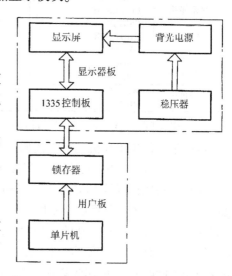

图 8-10 LCD 显示器与用户单片机板的连接

表 8-2 SED1335 接口部所属的引脚状态与功能表

符　号	状　态	名　称	功　能
DB0~DB7	三态	数据总线	可直接挂在 MPU 数据总线上
/CS	输入	片选信号	当 MPU 访问 SED1335 时，将其置为低电平
A0	输入	I/O 缓冲器选择信号	A0=1 写指令代码和读数据 A0=0 写数据，参数和读忙标志
/RD	输入	读操作信号 使能信号	适配 8080 系列 MPU 接口 适配 6800 系列 MPU 接口
/WR	输入	写操作信号 读、写选择信号	适配 8080 系列 MPU 接口 适配 6800 系列 MPU 接口
/RES	输入	硬件复位信号	当重新启动 SED1335 时还需用指令 SYSTEM SET
SEL1，SEL2	输入		接口时序类型选择信号见表 8-3

表 8-3 接口时序类型选择信号表

SEL1	SEL2	方式	/RD	/WR
0	0	8080 系列	/RD	/WR
1	0	51 系列	E	R/W
—	1	无效		

表 8-4 SED1335 的指令表

功　能	指　令	操作码	说　明	参　数
系统控制	SYSTEM SET SLEP IN	40H 53H	初始化，显示窗口设置 空闲操作	8 —

（续）

功　能	指　　令	操作码	说　　明	参　数
显示操作	DISP ON/OFF	59H/58H	显示开/关，设置显示方式	1
	SCROLL	44H	设置显示区域，卷动	10
	CSRFORM	5DH	设置光标形状	2
	CGRAM ADR	50H	设置 CGRAM 起始地址	2
	CSRDIR	4CH-4FH	设置光标移动方向	—
	HDOT SCR	5AH	设置点单元卷动位置	1
	OVLAY	5BH	设置合成显示方式	1
绘制操作	CSRW	46H	设置光标地址	2
	CSRR	47H	读出光标地址	2
存储操作	MWRITE	42H	数据写入显示缓冲区	若干
	MREAD	43H	从显示缓冲区读数据	若干

计算机访问 SED1335 可以随时进行，不必判别 SED1335 的当前工作状态，所以其操作流程非常简单。首先单片机把指令代码写入指令缓冲器内（A0＝1），指令的参数则随后通过数据输入缓冲器（A0＝0）写入。带有参数的指令代码的作用之一就是选通相应参数的寄存器，任一条指令的执行（除 SLEEP IN、CSRDIR、CSRR 和 MREAD 外）都产生在附属参数的输入完成之后。当写入一条新的指令时，SED1335 将在旧的指令参数组运行完成之后等待新的参数的到来。单片机可用写入新的指令代码来结束上一条指令参数的写入。此时已写入的新参数与余下的旧参数有效地组成新的参数组，需要注意的是，虽然参数可以不必全部写入，但所写的参数顺序不能改变，也不能省略。对于双字节的参数作如下的处理：

CSRW、CSRR 指令：双字节的参数可以依次逐一修改，MPU 可以仅改变或检查第一个参数（低字节）的内容。

SYSTEM SET、SCROLL、CGRAM ADR 等指令：双字节参数必须依顺序完整地写入。该参数仅在第二字节写入后才有效。

SYSTEM SET 中 APL 和 APH 虽然作为双字节参数，但可作为两个单字节参数处理。

下面通过一个典型应用介绍编程。

（1）初始化参数的设置

初始化子程序的作用为根据液晶显示器的结构对液晶模块进行设置，特别是 SYSTEM SET 和 SCROLL，必须设置正确。在子程序后面给出了一些型号的液晶显示模块初始化参数，这里以 DMF-50081/50174/MGLS320240A/B 为例。

初始化子程序如下：

```
        INTR：   MOV     DPTR,#WC_ADD     ;设置写指令代码地址
                MOV     A,#40H           ;SYSTEM SET 代码
                MOVX    @ DPTR,A         ;写入指令代码
                MOV     COUNT1,#00H      ;设置计数器 COUNT1＝0
        INTR1：  MOV     DPTR,#SYSTAB     ;设置指令参数表地址
                MOV     A,COUNT1         ;取参数
                MOVC    A,@ A+DPTR
                MOV     DPTR,#WD_ADD     ;设置写参数及数据地址
                MOVX    @ DPTR,A         ;写入参数
                INC     COUNT1           ;计数器加一
                MOV     A,COUNT1
                CJNE    A,#08H,INTR1     ;循环，P1～P8 参数依次写入
                MOV     DPTR,#WC_ADD
                MOV     A,#44H           ;SCROLL 代码
                MOVX    @ DPTR,A         ;写入指令代码
                MOV     COUNT1,#00H      ;设置计数器 COUNT1＝0
        INTR2：  MOV     DPTR,#SCRTAB     ;设置指令参数表地址
```

```
MOV     A,COUNT1              ;取参数 1
MOVC    A,@ A+DPTR
MOV     DPTR,#WD_ADD          ;设置写参数及数据地址
MOVX    @ DPTR,A              ;写入参数
INC     COUNT1               ;计数器加一
MOV     A,COUNT1
CJNE    A,#0AH,INTR2          ;循环,P1~P10 参数依次写入
```

在初始化子程序中，一般还会设置显示画面水平移动方向 HDOT SCR（左或右）、设置画面重叠显示方式及属性 OVLAY 等参数。这里要注意的是，写参数时的指令顺序不能变，也不能省略。当指令没有参数时，则只需写入指令代码即可，举例如下：

```
MOV     DPTR,#WC_ADD
MOV     A,#4FH                        ;CSRDIR 代码(下移)
MOVX    @ DPTR,A
```

DMF-50081/50174 的 SYSTEM SET 参数：

```
SYSTAB:DB 37H,87H,0FH,27H,30H,0F0H,28H,00H            ;P1~P8
SCRTAB:DB 00H,00H,0F0H,00H,40H,0F0H,00H,80H,00H,00H   ;P1~P10
```

（2）光标的设置

设置光标时，主要是设置下面的几个指令代码：

1）CSRFORM　　　5DH

该指令设置了光标的显示方式及其形状，有两个参数。

2）CSRW　　　　46H

该指令设置了光标地址 CSR。该地址有两个功能：一是作为显示屏上光标显示的当前位置；二是作为显示缓冲区的当前地址指针。如果光标地址值超出了显示屏所对应的地址范围，光标将消失。光标地址在读写数据操作后将根据 CSRDTR 指令的设置自动修改。光标地址不受卷动操作的影响。该指令带有 2 个参数。

3）DISP ON/OFF　　　59H/58H

该指令设置了显示的各种状态。它们有显示开关的设置、光标显示状态的设置和各显示区显示状态的设置。

举例如下：

```
MOV     DPTR,#WC_ADD
MOV     A,#5DH               ;CSRFORM 代码
MOVX    @ DPTR,A
MOV     DPTR,#WD_ADD
MOV     A,#05H               ;光标的水平点列数
MOVX    @ DPTR,A
MOV     A,#02H               ;光标垂直点列数及光标显示方式
MOVX    @ DPTR,A
MOV     DPTR,#WC_ADD
MOV     A,#46H               ;CSRW 代码
MOVX    @ DPTR,A
MOV     DPTR,#WD_ADD
MOV     A,#00H               ;CSRL
MOVX    @ DPTR,A
MOV     A,#00H               ;CSRH
MOVX    @ DPTR,A
MOV     DPTR,#WC_ADD
MOV     A,#59H               ;DISP ON/OFF 代码
MOVX    @ DPTR,A
MOV     DPTR,#WD_ADD
```

```
        MOV     A,#0FH                  ;一区、光标开显示
        MOVX    @ DPTR,A
```

（3）写字方法

可以通过一个应用例子来说明液晶显示的使用方法。

① 编码格式。在该显示 RAM 区中每个字节的数据直接被送到液晶显示模块上，每个位的电平状态决定显示屏上一个点的显示状态，"1"为显示，"0"为不显示。所以图形显示 RAM 的一个字节对应显示屏上的 8×1 点阵。

② 写入方法。字库内有 1 倍字、2 倍字和 3 倍字三种类型的字体。它们各自的写入方法如下：

1 倍字的字模为 16×16 点阵，一个字有 32 B，其排列顺序是：前 16 B 为汉字左半部分（自上而下写入），后 16 B 是汉字右半部分（自上而下写入）。

2 倍字的字模为 32×32 点阵，一个字由 128 B 组成。排列顺序是：前 32 B 为左上角部分（排列顺序与 16×16 点阵字模相同），接着是右上角，然后是左下角和右下角（相当于写 4 个 1 倍字）。

3 倍字的字模也是类似的（相当于写 9 个 1 倍字），48×48 点阵，228 B，先是水平方向 3 个 1 倍字，再换行，如此循环。

③ 汉字参数。每个汉字有 4 个参数：倍率（BL）、X 坐标（XL）、Y 坐标（Y）和汉字代码（COD），可以根据它们在任意位置显示字库内的任意汉字。需要注意的是，1 倍字在 X 坐标方向占 2 B，2 倍字占 4 B，3 倍字占 6 B，这就要求用户在设置 X 坐标时要注意字间距，并且 X 最大不能超过 28H。设置 Y 参数时，1 倍字之间是 16 点行，也就是 10H 的行间距，2 倍字是 20H，3 倍字是 30H，Y 最大不能超过 240H。演示程序可以见下面的例子。

考虑到可以利用串口来传送参数，高 2 位作为识别码：00-BL，01-XL，10-Y，11-COD，其他 6 位作为参数数值。若一组 4 个数据中有几个相同的识别码，则"ERRO"。要注意的是：本来 Y 参数的范围可以是 240 点行，但由于现在只有 6 位作为它的赋值，也就是说，它的范围现在降低为 63 点行，这就大大浪费了显示空间。所以把送入的数据经判断为 Y 参数后，把 6 位数值扩大 4 倍再作为真正的显示屏上的 Y 坐标。

（4）汉字显示程序

下面是一个汉字演示子程序，可以改变参数显示汉字。

```
DISPLAY：MOV     BL,#02H         ;倍率
        MOV     XL,#10H         ;X 坐标
        MOV     Y,#30H          ;Y 坐标
        MOV     COD,#00H        ;汉字代码
        LCALL   DISPLAY1
        MOV     BL,#03H         ;倍率
        MOV     XL,#14H         ;X 坐标
        MOV     Y,#50H          ;Y 坐标
        MOV     COD,#04H        ;汉字代码
        LCALL   DISPLAY1
        MOV     BL,#01H         ;倍率
        MOV     XL,#1AH         ;X 坐标
        MOV     Y,#80H          ;Y 坐标
        MOV     COD,#04H        ;汉字代码
        LCALL   DISPLAY1
        RET
```

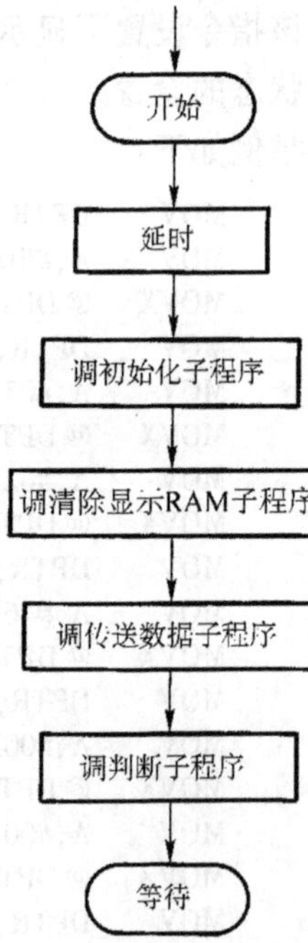

（5）主程序

主程序是很简单的，只是几个子程序的调用，流程图如图 8-11 所示。

图 8-11　显示子程序流程图

用以上方法可以方便地将所选的内容显示到显示屏上，有较强的通用性。

8.4　8279 专用键盘显示器

8279 是 Intel 公司为 8 位微处理机设计的通用键盘/显示器接口芯片，其功能如下。

1）接收来自键盘的输入数据，并做预处理。

2）数据显示的管理和数据显示器的控制。

单片机采用 8279 管理键盘和显示器，可减少软件程序，从而减轻了主机的负担。

8279 一般可管理 64 个键，最多可管理 256 个键。

8.4.1　8279 的内部原理

8279 的内部原理图如图 8-12 所示。

8279 内部设置有 16×8 bit 显示用 RAM，每个单元寄存 1 个字符的 8 位显示代码，能将 16 个数据分时送到 16 个显示器并显示出来。通过软件设置也可进行 8 个或 4 个数据显示。

8279 芯片可为显示数据 RAM 输出同步扫描信号。通过命令字可选择显示器的 4 种工作方式，即左端输入、右端输入、8 位字符显示和 16 位字符显示。

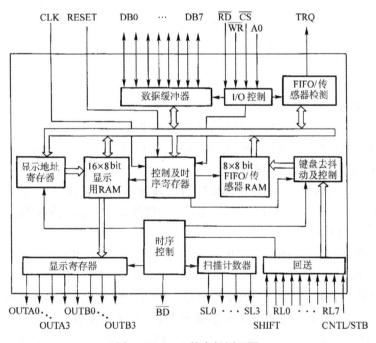

图 8-12　8279 的内部原理图

8279 内部还有 8 B 的键盘 FIFO RAM（先入先出堆栈），每按一次键 8279 便自动进行编码，并送 FIFO RAM 中。

8.4.2　8279 的引脚分析

为了方便应用 8279 设计键盘显示器电路，有必要了解芯片的引脚，下面对 8279 的主要引脚进行分析，如图 8-13 所示。

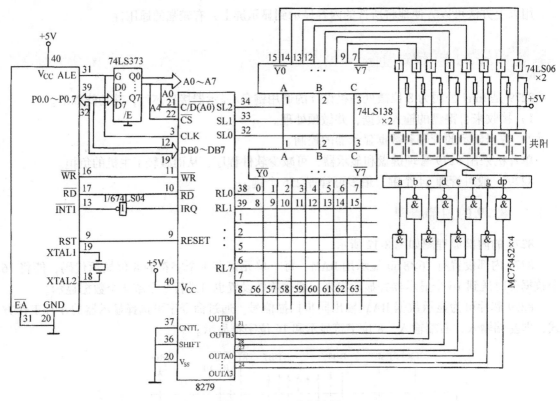

图 8-13　8279 实际应用

1. 输出输入信号

1) DB0~DB7：双向数据总线，用于传送命令字和数据。

2) RL0~RL7：键盘回送线，平时保持高电平，只有当某一个键闭合时变低，在选通输入方式下，这些输入端亦可用作 8 位输入线。

3) SL0~SL3（扫描线）：输出为键盘扫描线及显示位控输出线，可对这些线进行编码（16 选 1 码输出（4 选 1）），在编码工作方式下，扫描线输出是高电平有效，在译码工作方节 1，扫描线输出是低电平有效。

4) OUTA0~OUTA3，OUTB0~OUTB3：显示寄存器输出线，其输出的数据与扫描线可看作一个 8 位的输出口。

5) SHIFT（换档信号）：输入，高电平有效。该信号线用来扩充键开关的功能，可以用作键盘的上、下档功能键，在传感器方式和选通方式中，SHIFT 无效。

6) CNTL/STB（控制/选通）：输入，高电平有效，在键盘工作方式时，作为控制功能键使用；在选通方式时，该信号的上升沿可以将来自 RL0~RL7 的数据存入 FIFO 存储器；在传感器方式中，无效。

7) BD（消隐显示）：输出，低有效。该输出信号在数字切换显示或使用显示消隐命令时，将显示消隐。

2. 控制信号

1) RD（读信号）和 WR（写信号）：输入，低有效，使 8279 数据缓冲器向外部总线发送数据或从外部总线接收数据。

2) CLK：外部时钟输入信号，8279 设置定时器将外部时钟变为内部时钟，其内部基频 =

外部时钟/定标器值。C/$\overline{D}$（A_0）为缓冲器地址线，当 C/$\overline{D}$=1 时，信息的传送地址为片内命令字寄存器，C/$\overline{D}$=0 时，则传送的信息将作为数据与 16×8bit 显示数据存储器或 FIFO RAM 进行交换，其传送方向由$\overline{RD}$或$\overline{WR}$确定。

3）A0：缓冲器地址线。

4）IRQ：中断请求线，高电平有效。在键盘工作方式下，若 FIFO/传感器 RAM 中有数，则 IRQ 变高，经反相后向单片机请求中断。

8.4.3　8279 的键盘显示器电路

下面从应用的角度来分析图 8-13 所示 8279 的键盘显示器电路。电路中键盘为 8×8 键盘，8 个 8 段数码管。SL0、SL1、SL2 同时作为键盘扫描和显示器位扫描。键值由 RL0～RL7 输入，显示器位信号由 OUTA0～OUTA3、OUTB0～OUTB3 输出。8031 的 ALE 直接和 8279 的 CLK 端连接。8279 的 IRQ 通过反向器后送 8031 的外部中断 INT 端连接。

8.4.4　8279 的设置

8279 的命令字和状态字都是 8 位，格式如下：

D7	D6	D5	D4	D3	D2	D1	D0

8279 共有 8 条命令：

（1）键盘/显示方式设置命令

命令特征位：D7D6D5=000。

0	0	0	D	D	K	K	K

DD 两位用来设定显示方式：

00　　8 个字符显示——左入

01　　16 个字符显示——左入

10　　8 个字符显示——右入

11　　16 个字符显示——右入

所谓的左入就是在显示时，显示字符是从左面向右面逐个排列。右入就是显示字符从右面向左面逐个排列。所对应的 SL 编码最小的为显示的最高位。

KKK 三位用来设定键盘工作方式：

K000　　编码扫描键盘——双键锁定

K001　　译码扫描键盘——双键锁定

K010　　编码扫描键盘——N 键轮回

K011　　译码扫描键盘——N 键轮回

K100　　编码扫描传感器矩阵

K101　　译码扫描传感器矩阵

K110　　选通输入，编码显示扫描

K111　　选通输入，译码显示扫描

双键锁定和 N 键轮回是两种不同的多键同时按下保护方式。双键锁定为两键同时按下提供保护，如果有两键同时被按下，则只有其中的一键弹起，而另一键在按下位置时，才能被认可。N 键轮回为 N 键同时按下提供保护，当有若干个键同时按下时，键盘扫描能根据它们的次序，依次将它们的状态送入 FIFO RAM。

（2）时钟编程命令

命令特征位：D7D6D5 = 001。

0	0	1	P	P	P	P	P

将来自 CLK 的外部时钟进行 PPPPP 分频，分频范围为 2~31。

（3）读 FIFO/传感器 RAM 命令

命令特征位：D7D6D5 = 010。

0	1	0	AI	X	A	A	A

该命令字只在传感器方式时使用，在 CPU 读传感器 RAM 之前，必须用这条命令来设定将要读出的传感器 RAM 地址。命令字中的 AI 为自动增量特征位。若 AI = 1，则每次读出传感器 RAM 后，地址将自动增量（加 1），使地址指针指向顺序的下一个存储单元。这样，下一次读数便从下一个地址读出，而不必重新设置读 FIFO/传感器 RAM 命令。

在键盘工作方式中，由于读出操作严格按照先入先出的顺序，因此不必使用这条命令。

（4）读显示 RAM 命令

命令特征位：D7D6D5 = 011。

0	1	1	AI	A	A	A	A

在 CPU 读显示 RAM 之前，该命令字用来设定将要读出的显示 RAM 的地址，四位二进制代码 AAAA 用来寻址显示 RAM 中的一个存储单元。如果自动增量特征位 AI = 1，则每次读出后，地址自动加 1，使下一次读出顺序指向下一个地址。

（5）写显示 RAM 命令

命令特征位：D7D6D5 = 100。

1	0	0	AI	A	A	A	A

与前面命令字位相同。

（6）显示禁止写入/消隐命令

命令特征位：D7D6D5 = 101。

1	0	1	X	IW	IW	BL	BL

IW 用来掩蔽 A 组和 B 组（D3 对应 A 组，D2 对应 B 组）。例如，当 A 组的掩蔽位 D3 = 1 时，A 组的显示 RAM 禁止写入。这样从 CPU 写入显示器 RAM 的数据不会影响 A 的显示。此种情况通常在双四位显示时使用。因为两个四位显示器是相互独立的，为了给其中一个四位显示器输入数据，而又不影响另一个四位显示器，必须对另一组的输入实行掩蔽。

BL 位是消隐特征，若 BL = 1，则执行此命令后，对应组的显示输出被消隐。若 BL = 0，则恢复显示。

（7）清除命令

命令特征位：D7D6D5 = 110。

1	1	0	CD	CD	CD	CF	CA

该命令字用来清除 FIFO RAM 和显示 RAM。D4D3D2 三位（CD）用来设定清除显示 RAM 的方式，其意义见表 8-5。

表 8-5 D4D3D2 的意义

D4	D3	D2	清 除 方 式
1	0	X	将显示 RAM 全部清零
1	1	0	将显示 RAM 置 20H（即 A 组 = 0010 B 组 = 0000）
1	1	1	将显示 RAM 全部置 1
0			不清除（若 CA = 1，则 D3、D2 仍有效）

D1（CF）位用来清空 FIFO 存储器。D1 = 1 时，执行清除命令后，FIFO RAM 被清空，使中断 IRQ 复位。同时，传感器 RAM 的读出地址也被清零。

D0（CA）位是总清的特征位，它兼有 CD 和 CF 的联合有效。在 CA = 1 时，对显示 RAM 的清除方式由 D3D2 的编码决定。

清除显示 RAM 大约需要 100 μs 的时间。在此期间，FIFO 状态字的最高位 Du = 1，表示显示无效。CPU 不能向显示 RAM 写入数据。

（8）结束中断/错误方式设置命令

命令特征位 D7D6D5 = 111。

1	1	1	E	X	X	X	X

这个命令有两个不同的应用。

1）作为结束中断命令。在传感器工作方式中，每当传感器状态出现变化时，扫描检测电路将其状态写入传感器 RAM，并启动中断逻辑，使 IRQ 变高，向 CPU 请求中断，并且禁止写入传感器 RAM。此时，如传感器 RAM 读出地址的自动递增特征没有置位（AI = 0），则中断请求 IRQ 在 CPU 第一次从传感器 RAM 读出数据时就被清除。若自动递增特征已置位（AI = 1），则 CPU 对传感器 RAM 的读出并不能清除 IRQ，而必须通过给 8279 写入结束中断/错误方式设置命令才能使 IRQ 变低。

2）作为特定错误方式的设置命令。在 8279 已被设定为键盘扫描 N 键轮回方式以后，如果 CPU 又给 8279 写入结束中断/错误方式设置命令（E = 1），则在 8279 的消振周期内，若发现有多个键被同时按下，则 FIFO 状态字中的错误特征位 S/E 将置位，并产生中断请求信号和阻止写入 FIFO RAM。错误特征位 S/E 在读出 FIFO 状态字时被读出，而在执行 CF = 1 的清除命令时被复位。

8279 的 FIFO 状态字主要用于键盘和选通工作方式，以指示 FIFO RAM 中的字符数和是否有错误发生，其字位意义如下：

Du	S/E	O	U	F	N	N	N

Du：Du = 1 显示无效。

S/E：传感器信号结束/错误特征码。对于状态字的 S/E 位，当 8279 工作在传感器工作方式时，若 S/E = 1，表示传感器的最后一个传感信号已进入传感器 RAM。当 8279 工作在特殊错误方式时，若 S/E = 1，表示出现了多键同时按下的错误。

O：O＝1 出现溢出错误。

U：U＝1 出现不足错误。

F：F＝1 表示 FIFO RAM 已满。

NNN：FIFO RAM 中的字符数。

8.4.5　8279 的应用程序介绍

为了进一步了解 8279 的应用，下面来看几个简单程序。

1. 8279 初始化程序

```
SET8279:MOV    R0,#0EDH        ;命令字口地址送 R0
        MOV    A,#25H
        MOVX   @R0,A
        MOV    A,#0A0H
        MOVX   @R0,A
        MOV    A,#10H
        MOVX   @R0,A
        MOV    A,#90H          ;写显示 RAM,从 0 地址开始地址自动加 1
        MOVX   @R0,A
        MOV    A,#40H
        MOVX   @R0,A
        SJMP   $
```

2. 显示子程序：

```
DISPLAY:MOV    R7,#08H         ;显示字符指针长度
        MOV    R1,#060H
        MOV    R0,#0ECH
DIS01：  MOV    A,@R1           ;显示字符送 8279
        MOVX   @R0,A
        INC    R1
        DJNZ   R7,DIS01        ;没显示完循环显下一个
        RET
```

3. 键盘中断服务子程序

```
INT01:PUSH  PSW
      PUSH  ACC
      MOV   R0,#0EDH
      MOV   A,#40H
      MOVX  @R0,A
      MOV   R0,#0ECH
      MOVX  A,@R0            ;读入一个键值
      ANL   A,#03FH
      MOV   R6,A
      LCALL KEYCODE          ;调用键代码处理子程序,获得键码
      POP   ACC
      POP   PSW
      RETI
```

这里 KEYCODE 为一键代码处理子程序，只要用查表指令就可获得键的代码。

8.5　习题

1. 针对图 8-1 独立式按键，编写一个子程序，功能为查询出按键的状态值，并存入 R3 中。

2. 根据图 8-2 矩阵式键盘原理图，编写一个键入子程序。

3. 在 8031 的串行口上扩展一片 74LS164 作为 3×8 键盘的扫描口，P1.0～P1.2 作为键输入口。试画出该部分接口逻辑，并编写出相应的键输入子程序。

4. 在一个 8031 系统中扩展一片 8255，8255 外接 6 位显示器。试画出该部分的接口逻辑，并编写出相应的显示子程序。

5. 试画出 2 位共阳极显示器和 8031 的接口逻辑，并编写一个显示子程序，将 30H 单元显示数据送显示器显示。

6. 在 8031 的串行口上扩展两片 74LS164，一片作为 8 位显示器的扫描口、一片作为段数据口。试画出显示器的接口逻辑，并编制出显示子程序。

7. 根据 8.1.3 节中的程序建立键值表 KEYTAB：DB……，使之满足图 8-3 的键盘接口电路。

8. 根据图 8-8，用 8155 作动态显示控制的原理图。编写一个完整的键盘扫描和动态显示的子程序。

9. 用 8279 作键盘扫描及显示与用 8155 或 8255 相比有何优点？

10. 能否开发一个通用的接口板放在 1335 和用户系统之间，使用户不作大的改动将用户的原有系统改成 1335 控制的图形式液晶显示？

对于 8051 单片机，现在有 4 种语言支持，即 BASIC、PL/M、汇编和 C 语言。

BASIC 通常附在 PC 上，是初学编程的第一种语言。一个变量名定义后可在程序中作为变量使用，非常易学，根据解释的行就可以找到错误，而不是当程序执行完才能显现出来。BASIC 由于采用逐行解释，速度很慢，每一行必须在执行时转换成机器码，需要花费许多时间，不能做到实时性。BASIC 为简化使用变量，所有变量都使用浮点值。像 1+1 这样简单的运算也是浮点算术操作，因而程序复杂且执行时间长；即使是编译 BASIC，也不能解决此浮点运算问题。8052 单片机片内固化有解释 BASIC 语言，BASIC 适用于要求编程简单而对编程效率或运行速度要求不高的场合。

PL/M 是 Intel 从 8088 微处理器开始为其系列产品开发的编程语言。它很像 PASCAL，是一种结构化语言，但它使用关键字去定义结构。PL/M 编译器像好多汇编器一样可产生紧凑的代码。PL/M 总体来说是"高级汇编语言"，可精确控制代码的生成。但对于 8051 系列单片机，PL/M 不支持复杂的算术运算、浮点变量，也无丰富的库函数支持，因此学习 PL/M 无异于学习一种新语言。

8051 汇编语言非常像其他汇编语言，指令系统比第一代微处理器要强一些。8051 的不同存储器区域使得其复杂一些。例如，懂得汇编语言指令就可使用片内 RAM 作变量的优势，因为片外变量需要几条指令才能设置累加器和数据指针进行存取。要求使用浮点和启用函数时，只有具备汇编编程经验，才能避免产生庞大的、效率低的程序，这需要考虑简单的算术运算或使用先算好的查表法。

C 语言是一种源于编写 UNIX 操作系统的语言，是一种结构化的语言，可产生紧凑代码。C 语言结构是以括号{}而不是以字和特殊符号表示的语言。C 语言可以进行许多机器级函数控制而不用汇编语言。与汇编语言相比，C 语言有如下优点。

1）程序有规范的结构，可分为不同的函数，这种方式可使程序结构化。

2）寄存器的分配、不同存储器的寻址及数据类型等细节可由编译器管理。

3）对单片机的指令系统不要求了解，仅要求对 8051 的存储器结构有初步了解。

4）关键字及运算函数可用近似人的思维过程方式使用。

5）具有将可变的选择与特殊操作组合在一起的能力，改善了程序的可读性。

6）编程及程序调试时间显著缩短，从而提高了效率。

7）提供的库包括许多标准子程序，具有较强的数据处理能力。

8）已编好的程序可容易地移植入子程序，因为 C 语言具有方便的模块化编程技术。

C 语言作为一种非常方便的语言而得到广泛的支持，C 语言程序本身并不依赖于机器硬件系统，基本上不做修改就可根据单片机的不同而较快地移植过来。本章将详细介绍 Keil IDE μVision5 和 Wave6000 IDE 集成开发环境、通信、键盘、显示和主程序结构等实用的 C 语言程序模块以及 Proteus 8 交互式仿真软件。

9.1　Keil IDE μVision5 集成开发环境

Keil C51 是 51 系列兼容单片机 C 语言软件开发系统，与汇编相比，C 语言在功能性、结构性、可读性、可维护性上有明显的优势，因而易学易用。Keil 提供了包括 C 编译器、宏汇编、链接器、库管理和一个功能强大的仿真调试器等在内的完整开发方案，通过一个集成开发环境（μVision）将这些部分组合在一起。下面将详细介绍 Keil IDE μVision5 集成开发环境的使用。

1. 项目的开发流程

使用 Keil 软件工具时，项目的开发流程基本上与使用其他软件开发项目的流程一样。

1）建立项目。

2）为项目选择目标器件。

3）设置项目的配置参数。

4）打开/建立程序文件。

5）编译和链接项目。

6）纠正程序中的书写和语法错误并重新编译链接。

7）对程序中某些纯软件的部分使用软件仿真验证。

8）使用硬件仿真器对应用程序进行硬件仿真。

9）将生成的 HEX 文件烧写到 ROM 中运行测试。

2. Keil IDE μVision5 集成开发环境的使用

（1）Keil 软件的安装

1）系统要求：

必须满足最小的硬件和软件要求才能确保编译器以及其他程序功能正常，具体要求如下。

- Pentium-Ⅱ 或兼容处理器的 PC。
- Windows XP SP2、Windows Vista、Windows 7（32/64 位）、Windows 8（32/64 位）或以上操作系统。
- 至少 256 MB 的 RAM。
- 至少 300 MB 的硬盘空间。

2）安装详细说明：

所有的 Keil 产品都自带一个安装程序和安装说明，非常易于安装。

（2）Keil 软件的工作环境

安装完成后用户可以单击运行图标进入 IDE 环境，软件界面如图 9-1 所示。μVision5 软件有菜单栏、工具栏、一些源代码文件窗口、对话框窗口及信息显示窗口。μVision5 允许同时打开几个源程序文件。

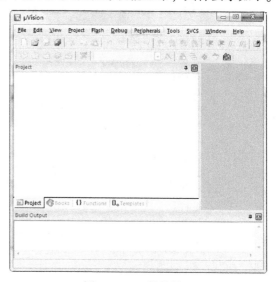

图 9-1　Keil 软件界面

菜单栏为用户提供了各种操作菜单，比如：编辑器操作、项目维护、开发工具选项设置、程序调试窗体、选择和操作、在线帮助。工具栏图标可以快速执行 μVision5 命令，快捷键（可以自己配置）也可以执行 μVision5 命令，Keil 有些菜单在编辑模式和调试模式下会有所不同，也就是说在不同模式下有些功能或许不能使用，下面内容会将每项菜单在不同模式下的区别提出来。μVision5 的菜单项和命令工具栏图标、默认快捷键的功能说明如下。

1）文件（File）菜单和文件命令如图 9-2 所示。通过该菜单可以完成文件的打开、关闭、保存、打印等功能。

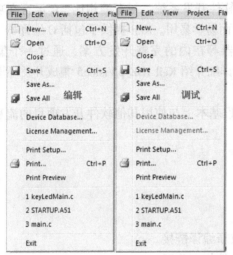

1.New：新建文件 Ctrl+N
2.Open：打开文件 Ctrl+O
3.Close：关闭文件
4.Save：保存当前文件 Ctrl+S
5.Save As：文件另存为
6.Save All：保存所有（文件及工程设置）
7.Device DataBase：器件数据库（信息）
8.License Management：许可证管理
9.Print Setup：打印设置
10.Print：打印 Ctrl+P
11.Print Preview：打印预览
12.Exit：退出（关闭）软件

图 9-2　文件（File）菜单

2）编辑（Edit）菜单和编辑器命令如图 9-3 所示。通过该菜单可以完成文件的复制、粘贴、剪切、撤销、文字查找等功能。在 μVision5 中可以按下〈Shift〉键和相应的光标键来选择文字，例如〈Ctrl+ →〉是将光标移到下一个单词，而〈Ctrl+Shift+ →〉是选中从光标的位置到下一个单词开始前的文字，也可以用鼠标选择文字。Edit 菜单在编辑模式和调试模式下相同，Edit 菜单比较常用，大部分都有快捷键和快捷按钮。

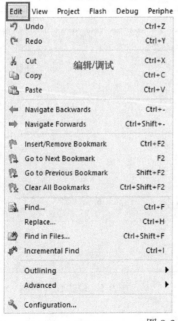

1.Undo：撤销编辑 Ctrl+Z
2.Redo：恢复编辑 Ctrl+Y
3.Cut：剪切 Ctrl+X
4.Copy：复制 Ctrl+C
5.Paste：粘贴 Ctrl+V
6.Navigate Backwards：跳转到上一步
7.Navigate Forwards：跳转到下一步
8.Insert/Remove Bookmark：插入/移除书签
9.Go to Next Bookmark：跳转到下一个书签
10.Go to Previous Bookmark：跳转到上一个书签
11.Clear All Bookmarks：清除所有标签
12.Find：查找 Ctrl+F
13.Replace：替换
14.Find in Files：在文件中查找文本
15.Incremental Find：逐个查找文本
16.Outlining：提纲
17.Advanced：（更多）先进功能
18.Configuration：配置

图 9-3　编辑（Edit）菜单

3）视图（View）菜单如图 9-4 所示。View 菜单包含状态栏、工具栏、工程窗口等视图，通过该菜单可以完成显示或隐藏项目窗口、打开源文件窗口、显示或隐藏存储器窗口、显示或隐藏代码窗口、显示或隐藏变量窗口、显示或隐藏工具箱、显示或隐藏串口窗口等功能。在调试模式下比在编辑模式下要多出一些调试视图窗口，而上面常规的视图窗口都一样。

1.Status Bar：状态栏
2.Toolbars：工具栏
3.Project Window：工程窗口
4.Books Window：书籍窗口
5.Functions Window：函数窗口
6.Templates Window：模板窗口
7.Source Browser Window：源码浏览窗口
8.Build Output Window：编译信息输出窗口
9.Error List Window：错误列表窗口
调试模式增加菜单：
10.Command Window：命令显示窗口
11.Disassembly Window：反汇编窗口
12.Symbols Window：模块窗口
13.Registers Window：寄存器窗口
14.Call Stack Window：被调用函数堆栈窗口
15.Watch Windows：查看（变量）窗口
16.Memory Windows：内存窗口
17.Serial Windows：串行UART窗口
18.Analysis Windows：逻辑分析仪窗口
19.Trace：跟踪窗口
20.System Viewer：系统（外围IO、USART、TIM）窗口
21.Toolbox Window：工具箱窗口
22.Periodic Window Update：窗口周期更新选择

图 9-4　视图（View）菜单

4）项目（Project）菜单和项目命令如图 9-5 所示。通过该菜单可以完成创建和打开项目窗口，调整项目文件，改变目标、组或文件的工具选项，编译源文件等功能。Project 菜单只能在编辑模式下使用，调试模式不能用。

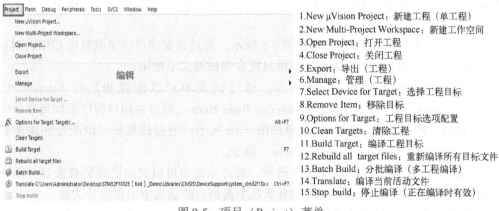

1.New μVision Project：新建工程（单工程）
2.New Multi-Project Workspace：新建工作空间
3.Open Project：打开工程
4.Close Project：关闭工程
5.Export：导出（工程）
6.Manage：管理（工程）
7.Select Device for Target：选择工程目标
8.Remove Item：移除目标
9.Options for Target：工程目标选项配置
10.Clean Targets：清除工程
11.Build Target：编译工程目标
12.Rebuild all target files：重新编译所有目标文件
13.Batch Build：分批编译（多工程编译）
14.Translate：编译当前活动文件
15.Stop build：停止编译（正在编译时有效）

图 9-5　项目（Project）菜单

5）编程 Flash 操作（Flash）菜单如图 9-6 所示。通过该菜单可以完成 Flash 的擦除和下载

功能，编程 Flash 菜单只有在编辑模式下可以使用。

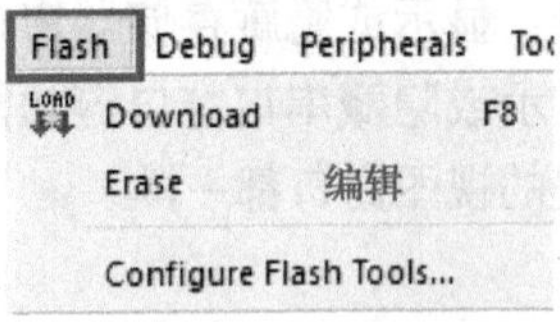

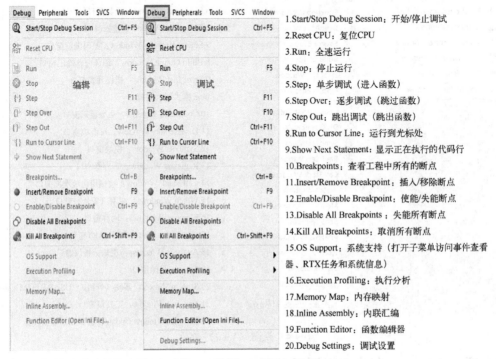

Flash Debug Peripherals
Download F8
Erase 编辑
Configure Flash Tools...
1.Download：下载程序 F8
2.Erase：擦除芯片Flash
3.Configure Flash Tools：配置Flash工具（打开目标对话框选项）

图 9-6 编程 Flash 操作（Flash）菜单

6）调试（Debug）菜单和调试命令如图 9-7 所示。通过该菜单可以完成启动或停止

编辑
调试
1.Start/Stop Debug Session：开始/停止调试
2.Reset CPU：复位CPU
3.Run：全速运行
4.Stop：停止运行
5.Step：单步调试（进入函数）
6.Step Over：逐步调试（跳过函数）
7.Step Out：跳出调试（跳出函数）
8.Run to Cursor Line：运行到光标处
9.Show Next Statement：显示正在执行的代码行
10.Breakpoints：查看工程中所有的断点
11.Insert/Remove Breakpoint：插入/移除断点
12.Enable/Disable Breakpoint：使能/失能断点
13.Disable All Breakpoints：失能所有断点
14.Kill All Breakpoints：取消所有断点
15.OS Support：系统支持（打开子菜单访问事件查看器、RTX任务和系统信息）
16.Execution Profiling：执行分析
17.Memory Map：内存映射
18.Inline Assembly：内联汇编
19.Function Editor：函数编辑器
20.Debug Settings：调试设置

图 9-7 调试（Debug）菜单

μVision 5 调试模式、单步执行程序、停止运行程序、设置或取消断点、跟踪记录、性能分析、编辑调试程序和调试配置文件等功能。Debug 菜单在两种模式下差异很大，该菜单基本上用于调试模式。

7）外围器件（Peripherals）菜单如图 9-8 所示。通过该菜单可以完成复位 CPU、对片内外器件配置进行设置等功能。Peripherals 菜单只能在调试模式下使用。

8）工具（Tools）菜单如图 9-9 所示。通过该菜单可以配置和运行 Gimpel PC-Lint、Siemens Easy-Case 和用户程序，执行 Customize Tools Menu…可以将用户程序添加到菜单中。

9）软件版本控制系统（SVCS）菜单如图 9-10 所示。通过该菜单可以配置和添加软件版本控制系统（Software Version Control System）命令。

10）视窗（Window）菜单如图 9-11 所示。通过该菜单可以完成层叠所有窗口、横向或纵向排列窗口（不层叠）、将激活的窗口拆分成几个窗格、激活选中的窗口等功能。

11）帮助（Help）菜单如图 9-12 所示。通过该菜单可以完成打开在线帮助、显示 μVision5 的版本号和许可信息等功能。

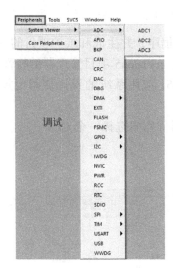

1.System Viewer：查看系统外设

2.Core Peripherals：内核外设

图 9-8　外围器件（Peripherals）菜单

1.Set-up PC-Lint：配置PC-Lint

2.Lint：PC-Lint运行在当前编辑器文件

3.Lint All C-Source Files：在项目中运行PC-Line C源文件

4.Configure Merge Tool：配置合并工具帮助迁移RTE软件组件文件的特定于应用程序的设置

5.Customize Tools Menu：自定义工具菜单

图 9-9　工具（Tools）菜单

Configure Software Version Control：配置软件版本控制

图 9-10　软件版本控制系统（SVCS）菜单

1.Reset View to Defaults：重置窗口布局（μVision默认的Look & Feel）

2.Split：活动编辑器文件分割成两个水平或垂直窗格

3.Close All：关闭所有打开的编辑器

图 9-11　视窗（Window）菜单

1.μVision Help：打开帮助文档

2.Open Books Window：打开帮助书籍

3.Simulated Peripherals for "object"：关于外设仿真信息

4.Contact Support：联络支持

5.Check for Update：软件版本检查更新

6.About μVision：关于μVision

图 9-12　帮助（Help）菜单

3. 创建一个项目

下面通过 μVision5 的创建模式建立一个示例程序，并生成和维护项目的一些选项，包括文件输出选项、C51 编译器的关于代码优化的配置、μVision5 项目管理器的特性等。

μVision5 包括一个项目管理器，它可以使 8051 应用系统的设计变得更加简单。要创建一个应用，需要按下列步骤进行操作：

1）启动 μVision5，新建一个项目文件并从器件库中选择一个 CPU。

2）新建一个源文件并把它加入项目中。

3）为器件增加并配置启动代码。

4）设置目标硬件工具选项。

5）编译项目并生成可以编程 PROM 的 HEX 文件。

下面将具体介绍如何创建一个 μVision5 项目。

（1）建立项目

启动 μVision5 后，μVision5 总是打开用户前一次处理的项目，可以单击菜单 Project →Close Project 关闭，要建立一个新项目可以单击 Project→New μVersion Project，打开如图 9-13 所示的对话框，输入项目名并选择该项目的存放路径。

图 9-13　新建项目对话窗口

（2）为项目选择目标器件

在项目建立完毕以后，μVision5 会立即弹出器件选择窗口，如图 9-14 所示。器件选择的目的是告诉 μVision5 最终 8051 芯片的型号是哪一家公司的哪一个型号，因为不同型号的 51 芯片内部的资源是不同的。μVision5 可以根据选中 SFR 的预定义，在软硬件仿真中提供易于操作的外设浮动窗口等。如果用户在选择完目标器件后想更改目标器件，可单击菜单 Project→ Select Device for…，出现该器件选择对话窗口后重新选择。由于不同厂家的许多型号性能相同或相近，因此如果用户的目标器件型号在 μVision5 中找不到，用户可以选择其他公司的相近型号。可在新窗口中的 Search 栏输入关键字 C51，找到 Atmel 下的 AT89C51，单击 OK 按钮完成项目创建，将弹出如图 9-15 所示的对话框，询问用户是否将标准的 8051 启动代码复制到项目文件夹并将该文件添加到项目中。在此单击"是"按钮，项目窗口中将添加启动代码；如果单击"否"按钮，项目窗口中将不添加启动代码。

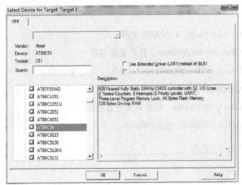

图 9-14　器件选择窗口

图 9-15　询问是否添加启动代码对话框

　　此时，在 μVision5 工作界面左边的项目管理器中新增加了一个"Target 1"文件夹，如图 9-16 所示。

　　(3) 建立/编辑程序文件

　　至此，用户已经建立了一个空白的项目文件，并为项目选择好了目标器件，但是这个项目里没有任何程序文件，程序文件的添加必须人工进行。如果程序文件在添加前还没有创建，用户还必须建立它。

　　可通过以下方法建立程序文件。

　　方法一：直接添加代码文件，首先右键单击 Source Group 1，在弹出的如图 9-17 所示菜单中选择 Add New Item to Group 'Source Group 1'，在弹出的如图 9-18 所示窗口中选择 C File，在 Name 栏输入 main，单击 Add 按钮即可添加该程序文件。

图 9-16　项目管理器中新增"Target 1"文件夹

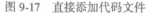

图 9-17　直接添加代码文件

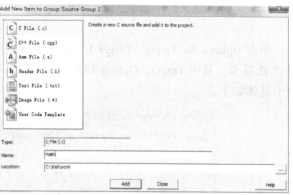

图 9-18　新建源程序文件

　　方法二：单击菜单 File→New 后在文件窗口会出现 Text1 的新文件窗口，如果多次单击 File→New 则会出现 Text2、Text3 等多个新文件窗口。现在，在 Keil 中有了一个名为 Text1 的新文件框架，还需要把它保存起来并为它起一个正式的名字。单击菜单 Fil→Save As 出现对话窗口，在文件名栏输入文件的正式名称如 (main. c)。注意文件的扩展名，因为 μVision5 要根据扩展名判断文件的类型从而自动进行处理。*. c 是一个 C 语言程序，如果用户想建立的是一个汇编程序，则输入文件名称 *. asm。需要注意的是，文件要保存在同一个项目目录中，否则容易造成项目管理混乱。源程序文件创建好后，可以把这个文件添加到项目管理器中。单击项目管理器中 Target 1 文件夹旁边的"+"按钮，展开后在 Source Group 1 上单击，右键，弹出快捷菜单，如图 9-17 所示，选择 Add Existing Files to Group 'Source Group 1'，在弹出的加载文件对话框中选择文件类型为 C Source file，找到刚才创建的"*"源程序文件，然后单击 Add 按钮，此时对话框不消失，可以继续加载其他文件。单击 Close 按钮将对话框关闭。

在 μVision5 中文件的编辑方法同其他文本编辑器是一样的，用户可以执行输入、删除、选择、复制、粘贴等基本操作。程序编辑窗口如图 9-19 所示。

（4）对项目进行设置

在项目建立以后还需要对项目进行设置，项目的设置分软件设置和硬件设置。软件设置主要用于程序的编译和链接，也有一些参数用于软件仿真；硬件设置主要针对仿真器用于硬件仿真时使用。对于软件和硬件的设置，用户都应该仔细选择，不恰当的配置会使一些操作无法完成。使用鼠标右键单击项目名 Target 1 出现选择菜单，如图 9-20 所示。

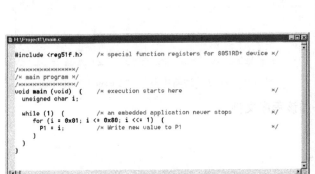

图 9-19　程序编辑窗口

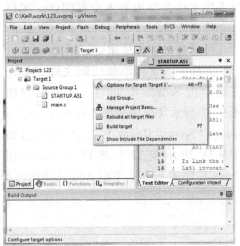

图 9-20　选择菜单

单击 Options for Target 'Target 1' 命令，弹出 Target1 设置对话框，如图 9-21 所示，共有 11 个选项卡，其中 Target、Output 和 Debug 选项卡较为常用，默认打开 Target 选项卡。11 个选项卡具体如下。

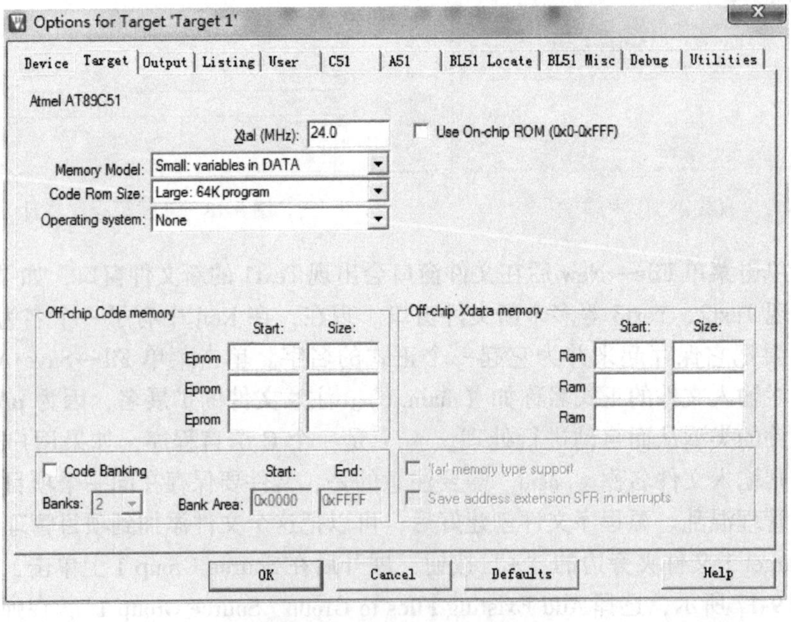

图 9-21　Target1 设置对话框

- Device：目标器件型号设置。
- Target：用户最终系统的工作模式设置，它决定用户系统的最终框架。
- Output：项目输出文件设置，例如是否输出最终的 HEX 文件以及格式设置。
- Listing：列表文件的输出格式设置。
- User：用户自定义。
- C51：使用 C51 处理的一些设置。
- A51：使用 A51 处理的一些设置。
- BL51 Locate：链接时用户资源的物理定位。
- BL51 Misc：BL51 的一些附加设置。
- Debug：硬件和软件仿真的设置。
- Utilities：功能设置，这个选项主要是检测和设置仿真器的参数。

在项目的 11 种设置中，Target、C51 和 Debug 最为重要，其余的设置在一般的项目设计中不需要特别改动，使用 μVision5 的默认设置就可以了，对于一般使用的用户可以只关心 Target、C51 和 Debug 设置，其余的设置使用默认设置即可。

1）Target 设置：设置界面如图 9-21 所示。

① 存储器模式选择：存储器模式有 3 种可以选择。

- Small：没有指定区域的变量默认放置在 data 区域内。
- Compact：没有指定区域的变量默认放置在 pdata 区域内。
- Larger：没有指定区域的变量默认放置在 xdata 区域内。

存储器模式的作用主要是对下面的变量定义起作用：例如一个变量声明 unsigned char Temp1，根据用户设置存储器模式的不同，编译器会在 data（8051 内部可直接寻址数据空间）、pdata（外部一个 256 字节的 xdata 页）或 xdata（外部数据空间）分配，但是如果用户在变量声明时指定了空间类型，例如 data unsigned char Temp1，则存储器模式的选择对 Temp 变量没有约束作用，Temp 总被安排在 data 空间。

② 晶振频率选择：晶振的选择主要是在软件仿真时起作用，μVision5 将根据输入频率来决定软件仿真时系统运行的时间和时序，这个设置在硬件仿真时完全没有作用。

③ 程序空间的选择：选择用户程序空间的大小。

④ 操作系统的选择：是否选用操作系统。

⑤ 程序分段选择：是否选用程序分段，这种功能一般用户不会使用到。

⑥ 外部代码空间地址定义：这个选项主要是用在用户使用了外部程序空间，但在物理空间上又并不是连续的，通过这个选项最多有 3 个起始地址和结束地址的输入，μVision5 在链接定位时将把程序安排在有效的程序空间内。这个选项一般只用于外部扩展的程序，因为 MCU 的内部程序空间多数都是连续的。

⑦ 外部数据空间地址定义：这个选项应用于外部数据空间的定义。

2）Output 设置：Output 设置界面如图 9-22 所示。当 Options for Target→Output 中的输出 HEX 文件使能时，μVision5 每进行一次 Build 都生成 HEX 文件。勾选 Creat HEX File，单击 OK 按钮即可（这一步是设置程序编译时要输出 HEX 文件）。

3）C51 的设置：C51 设置界面如图 9-23 所示。

① 代码优化等级：C51 在处理用户的 C 语言程序时能自动对程序做出优化，用于减少代码量或提高速度。经验证明，调试初期选择优化等级 2（Data overlaying）是比较明智的，因为根据程序不同，选择高级别的优化等级有时候会出现错误。注意：在例子 my_ prj 项目中，请选择优化等级 2，在用户程序调试成功后再提高优化级别改善程序代码。

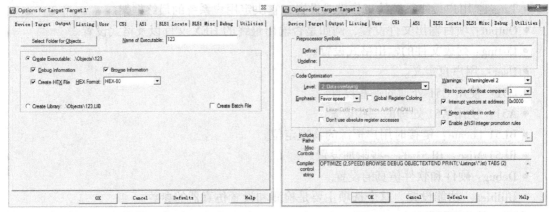

图 9-22　Output 设置界面　　　　　　　　图 9-23　C51 设置界面

② 用户优化的侧重：

选择 Favor speed 则优化时侧重优化速度；选择 Favor size 则优化时侧重优化代码大小；选择 Default 则使用默认优化。

由于单片机不能处理 C 语言程序，必须将 C 程序转换成二进制或十六进制代码，这个转换过程称为汇编或编译。Keil C51 软件本身带有 C51 编译器，可将 C 程序转换成十六进制代码，即 *.hex 文件。在完成项目设置后，就可对源程序进行编译。执行菜单命令 Project→Rebuild all target files，可以编译源程序并生成目标文件。如果程序有错，则编译不成功，μVision5 将会在输出窗口（View→Build Output Window 命令切换显示或屏蔽此窗口）的编译页中显示信息，双击某一条错误信息，光标将会停留在 μVision5 文本编辑窗口中出现语法错误或警告的位置处，修改并保存后，重新编译，直至正确无误。

4）Debug 设置：Debug 设置界面如图 9-24 所示，它分成两部分：软件仿真设置（左边）和硬件仿真设置（右边）。软件仿真和硬件仿真的设置基本一样，只是硬件仿真设置增加了仿真器参数设置。适当地结合两种仿真方法可以快速地对程序进行验证。

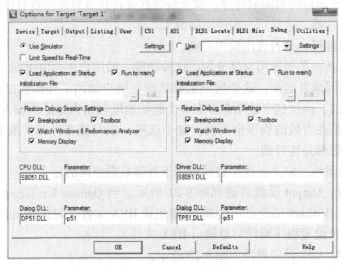

图 9-24　Debug 设置界面

① 启动运行选择：选择在进入仿真环境中的启动操作。

- Load Application at Startup：进入仿真后将用户程序代码下载到仿真器。
- Run to main：在使用 C 语言设计时，下载完代码则直接运行到 main 函数位置。

② 仿真配置记忆选择：对用户仿真时的操作进行记忆。

- Breakpoints：选中后记忆当前设置的断点，下次进入仿真后该断点设置存在并有效。
- Watch Windows & Performance Analyzer：选中后记忆当前设置的观察项目，下次进入仿真仍有效。
- Memory Display：选中后记忆当前存储器区域的显示，下次进入仿真仍有效。
- Toolbox：选中后记忆当前的工具条设置，下次进入后仍有效。

③ 仿真目标器件驱动程序选择：如果用户在目标器件选择中选择了相应的器件，Keil 将自动选择相应的仿真目标器件驱动程序，在图 9-24 中 Keil 选择了标准 S8051.DLL，驱动文件 Dialog DLL 选择 p51 Keil。根据不同的器件选择不同的仿真驱动 DLL，这样在仿真时就会有该器件相应的外设菜单。硬件仿真和软件仿真后在 Peripherals 菜单中会添加该器件的外设观察菜单，用户单击后会出现浮动的观察窗口方便用户观察和修改。

④ 仿真器类型选择：用于选择当前 Keil 可以使用的硬件仿真设备。任何可以挂接 Keil 仿真环境的硬件都必须提供驱动程序，驱动程序是 DLL 文件。当用户得到驱动程序 DLL 后还必须在 Keil 的配置文件中声明才能在仿真器类型选择中找到该硬件。

4. 程序的调试

选择当前仿真的模式，软件仿真使用计算机来模拟程序的运行，可以通过单击图标和进入 Debug 菜单选择调试命令来调试程序，或通过设置断点来调试程序，也可以通过打开相应观察窗口来查看 Watch 窗口、CPU 寄存器窗口、Memory 窗口、Toolbox 窗口、Serials 窗口、反汇编窗口等，通过这些工具可以方便地调试应用程序，用户不需要建立硬件平台就可以快速地得到某些运行结果，但是在仿真某些依赖于硬件的程序时软件仿真则无法实现。硬件仿真是最准确的仿真方法，因为它必须建立起硬件平台，通过 "PC↔硬件仿真器↔用户目标系统" 进行系统调试，具体使用请参考相应硬件仿真器的使用说明。

9.2　Wave6000 IDE 集成开发环境

Wave6000 IDE 集成开发环境是南京伟福实业公司开发的，它支持汇编语言和 C 语言，具有强大的项目管理、变量观察和编译等功能，具体特点如下。

1）Wave6000 IDE 环境的中/英文界面可任选，用户源程序的大小不再有任何限制。它有丰富的窗口显示方式，多方位、动态地展示仿真的各种过程，使用极为便利。

2）有软件模拟仿真（不用仿真器也能模拟运行用户程序）和硬件仿真两种工作模式。

3）真正集成调试环境：集成了编辑器、编译器、调试器，源程序编辑、编译、下载、调试全部可以在一个环境下完成。可仿真 MCS-51 系列、MCS-196 系列、Microchip PIC 系列 CPU。为了跟上形势，现在很多工程师需要面对和掌握不同的项目管理器、编辑器、编译器，它们由不同的厂家开发，相互不兼容，使用不同的界面，学习使用都很吃力。伟福 Windows 调试软件提供了一个全集成环境，统一的界面，包含一个项目管理器、一个功能强大的编辑器、汇编 Make、Build 和调试工具并提供一个与第三方编译器的接口。由于风格统一，从而大大节省了精力和时间。

4）项目管理功能：现在单片机软件越来越大，也越来越复杂，维护成本也很高，通过项目管理可化大为小，化繁为简，便于管理。项目管理功能也使得多模块、多语言混合编程成为可能。

5）多语言多模块混合调试：支持 ASM（汇编）、PL/M、C 语言多模块混合源程序调试，在线直接修改、编译、调试源程序。如果源程序有错，可直接定位错误所在行。

6）直接点屏观察变量：在源程序窗口，单击变量就可以观察此变量的值，方便快捷。

7）功能强大的变量观察：支持 C 语言的复杂类型，树状结构显示变量。

8）强大的书签、断点管理功能：书签、断点功能可快速定位程序，为编写、查找、比较程序提供帮助。

9）类似 IE 的前进、后退定位功能：可以在项目内跨模块地定位光标前一次或后一次位置，为比较、分析程序提供帮助。

10）类似 Delphi 的界面操作：类似 Delphi 的集成调试环境，灵活多变的窗口"靠岸"（Docking）功能，可以方便地将窗口平排靠岸，或以页面方式靠岸，任由用户自己安排。桌面整洁，操作灵活。

11）源程序编辑窗口：方便实用，具有窗口分隔、语法相关彩色显示、书签、寻找配对符号、多行程序同进同退等功能。

12）外设管理功能：外设管理可以在调试程序时，观察到端口、定时器、串行口中断、外部中断相关寄存器的状态，更可以完成这些外设的初始化程序，包括 C 语言和汇编语言，而用户所做的只是填表、定义外设所要完成的功能。

13）功能独特的反汇编功能：伟福独创的控制文件方式的反汇编功能，可以帮助将机器码反汇编成工整的汇编语言，通过控制文件用户可以定义程序中的数据区、程序区、无用数据区，还可将一些数据、地址定义成符号，便于阅读。用户若丢了源程序，它可帮助迅速恢复。

1. Windows 版本软件安装

软件安装步骤如下。

1）将光盘放入光驱，光盘会自动运行，出现安装提示。

2）选择"安装 Windows"软件。

3）按照安装程序的提示，输入相应内容。

4）继续安装，直至结束。

若光驱自动运行被关闭，用户可以打开光盘的 \ ICESSOFT \ E2000W \ 目录（文件夹），执行 SETUP. EXE，按照安装程序的提示，输入相应的内容，直至结束。在安装过程中，如果用户没有指定安装目录，安装完成后，会在 C 盘建立一个 C:\WAVE6000 目录（文件夹），结构如下：

```
目录            内容
C:\WAVE6000
├ BIN          可执行程序及相关配置文件
├ HELP         帮助文件和使用说明
└ SAMPLES      样例和演示程序
```

2. 编译器安装

伟福仿真系统已内嵌汇编编译器（伟福汇编器），同时留有第三方编译器的接口，方便用户使用高级语言调试程序。编译器用户自备。

51 系列 CPU 编译器的安装步骤如下。

1）进入 C 盘根目录，建立 C:\COMP51 子目录（文件夹）。

2）将第三方的 51 编译器复制到 C:\COMP51 子目录（文件夹）下。

3）将主菜单→"仿真器"→"仿真器设置"→"语言"对话框的"编译器路径"指定为"C:\COMP51"。

如果用户将第三方编译器安装在硬盘的其他位置，可在"编译器路径"指明其位置。例如"C:\KEIL\C51\"。

3. Wave6000 IDE 开发环境的菜单

Wave6000 IDE 开发环境主界面如图 9-25 所示。它包含文件菜单、编辑菜单、搜索菜单、项目菜单、执行菜单、窗口菜单、外设菜单、仿真器设置菜单和帮助菜单。

图 9-25　Wave6000 IDE 开发环境主界面

1）文件菜单如图 9-26 所示。通过该菜单可以完成打开文件、保存文件、新建文件、打开项目、关闭项目、保存项目、新建项目、调入目标文件、保存目标文件、反汇编、打印和退出等功能。

2）编辑菜单如图 9-27 所示。通过该菜单可以完成撤销键入、重复键入、剪切、复制、粘贴、全选等编辑功能。

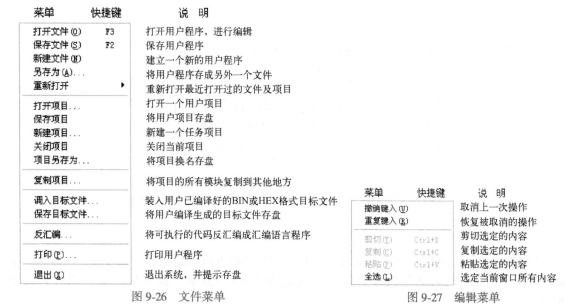

图 9-26　文件菜单　　　　　　　　　　　　　　　　图 9-27　编辑菜单

3) 搜索菜单如图 9-28 所示。通过该菜单可以完成查找、在文件中查找、替换、转到指定行、转到当前 PC 所在行等功能。

4) 项目菜单如图 9-29 所示。通过该菜单可以完成编译源文件、加入模块文件、加入包含文件等功能。

菜单	快捷键	说明
查找(F)…	Ctrl+F	在当前窗口中查找符号、字串
在文件中查找(I)…		可以在指定的一批文件中查找某个关键字
替换(R)…		把当前窗口相应文字替换成指定的文字
查找下一个(N)	Ctrl+L	查找文字符号下一个出现的位置
转到指定行(G)…	Ctrl+G	将光标转到程序的某一行
转到指定地址/标号(A)…	Ctrl+A	将光标转到指定地址或标号所在的位置
转到当前 PC 所在行(P)	Ctrl+P	将光标转到PC所在的程序位置

图 9-28　搜索菜单

菜单	快捷键	说明
编译(M)	F9	编译当前窗口的程序
全部编译(B)		全部编译项目中所有的程序
装入OMF文件(O)		直接装入编译好的调试信息
加入模块文件…		在当前项目中添加一个模块
加入包含文件…		在当前项目中添加一个包含文件

图 9-29　项目菜单

5) 执行菜单如图 9-30 所示。通过该菜单可以完成全速执行程序、跟踪、单步、复位、设置 PC、设置断点、取消断点等功能。

菜单	快捷键	说明
全速执行(R)	Ctrl+F9	全速运行程序
跟踪(T)	F7	跟踪程序执行,观察程序运行状态
单步(S)	F8	单步执行程序,不跟踪到程序内部
执行到光标处(C)	F4	从当前PC位置全速执行到光标所在行
暂停(U)		暂停正在全速执行的程序
复位(E)	Ctrl+F2	终止调试过程,程序将被复位
设置PC	Ctrl+F3	将程序指针PC设置到光标所在行
自动跟踪/单步(A)		模仿用户连续按〈F7〉或〈F8〉单步执行程序
添加观察项…	Ctrl+F5	添加观察变量或表达式
设置/取消断点(B)	Ctrl+F8	将光标所在行设为断点,若原先为断点则取消
清除全部断点(C)		清除程序中所有的断点,让程序全速执行

图 9-30　执行菜单

6) 窗口菜单如图 9-31 所示。通过该菜单可以完成打开项目窗口、信息窗口、观察窗口、CPU 窗口、数据窗口、逻辑分析窗口,以及刷新窗口中数据等功能。

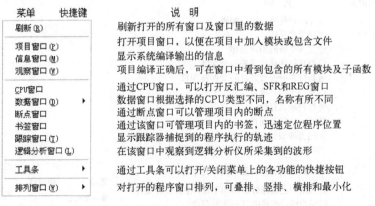

菜单	快捷键	说明
刷新(R)		刷新打开的所有窗口及窗口里的数据
项目窗口(P)		打开项目窗口,以便在项目中加入模块或包含文件
信息窗口(M)		显示系统编译输出的信息
观察窗口(W)		项目编译正确后,可在窗口中看到包含的所有模块及子函数
CPU窗口		通过CPU窗口,可以打开反汇编、SFR和REG窗口
数据窗口(D) ▶		数据窗口根据选择的CPU类型不同,名称有所不同
断点窗口		通过断点窗口可以管理项目内的断点
书签窗口		通过该窗口可管理项目内的书签,迅速定位程序位置
跟踪窗口(T)		显示跟踪器捕捉到的程序执行的轨迹
逻辑分析窗口(L)		在该窗口中观察到逻辑分析仪所采集到的波形
工具条 ▶		通过工具条可以打开/关闭菜单上的各功能的快捷按钮
排列窗口(W) ▶		对打开的程序窗口排列,可叠排、竖排、横排和最小化

图 9-31　窗口菜单

7) 外设菜单如图 9-32 所示。通过该菜单可以完成设置或观察端口、定时器、串行口、中断等功能。注意:该菜单需执行"帮助→安装 MPASM→复制"操作后才会在软件界面中出现。

8）仿真器设置菜单如图 9-33 所示。通过该菜单可以完成仿真器设置、跟踪器/逻辑分析仪设置、文本编辑器设置等功能。

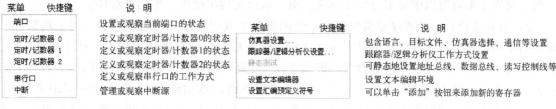

图 9-32　外设菜单　　　　　　　　　　　　图 9-33　仿真器设置菜单

9）帮助菜单如图 9-34 所示。通过该菜单可以完成打开该软件的使用手册、设置中/英文菜单、安装 MPASM 汇编器等功能。

10）工具条 1 如图 9-35 所示。通过单击该工具条的快捷操作图标可以完成常用的编辑文件、保存文件、程序调试等功能。

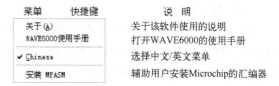

图 9-34　帮助菜单

图 9-35　工具条 1

11）工具条 2 如图 9-36 所示。通过单击该工具条的快捷操作图标可以打开调试用的辅助窗口，如跟踪窗口、观察窗口、断点窗口、数据窗口、CPU 窗口、逻辑分析仪窗口等。

图 9-36　工具条 2

4. WAVE6000 IDE 软件的基本操作

（1）建立新程序文件

选择"菜单文件"→"新建文件"功能，出现一个文件名为 NONAME1 的源程序窗口，在此窗口中输入所需编写的程序，如图 9-37 所示。

1）伟福文本编辑器的使用：伟福文本编辑器用来输入程序，功能多样，使用方便。它具有与 C 语言、汇编语言、PL/M 语言语法相关的彩色显示，而且用户可设置颜色，享受个性化编程带来的乐趣。可以在编辑窗口中设置断点、书签，用于快速定位程序，对于编写、分析、比较、检查较长的、复杂的程序非常有帮助。查找功能可以在程序

图 9-37　文本编辑区

中查找、替换字串。在编辑窗口中，可以查找配对符号，如找到与'{'相对的'}'或找到与'('相对的')'，并且将中间的部分加亮显示，以帮助用户在复杂的嵌套中确定程序的块结构。可以在编辑窗口中对多行程序同进同退，从而编写出优美、整洁的程序。

2）分隔多窗口：源程序编辑窗口可以分隔成两个或三个独立的编辑窗口，用于观察同一程序的不同位置，各个分窗口的横竖滚动棒可以独立控制。在编辑窗口的上方按下鼠标左键，就会出现一条红线，表示窗口分割线，拖动红线一定距离后松开，就可以分隔窗口。若想关闭分窗口，在窗口分界线上按下鼠标左键，也会出现红线，拖动到上/下边小于一定距离松开，就会关闭分窗口。若想再分出一个窗口，可在窗口左边上方按下鼠标左键，拖动红线可分出第三个窗口。

（2）保存程序

选择菜单"文件"→"保存文件"或"文件"→"另存为"功能，给出文件所要保存的位置，例如 C:\WAVE6000\SAMPLES 文件夹，如图 9-38 所示，再给出文件名 NONAME1. c 保存文件。文件保存后，程序窗口上文件名变成 NONAME1. C。

（3）建立新的项目

选择菜单"文件"→"新建项目"功能，新建项目的具体步骤如下。

1）加入模块文件。如图 9-39 所示，在"加入模块文件"对话框中选择刚才保存的文件 NONAME1. C，单击"打开"按钮。如果是多模块项目，可以同时选择多个文件打开。

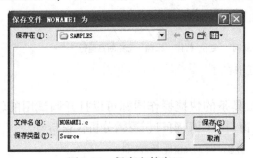

图 9-38　保存文件窗口

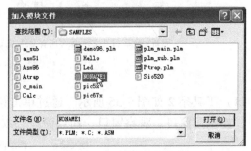

图 9-39　加入模块文件窗口

2）加入包含文件。如图 9-40 所示，在"加入包含文件"对话框中，选择所要加入的包含文件（可多选）。如果没有包含文件，单击"取消"按钮。

3）保存项目。如图 9-41 所示，在"保存项目"对话框中输入项目名称。NONAME1 无须加扩展名，软件会自动将扩展名设成".PRJ"。单击"保存"按钮将项目存在与源程序相同的文件夹下。

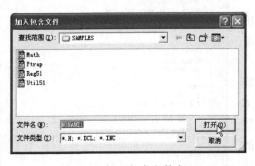

图 9-40　加入包含文件窗口

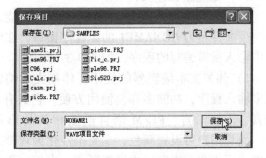

图 9-41　保存项目窗口

项目保存好后，如果项目是打开的，可以看到项目中的"模块文件"已有一个模块

"NONAME1. C"，如果项目窗口没有打开，可以选择菜单"窗口"→"项目窗口"功能来打开。可以通过仿真器设置快捷键或双击项目窗口第一行选择仿真器和要仿真的单片机。

（4）设置项目

选择菜单"设置"→"仿真器设置"功能或单击"仿真器设置"快捷图标或双击项目窗口的第一行来打开"仿真器设置"对话框，在"仿真器"选项卡中（见图 9-42）选择仿真器类型和配置的仿真头以及所要仿真的单片机，本例中选择伟福软件模拟器。在"语言"选项卡中（见图 9-43）"编译器选择"根据程序选择，如果为汇编程序则选择"伟福汇编器"，如果是 C 语言或英特尔格式的汇编语言，可根据安装的 Keil 编译器版本选择"Keil C（V4 或更低)"还是"Keil C（V5 或更高)"，单击"好"按钮确定。当仿真器设置好后，可再次保存项目。本例中编译器路径选择"C:\Keil\C51"，编译器选择"Keil C（V5 或更高)"。

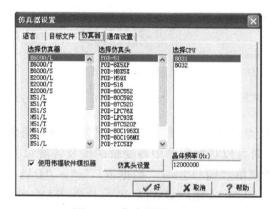

图 9-42　仿真器设置窗口

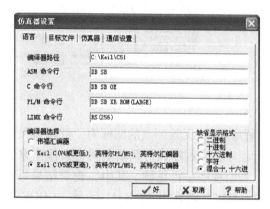

图 9-43　编译设置窗口

（5）编译程序

选择菜单"项目"→"编译"功能或单击编译快捷图标或〈F9〉快捷键，编译项目。在编译过程中，如果有错可以在信息窗口中显示出来，双击错误信息，可以在源程序中定位所在行。纠正错误后，再次编译直到没有错误。在编译之前，软件会自动将项目和程序保存。在编译没有错误后，就可调试程序了。

（6）调试程序

选择"执行"→"跟踪"功能或单击跟踪快捷图标或按〈F7〉快捷键进行单步跟踪调试程序，单步跟踪就一条指令一条指令地执行程序，若有子程序调用，也会跟踪到子程序中去。如图 9-44 所示，可以观察程序每步执行的结果，"=>"所指的就是下次将要执行的程序指令。由于条件编译或高级语言优化的原因，不是所有的源程序都能产生机器指令。源程序窗口最左边的"o"代表此行为有效程序，此行产生了可以执行的机器指令。程序单步跟踪到循环赋值程序中，在程序行的"j"符号上单击就可以观察"j"的值，观察一下"i"的值，可以看到"i"在逐渐增加。因为当前指令要执行 10 次才到下一步。可以用"执行到光标处"功能，将光标移到程序想要暂停的位置，选择菜单"执行"→"执行到光标处"功能或〈F4〉快捷键或弹出菜单的"执行到光标处"功能，程序全速执行到光标所在行。如果下次不想单步调试子程序里的内容，可以按〈F8〉快捷键单步执行来全速执行子程序调用，而不会一步一步地跟踪子程序了。

将光标移到源程序窗口的左边灰色区，光标变成"手指圈"，单击左键设置断点，也可以用弹出菜单的"设置/取消断点"功能或用〈Ctrl+F8〉快捷键设置断点。有效断点的图标为

图9-44　调试窗口

"红圆绿勾"，无效断点的图标为"红圆黄叉"。断点设置好后，就可以用全速执行的功能全速执行程序，当程序执行到断点时会暂停下来，这时可以观察程序中各变量的值及各端口的状态，判断程序是否正确。其中，查看结果可选择菜单"窗口"→"数据窗口"→"DATA"，注意：DATA表示片内RAM区域；CODE表示ROM区域；XDATA表示片外RAM区域；PDATA表示分页式数据存储器（51系列不用）；BIT表示位寻址区域。

以上调试都是用软件模拟方式来调试程序，如果想要用仿真器硬件仿真，就要连接上硬件仿真器。具体使用参见硬件仿真器使用手册。

9.3　常用的C语言程序模块和主程序结构

1. 行列式键盘和8051的接口程序模块

程序模块说明：P1口作为键盘接口，4×4键盘，P1.0~P1.3口作为键盘的行扫描输出线，P1.4~P1.7口作为列检测输入线。该程序模块及注释如下：

```c
#include <reg51. h>
void ysms(void);
unsigned char jpscan(void);

void main(void)
{
unsigned char jp;
for( ; ; )
    {
    jp=jpscan( );
    ysms( );
    }
}

void ysms(void)                          //延时子程序
{
```

```
  unsigned char i;
  for(i=250;i>0;i--);
}

unsigned char jpscan(void)              //键盘扫描函数
{
  unsigned char hkey,lkey;
  P1=0xf0;                              //发全0行扫描码,列线输入
  if((P1&0xf0)!=0xf0)                   //若有键盘按下
    {
     ysms();                            //延时去抖动
    hkey=0xfe;                          //逐行扫描初值
    while((hkey&0x10)!=0)
      {
      P1=hkey;                          //输出行扫描码
      if((P1&0xf0)!=0xf0)               //本行有键盘按下
        {
         lkey=(P1&0xf0)|0x0f;
         return((~hkey)+(~lkey));       //返回特征字节码
        }
      else
        hkey=(hkey<<1)|0x01;            //行扫描码左移一位
      }
    }
  return(0);                            //无键按下,返回值为0
}
```

2. 7 段数码显示和 8051 的接口程序模块

程序模块说明：单片机的 P0.0~P0.7 口作为 LED 的段选码口，P1.0~P1.3 作为 4 位 LED 的位选码口，动态共阳极 LED 显示。该程序模块及注释如下：

```
#include <absacc.h>
#include <reg51.h>
unsigned char idata disbuf[4]={0,8,10,15};        //数据显示缓冲区
unsigned char code duanma[16]={0x3f,0x06,0x5b,0x4f,0x66,0x6d,0x7d,0x07,0x7f,0x6f,0x77,0x7c,
0x39,0x5e,0x79,0x71};                             //0~f的段码值
void ysms(void)                                   //延时子程序
{
  unsigned char i;
  for(i=250;i>0;i--);
}
void display(unsigned char idata *p)              //显示子程序
{
  unsigned char k,weima=0x01;
  for(k=0;k++;k<4)                                //4位LED动态显示
    {
    P1|=weima;                                    //通过P1口选择1位LED显示
    P0=~duanma[(*(p+k))%16];                      //通过P0口送入段码值
    ysms();                                       // 延时10ms
    weima<<=1;                                     //选择下一位LED
    }
}
void main(void)
{
while(1)
```

```
display(disbuf);                              //显示缓冲区中的数据
}
```

3. 通过接口芯片 8279 来完成键盘数据读取和 LED 显示功能的程序模块

程序模块说明：8279 的端口地址为数据口 0DFFEH、命令/状态口 0DFFFH，晶振频率为 6 MHz，ALE 信号频率为 1 MHz，分频次数为 10。该程序模块及注释如下：

```c
#include <absacc.h>
#include <reg51.h>
#define COM XBYTE[0xdfff]          //命令/状态口
#define DAT XBYTE[0xdffe]          //数据口
#define uchar unsigned char
uchar code table[ ] = {0x3f,0x06,0x5b,0x4f,0x66,0x6d,0x7d,0x07,
                       0x7f,0x6f,0x77,0x7c,0x39,0x5e,0x79,0x71};    //0~f 的段码值
uchar idata diss[8] = {0,1,2,3,4,5,6,7};
sbit clflag = ACC^7;
uchar keyin();
uchar deky();
void disp(uchar idata * d);

void main(void)
{
 uchar i;
 COM = 0xd1;                        //总清除命令
 do {ACC = COM;}
 while(clflag == 1);                //等待清除结束
 COM = 0x00;COM = 0x2a;             //键盘、显示方式和时钟分频控制字
 while(1)
 {
 for(i=0;i<8;i++)
 {
 disp(diss);                        //显示缓冲区内容
 diss[i] = keyin();                 //键盘输入到显示缓冲
 }
 }
}
void disp(uchar idata * d)          //显示子程序
{
 uchar i;
 COM = 0x90;                        //自动地址增量写显示 RAM 命令
 for(i=0;i<8;i++)
 {
 COM = i+0x80;
 DAT = table[ * d];
 d++;
 }
}
uchar keyin(void)                   //取键值子程序
{
 uchar i;
 while(deky() == 0);                //无键按下等待
 COM = 0x40;                        //读 FIFO RAM 命令
 i = DAT;i& = 0x3f;                 //读键盘数据低 6 位
 return(i);                         //返回键值
}
```

```c
uchar deky(void)                          //判断 FIFO 有键按下子程序
{
  char k;
  k = COM;
  return(k&0x0f);                         //非零,有键按下
}
```

4. 串行通信的程序模块

程序模块说明：采用中断方式接收和发送串行数据。该程序模块及注释如下：

```c
#include <reg51.h>
#include <stdio.h>
#define XTAL 11059200                     //晶振频率 11.0592 MHz
#define baudrate 9600                     //9600 bit/s 通信波特率
char idata recvbuf[10];                   //定义 10 字节的数据接收缓冲区
char idata sendbuf[10];                   //定义 10 字节的数据发送缓冲区
char idata recvcount,sendcount;           //定义接收和发送数据的个数
void com_isr(void) interrupt 4 using 1    //通信中断子程序
{
if(RI)                                    //接收数据
  {
  recvbuf[recvcount++] = SBUF;            //读取字符送接收缓冲区
if(recvcount>9)                           //数据缓冲区是 10 字节环形的
recvcount = 0;
  RI = 0;                                 //清零中断请求标志
if(TI)                                    //发送数据
  {
  TI = 0;                                 //清零中断请求标志
  if(sendcount <10)                       //若发送缓冲区内的数据未发完,则继续发送
  SBUF = sendbuf[sendcount++];
else                                      //若发送缓冲区内的数据已发完,则退出
  {
    sendcount = 0;                        //清零 sendcount
return;                                   //返回
  }
  }
  }
}


void com_init(void)                       //初始化串行口和 UART 波特率子程序
{
  PCON| = 0x80;                           //设置 SMOD=0x80,波特率加倍
  TMOD| = 0x20;                           //置定时器 1 为方式 2
  TH1 = (unsigned char)(256-(XTAL/(16L * 12L * baudrate)));
  TR1 = 1;                                //启动定时器 1
  SCON = 0x50;                            //串行口方式 1,允许串行接收
  ES = 1;                                 //允许串行中断
}

void main(void)                           //用户主程序
{
  com_init();                             //初始化串行口和 UART 波特率
  EA = 1;                                 //开总中断
  while(1)
  {
  SBUF = sendbuf[sendcount++];            //启动发送数据
```

```
    /*用户程序*/
    }
    }
```

5. ADC0809 的数据采集程序模块

程序模块说明：8 位 A-D 数据采集芯片 ADC0809 的 8 通道数据采集。该程序模块及注释如下：

```
#include <absacc.h>
#include <reg51.h>
#define IN0 XBYTE[0x7ff8]              //设置 AD0809 的通道 0 地址
#define uchar unsigned char
sbit ad_busy=P3^3;                     //EOC 状态
void ad0809(uchar idata * p)           //采样结果放指定指针中的 A-D 采集子程序
{
 uchar i;
 uchar xdata * ad_adr;
 ad_adr=& IN0;
 for(i=0;i<8;i++)                      //处理 8 个通道
 {
  * ad_adr=0;                          //启动转换
 i=i;                                  //延时等待 EOC 变低
 i=i;
 while(ad_busy==0);                    //查询等待转换结束
 p[i]= * (ad_adr++);                   //存转换结果并切换成下一通道
 }
 }


void main(void)
{
 static uchar idata ad[10];            //定义存放采样结果的 10 字节数组
 ad0809(ad);                           //采样 AD0809 通道的数值
 }
```

6. DAC0832 的接口程序模块

程序模块说明：D-A 转换 DAC0832 的单缓冲接口，若外接一个运放，则可以在其输出端获得一个锯齿波电压信号。该程序模块及注释如下：

```
#include <absacc.h>
#include <reg51.h>
#define DA0832 XBYTE[0xfffe]           //设置 DAC0832 的地址
#define uchar unsigned char
#define uint unsigned int
void stair(void)
{
 uchar i;
 while(1)
 {
 for(i=0;i<=255;i++)                   //形成锯齿波输出值,最大 255
 DA0832=i;                             //D-A 转换输出
 }
 }
```

7. 常用主程序结构

单片机的结构化程序由若干个模块组成，其中每个模块中包含着若干个基本结构，而每个基本结构中可以有若干条语句，归纳起来 C 语言有三种基本程序结构。

（1）顺序结构

顺序结构是一种最基本、最简单的编程结构。在这种结构中程序由低地址向高地址按照顺序执行程序代码。如图 9-45 所示，程序按顺序先执行 a 操作，再执行 b 操作。

（2）选择结构

选择结构让 CPU 具有基本的智能功能，即选择决策功能。在选择结构中，程序首先对一个条件语句进行测试，当条件为真时，执行一条支路上的程序；当条件为假时，执行其他支路程序，如图 9-46 所示。常见的选择语句有 if，else if 语句。

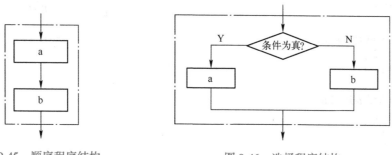

图 9-45　顺序程序结构　　　　　　　图 9-46　选择程序结构

从选择结构可以推广出另一种选择结构：多分支程序结构，它又可以分为串行多分支和并行多分支程序结构两种情况。

1）串行多分支程序结构：如图 9-47 所示，在串行多分支程序结构中，以单选择结构中的某一分支方向为串行多分支方向（以条件为假作为串行方向）继续执行选择结构的操作；若条件为真，则执行另外的操作。最终程序在多个选择中选择一种仅且一种操作执行，并且无论选择哪个操作，程序都从同一个程序出口退出。串行多分支结构由若干条 if，else if 语句嵌套而成：

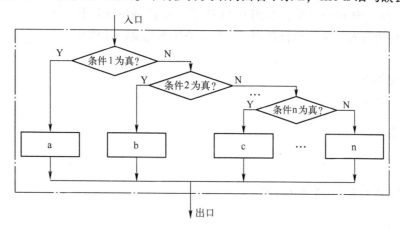

图 9-47　串行多分支程序结构

```
if(条件 1 为真)
{操作 a}
else if(条件 2 为真)
{操作 b}
…
else if(条件 n 为真)
{操作 n}
```

2）并行多分支程序结构：如图 9-48 所示，在并行多分支程序结构中，根据 X 值的不同，而选择 a,b,c,…,n 等操作中的一种且仅一种来执行。

并行多分支程序结构常用的语句如下：

```
switch(表达式)
    {
    case 常量表达式 1：
    {操作 1 }
    break;
    case 常量表达式 2：
    {操作 2 }
    break;
    …
    case 常量表达式 n：
    {操作 n }
    break;
    default：
    {操作 n +1}
    break;
    }
```

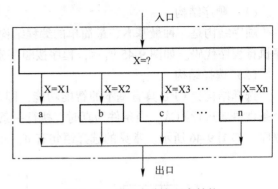

图 9-48　并行多分支程序结构

（3）循环结构

所有的分支程序结构都使程序一直向前执行（除非用了 goto 等跳转语句），而使用循环程序结构可以使分支程序重复执行。

循环结构又可分成"当"（while/for）型循环程序结构和"直到"（do while）型循环程序结构两种。

1）"当"型循环程序结构：如图 9-49 所示，在这种程序结构中，当判断条件为真时，反复执行操作 a，直到条件不为真时才停止循环。

常用的语句如下：

```
while(表达式)
    {
    操作 a
    }
```

或者

```
for(表达式 1;表达式 2;表达式 3)
    {
    操作 a
    }
```

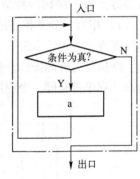

图 9-49　"当"型循环
程序结构

2）"直到"型循环程序结构：如图 9-50 所示，在这种程序结构中，先执行操作 a，再判断条件，当条件为真时，再反复执行操作 a，直到条件不为真时才停止循环。

常用的语句为：

```
do
    {
    操作 a
    }
    while(表达式);
```

单片机的常用主程序结构如图 9-51 所示。单片机先执行各种初始化程序，包括初始化内部相关寄存器和外围设备，然后进入主循环程序。

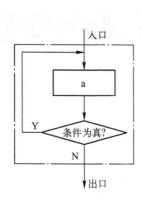

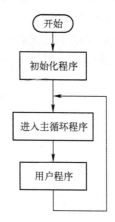

图 9-50　"直到"型循环程序结构　　　图 9-51　单片机的常用主程序结构

主循环程序是个死循环程序结构，常见的 C 语言主循环程序模块如下：

```
/*          */
while( 1 )
{
 /*          */

}
for(  ; ; )
{
 /*          */
}
```

在主循环程序中反复执行用户服务程序。因为任何复杂的程序都是由顺序、选择及循环这三种基本程序结构组成的，因此用户程序可用这三种程序结构来编写，通过模块化编程，可以方便快捷地处理任何复杂的问题。

9.4　Proteus ISIS 软件使用

Proteus ISIS 是英国 Labcenter Electronics 公司开发的电路分析与实物仿真软件。它可以仿真、分析（SPICE）各种模拟器件和集成电路，该软件的特点如下。

1）实现了单片机仿真和 SPICE 电路仿真相结合。具有模拟电路仿真、数字电路仿真、单片机及其外围电路组成的系统的仿真、RS232 动态仿真、I^2C 调试器、SPI 调试器、键盘和 LCD 系统仿真的功能；有各种虚拟仪器，如示波器、信号发生器等。

2）支持主流单片机系统的仿真。目前支持的单片机类型有 8051 系列、AVR 系列、PIC 系列、Z80 等系列以及各种外围芯片。

3）提供软件调试功能。具有全速、单步、设置断点等调试功能，还可以观察各个变量、寄存器等的当前状态；同时支持第三方的软件编译和调试环境，如 Keil μVision5 等软件。

4）具有强大的原理图绘制功能。

9.4.1　Proteus ISIS 软件的工作界面

单击屏幕主界面左下方的"开始"→"程序"→"Proteus 8 Professional"→"ISIS 8 Professional"，进入 Proteus ISIS 集成环境工作界面，如图 9-52 所示。

图 9-52　Proteus ISIS 集成环境工作界面

在 Proteus ISIS 集成环境工作界面上单击图标 IS，打开电路图绘制软件，如图 9-53 所示。Proteus ISIS 的工作界面包括：预览窗口、原理图编辑窗口、对象列表（选择）窗口、标题栏、主菜单、标准工具栏、绘图工具栏、状态栏、对象选择按钮、预览对象方位控制按钮、仿真控制按钮等。

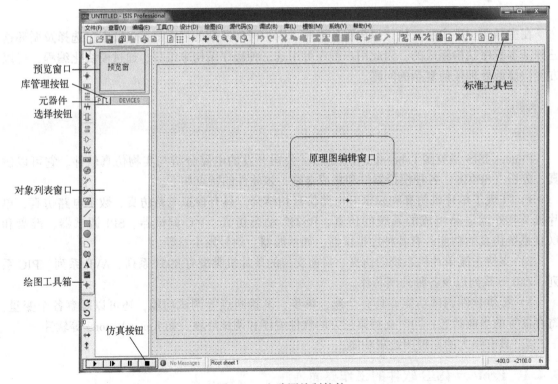

图 9-53　电路图绘制软件

1. 窗口

(1) 预览窗口

该窗口可进行预览选中的元器件和整个原理图编辑。在预览窗口上单击鼠标左键，将会有一个矩形绿框，标示出在编辑窗口中显示的区域。其他情况下，预览窗口显示将要放置的对象的预览。

(2) 原理图编辑窗口

该窗口用于电路原理图的编辑和绘制。ISIS 中坐标系统的基本单位是 10 nm，坐标原点默认在编辑区的中间，原理图的坐标值显示在屏幕右下角的状态栏中。

编辑窗口内有点状的栅格，可以通过主菜单"查看"→"网格"命令，在打开和关闭间切换。点与点之间的距离由 Snap 命令捕捉的设置决定，可以使用"查看"→"光标"命令，选中后，将会在捕捉点显示一个小的或大的交叉十字。

执行以下操作可实现视图的缩放与移动。

1) 用鼠标左键单击预览窗口中想要显示的位置，这将使编辑窗口显示以鼠标单击处为中心的内容。

2) 在编辑窗口内移动鼠标，会使显示平移。

3) 用鼠标指向编辑窗口然后按鼠标的滚动键，使编辑窗口缩小或放大，会以光标位置为中心重新显示。

(3) 对象列表窗口

通过对象选择按钮选择元器件、终端、仪表、图形符号、标注等对象，并置入对象列表窗口内，供绘图时使用。在该窗口中有两个按钮，"P"为元器件选择按钮，"L"为库管理按钮。

2. 主菜单

主菜单包含文件、查看、编辑、工具、设计、绘图、源代码、调试、库、模板、系统和帮助。单击每个主菜单项，都会有下拉子菜单项。

(1) 文件菜单

ISIS 的文件类型有设计文件（.dsn）、部分文件（.sec）、模块文件（.mod）和库文件（.LIB）。

文件菜单主要实现新建设计、打开设计、保存设计、导入/导出区域部分文件及退出系统等操作。

(2) 查看菜单

查看菜单主要包括对原理图编辑窗的定位、图的缩放、网格的调整等操作。

(3) 编辑菜单

编辑菜单主要实现剪切、复制、粘贴、置于上/下层、撤销、重做、查找等编辑功能。

(4) 工具菜单

工具菜单可实现自动连线、实时标注、全局标注、属性设置工具、编译网格表、材料清单等操作。

(5) 设计菜单

设计菜单可实现编辑设计/页面属性、设定电源范围、新建页面、删除页面、上/下一页、转到某页等操作。

(6) 绘图菜单

绘图菜单可实现编辑图表、仿真图表、查看日志、导出/清除数据、一致性分析（所有图表）等功能。

（7）源代码菜单

源代码菜单可实现添加/删除源文件、设定代码生成工具、设置外部文本编辑器、全部编译功能。

（8）调试菜单

调试菜单可实现开始/重启调试、暂停仿真、停止仿真、执行、单步运行、跳进/跳出函数、跳到光标处、设置诊断选项、使用远程调试监控等功能。

（9）库菜单

库菜单可实现选择元件/符号、制作元件/符号、封装工具、分解、编译到库中、自动放置库文件、检验封装、库管理器等功能。

（10）模板菜单

模板菜单可实现模板的各种设置（如图形颜色/风格、文本风格、连接点等）。

（11）系统菜单

系统菜单可实现设置系统环境、检查更新、设置快捷键、设置仿真选项、设置图纸大小、设置路径等功能。

（12）帮助菜单

帮助菜单可实现 ISIS 帮助、Proteus VSM 帮助、Proteus VSM SDK、样例设计等功能。

3. 标准工具栏

标准工具栏中每一个按钮对应一个菜单命令，见表 9-1。

表 9-1　标准工具栏快捷命令

新建一个设计文件	显示网格
打开一个设计文件	显示手动原点
保存当前设计	以鼠标所在点为中心居中
将一个局部文件导入到设计中	放大图；缩小图
把当前选中对象存成一个部分文件	查看局部图；查看整个图
打印当前文件	撤销上一次操作；恢复上一次操作
选择打印区域	剪切选中对象板；从剪贴板中复制
刷新显示	复制选中对象到剪贴板
复制选中的块对象	自动布线器
移动选中的块对象	搜索选中器件
旋转选中的块对象	属性设置工具
删除选中的块对象	显示设计浏览器
从库中选择元器件	移除/删除页面；新建页面
创建器件	生成元件列表
封装工具	生成电气规则检查报告
释放器件	生成网表并传输到 ARES

4. 绘图工具箱

绘图工具箱提供不同的操作模式工具。根据不同的工具图标决定当前显示的内容，对象类型有元器件、终端、引脚、标注、图形符号、图标等，见表 9-2。

表 9-2　绘图工具箱快捷按钮

▶ 选择模式；⟂▷ 元件模式	╱ 2D 图形直线模式
╋ 节点模式；[LBL] 连线标号模式	▣ 2D 图形框体模式
▤ 文本/脚本模式；╫ 总线模式	● 2D 图形圆形模式
▯ 子电路模式；▱ 终端模式	◗ 2D 图形弧线模式
⟂▷ 器件引脚模式；▨ 图表模式	◖◗ 2D 图形闭合路径模式
▣ 录音机模式；◐ 激励源模式	A 2D 图形文本模式
▱ 电压探针模式；▱ 电流探针模式	S 2D 图形符号模式
▤ 虚拟仪器模式	✚ 2D 图形标记模式

其中，有几种重要模式：

▶ 选择模式，在元器件布局和布线时。

⟂▷ 元件模式，选择放置元器件。

▱ 终端模式，为电路添加各类终端，如电源、地、输入/输出等。

╫ 总线模式，在电路中画总线。

[LBL] 连线标号模式，为连线添加标签，常常与总线配合使用，如果两点有相同的标签，那么即使没有实际连线，在电路上也是连接的。

▤ 文本/脚本模式，为电路图添加文本/脚本。

5. 仿真工具栏

Proteus ISIS 软件进行仿真时用到按钮有 ▶ 运行程序、▶ 单步运行程序、∥ 暂停程序运行、■ 停止运行程序。

9.4.2　Proteus ISIS 环境下的电路图设计

Proteus ISIS 平台下进行单片机系统原理图的设计流程如图 9-54 所示。

下面以实例来详细介绍电路原理图的设计步骤。

【例 9-1】　在 8031 单片机下实现 LED 灯的控制。利用 51 单片机的 P1 口接 8 个彩色发光二极管，控制其轮流点亮。主要器件有单片机 8031、排电阻，以及 8 个彩色发光二极管。图 9-55 所示为电路原理设计图。

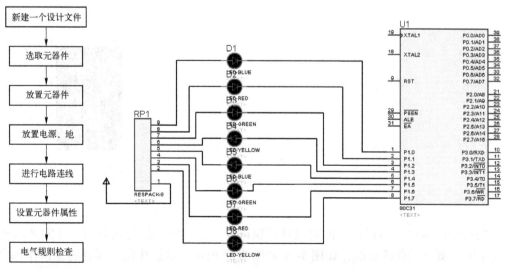

图 9-54　电路原理图设计流程　　　　　　　　　图 9-55　电路原理设计图

1. 新建一个设计文件

1）单击主菜单中"文件"→"新建设计"（或单击▢按钮），会弹出如图9-56所示的对话框，在该对话框中提供有多个设计模板，单击要使用的模板，再单击"确定"按钮，就建立了一个相应模板的空白文件。如果没选择，系统会选择默认的"DEFAULT"模板。

2）单击主菜单中"文件"→"保存文件"（或单击🖫按钮），选择存盘路径，输入文件名"ledcontrol"并将此文件保存好。

3）当前图纸大小默认为A4。可单击"系统"→"设置图纸大小"，弹出如图9-57所示的窗口，选择图纸的尺寸。

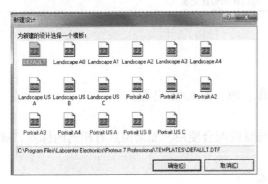

图9-56 新建设计文件

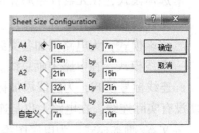

图9-57 设置图纸参数

2. 选取元器件

单击器件选择按钮▣，弹出如图9-58所示的对话框，在"关键字"一栏中输入器件名称"8031"，再通过类别、子类别、制造商进行筛选，在对象库中找到匹配的元器件，显示查找结果，选中器件所在行，单击"确定"按钮，完成元器件选取。

图9-58 单片机80C31选取

此时选中的80C31出现在ISIS对象选择窗口中了，按此方法完成对LED（发光二极管）、RES（电阻）等元器件的选取，如图9-59和图9-60所示。被选中的元器件将全部添加到ISIS对象选择窗口中，如图9-61所示。任意单击某一个器件对象，可在预览窗口中显示。

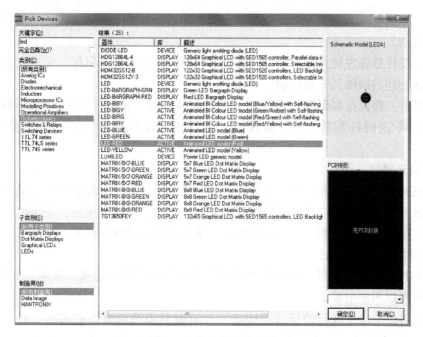

图 9-59　发光二极管选取

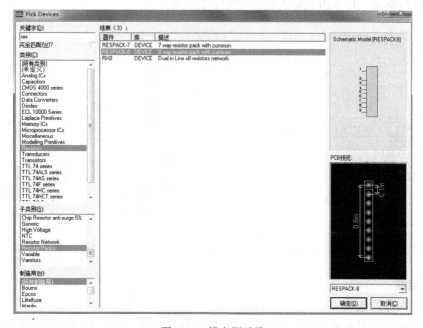

图 9-60　排电阻选取

3. 操作元器件

（1）放置元器件

单击 ▷ 按钮，在对象选择窗口中选取要放置的元器件，选中后元器件名上出现蓝色条，把鼠标移至原理图编辑窗口中合适位置上，单击鼠标左键，出现红色元器件框架，再单击鼠标左键，则放置好元器件。

（2）移动、旋转元器件

移动放置的元器件，将鼠标移到该元器件上，单击鼠标右键，元器件变红。

方法一：在标准工具栏上复制图标  被点亮，单击此按钮，拖动鼠标，再单击鼠标左键，完成元器件移动。

方法二：按住鼠标左键并拖动鼠标，将元器件移到位置后松开鼠标，完成元器件移动。移动时元器件端相连的线随其一起移动。

旋转元器件，将鼠标移到该元器件上，单击鼠标右键，元器件变红，弹出如图9-62所示菜单，可进行顺/逆时针旋转、180°旋转等。也可利用转向按钮 ↻↺🔲↕↔ 调整放置对象的方向。

（3）复制元器件

先单击鼠标右键，选中要复制的元器件，此时在标准工具栏上复制图标 被点亮，单击此按钮，拖动鼠标，单击鼠标左键，元器件就被复制了一次，再移动鼠标，单击鼠标左键完成二次复制，如此反复，完成复制。复制元器件时系统会自动递增命名编号，加以区分。

4. 放置终端（电源、地）

Proteus ISIS中多数元器件默认添加好了VCC和GND引脚，隐藏不显示。如单片机芯片，在使用的时候可以不加电源。

放置电源可以单击工具箱的接线端按钮 ⊟，这时对象选择窗口中列出一些接线终端，如图9-63所示，蓝条出现在放置终端（如POWER）上，在原理图编辑窗口合适位置上单击鼠标左键，出现红色框架，再单击鼠标左键，则放置好终端。

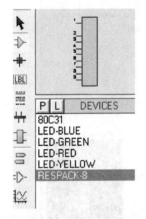

图9-61　对象选择窗口及预览窗口显示

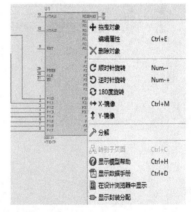

图9-62　移动、旋转元器件

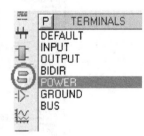

图9-63　终端列表

5. 电路连线

（1）两个对象间连线

Proteus ISIS软件具有智能连线检测、自动路径功能（WAR），可以在画线的时候进行自动检测，当鼠标的指针靠近一个对象的连接点时，鼠标的指针就会出现一个"×"号，单击鼠标左键创建第一个连接点，移动鼠标，出现深绿色连接线。如果想让软件自动走线路径，只需确保 按钮在按下状态，在另一个连接点位置单击鼠标左键，系统就自动连好线。

如果想自行走线路径，只需在想要拐点处单击鼠标左键，拐点处导线走线只能是直角。在走线过程的任何时刻，都可以按〈ESC〉键或者单击鼠标右键来放弃画线。

（2）连线位置的调整及添加连接点（节点）

调整连线位置的方法是，用鼠标左键单击连线，击中的连线会变红，再击鼠标右键出现菜单，单击"拖曳对象"到合适位置，最后用鼠标左键单击连线。

如果在交叉点有电路节点，则认为两条导线在电气上是相连的，否则就认为它们在电气上不相连。Proteus ISIS 软件在画导线时能够智能地判断是否要放置节点。但在两条导线交叉时是不放置连接点的，这时要想两个导线电气相连，须手动放置连接点。单击工具箱的节点模式按钮 ✚，当把鼠标指针移到编辑窗口，指向一条导线的时候，会出现一个"×"号，单击左键就能放置一个节点。节点的大小、形状可通过主菜单中"模板"→"设置连接点"栏设置。

（3）画总线和总线分支线

1）画总线：为了简化原理图，可以用一条导线代表数条并行的导线，这就是总线。单击工具箱的总线模式按钮 ✚，移动鼠标到起始处，单击鼠标左键，拖动鼠标绘出一条总线，在需要拐弯处单击鼠标左键（走直角），在总线的终点处双击鼠标左键，完成画总线。

2）画总线分支线：总线分支是与总线成45°的一组平行的斜线，如图9-64所示。先用画总线方法画一条总线，然后在自动布线按钮松开时，单击第一个连接点（如373的D0），水平移动鼠标，在希望拐弯处单击鼠标左键，再向上移动鼠标，在与总线45°处相交时单击鼠标左键，绘制出一条总线分支。其他7条平行分支的绘制，只需要在D1~D7起始点处分别双击鼠标左键，复制总线分支即可完成。

（4）放置线标签

与总线相连的导线必须要放置线标，这样具有相同标签的导线将是导通的。

单击连线标号按钮 [LBL]，再将鼠标移至要放置线标的导线上，单击鼠标左键，出现如图9-65所示的对话框，在标号栏输入线标号（如"AD0"），最后单击"确定"按钮。

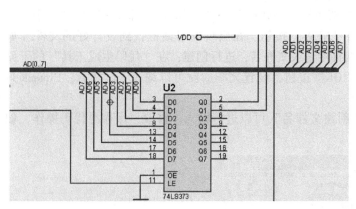

图 9-64　总线分支图例

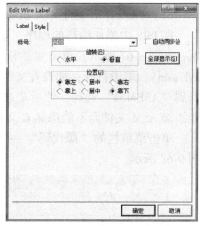

图 9-65　编辑线标

6. 设置元器件属性

Proteus 库中的元器件都具有文本属性，这些属性可通过编辑元件对话框修改。在元器件上双击鼠标左键，会出现编辑元件对话框，在对话框中修改相应的属性。如图9-66a、b所示分别是芯片74LS373和晶振的属性。

7. 电气规则检查

电路设计完成后，需进行电气检查，看看有无错误。单击电气规则检查按钮 ⚡，或通过主菜单中"工具"→"电气规则检查"，会出现检查结果窗口，如果电气规则检查没有错误，则在报告单中会给出"Netlist generated OK"和"No ERC errors found"的信息，用户可以进行下一步骤。否则，检测报告单中会给出相应的错误信息，根据这些信息在电路原理图中找到错误并改正，重复此步骤，直至没有错误出现。

经过以上几个步骤就可设计出电路图，下面将进行单片机程序仿真。

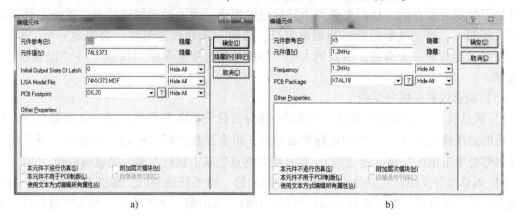

图 9-66 元件属性框

a）芯片 74LS373 属性 b）晶振的属性

9.4.3 Proteus 下单片机程序仿真

1. 单片机程序的编译

单片机程序的编辑、编译，通常有两种方法：一种利用自带编译器 Proteus VSM（虚拟仿真模型）；另一种使用第三方集成编译环境平台，如 Keil μVision5 等。

（1）Proteus VSM 下单片机程序的创建和编译

在 ISIS 中添加编写的程序，单击菜单栏"源代码"→"添加/删除源程序"出现一个对话框，如图 9-67 所示，单击对话框的"NEW"按钮，在出现的对话框找到设计好的文件（如 led.asm），单击打开；如没有文件则直接输入文件名，进行创建；在"代码生成工具"的下面找到"ASEM51"选择，然后单击"OK"按钮，设置完毕后就可以编译了。注意：Proteus 只能添加 ASM 文件而不能添加 C 文件。

单击菜单栏的"源代码"→"新建文件名"可以进行输入、修改、保存源代码操作，如图 9-68 所示。

图 9-67 添加/删除源代码   图 9-68 源代码编辑器

单击菜单栏的"源代码"→"设定代码生成工具",弹出如图 9-69 所示对话框。对话框中列出了代码生成工具、编译规则等项,代码生成工具为 ASEM51,生成的目标代码文件扩展名为 . HEX。

单击菜单栏的"源代码"→"全部编译",打开程序编译结果界面,如图 9-70 所示。如果有错误,界面中会显示是哪一行出现了问题,但是单击出错的提示,光标不能自动跳到出错地方。编译成功后生成目标代码文件,即在单片机上可执行的 HEX 文件。

(2) Keil μVision5 下单片机程序的创建和编译

图 9-69　代码生成工具设置

1) 新建工程

启动 Keil 软件,单击菜单命令"project"→"New Project"新建一个工程,弹出如图 9-71 所示对话框,选择工程放置的文件夹,给这个工程命名(不需要填扩展名),单击"保存"按钮。弹出如图 9-72 所示 CPU 选择框,可以找到并选中需要的单片机型号(如选中"Atmel"下的单片机型号 AT80C31)。

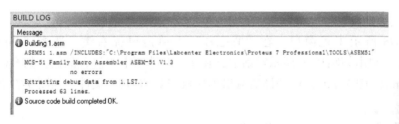

图 9-70　程序编译界面

图 9-71　新建工程对话框

图 9-72　CPU 选择框

2) 建立、添加源程序

单击菜单命令 File→New 新建一个文件,如图 9-73 所示,输入源代码后单击 File→Save 保存文件,在弹出的对话框中选择保存位置为与工程文件在同一文件夹下,输入文件名,如果是汇编语言,要带扩展名". asm",如果是 C 语言,则是". c",然后保存。

在工程窗口中（见图 9-74），在 "Source Group1" 上单击鼠标右键，然后选择 "Add Existing Files to Group 'Source Group 1'"，出现文件选择对话框，单击 Add 按钮，再单击 Close 按钮完成添加文件。

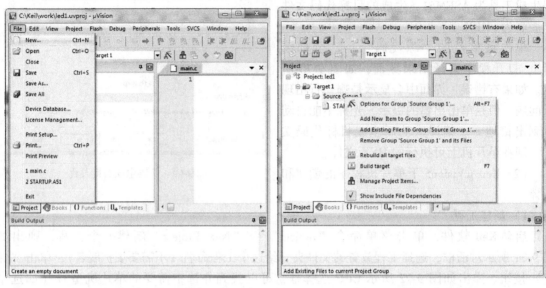

图 9-73　新建文件对话框　　　　　　　图 9-74　添加文件对话框

3）设置相关参数

在如图 9-75 所示工程窗口，在 "Target1" 上单击鼠标右键，选择 "Options for Target 'Target1'" 项，弹出如图 9-76 所示对话框，在 Target 选项卡中设置晶振，如 6 MHz；在 Output 选项卡选中 Create HEX File，使编译器输出单片机需要的 HEX 文件，如图 9-77 所示。

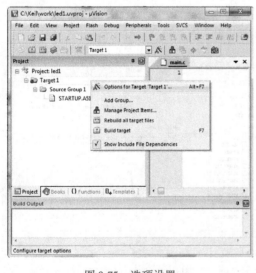

图 9-75　选项设置

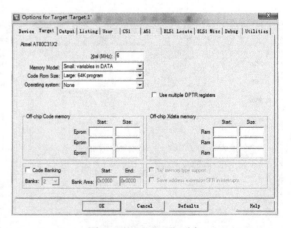

图 9-76　Target 选项卡

4）编译、调试文件

单击 💺 按钮，对当前文件编译，出现如图 9-78 所示提示信息，有错误要进行修改，再次编译，直到没错为止。

单击菜单命令 Debug→Start/Stop Debug Session，进入程序调试。

2. Proteus 下单片机仿真

加载 ".hex" 文件到电路图中的单片机中，就可以仿真了。

双击电路图中使用的单片机（如 80C31），出现如图 9-79 所示的对话框。在 Program File 栏，通过选择路径找到已编译正确的 HEX 文件（如 led. HEX）。在 Clock Frequency 栏设置系统运行时钟（如 6 MHz），仿真系统将以 6 MHz 的时钟频率运行。单击▶按钮开始仿真，程序会全速运行，观察仿真现象和效果，8 个彩色发光二极管会轮流点亮。仿真时若要单步运行，单击▶按钮；若要暂停运行程序，单击▋▋按钮；若要停止运行程序，单击▋按钮。

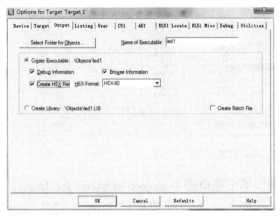

图 9-77　Output 选项卡

图 9-78　编译程序框

在单步模拟调试状态下，单击 Debug 下拉菜单：选择 Simulation Log 会出现和模拟调试有关的信息；选择 8051 CPU SFR Memory 会出现特殊功能寄存器窗口；选择 8051 CPU Internal (IDATA) Memory 出现数据寄存器窗口；选择 Watch Window 则无论在单步调试状态还是在全速调试状态，Watch Window 的内容都会随着寄存器的变化而变化，单击右键选择"添加项目（按名称）"（见图 9-80），可添加常用的寄存器，例如双击 P1，则 P1 就出现在 Watch Window 窗口中，如图 9-81 所示。

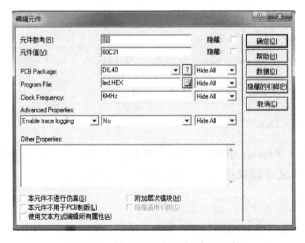

图 9-79　单片机加载目标代码文件

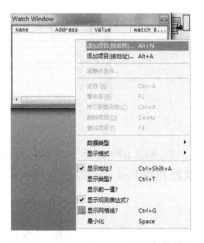

图 9-80　Watch Window 窗右击菜单项

3. Proteus 与 Keil μVision5 联调

在 Keil μVision5 中编写好汇编或 C51 程序，经过调试、编译最终生成 HEX 文件后，在 Proteus 中把文件载入虚拟单片机中，进行软硬件联调。如果要修改程序，需回到 Keil μVision5

中修改，编译重新生成 HEX 文件，重复上述过程，直至调试成功。对于较为复杂的程序，可以通过 Proteus 与 Keil μVision5 两个软件进行联调。

1）首先需要安装 vudgi. exe 文件（可从相关网站下载）。

2）在 Proteus ISIS 中单击菜单命令"调试"→"使用远程调试监控"。

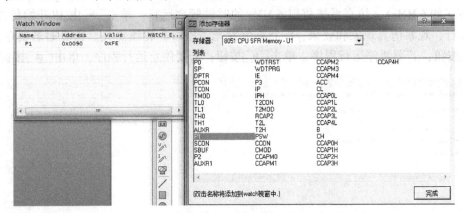

图 9-81　Watch Window 窗添加 P1 状态项

3）在 Keil μVision5 中打开程序工程文件，单击菜单命令 project→Options for Target，出现如图 9-82 所示对话框，在 Debug 选项卡中选中 Use 下拉列表中的 Proteus VSM Simulator，Setting 中的 Host 与 Port 使用默认值，如图 9-83 所示。

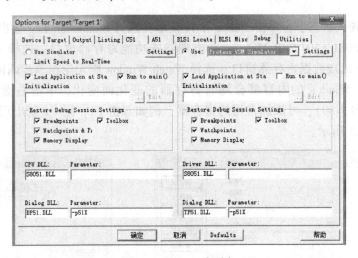

图 9-82　Target 选项卡

4）在 Keil μVision5 中全速运行程序时，Proteus 中的单片机系统也会自动运行。这样就可以有效地利用 Keil μVision5 软件中丰富的调试手段来进行 Proteus 软硬件联调仿真。

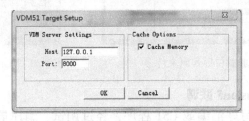

图 9-83　VDM 设置

9.5　习题

1. 单片机的主程序与中断服务子程序的结构有什么区别？

2. 单片机 C 语言的主要优点是什么？

3. 对于多条件选择程序，使用何种程序语句较为方便？

4. 在 Keil 软件中应该怎样设置才能使项目程序成功编译后自动生成可烧写 HEX 文件并且进入硬件仿真调试状态？

5. 在 Wave6000 软件中如果想使用第三方 C51 编译器，该如何设置？

6. 如果使用 Wave 硬件仿真器，而编程调试软件想采用 Keil 软件，该如何配置？

7. 利用 Proteus 软件实现如下电路设计及仿真：

1）用 AT89C51 的定时器和 6 位八段数码管，设计一个电子时钟。显示格式由左向右分别是时、分、秒。

2）用 AT89C51 及相关外围电路实现步进电机驱动控制。

单片机广泛应用于实时控制、智能仪器、仪表通信和家用电器等领域，所涉及的内容非常广泛，是计算机科学、电子学、自动控制等基础知识的综合应用。由于单片机应用系统的多样性，其技术要求也各不相同，因此设计方法和开发的步骤不完全相同。本章针对大多数应用场合，讨论单片机应用系统的研制过程，并简单地介绍单片机系统设计的例子。

10.1　单片机应用系统的研制过程

单片机的应用系统由硬件和软件所组成。硬件指单片机、扩展的存储器、扩展的输入输出设备等部分；软件是各种工作程序的总称。硬件和软件只有紧密配合、协调一致，才能提高系统的性能价格比。从一开始设计硬件时，就应考虑相应的软件设计方法，而软件设计是根据硬件原理和系统的功能要求进行的。整个开发过程中两者互相配合、相互协调，以利于提高系统的功能与设计的效率。

单片机应用系统的研制过程包括总体设计、硬件设计与加工、软件设计、联机调试、产品定型等几个阶段，但它们不是绝对分开的，有时是交叉进行的。图 10-1 描述了单片机应用系统研制的一般过程。

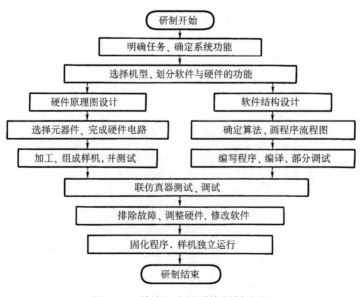

图 10-1　单片机应用系统研制过程

10.1.1　总体设计

1. 确定系统技术指标

单片机系统的研制是从确定系统需求、系统功能技术指标开始的。在着手进行系统设计之前，必须对应用对象的工作过程进行深入的调查和分析，根据系统的应用场合、工作环境、具体用途提出合理的、详尽的功能技术指标，这是系统设计的依据和出发点，也是决定产品用途的关键。

不论是老产品的改造还是新产品的设计，都应对产品的可靠性、通用性、可维护性、先进性等方面进行综合考虑，参考国内外同类产品的有关资料，使确定的技术指标合理而且符合国际标准。应该指出，技术指标在开发过程中还应做适当的调整。

2. 单片机的选择

选择单片机型号的出发点有以下几个方面。

（1）市场货源

系统设计者只能在市场上能够提供的单片机中选择，特别是作为产品大批量生产的应用系统，所选的单片机型号必须有稳定、充足的货源。目前国内市场上常见的有 Intel、Freescale、ATMEL、TI 等公司的单片机产品。

（2）单片机性能

应根据系统的功能要求和各种单片机的性能，选择最容易实现系统技术指标的型号，而且能达到较高的性能价格比。单片机性能包括片内硬件资源、运行速度、可靠性、指令系统功能、体积和封装形式等方面。影响性能价格比的因素除单片机的性能价格比以外，还包括硬件和软件设计的容易程度、工作量大小，以及开发工具的性能价格比。

（3）研制周期

在研制任务重、时间紧的情况下，还需考虑所选的单片机型号是否熟悉，是否能马上着手进行系统的设计。与研制周期有关的另一个重要因素是开发工具，性能优良的开发工具能加快系统的研制进程。

3. 元器件和设备的选择

一个单片机系统中，除了单片机以外还可能有传感器、模拟电路、输入输出设备、执行机构和打印机等附加的元器件，这些元器件和设备的选择应符合系统技术指标，比如精度、速度和可靠性等方面的要求。

10.1.2　硬件设计

硬件设计的任务是根据总体设计要求，在所选择机型的基础上，具体确定系统中所要使用的元器件，设计出系统的电路原理图，必要时做一些部件实验，以验证电路的正确性，然后是工艺结构的设计加工、印制板的制作和样机的组装等。图 10-2 给出了单片机硬件设计的过程。

在设计时，应考虑留有充分余量，电路设计力求正确无误，因为在系统调试中不宜修改硬件结构。在设计 MCS-51 单片机应用系统硬件电路时要注意以下几个问题。

1. 程序存储器

国内较早应用的单片机，其片内不带程序存储器 ROM/PROM（如 Intel 8031、8032 等），如果选择该类型号，则必须扩展外部程序存储器（如 2764、27128 等）。但随着集成电路的发展，目前应用较广泛的单片机其内部都集成了 EPROM（如 AT89C52、AT89C55 等），一般情况下都无须扩展程序存储器，这大大提高了系统的可靠性。

2. 数据存储器和 I/O 接口

对于数据存储器的需求量，各个系统之间差别比较大。对于常规测量仪器和控制器，片内 RAM 已能满足要求。若需扩展少量的 RAM，宜选用带有 RAM 的接口芯片（如 81C55），这样既扩展了 I/O 接口，又扩展了 RAM。对于数据采集系统，往往要求有较大容量的 RAM 存储器，这时 RAM 电路的选择原则是尽可能地减少 RAM 芯片的数量，即应选择容量大的 RAM 存储器。

MCS-51 单片机应用系统一般都要扩展 I/O 接口，I/O 接口在选择时应从体积、价格、负载和功能等方面考虑。选用标准可编程的 I/O 接口电路（如 8255），可使接口功能完善、使用方便，对总线负载小，但有时它们的 I/O 线和接口的功能没有充分利用，造成浪费。对不需要联络信号的简单 I/O 接口，若用三态门电路或锁存器作为 I/O 口，则比较简便、口线利用率高、带负载能力强、可靠性高，但对总线负载大，必要时需要增加总线驱动器。故应根据系统总的输入输出要求来选择接口电路。

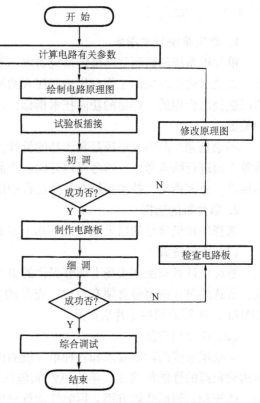

图 10-2　单片机硬件设计的过程

模拟电路应根据系统对它的速度和精度等要求来选择，同时还需要和传感器等设备的性能相匹配。由于高速高精度的 A-D 转换器件价格十分昂贵，因此应尽量降低对 A-D 的要求。

3. 地址译码电路

地址译码电路通常采用全译码、部分译码或线选法，选择时应考虑充分利用存储空间和简化硬件逻辑等方面的问题。一般来讲，在接口芯片少于 6 片时，可以采用线选法；接口芯片超过 6 片而又不很多时，可以采用部分译码法；当存储器和 I/O 芯片较多时，可选用专用译码器 74LS138 或 74LS139 实现全译码。MCS-51 系列单片机有充分的存储空间，片外可扩展 64 KB 程序存储器和 64 KB 数据存储器，所以在一般的控制应用系统中，应主要考虑简化硬件逻辑。

4. 地址锁存器

由访问外部存储器的时序可知，在 ALE 下降沿 P0 口输出的地址是有效的。因此，在选用地址锁存器时，应注意 ALE 信号与锁存器选通信号的配合，即应选择高电平触发或下降沿触发的锁存器。例如，8D 锁存器 74LS373 为高电平触发，ALE 信号应直接加到其使能端 G。若用 74LS273 或 74LS377 作地址锁存器，由于它们是上升沿触发的，故 ALE 信号要经过一个反相器才能加到其时钟端 CLK。

5. 总线驱动

MCS-51 系列单片机的外部扩展功能很强，但 4 个 8 位并行口的负载能力是有限的。P0 口能驱动 8 个 TTL 电路，P1~P3 口只能驱动 3 个 TTL 电路。在实际应用中，这些端口的负载不应超过总负载能力的 70%，以保证留有一定的余量。如果满载，会降低系统的抗干扰能力。在外接负载较多的情况下，如果负载是 MOS 芯片，因负载消耗电流很小，影响不大。如果驱动较多的 TTL 电路，则应采用总线驱动电路，以提高端口的驱动能力和系统的抗干扰能力。数据总线宜采用双向 8 路三态缓冲器 74LS245 作为总线驱动器；地址和控制总线可采用单向 8 路三态缓冲器 74LS244 作为单向总线驱动器。

10.1.3　可靠性设计

单片机系统一般都是实时系统，对系统的可靠性要求比较高。提高系统可靠性的关键还是应从硬件出发：采用抗干扰措施，提高对环境适应能力；提高元器件质量等。

（1）抗干扰措施

抑制电源噪声干扰，包括安装硬件低通滤波器、缩短交流引进线长度、电源的容量留有余地、完善电源滤波系统、逻辑电路和模拟电路合理布局等。

（2）电路上的考虑

为了进一步提高系统的可靠性，在硬件电路设计时，应采取一系列抗干扰措施。

1）大规模 IC 芯片电源供电端 V_{cc} 都应加高频滤波电容，根据负载电流的情况，在各级供电节点还应加足够容量的耦合电容。

2）开关量 I/O 通道与外界的隔离可采用光耦合器件，特别是与继电器、晶闸管等连接的通道，一定要采取隔离措施。

3）可采用 CMOS 器件提高工作电压（如+15 V），这样干扰门限也相应提高。

4）传感器后级的变送器应尽量采用电流型传输方式，因电流型比电压型抗干扰能力强。

5）电路应有合理的布线及接地方法。

6）与环境干扰的隔离可采用屏蔽措施。

（3）提高元器件可靠性

选用质量好的元器件，并进行严格老化、测试和筛选。设计时技术参数留有一定的余量，提高印制板和组装的工艺质量。

（4）采用多种容错技术

通信中采用奇偶校验、累加和校验和循环校验等措施，使系统能及时发现通信错误，通过重新执行命令纠正错误。另外，当系统复位执行初始化程序时，应区分是上电初次复位还是Watchdog 复位，以便做不同处理，使由于死机产生的复位对系统的影响减至最小等。

10.1.4　软件设计

单片机系统的软件设计和在 PC 等现成系统机上的应用软件设计有所不同。后者是在操作系统等支持下的纯软件设计，而且有许多现成的软件模块可以调用。单片机系统的软件设计是在裸机条件下进行的，而且随应用系统不同而不同。但一个优秀的应用软件应具有下列特点。

1）软件结构要清晰、简单、流程合理。

2）各功能程序应实现模块化、子程序化。

3）程序存储区、数据存储区要规划合理，既能节约存储器容量，又使操作方便。

4）运行状态要实现标志化。各个功能程序运行状态、运行结果以及运行要求都设置状态标志以便查询，程序的转移、运行和控制都可根据状态标志条件来控制。

为了提高系统运行的可靠性，在应用软件中应设置自诊断程序，在系统工作前先运行自诊断程序，用以检查系统各特征参数是否正常。图 10-3 给出了单片机软件设计的过程。

1. 问题定义和建立数学模型

问题定义阶段是要明确软件所要完成的任务，确定输入输出的形式，对输入的数据进行哪些处理，以及如何处理可能发生的错误。

软件所要完成的任务在总体设计时有总的规定，现在要结合硬件结构，进一步明确所要处理的每个任务的细节，确定具体的实施方法。

首先要定义输入输出，确定数据的传输方式，同时必须明确对输入数据进行哪些处理，描述出各个输入变量和各个输出变量之间的数学关系，这就是建立数学模型，进而确定算法。数学模型的正确程度是系统性能好坏的决定性因素之一。

2. 软件结构设计

合理的软件结构是设计出一个性能优良的单片机系统软件的基础，必须给予足够的重视。

系统的整个工作可以分解为若干个相对独立的操作，根据这些操作的关系，设计出一个合理的软件结构，使 CPU 并行地有条不紊地完成各个操作。

对于简单的单片机系统，通常采用顺序设计方法，这种软件由主程序和若干个中断服务程序所构成。根据系统中各个操作的特性，指定哪些操作由中断服务程序完成，哪些操作由主程序完成，并指定各个中断的优先级。

中断服务程序对实时事件请求做必要的处理，使系统能实时并行地完成各个操作。中断处理程序

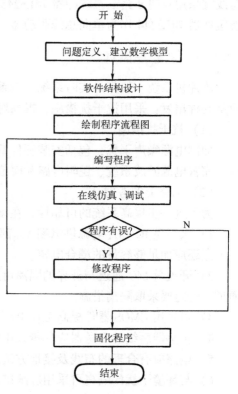

图 10-3　单片机软件设计的过程

包括现场保护、中断处理、现场恢复和中断返回四个部分。中断的发生是随机的，它可能在任意地方打断主程序的运行，无法预知这时的程序状态，因此中断程序需保护主程序的现场状态，现场保护的内容由中断服务程序所使用的资源决定。

中断处理是中断服务程序的主体，它由中断所要完成的功能所确定。如输出或读入一个数据等。

现场恢复与现场保护是对应的，中断返回使 CPU 回到被该中断所打断的地方继续执行原来的程序。

主程序是一个顺序执行的无限循环的程序，顺序查询各个事件标志（一般由中断程序置"1"，亦称为激活，如打印机打印完一组数据，实时的一秒时间到等），以完成日常事务的处理。

3. 程序设计

（1）绘制程序流程图

通常在编写程序之前先绘制程序流程图。程序流程图在前几章中已有很多例子。程序流程图以简明直观的方式对任务进行描述，并能很容易地据此编写出程序，故对初学者来说尤为适用。所谓程序流程图，就是把程序应完成的各种分立操作，表示在不同的框中，并按一定的顺序把它们连接起来，这种互相联系的框图称为程序流程图，也称为程序框图。

在设计过程中，先画出简单的功能性流程图（粗框图），然后对功能流程图进行扩充和具体化。对存储器、寄存器、标志位等工作单元做具体的分配和说明，把功能流程图中每一个粗框的操作转变为对具体的存储器单元、工作寄存器或 I/O 口的操作，从而绘出详细的程序流程图（细框图）。

（2）编写程序

单片机系统软件大多用汇编语言编写，有些开发工具提供 C 语言等高级语言编译和调试手段，这时可以用高级语言编写程序。程序应该用标准格式编写和输入，必要时给出若干功能性注释，以利于调试和修改。

10.1.5　系统调试

系统调试包括硬件调试和软件调试两项内容。硬件调试的任务是排除应用系统的硬件电路故障，包括设计性错误和工艺性故障。一般来说，硬件系统的样机制造好后，需单独调试好，再与用户软件联合调试。这样，在联合调试时若碰到问题，则一般均可以归结为软件的问题。

1. 硬件调试

硬件电路的调试一般分两步进行：脱机检查和联机调试，即硬件电路检查和硬件系统诊断。

（1）脱机检查

脱机检查在开发系统外进行，主要检查电路制作是否准确无误。例如用万用表或逻辑测试笔逐步按照原理图检查样机中各器件的电源、各芯片引脚端连接是否正确，检查数据总线、地址总线和控制总线是否有短路等故障。有时为了保护芯片，先对芯片插座的电位（或电源）进行检查，确定无误后再插入芯片检查；检查各芯片是否有温升异常，上述情况都正常后，就可进入硬件的联机调试。需要注意的是，在加电状态下，不能插拔任何集成电路芯片。

（2）联机调试

联机调试是在开发机上进行的，用开发系统的仿真插座代替应用系统中的单片机。

分别接通开发机和样机的电源，加电以后，若开发机能正常工作，说明样机的数据总线、地址总线和控制总线无短路故障，否则应断电仔细检查样机线路，直至排除故障为止。

在联机状态下，使用开发系统对样机可进行全面检查。目标系统中常见故障有元器件质量低劣；开发系统或目标系统接地不好，电压波动大；单片机负载过重；线路短接或短路；设计工艺错误等。可通过以下手段来解决。

1）测试扩展数据存储器。将一批数据写入目标系统扩展的外部数据存储器，然后再读出数据存储器中的内容。若对任意区域数据存储器读出和写入内容一致，则表示该存储器无故障，否则应根据读写结果分析故障原因。可能的原因有数据存储器芯片损坏；芯片插入不可靠；读/写操作有错位；工作电源没有加上，地址线、数据线和控制线有错位、开路、短路等。

2）测试 I/O 口和 I/O 设备。I/O 口的类型较多，有只能读入的输入口、只能写入的输出口，以及可编程的 I/O 接口等。对于输入口，可用读命令来检查读入结果是否和所连设备状态相同；对于输出口，可写数据到输出口，观察和所连设备的状态是否相同；对于可编程的接口，先将控制字写入控制寄存器，再用读/写命令来检查对应状态。

如果 I/O 接口不正常，需进一步检查 I/O 接口以及 I/O 接口所连的外设是否正常。

3）测试晶体振荡电路和复位电路。在联机状态下，当用目标系统中晶体振荡电路工作时，开发系统应能正常工作，否则就要检查目标系统振荡电路的故障。复位目标系统可测试复位电路是否有故障或者复位电路的电阻、电容参数选择是否正确。

通过以上几种方法，可以基本上排除目标系统中的硬件故障。

2. 软件调试

基本上排除了目标系统的硬件故障以后，就可进入软件的综合调试阶段，其任务是排除软件错误，解决硬件遗留下的问题。常见的软件错误类型如下。

（1）程序失控

这种错误的现象是当以断点或连续方式运行时，目标系统没有按规定的功能进行操作或什么结果也没有，这是由于程序转移到没有预料到的地方或在某处死循环所造成的。这类错误的原因有程序中转移地址计算错误、堆栈溢出、工作寄存器冲突等。

（2）中断错误

1）CPU 不响应中断。这种错误的现象是用连续方式运行时不执行中断服务子程序的规定操作，当用断点方式运行时，不进入设在中断入口或中断服务程序处的断点。错误的原因有中断控制器（IP）初值设置不正确，使 CPU 没有开放中断或不允许某个中断源请求；或者对片内的定时器串行口等特殊功能寄存器和扩展的 I/O 口编程有错误，造成中断没有被激活；或者某一中断服务程序不是以 RETI 指令作为返回主程序的指令，CPU 虽已返回到主程序，但内部中断状态寄存器没有被清除，从而不响应中断；或外部中断源的故障使外部中断请求无效。

2）CPU 循环响应中断，使 CPU 不能正常地执行主程序或其他的中断服务程序。这种错误多发生在外部中断中。若外部中断以电平触发方式请求中断，当中断服务程序没有效清除外部中断源或由于硬件故障使中断源一直有效，从而使 CPU 连续响应该中断。

3）输入输出错误。这类错误包括输入输出操作杂乱无章或根本不动作。错误原因有输入输出程序没有和 I/O 硬件协调好（如地址错误、写入的控制字和规定的 I/O 操作不一致等）；时间上没有同步；硬件中存在故障。

4）结果不正确。目标系统基本上能正常操作，但控制有误或输出结果不正确。这类错误大多是由于计算程序中的错误引起的。

经过硬件和软件单独调试后，即可进入硬件、软件联合调试阶段，找出硬件、软件之间不能匹配的地方，反复修改和调试。实验室调试工作完成以后，即可组装成机器，移至现场进行运行。现场调试通过以后，可以把程序固化于 EPROM 中，然后，再试运行几个月，观察有没有偶然的错误发生。若试运行正常，则系统开发完成。

10.2 磁电机性能智能测试台的研制

10.2.1 系统概述

双缸摩托车上的磁电机有一个发电线圈和两个点火线圈，为摩托车提供前灯照明电压，并通过放电器为发动机的两个气缸提供点火信号，其质量直接影响到摩托车的运行性能。目前，磁电机性能测试普遍使用人工观察和判断的方法。通常采用标准针状放电器替代火花塞检测点火装置产生电火花的能力，用刻度盘加指针的方法来测取点火提前角，精度低，且效率不高。为此研制了磁电机性能智能测试台，对双缸摩托车用磁电机的多项参数进行自动测试。测试内容、条件及标准如下。

1. 点火线圈高压绝缘介电强度测试

在放电器极距为 11 mm，磁电机转速为 6000 r/min 时，放电器应能产生每秒不少于 50 次的火花。

2. 连续点火性能测试

磁电机在放电器极距为 6 mm 时，最低连续点火转速为 280 r/min，最高连续点火转速为 13000 r/min，每次运行 20 s，不能有缺火现象。

3. 照明及充电性能测试

直流负载用 (2.2±0.05) Ω 无感等效电阻，磁电机转速为 2400 r/min 时，直流负载电压大于 13.5 V；磁电机转速为 6800 r/min 时，负载电压应小于 28 V。

4. 点火提前角与自动进角测试

点火提前角是磁电机的点火信号超前于摩托车活塞上死点的角度。

磁电机转速为 280~13000 r/min 的范围内，点火提前角应能从 15°±2°随转速升高而自动连续进角到 41°±2°。280~1300 r/min 范围内点火提前角应为 15°±2°，6000~13000 r/min范围内点火提前角为 41°±2°。

对测试系统的功能和性能指标要求如下。

1）能按上述测试条件，对磁电机进行测试。

2）测试精度为：①点火提前角±1°；②点火次数±1 次；③输出电压±0.2 V。

3）测试速度为 180 s/只。

4）测试过程自动进行，参数数字显示，合格性指示，测试结果打印输出。

10.2.2 测试系统硬件设计

对磁电机性能的测试条件、内容进行概括，测试系统应具有以下基本功能。

1）作为测试条件的放电器极距和磁电机转速应能加以控制。

2）需要检测的参数有磁电机的转数、点火次数、点火角和磁电机输出电压。

3）有关参数需要显示和打印。

根据上述要求设计磁电机性能智能测试台控制系统，硬件结构如图 10-4 所示。控制系统的核心为 8 位单片微型计算机 8031。图 10-4 中 17 位 LED 显示器分别用于显示 5 位磁电机转速值和左右两缸的各 4 位点火次数值及 2 位点火提前角值。8279 最多只能管理 16 位 LED 显示器，故用8155 的 1 位 I/O 控制显示转速最高位的第 17 位 LED 显示器，使其在转速高于 10 000 r/min 时显示 1，低于时则不显示。键盘用于输入一些必要的命令。指示灯指示 6 个测试项目中左、右缸参数的合格性，若某项目中某缸参数不合格，则相应指示灯点亮，同时蜂鸣器响告警提示。微型打印机 μP40 与 8031 之间按并行方式连接，用于打印输出单台检验结果。2764 与 6264 分别为 8031 扩展的片外程序存储器和数据存储器。

8031 通过继电器吸合电磁铁，结合机械限位，实现 6 mm 与 11 mm 放电器极距的切换控制。

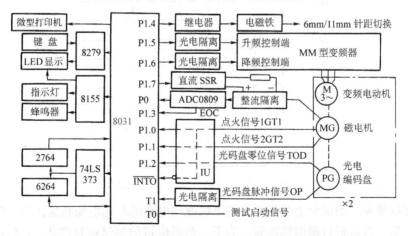

图 10-4 磁电机性能智能测试系统硬件结构图

　　磁电机由变频电动机驱动，变频器选用西门子公司的 MM 型变频器。通过适当设置，变频器可将两个外接端子作为升频控制端和降频控制端使用。8031 通过光电隔离电路在对应端施加高电平，即可使变频器升频或降频，从而控制电动机的转速。变频电动机的驱动端连接磁电机，非驱动端连接光电编码盘，编码盘脉冲信号 OP 经光电隔离送 8031 计数器 T1 外部输入端，计数器 T0 设置成定时器方式。T0、T1 均作转速检测之用。T0 的事件脉冲输入端 P3.4 用于输入检测启动信号。

　　测试磁电机输出电压时，8031 输出控制信号使直流固态继电器 SSR 输出"触点"导通，使磁电机输出电压经整流后给 2.2 Ω 无感电阻供电，模拟车灯点亮的工况。同时，磁电机输出电压经隔离、整流，送模-数转换器 ADC0809。模-数转换结束信号 EOC 送 8031 查询，该信号为高电平时，表明模-数转换结束，允许 8031 从 ADC0809 读取数字化的电压值。

　　磁电机的两个点火信号及光电编码盘的零位信号 TOD 经接口电路 IU 送往 8031。接口电路的原理图如图 10-5 所示。接口电路的主要作用是对磁电机点火信号和光电编码盘零位信号进行采样、隔离、放大整形和加宽等处理，送 8031 有关 I/O 口供检测，并产生复合负脉冲信号送 8031 外部中断口 $\overline{INT0}$，使得以上任一信号到来时都能引起 CPU 中断。接口电路的工作原理不再赘述，电路中有关节点电压波形如图 10-6 所示。

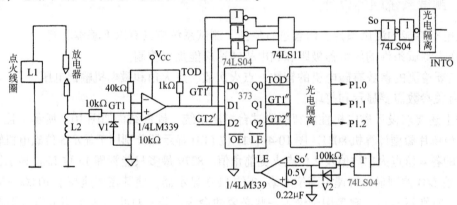

图 10-5　接口电路原理图

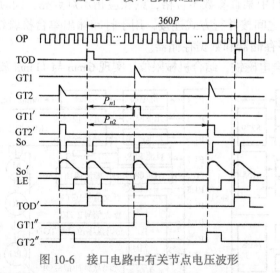

图 10-6　接口电路中有关节点电压波形

　　为提高测试效率，测试台上装有 2 套磁电机驱动电动机和光电编码盘。当一台电动机投入自动检测时，另一台可进行磁电机拆装，为下一台磁电机的测试做好准备。2 套设备的接线通过接触器、继电器及接插件切换。

10.2.3　测控算法

1. 点火提前角的测试

摩托车在运行过程中，活塞的往复运动转化为曲轴的旋转运动。活塞往复运动 1 次，曲轴旋转 1 周，磁电机飞轮也旋转 1 周。活塞在气缸中的位置与磁电机飞轮与定子的相对位置是对应的。在测试台上，光电编码盘光栅片与磁电机飞轮同轴，两者间存在确定关系。

图 10-7 表示了磁电机转子上某一特定点在旋转时的一些特殊位置。从该图可清楚地看到，点火提前角 δ 是跳火点提前于相应气缸上止点的角度。我们选用的光电编码盘是每圈 360 脉冲的，每脉冲对应 1°。故点火提前角 δ 对应于跳火点至相应气缸上止点光电编码盘发出的脉冲数。光电编码盘与磁电动机的相对位置一旦调整好，则光电编码

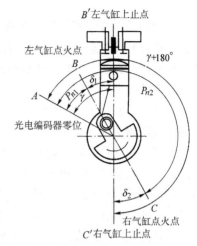

图 10-7　磁电机转子上某一特定点在旋转时的一些特殊位置

盘零位超前于左右气缸上止点的角度 γ 就为定值。由于左、右气缸上止点互差 180°，故光电编码盘零位超前于右气缸上止点 $\gamma+180°$。设从光电编码盘零位到左气缸跳火点之间光电编码盘发出脉冲数为 P_{n1}，编码盘零位到右气缸跳火点之间编码盘发出脉冲数为 P_{n2}，则：

左气缸点火提前角 $\delta_1 = \gamma - P_{n1}$

右气缸点火提前角 $\delta_2 = \gamma + 180° - P_{n2}$

2. 连续点火性能

连续点火性能是通过比较编码盘零位信号 TOD 脉冲与点火信号 GT_1'、GT_2' 脉冲个数测定的。编码盘与磁电机正常运行时，每转一圈，TOD、GT_1' 及 GT_2' 均应出现一个正脉冲。因此在有关测试项目中各设定一个 TOD 脉冲数，并用 TOD 脉冲来启动程序对 GT_1'、GT_2'、TOD 脉冲计数。当接收到设定的 TOD 脉冲数时，停止计数，并将接收到的 GT_1' 和 GT_2' 脉冲数与之比较，若相等则表明无缺火现象，连续点火性能符合要求；若少于 TOD 脉冲数，则表示有缺火现象，连续点火性能不符合要求。

3. 磁电机输出电压

在测量磁电机输出电压时，为消除干扰，采样电路采取了隔离措施，从而存在死区和非线性。为消除这一不利因素，在 2764 中根据磁电机模拟量输出电压与 8031 数字量采样电压的关系设置一张转换表。测试时利用 8031 的查表功能将数字量采样电压值恢复为与模拟量输出电压相对应的数字量，然后再做进一步处理。

4. 转速的测量与控制

在测量磁电机的以上性能参数时，转速仅是测试的条件，并不是要求测试的参数，故精度要求不高。本系统中采用 M 法，即用计数器计取规定时间内的主轴输出脉冲个数来反映转速值的高低。定时器 T0 定时 100 ms，T1 设置为计数器方式，计取光电编码盘输出脉冲数，设 T1 计数值为 P_{T1}'，则有

$$转速\ \bar{n} = (P_{T1}/360)/(0.1/60) = 10\,P_{T1}/6$$

该转速为 100 ms 内的转速平均值，存在 50 ms 的检测时滞，在升降速阶段将引起较大误差。为此采用超前插值的办法对其进行修正。

令时刻 $(n-1)T \sim nT$ 间转速平均值为 $\overline{N_n}$，$nT \sim (n+1)T$ 间转速平均值为 $\overline{N_{n+1}}$，设电机的转速是线性变化的，则 $(n+1)T$ 时刻的转速瞬时值为

$$N_{n+1} = \overline{N_n} + (\overline{N_n} - \overline{N_{n+1}})/2$$

电机转速由变频器控制。变频电机的负载仅是磁电机，在一定的电源频率下，转速比较稳定，工作在开环状态即可得到较好效果。在改变频率调速时才需要闭环结构。单片机控制变频器的频率有两种方法。一种方法是通过扩展 D-A 转换器，将控制信号加到变频器的频率给定端，改变变频器的频率。这种方法硬件较为复杂，且不易实现单片机与变频器的隔离。要达到 0.1 Hz 的频率精度，需使用 11 位 D-A 转换器。本系统使用另一种方法，由单片机输出控制信号使变频器升频端或降频端加上高电平，使变频器升频或降频。这种方法硬件简单，易于实现单片机与变频器的隔离。在这种调速方式下，变频器的频率不会突变，电机的同步转速总是略高于异步转速。因此，只需当检测到转速偏差进入允许范围时，使变频器相应端子的高电平撤除、频率不再改变，就能使转速在允许范围内保持下来。但应注意当转速偏差较小时，若加速度太大，则可能引起超调。此时可在升（降）频端施加间歇控制信号，可显著降低加速度，抑制超调。采用这种方法可使转速误差限制在 ±(1% 给定转速 +10 r/min) 范围内。

5. 顺序控制的实现

磁电机的性能参数须在 280~13000 r/min 的转速范围内的 6 个转速下分 6 个项目进行测试。在进入各测试项目前，必须先调整转速和三针极距。测试结束后，转速应自动下降为零。因此测试过程分 13 步进行。测控步骤及相关内容见表 10-1。本系统是运用控制字的概念来识别控制/测试内容的。所定义的单字节控制字各位的含义如图 10-8 所示。例如，若控制字为 00100010(22H)，则表示在三针极距 11 mm 条件下测点火次数。

表 10-1　测控步骤及相关内容

顺 序	内　　容	时间/s	设定转速/(r/min)	转数/r	控制字
1	调速，三针极距调为 6 mm	5	280		01H
2	测点火次数、点火提前角	20	280	94	06H
3	调速	6	1300		01H
4	测试点火提前角	4	1300		04H
5	调速	7	2400		01H
6	测试输出电压	4	2400		80H
7	调速，三针极距调为 11 mm	8	6000		21H
8	测试每秒最少点火次数	30	6000		22H
9	调速，三针极距调为 6 mm	5	6800		01H
10	测试点火提前角、输出电压	4	6800		0CH
11	调速	10	13000		01H
12	测试点火次数、点火提前角	10	13000	2000	06H
13	调速	15	0		10H

控制字与完成相应任务所需的时间、设定转速及转数等参数一起按顺序排列在 EPROM 中。

控制系统在每完成一项任务后，8031 就从 EPROM 中读入新的控制字，再顺序读入设定时间、设定转速及设定转数等参数。8031 根据新的控制字和设定参数，执行新的任务。

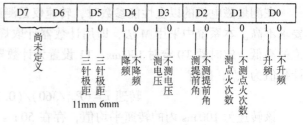

图 10-8　控制字各位的含义

6. 点火信号测试的软件抗干扰算法

磁电机性能智能测试台在工作时，其放电器、变频器及电磁铁、接触器等均是很强的干扰源，其所在的车间也存在着电机、电焊机等强干扰源，因此试验台是在一个充满电磁污染的环境中工作的。这些电磁干扰除了影响微机系统的正常运行外，对点火信号的测试影响尤为厉害，若不采取抗干扰措施，测试的结果将是毫无意义的。本系统除了在硬件上采取了隔离、整形、加宽等措施外，在软件上根据有效信号与干扰信号的特征，采取了以下抗干扰算法。

1）任一时刻 TOD、GT_1、GT_2 信号中只能有 1 个有效。若检测到 2 个以上信号有效，则循环检测，直到只剩 1 个信号有效为止。

2）有效信号较宽，干扰信号较窄。采取连续检测多次的办法，若结果相同，则多为有效信号，否则为干扰信号。

3）TOD 脉冲间应相隔 360 个 OP 脉冲。若 OP 脉冲数少于 358 个，则将 TOD 信号线上的脉冲丢弃。

4）每两个 TOD，脉冲间只能各有一个真实的 GT_1 信号和 GT_2 信号。若在该区间同一点火信号超过一个，则丢弃。

5）对同一只磁电机，在任一转速下点火提前角基本上是恒定的。因此采取两个步骤进行软件滤波：

① 开辟一个 RAM 区形成点火提前角数据链。若该链中数据均较为接近，则认为数据已稳定；否则用新值更新数据链。

② 数据稳定后采取限幅滤波。若新值与数据平均值的偏差小于或等于 2，则用数据平均值±1 对新值进行限幅；若偏差大于 2，则将新数据丢弃。

6）对检测到的干扰信号进行计数，超过一定量时，应通过改进硬件加强抗干扰措施。

10.2.4　程序设计

磁电机性能智能测试台的程序结构如图 10-9 所示。程序由主程序、$\overline{\text{INT0}}$中断服务程序和 T0 中断服务程序三部分组成。

主程序中初始化部分主要包括对 8031 单片机内部的特殊功能寄存器及 RAM 设置初值，对外部扩展的可编程 I/O 接口进行设置。自检部分主要对部分电路进行故障自检。复位后直接设置一个降速环节的作用是在测试过程中一旦出现异常可通过按复位按钮实现迅速停车。在进行某些项目的测试时，程序将对磁电机输出电压进行测量。在全部项目结束后，程序将打印测试结果。

定时器 T0 每 100 ms 定时溢出产生中断请求。其中断服务程序主要实现转速控制与顺序控制。每次测试过程由测试启动信号启动，启动过程包括使启动标志位置 1 和进行有关初始化。当所有项目完成后，使启动标志位复位，结束本次测试。测试过程中各任务间的切换是通过时间控制或转数控制实现的。在当

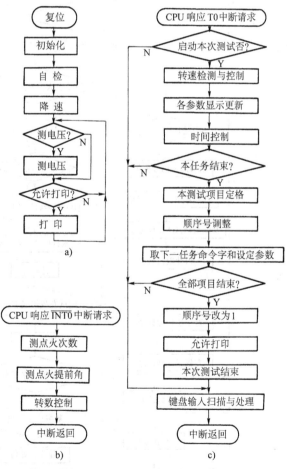

图 10-9　磁电机性能智能测试系统程序结构图
a）主程序　b）$\overline{\text{INT0}}$中断服务程序　c）T0 中断服务程序

前任务中所设定的时间或转数计满时，相应控制模块置1任务完成标志位，判任务完成程序检测到该标志后即进行任务的切换。每个测试项目结束后，程序均进行合格性判别，对不合格者点亮相应发光二极管提示。产品的合格性是各个项目合格性的逻辑"与"。

$\overline{INT0}$外部中断源程控为跳变触发方式。从图10-6可看到，每当TOD、GT1′或GT2′信号有效时，S0点随着$\overline{INT0}$引脚处的信号即发生由高变低的负跳变，该外部中断源即向CPU提出中断请求。$\overline{INT0}$中断服务程序包括测点火次数模块和测点火提前角模块。细化的程序流程图如图10-10所示，图中较为详细地表示了各种软件抗干扰算法的实现过程。其中左机组处理程序与右机组处理程序的差别仅在于γ取值不同，GT2信号处理程序与GT1信号处理程序的差别仅在于点火提前角$\delta = \gamma + 180° - P_{n2}$，故均用简化框图表示。

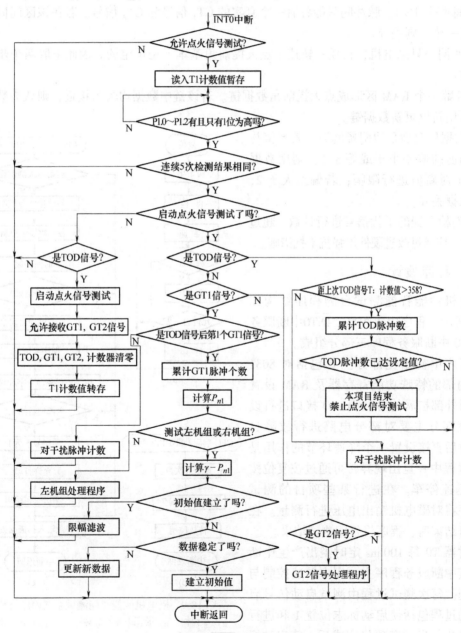

图10-10 细化的$\overline{INT0}$中断服务程序流程图

10.2.5　实验结果

经理论分析和实验论证，本测试系统的点火次数误差为零，点火提前角误差范围为±1°，磁电机输出电压误差范围为±0.2 V。完成一次完整的测试所需时间为127 s。一经启动测试，整个测试过程会自动进行，测试过程中动态显示参数和合格性指示，测试结束后自动打印测试结果，完全符合设计要求。该测试系统使原先测试方法采用的定性分析质变为定量分析，极大地提高了磁电机性能参数的测试精度。另外，由于可同时测试左右缸2路点火信号，且测试台上配备了左右2套机组，因而明显地提高了工作效率。自动化的测试手段也大幅度地减轻了检验人员的劳动强度。

10.3　水产养殖水体多参数测控仪

10.3.1　系统概述

近年来，我国的水产养殖业蓬勃发展，已逐步从传统的池塘养殖走向工厂化养殖。而工厂化水产养殖中重要的一个环节就是对水体环境因子，如温度、溶解氧、pH 值、透明度及大气压等参数的自动监控，这将有效改善鱼类的生态环境，提高集约化养殖程度。

本系统以单片机为核心，采用 RS485 协议组建分布式控制网络，利用计算机自动检测养殖水池的温度、溶氧含量及浑浊度等各环境因子，通过对增氧机、电磁阀等执行机构的控制，可以把各项环境因子调整到合适的范围，使鱼类生长在最适宜环境条件下，系统还可以自动对大量现场数据和曲线进行分析，实现参数的自校正和自适应控制，真正达到低成本、高效益的现代化水产养殖要求。在相关模型和软件支持下，工控机和下位机均能在发生池水缺氧，温度、酸碱度不适等异常情况时自动发出报警信号。

10.3.2　水体多参数测控仪的基本组成及工作原理

本测控仪以 ATMEL 公司生产的 8 位单片微处理器 AT89C52 为核心，外加扩展接口、E^2PROM、看门狗电路、信号调理电路、隔离驱动电路和通信接口电路等构成。其硬件结构框图如图 10-11 所示。

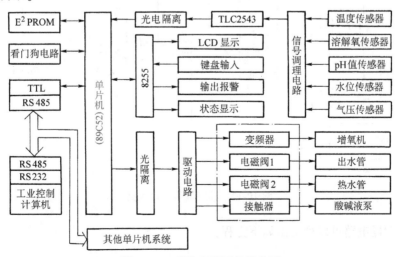

图 10-11　监控系统硬件结构图

10.3.3 硬件设计

1. 传感器选型

要有效地控制水池的各个环境参数，首先要准确测得当前时刻的各个环境参数，也就是能否按照用户需求使各环境参数快速跟随的首要条件是要获得准确的当前值。本着实用、经济、标准、耐用的选型原则，本系统传感器配置如下。

1）温度与pH值传感器：采用了配以热导率较大的不锈钢保护钢管的铂电阻元件、玻璃电极和参比电极组合在一起的塑壳可充式复合电极（上海雷磁E-201-C型复合电极）。

2）溶解氧传感器：原电池式薄膜电极（青岛昱昌科技有限公司的YC-DO-1溶解氧传感器）。

3）水位传感器：全温度补偿低压力传感器；恒流供电，0~70 mV；电压线性输出；精度为±0.05%。

4）气压传感器：JQYB-1A型气压变送器，0~110 kPa，DC 24 V供电，0~5 V输出，精度为±0.05%，北京昆仑海岸传感技术中心生产。

2. 调理电路设计

（1）温度信号调理电路

温度传感器为PT100，它为电阻信号，必须进行R/V转换，由PT100、R_1、R_2、R_3构成前端桥式电路，温度的变化将使温度传感器阻值发生改变，从而使该电桥平衡遭到破坏，产生一个对外输出电压 V_o。由于环境温度控制在0~50℃，所以温度传感器最高可能达到的阻值约为120 Ω，因此前端桥式电路的输出 V_o 的最大值约为

$$V_o = 5 \times \left(\frac{120}{2400+120} - \frac{100}{2400+100} \right) V \approx 0.0404\ V \tag{10-1}$$

为了保证其输出信号与A-D转换器的输入信号要求相匹配，必须对此电压值进行调理放大。采用图10-12所示运算放大器电路可以实现这一目的。根据运算放大器规则，设图10-12中运算放大器的各引脚对地电压分别用其引脚编号表示，则前端桥式电路的输出 V_o 可以表示为

$$V_o = u_5 - u_3 \tag{10-2}$$

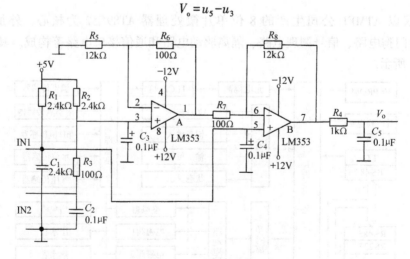

图10-12 温度信号调理电路

对运算放大器电路可以列写出如下方程：

$$\begin{cases} \left(\dfrac{1}{R_5}+\dfrac{1}{R_6}\right)u_3 - \dfrac{1}{R_6}u_1 = 0 \\ \left(\dfrac{1}{R_7}+\dfrac{1}{R_8}\right)u_5 - \dfrac{1}{R_7}u_1 = \dfrac{1}{R_8}u_7 \end{cases} \tag{10-3}$$

分析发现，要使式（10-3）中能够利用式（10-2），则必须保证下式成立：

$$\begin{cases} R_6 = R_7 \\ R_5 = R_8 \end{cases} \tag{10-4}$$

本设计中选取各电阻阻值满足式（10-4）的要求，具体阻值在图 10-12 中已经标出。

此时将式（10-3）中两个方程相减得到

$$\left(\dfrac{1}{R_7}+\dfrac{1}{R_8}\right)V_o = \dfrac{1}{R_8}u_7 \tag{10-5}$$

则该运算放大器电路对前端桥式电路的输出电压 V_o 的放大倍数为

$$\beta_0 = \dfrac{u_7}{V_o} = \dfrac{R_8+R_7}{R_7} = \dfrac{12000+100}{100} = 121 \tag{10-6}$$

因此温度信号的最终输出电压范围为 $(0 \sim 0.0404\,\mathrm{V}) \times 121$ 即 $0 \sim 4.88\,\mathrm{V}$，在 A-D 转换器所要求的输入信号范围 $0 \sim 5\,\mathrm{V}$ 之内。电阻 R_4 和电容 C_5 构成一阶滤波电路；在运算放大器的信号输入端加电容 C_3 和 C_4，可以有效防止高频干扰。

（2）pH 值调理电路

由于 pH 值传感器是双极性输出，而且输出信号在 $-1.2 \sim +1.2\,\mathrm{mV}$ 之间，需要对此信号进行调理放大，再输入 A-D 转换器，本系统采用如图 10-13 所示的调理电路。差动输入端 V_+ 和 V_- 分别是两个运算放大器（A1、A2）的同向输入端，因此输入阻抗很高，采用对称电路结构，而且被测信号直接加到输入端上，从而保证了较强的抑制共模信号的能力。A3 实际上是一差动跟随器，其增益近似为 1，测量放大器的放大倍数由下式确定：

$$A_v = \dfrac{V_o}{V_+ - V_-} \tag{10-7}$$

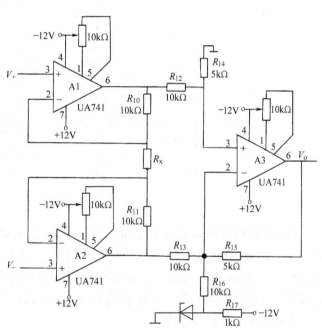

图 10-13　pH 值调理电路

其中，在 A3 的反向输入端附加了一个 $2.5\,\mathrm{V}$ 的稳压管，目的是将双极性的 pH 值调理为单极性输出，从而满足 A-D 转换器 $0 \sim 5\,\mathrm{V}$ 的输入电压要求。

故调理电路的输出电压为

$$V_o = \dfrac{R_{15}}{R_{13}}\left(1 + \dfrac{R_{10}+R_{11}}{R_X}\right)(V_+ - V_-) + 2.5\,\mathrm{V} \tag{10-8}$$

这种调理电路，只要运算放大器 A1 和 A2 性能对称（只要输入阻抗和电压增益对称），其漂移将大大减小，且具有高输入阻抗和高共模抑制比，对微小的差模电压很敏感，并适用于测量远距离传输过来的信号，因而十分适合与微小信号输出的传感器配合使用。

3. A-D 与 D-A 转换电路

（1）A-D 转换器 TLC2543

A-D 转换采用了德州仪器的 TLC2543 芯片，它具有 11 个模拟输入通道、12 位分辨率，而且与 CPU 连接采用 SPI 串行接口方式，在有效提高分辨率的前提下减少了接口的数量、简化了设计、优化了系统。

由于 MCS-51 系列单片机不具有 SPI 或相同能力的接口，为了便于与 TLC2543 接口，采用软件合成 SPI 操作；为减少数据传送速率受微处理器的时钟频率的影响，尽可能选用较高时钟频率。接口电路如图 10-14 所示。

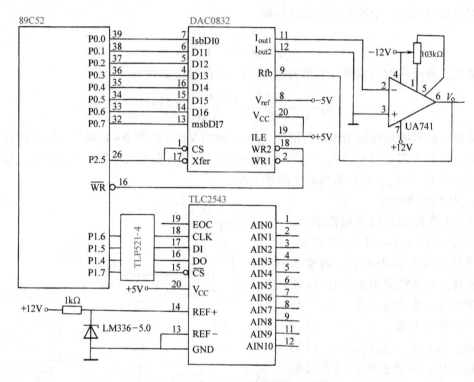

图 10-14 A-D 与 D-A 转换器接口电路图

TLC2543 的外围电路连线简单，三个控制输入端：$\overline{CS}$（片选）、输入/输出时钟（I/O CLOCK）以及串行数据输入端（DATA INPUT）；两个控制输出端：串行数据输出端（DATA OUTPUT）、转换结束（EOC）。片内的 14 通道多路器可以选择 11 个输入中的任何一个或 3 个内部自测试电压中的一个，采样-保持是自动的，转换结束，EOC 输出变高。

TLC2543 的主要特性如下。

1）11 个模拟输入通道。

2）66 KSPS 的采样速率。

3）最大转换时间为 10 μs。

4）SPI 串行接口。

5）线性度误差最大为 ±1LSB。

6）低供电电流（1 mA 典型值）。

7）掉电模式电流为 4 μA。

TLC2543 的引脚排列如图 10-15 所示。引脚功能说明如下。

AIN0~AIN10：模拟输入端，由内部多路器选择。对 4.1 MHz 的 I/O CLOCK，驱动源阻抗必须小于或等于 50 Ω。

$\overline{CS}$：片选端，$\overline{CS}$ 由高到低变化将复位内部计数器，并控制和使能 DATA OUT、DATA INPUT 和 I/O CLOCK。$\overline{CS}$ 由低到高的变化将在一个设置时间内禁止 DATA INPUT 和 I/O CLOCK。

DI（DATA INPUT）：串行数据输入端，串行数据以 MSB 为前导并在 I/O CLOCK 的前 4 个上升沿移入 4 位地址，用来选择下一个要转换的模拟输入信号或测试电压，之后 I/O CLOCK 将余下的几位依次输入。

DO（DATA OUT）：A-D 转换结果三态输出端，在 $\overline{CS}$ 为高时，该引脚处于高阻状态；当 $\overline{CS}$ 为低时，该引脚由前一次转换结果的 MSB 值置成相应的逻辑电平。

EOC：转换结束端。在最后的 I/O CLOCK 下降沿之后，EOC 由高电平变为低电平并保持到转换完成及数据准备传输。

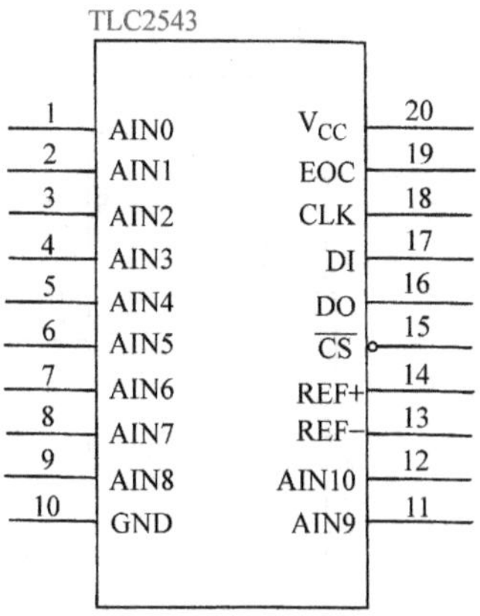

CLK：时钟输入/输出端。

V_{CC}、GND：电源正端、地。

REF+、REF-：正、负基准电压端。通常 REF+ 接 V_{CC}，REF- 接 GND。最大输入电压范围取决于两端电压差。

（2）D-A 转换器 DAC0832

D-A 转换器选用了 DAC0832，其具体用法在前面内容中已经叙述，在此不再重复。

4. 单片机系统

单片机采用美国 ATMEL 公司生产的 AT89C52 单片机。该芯片不仅具有 MCS-51 系列单片机的所有特性，而且片内集成有 8 KB 的电擦除闪烁存储器（Flash ROM），价格低，是目前性能价格比较高的单片机芯片之一。

AT89C52 的工作频率为 6~40 MHz，本系统利用单片机的内部振荡器外加石英晶体构成时钟源，为了工作可靠，晶体振荡频率选为 11.0592 MHz。

在设计中，考虑到测控仪 I/O 接口的需要，比如报警指示、按钮输入等需要，扩展了一片 8255，以增加可使用的 I/O 的数量。

图 10-16 为水体多参数测控仪的单片机电路。

5. 看门狗及复位电路

本部分电路直接选用 Xicor 公司的 X25045 芯片。它把三种常用的功能：看门狗定时器、电压监控和 E²PROM 组合在单个封装之内，这种组合降低了系统成本并减少了对电路板空间的要求。另外 X25045 与 CPU 的连接方式采用模拟串行外设接口（SPI），因此也节约了系统的口资源。

该电路由三个信号构成：定时脉冲提供定时器时钟信号源、清除信号复位定时器、RESET 信号产生复位系统。在工作时，假定工作软件循环周期为 T，如果设定定时器定时长度为 T_1（$T_1 < T$），这样 CPU 在每个工作循环周期都对定时器进行一次清零操作，只要系统正常工作，定时器永远都不会溢出，也就不会使系统复位；否则，当系统出现故障时，在可选超时周期之后，X25045 看门狗将以 RESET 信号做出响应。

X25045 芯片还有一个显著的特点是它内部的闪烁存储器 512 K×8 bit 的 E²PROM，它采用 Xicor 公司 Direct WriteTM 专利技术，提供不少于 100 000 次的使用寿命和最小 100 年的数据保存

TLC2543

引脚	左	右	引脚
1	AIN0	V_{CC}	20
2	AIN1	EOC	19
3	AIN2	CLK	18
4	AIN3	DI	17
5	AIN4	DO	16
6	AIN5	$\overline{CS}$	15
7	AIN6	REF+	14
8	AIN7	REF-	13
9	AIN8	AIN10	12
10	GND	AIN9	11

图 10-15　TLC2543 引脚图

期，在本系统中，用它来保存系统设定的参数值，以保证数据正常使用和不会因掉电而丢失。

图 10-16 也给出了水体多参数测控仪的 μP 监控看门狗电路硬件接线图。

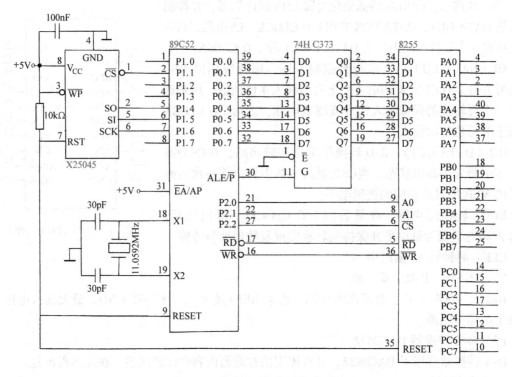

图 10-16　单片机系统与看门狗电路

6. 通信接口电路

为了便于组成网络，实现多个养殖水池的监控，每个水体测控仪设计了通信口，采用 RS485 收发器，它采用平衡发送和差分接收来实现通信，广泛应用于总线结构。在发送端，驱动器将 TTL 电平信号转换成差分信号输出；在接收端，接收器将差分信号还原成 TTL 信号，因此具有抑制共模干扰的能力，加上接收器具有高的灵敏度，能检测低达 200 mV 的电压，故传输信号能在千米以外得到回复。

图 10-17 是水体多参数测控仪的通信接口电路，其中单片机的 P1.0 口用来控制通信状态（发送/接收）。

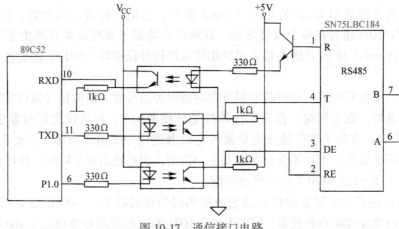

图 10-17　通信接口电路

7. 控制面板电路

为了便于现场监控和现场调试，本系统增加相应的人机交互界面。控制面板电路如图 10-18 所示，它不仅可以从 LCD 上获得直观的数据显示，也可以通过按键（6 个）进行参数的设定与修改，大大增加了该系统的适用范围。

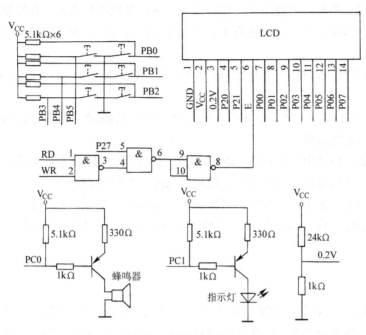

图 10-18 控制面板电路

控制面板与主板通过接插件连接起来，另外可在面板上再增加一些提示用的发光二极管、蜂鸣器（见图 10-18）等，以指示系统目前所处的状态，尤其当系统监控的各个参数超出预设值，处于危险状态时，能获得全方位的报警提示。

10.3.4 软件设计

为了优化程序结构，提高运行效率，下位机的软件开发采用了模块化结构，即把各模块程序作为子程序封装起来，对外仅提供入口与出口参数，这样既减少了开发人员的重复性劳动，缩短了软件开发周期，又改善了软件的通用性。

软件主要包含数据采样模块、数据处理模块、实时控制模块、数据通信模块、按键处理模块和数据存储模块。图 10-19 为主程序的流程图。为每个子程序或中断服务程序设定了状态标志，在主程序中对这些状态标志进行循环检测，然后根据检测结果决定是否执行相应处理程序。

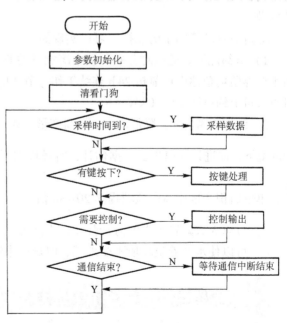

图 10-19 系统主程序流程图

10. 3. 5　可靠性措施

为了提高系统的可靠性，防止外来干扰影响系统的正常工作，在硬件和软件上都采取了措施。

在硬件上，除了采取一般的防止干扰措施外，还在系统的状态入口和控制端口采用光电隔离以防止来自继电器的干扰，有效地防止了雷电等的瞬时高电压损坏接口电路。具体电路设计原则如下。

1) 输出和输入数据同相位，即输出端为高电平（输出端 = 1）时，输入端也应为高电平，反之亦然。

2) 使系统的功耗最低，即系统在不工作或处于监听状态时，光耦合器的发光二极管不发光，整个系统能量消耗最低。

另外在系统供电设计中，采用 DC-DC 变换模块，使数字电路部分与模拟电路部分电源分开供电等处理；有效地抑制了系统干扰，保障了系统工作的可靠性。

软件上，采用了冗余指令、软件陷阱等方法，有效地抑制了程序"跑飞"。另外，采样程序也采用了滤波措施，将每路传感器中的数据连续采样三次，取中间值作为该传感器的数值（中值滤波）。

10. 3. 6　运行效果

本系统针对温度、pH 值、溶解氧等水产养殖环境因子的自动检测与自动控制提出了一套较为完善的方案。该系统已在实际生产中得到应用，实际运行结果表明了系统的设计及软件开发是合理可行的，且具有易管理、高可靠性、高效益、易扩展的特点，解决并实现了水体的活性循环，达到了安全、优质、高产的科学管理目的，有效地把各项环境因子控制在较为合适的范围内，从而保证了鱼类在最适宜的生态环境中生长，真正实现了低成本、高效益的现代化水产养殖。

通过对众环境因子的监控，可以实现如下效果。

1) 节约能源。通过对养殖环境中溶氧量的监控，来实现对增氧机的控制，可避免目前普通水产养殖场鱼池中增氧机 24 h 连续工作，节约电能。经测算，采用增氧量监控后，每台增氧机每天可节约电能 $30 \sim 40 \, \mathrm{kW \cdot h}$。

2) 缩短养殖周期，降低成本，提高产量。通过对养殖环境的连续监控，使鱼类生长在适宜的环境下，促进其快速生长。据估计，对环境因子的监控，可使养殖周期缩短至原周期的 $\frac{1}{6} \sim \frac{1}{2}$，单位面积产量比高产鱼塘提高 $20 \sim 80$ 倍。

3) 可以大大减轻工人的劳动强度，提高劳动生产率。

4) 可以使水产养殖环境不受地域、时域的限制，有利于实现水产养殖的工厂化。

10. 4　课程设计：单片机温度控制实验装置的研制

为了加强实践性环节，使学生较好地掌握单片机的使用方法，宜增设一个综合性的"单片机原理"课程设计。为满足课程设计的需要，研制了一个简单的单片机温度控制实验装置。

10.4.1　系统的组成及控制原理

单片机温度控制实验装置的系统框图如图 10-20 所示。该系统主要由单片机及扩展电路、固态继电器（Solid State Relay，SSR）、加热元件、R/V 变换电路、感温元件、铝块和 PC 等组成。其中单片机及扩展电路包括 8255、ADC0809、键盘、LED 显示器、RS232/TTL 电平转换电路及其他电路。

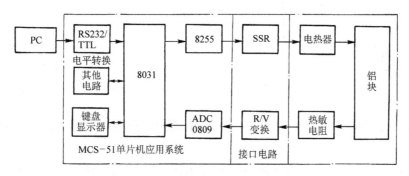

图 10-20　单片机温度控制实验装置的系统框图

单片机通过串行口与 PC 进行通信。PC 中的汇编语言控制程序经编译成机器码后下载到单片机。

SSR 为过零触发固态继电器，内部由双向晶闸管构成电子触点。其使用特点为当输入端加高电平控制信号时，只有在交流电压的过零点附近才能使双向晶闸管触发导通（电子触点闭合）。一旦触发导通后，即使撤除控制信号，也必须在电流过零时才会关断。因此该器件能对交流电进行控制的最小周期为半个周波，即 10 ms。本系统采用周波控制法来实现温度控制。以某一时间间隔（例如 200 ms）为 1 个控制周期 T_c，调整每个控制周期中加到固态继电器输入端的控制信号 u_c 的宽度 t_p，即可改变加到电热丝上的电压 u_o 和平均功率。周波控制的有关波形如图 10-21 所示。

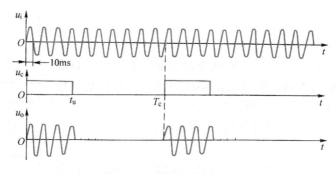

图 10-21　周波控制波形图

采用周波控制法的突出优点是可消除晶闸管移相电路产生的高次谐波，避免对单片机系统产生强烈干扰，此外硬件电路比较简单。由于 SSR 中采用的是电子触点，故比簧片式继电器使用寿命长得多。

电热丝为普通电烙铁用电热丝，用两根，固定在铝块的左右两侧深孔内，使铝块加温。

热敏电阻为负温度系数热敏电阻，其阻值随周围的温度升高而减小。热敏电阻嵌入铝块内部来感知铝块温度，通过 R/V 转换电路，将铝块温度转化为对应的电压。R/V 转换电路如

图 10-22 所示。为简化硬件，采用了单电源运算放大器 CA3140。在选择适当的参数后，可得到图 10-23 所示的转换特性。该特性是单调函数，且中间段有较好的线性度，便于单片机做进一步处理。

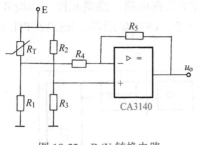

图 10-22　R/V 转换电路

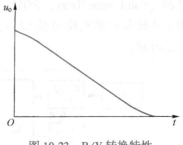

图 10-23　R/V 转换特性

ADC0809 为模-数转换器，将 R/V 转换电路的模拟输出电压转换为对应的数字量，送单片机。

数字量温控装置使用前，首先应通过实验方法测定模-数转换器输出值（数字量）与铝块温度之间的关系表，并写入程序存储器。使用时，单片机通过模-数转换值查表，即可将该数字量还原为对应的温度值。一方面送显示器显示，另一方面将根据该温度检测值，以及通过键盘设定的温度给定值，按某种控制算法计算并控制经 8255 并行 I/O 口输出的 SSR 的信号宽度，控制电热丝的加热功率，从而控制铝块的温度跟随温度给定值。

10.4.2　控制系统软件编制

控制系统应用软件程序包括两个部分：主程序和 T_0 中断服务程序。T_0 设定 10ms 定时中断一次，对测量结果进行采样。程序结构如图 10-24 所示。

调节周期根据铝块的热容量及电热丝的加热功率确定。本装置中调节周期定为 0.5s。

10.4.3　课程设计的安排

课程设计时间为 1~1.5 周。主要任务是编制和调试单片机温度控制系统软件。要求可通过键盘设定温度给定值，使铝块温度保持在某温度范围内。具体内容以下几点。

1）熟悉单片机温控系统硬件结构和温控原理。了解常用的温控算法。

2）编制测温程序。A-D 转换值在 LED 显示器上显示，铝块温度由插入铝块深孔中的温度计读数反映。实测铝块在升温和降温过程中的温度 A-D 转换关系表。

3）编制单片机温控程序，在 PC 上编译成机器码后，经串行口下载到单片机，并调试。温控程序包括 10.4.2 节中所列全部内容。有关指导性要求如下。

① A-D 转换值变换为铝块温度值的处理方法，推荐使用查表法。

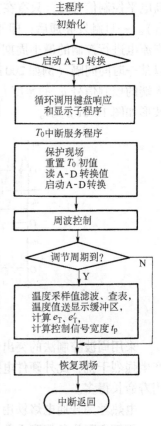

图 10-24　程序框图

② 滤波程序，推荐使用冒泡排序取中值法和限幅滤波法。

③ 温控算法，推荐使用模糊控制算法、PID 算法、大林算法等。

课程设计的成绩根据温控系统的实际效果和口试答辩情况评定。

10.4.4　教学效果

该课程设计综合性强，涉及微机原理、单片机及接口技术、程序设计方法、自控原理及计算机控制技术等多门课程的知识，是将多种知识融会贯通的实践性教学环节。而且通过该环节的训练，以使学生了解设计一个完整的单片机控制系统的全过程，掌握了设计、调试计算机控制系统的基本方法，受到了基本工程训练，提高了动手能力。

10.5　习题

1. 研制单片机应用系统通常分哪几个步骤？各步骤的主要任务是什么？

2. 为了提高单片机应用系统的可靠性，硬件和软件设计中应注意哪些问题？

3. 磁电机性能多参数的自动测试是如何实现的？顺序控制是如何实现的？

4. 分析水产养殖水体多参数监控系统硬件结构图中各部分的功能。

5. 分析温度控制系统的工作原理，根据图 10-23 中的 R/V 转换特性曲线，大致设计温度数据表和查表程序。

Cygnal C8051F 系列单片机是集成的混合信号片上系统（System on chip，SOC），具有与 MCS-51 内核及指令集完全兼容的微控制器，除了具有标准 8051 的数字外设部件之外，片内还集成了数据采集和控制系统中常用的模拟部件和其他数字外设及功能部件。总部位于美国得克萨斯州的美国 Cygnal 公司，是 1999 年 3 月成立的一家新兴的半导体公司，2003 年并入 Silicon Lab 公司。专业从事混合信号片上系统单片机的设计与制造。公司看好了 8 位单片机的市场前景，更新了原 51 单片机结构，设计了具有自主产权的 CIP-51 内核，使得 51 单片机焕发了新的生命力，其运行速度高达 100MIPS。现已设计并为市场提供了几十个品种的 C8051F 系列片上系统单片机。

Cygnal C8051F 系列单片机的功能部件包括模拟多路选择器、可编程增益放大器、ADC、DAC、电压比较器、电压基准、温度传感器、SMBus/I²C、UART、SPI、可编程计数器/定时器阵列（PCA）、定时器、数字 I/O 端口、电源监视器、看门狗定时器 WDT 和时钟振荡器等。该系列中所有器件都有内置的 Flash 存储器和 256 B 的内部 RAM，有些器件还可以访问外部数据存储器 RAM 即 XRAM。

Cygnal C8051F 系列单片机是真正能独立工作的片上系统（SOC）。CPU 有效地管理模拟和数字外设，可以关闭单个或全部外设以节省功耗。Flash 存储器还具有在系统重新编程的能力，既可用作程序存储器又可用作非易失性数据的存储。应用程序可以使用 MOVC 和 MOVX 指令对 Flash 进行读或改写。

11. 1　Cygnal C8051F 系列单片机特点

1. 片内资源
- 8~12 位多通道 ADC。
- 1~2 路 12 位 DAC。
- 1~2 路电压比较器。
- 内部或外部电压基准。
- 内置温度传感器±3℃。
- 16 位可编程定时/计数器阵列 PCA。
- 3~5 个通用 16 位定时器。
- 8~64 个通用 I/O 口。
- 带有 I²C/SMBus、SPI 和 1~2 个 UART 多类型串行总线。
- 8~64 KB Flash 存储器。

- 256 B～4 KB 数据存储器 RAM。
- 片内时钟源、内置电源监测和看门狗定时器。

2. 主要特点

- 高速的 20～100 MIPS 与 8051 全兼容的 CIP51 内核。
- 内部 Flash 存储器可实现在系统编程，既可作程序存储器，也可作非易失性数据存储。
- 工作电压为 2.7～3.6 V，典型值为 3V。I/O、RST、JTAG 引脚均允许 5 V 电压输入。
- 全系列均为工业级芯片（-45～+85℃）。
- 片内 JTAG 仿真电路，提供全速的电路内仿真，不占用片内用户资源。支持断点、单步、观察点、运行和停止等调试命令，支持存储器和寄存器校验和修改。

3. C8051F 系列概况

Cygnal C8051F 系列单片机已推出了数十个型号的芯片，每个型号在片上资源、系统时钟等方面都有所不同，可根据应用需求来选择。C8051F02 * 系列的几种型号的芯片资源见表 11-1。

表 11-1　C8051F02 * 系列的几种型号的芯片资源情况

型号	运行速度/（MIPS）（峰值）	Flash 存储器	RAM/B	外部存储器接口	SMBus/I²C	SPI	UART	定时器（16 位）	可编程计数器阵列	封装
C8051F020	25	64	4352	√	√	√	2	5	√	100TQFP
C8051F021	25	64	4352	√	√	√	2	5		64TQFP
C8051F022	25	64	4352	√	√	√	2	5	√	100TQFP
C8051F023	25	64	4352	√	√	√	2	5		64TQFP

型号	数字端口 I/O	12 位 100 KSPS ADC 输入	10 位 100 KSPS ADC 输入	8 位 500 KSPS ADC 输入	电压基准	温度传感器	DAC 分辨率	DAC 输出	电压比较器	封装
C8051F020	64	8	—	8	√	√	12	2	2	100TQFP
C8051F021	32	8		8	√	√	12	2	2	64TQFP
C8051F022	64	—	8	8	√	√	12	2	2	100TQFP
C8051F023	32		8	8	√	√	12	2	2	64TQFP

C8051F020/1/2/3 器件是完全集成的混合信号系统级 MCU 芯片，具有 64 个数字 I/O 引脚（C8051F020/2）或 32 个数字 I/O 引脚（C8051F021/3）。其内核采用与 MCS-51 兼容的 CIP-51。

CIP-51 采用流水线结构，与标准的 8051 结构相比指令执行速度有很大的提高。在一个标准的 8051 中，除 MUL 和 DIV 以外所有指令都需要 12 或 24 个系统时钟周期，最大系统时钟频率为 12～24 MHz。而对于 CIP-51 内核，70% 的指令的执行时间为 1 或 2 个系统时钟周期，只有 4 条指令的执行时间大于 4 个系统时钟周期。

CIP-51 共有 111 条指令。下表列出了指令条数与执行时所需的系统时钟周期数的关系。

执行周期数	1	2	2/3	3	3/4	4	4/5	5	8
指令数	26	50	5	16	7	3	1	2	1

C8051F02X 系列中的 CIP-51 工作在最大系统时钟频率 25 MHz 时，它的峰值速度达到 25 MIPS。图 11-1 给出了几种 8 位微控制器内核工作在最大系统时钟时的峰值速度的比较关系。

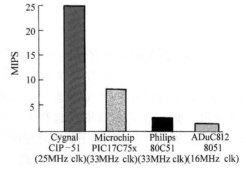

图 11-1　MCU 峰值执行速度比较

11.2 C8051F020 单片机

11.2.1 C8051F020 单片机概述

C8051F020 系列器件使用 Cygnal 的专利 CIP-51 微控制器内核。CIP-51 与 MCS-51™指令集完全兼容，可以使用标准 803X/805X 的汇编器和编译器进行软件开发。CIP-51 内核具有标准 8052 的所有外设部件，包括 5 个 16 位的计数器/定时器、两个全双工 UART、256 B 内部 RAM、128 B 特殊功能寄存器（SFR）地址空间及 8B 宽的 I/O 的端口。

下面列出了一些主要特性。

- 高速、流水线结构的与 8051 兼容的 CIP-51 内核（运行速度可达 25MIPS）。
- 全速、非侵入式的在系统调试接口（片内）。
- 真正 12 位、100 KSPS 的 8 通道 ADC，带 PGA 和模拟多路开关。
- 两个 12 位 DAC，可编程更新时序。
- 64 KB 可在系统编程的 Flash 存储器。
- 4352（4096+256）B 的片内 RAM。
- 可寻址 64 KB 地址空间的外部数据存储器接口。
- 硬件实现的 SPI、SMBus/I^2C 和两个 UART 串行接口。
- 5 个通用的 16 位定时器。
- 具有 5 个捕捉/比较模块的可编程计数器/定时器阵列。
- 片内看门狗定时器、VDD 监视器和温度传感器。

具有片内 VDD 监视器、看门狗定时器和时钟振荡器的 C8051F020 是真正能独立工作的片上系统。所有模拟和数字外设均可由用户固件配置为使能或禁止。Flash 存储器还具有在系统重新编程能力，可用于非易失性数据存储，并允许现场更新 8051 固件。

片内 JTAG 调试电路允许使用安装在最终应用系统上的产品 MCU 进行非侵入式（不占用片内资源）、全速、在系统调试。该调试系统支持观察和修改存储器和寄存器，支持断点、观察点、单步及运行和停机命令。在使用 JTAG 调试时，所有模拟和数字外设都可全功能运行。

调试环境示意图如图 11-2 所示。

每个 MCU 都可在工业温度范围（−40~+85℃）内用 2.7~3.6 V 的电压工作。端口 I/O、RST 和 JTAG 引脚都容许 5 V 的输入信号电压。C8051F020 为 100 脚 TQFP 封装，其芯片示意图和原理框图分别如图 11-3、图 11-4 所示。

11.2.2 存储器组织

除了与标准的 8051 的存储器空间资源兼容外，C8051F020 中的 CIP-51 还另有位于外部数据存储器地址空间的 4 KB RAM 块和一个可用于访问外部数据存储器的外部数据存储器接口（EMIF）。这个片内的 4 KB RAM 块可以在整个 64 KB 外部数据存储器地址空间中被寻址（以 4 KB 为边界重叠）。外部数据存储器地址空间可以只映射到片内存储器、只映射至片外存储器，或两者的组合（4 KB 以下的地址指向片内，4 KB 以上的地址指向 EMIF）。EMIF 可以被配置为地址/数据线复用方式或非复用方式。

MCU 的程序存储器包含 64 KB 的 Flash。该存储器以 512 B 为一个扇区，可以在系统编程，且不需特别的编程电压。0xFE00~0xFFFF 的 512 B 被保留，由工厂使用。还有一个位于地址

0x10000～0x1007F 的 128 B 的扇区，该扇区可作为一个小的软件常数表使用。图 11-5 给出了
MCU 系统的存储器结构。

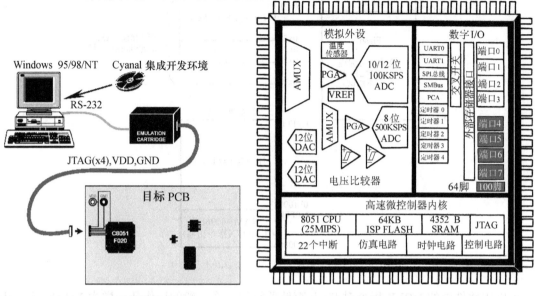

图 11-2　调试环境示意图　　　　　图 11-3　C8051F020 芯片示意图

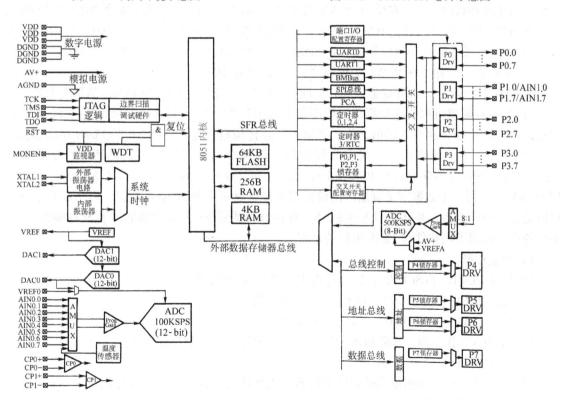

图 11-4　C8051F020 原理框图

1. 程序存储器

对 Flash 存储器编程的最简单的方法是使用由 Cygnal 或第三方供应商提供的编程工具，通
过 JTAG 接口编程。这是对未初始化器件唯一的编程方法。

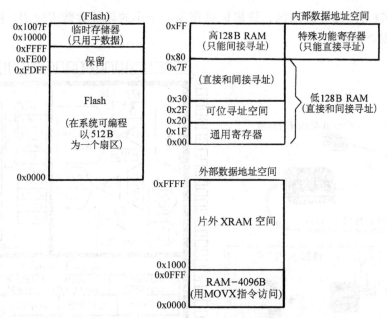

图 11-5　C8051F020 系统的存储器结构

可以用软件中的 MOVX 指令对 Flash 存储器编程，像一般的操作数一样为 MOVX 指令提供待编程的地址和数据字节。在使用 MOVX 指令对 Flash 存储器写入之前，必须将程序存储写允许位 PSWE（PSCTL. 0）设置为逻辑 "1"，以允许 Flash 写操作。这将使 MOVX 指令执行对 Flash 的写操作而不是对 XRAM 写入。在用软件清除 PSWE 位之前将一直允许写操作。为了避免对 Flash 的错写，建议在 PSWE 为逻辑 "1" 期间禁止中断。

用 MOVC 指令读 Flash 存储器；MOVX 读操作将总是指向 XRAM，与 PSWE 的状态无关。

写 Flash 存储器可以清除数据位，但不能使数据位置 "1"；只有擦除操作能将 Flash 中的数据位置 "1"。所以在写入新值之前，必须先擦除待编程的地址。64 KB 的 Flash 存储器是以 512 B 的扇区为单位组织的。一次擦除操作将擦除整个扇区（将扇区内的所有字节设置为 0xFF）。将程序存储擦除允许位 PSEE（PSCTL. 1）和 PSWE（PSCTL. 0）设置为逻辑 "1" 后，用 MOVX 命令写一个数据字节到扇区内的任何地址将擦除整个 512 B 的扇区。写入的数据字节可以是任何值，因为不是真正写入到 Flash。在用软件清除 PSEE 位之前将一直允许擦除操作。下面的步骤说明了用软件对 Flash 编程的过程。

1）禁止中断。

2）置位 FLWE（FLSCL. 0），以允许由用户软件写/擦除 Flash。

3）置位 PSEE（PSCTL. 1），以允许 Flash 扇区擦除。

4）置位 PSWE（PSCTL. 0），以允许 Flash 写。

5）用 MOVX 指令向待擦除扇区内的任何一个地址写入一个数据字节。

6）清除 PSEE 以禁止 Flash 扇区擦除。

7）用 MOVX 指令向刚擦除的扇区中所希望的地址写入数据字节。重复该步直到所有字节都已写入（目标扇区内）。

8）清除 PSWE 以禁止 Flash 写，使 MOVX 操作指向 XRAM 数据空间。

9）重新允许中断。

写/擦除时序由硬件自动控制。注意，在 Flash 正被编程或擦除期间，8051 中的程序停止执行。

Flash 存储器除了用于存储程序代码之外，还可以用于非易失性数据的存储。这就允许在程序运行时计算和存储类似标定系数这样的数据。数据写入用 MOVX 指令，读出用 MOVC 指令。

MCU 的 Flash 存储器中有一个附加的 128 B 的扇区，可用于非易失性数据存储。然而它较小的扇区容量使其非常适于作为通用的非易失性临时存储器。尽管 Flash 存储器可以每次写一个字节，但必须首先擦除整个扇区。128 B 的扇区规模使数据更新更加容易，可以不浪费程序存储器或 RAM 空间。该 128 B 的扇区在 64 KB Flash 存储器中是双映射的；它的地址范围是 0x00~0x7F（见图 11-5）。为了访问该扇区，PSCTL 寄存器中的 SFLE 位必须被设置为逻辑"1"。该扇区不能用于存储程序代码。

2. 数据存储器

C8051F020 MCU 内部有位于外部数据存储器空间的 4096 B RAM（XRAM），还有可用于访问片外存储器和存储器映射的 I/O 器件外部数据存储器接口（EMIF）。外部存储器空间可以用外部传送指令（MOVX）和数据指针（DPTR）访问，或者通过使用 R0 或 R1 用间接寻址方式访问。如果 MOVX 指令使用一个 8 位地址操作数（例如@ R1），则 16 位地址的高字节由外部存储器接口控制寄存器（EMI 0CN）提供。注意，MOVX 指令还用于写 Flash 存储器。默认情况下 MOVX 指令访问 XRAM。EMIF 可被配置为使用低 I/O 端口（P0~P3）或高 I/O 端口（P4~P7）。

XRAM 存储器空间用 MOVX 指令访问。MOVX 指令有两种形式，这两种形式都使用间接寻址方式。第一种形式使用数据指针 DPTR，该寄存器中含有待读或写的 XRAM 单元的有效地址。第二种形式使用 R0 或 R1，与 EMIOCN 寄存器一起形成有效 XRAM 地址。下面举例说明这两种形式。

16 位形式的 MOVX 指令访问由 DPTR 寄存器的内容所指向的存储器单元。下面的指令将地址 0x1234 的内容读入累加器 A：

```
MOV    DPTR,#1234h    ;将待读单元的 16 位地址(0x1234) 装入 DPTR
MOVX   A,@ DPTR       ;将地址 0x1234 的内容装入累加器 A
```

上面的例子使用 16 位立即数 MOV 指令设置 DPTR 的内容。还可以通过访问特殊功能寄存器 DPH（DPTR 的高 8 位）和 DPL（DPTR 的低 8 位）来改变 DPTR 的内容。

外部存储器接口控制寄存器 EMIOCN 的格式如下：

R/W	R/W	R/W	R/W	R/W	R/W	R/W	R/W	复位值
PGSEL7	PGSEL6	PGSEL5	PGSEL4	PGSEL3	PGSEL2	PGSEL1	PGSEL0	00000000
位 7	位 6	位 5	位 4	位 3	位 2	位 1	位 0	SFR 地址：0xAF

其中：

位 7~0：PGSEL[7:0]，XRAM 页选择位。当使用 8 位的 MOVX 命令时，XRAM 页选择位提供 16 位外部数据存储器地址的高字节，实际上是选择一个 256 B 的 RAM 页。

0x00：0x0000~0x00FF

0x01：0x0100~0x01FF

…

0xFE：0xFE00~0xFEFF

0xFF：0xFE00~0xFEFF

8 位形式的 MOVX 指令用特殊功能寄存器 EMIOCN 的内容给出待访问地址的高 8 位，由 R0 或 R1 的内容给出待访问地址的低 8 位。下面的指令将地址 0x1234 的内容读入累加器 A：

```
MOV    EMIOCN,#12h    ;将地址的高字节装入 EMIOCN
MOV    R0,#34h        ;将地址的低字节装入 R0 (或 R1)
MOVX   A,@ R0         ;将地址 0x1234 的内容装入累加器 A
```

3. 存储器模式选择

可以用 EMI0CF 寄存器中 EMIF 模式选择位将外部数据存储器空间配置为四种工作模式之一。EMI0CF 的格式如下：

R/W	R/W	R/W	R/W	R/W	R/W	R/W	R/W	复位值
—	—	PRTSEL	EMD2	EMD1	EMD0	EALE1	EALE0	00000011
位7	位6	位5	位4	位3	位2	位1	位0	SFR 地址： 0xA3

其中：

位7~6：未用。读=00b，写=忽略。

位5：PRTSEL，EMIF 端口选择位。

    0：EMIF 在 P0~P3。

    1：EMIF 在 P4~P7。

位4：EMD2，EMIF 复用方式选择位。

    0：EMIF 工作在地址/数据复用方式。

    1：EMIF 工作在非复用方式（分离的地址和数据引脚）。

位3~2：EMD1~0，EMIF 模式选择位。这两位控制外部存储器接口的工作模式。

    00：只用内部存储器，MOVX 只寻址片内 XRAM。所有有效地址都指向片内存储器空间。

    01：不带块选择的分片方式。寻址低于 4KB 边界的地址时访问片内存储器，寻址高于 4KB 边界的地址时访问片外存储器。8 位片外 MOVX 操作使用地址高端口锁存器的当前内容作为地址的高字节。注意：为了能访问片外存储器空间，EMI0CN 必须被设置成一个不属于片内地址空间的页地址。

    10：带块选择的分片方式。寻址低于 4KB 边界的地址时访问片内存储器，寻址高于 4KB 边界的地址时访问片外存储器。8 位片外 MOVX 操作使用 EMI0CN 的内容作为地址的高字节。

    11：只用外部存储器，MOVX 只寻址片外 XRAM。片内 XRAM 对 CPU 为不可见。

位1~0：EALE1~0：ALE 脉冲宽度选择位（只在 EMD2=0 时有效）。

    00：ALE 高和 ALE 低脉冲宽度=1 个 SYSCLK 周期。

    01：ALE 高和 ALE 低脉冲宽度=2 个 SYSCLK 周期。

    10：ALE 高和 ALE 低脉冲宽度=3 个 SYSCLK 周期。

    11：ALE 高和 ALE 低脉冲宽度=4 个 SYSCLK 周期。

下面简要介绍这些模式。

1）只用内部 XRAM。当 EMI0CF[3:2]被设置为"00"时，所有 MOVX 指令都将访问器件内部的 XRAM 空间。存储器寻址的地址大于实际地址空间时，将以 4KB 为边界回绕。例如地址 0x1000 和 0x2000 都指出片内 XRAM 空间的 0x0000 地址。

- 8 位 MOVX 操作使用特殊功能寄存器 EMI0CN 的内容作为有效地址的高字节，由 R0 或 R1 给出有效地址的低字节。
- 16 位 MOVX 操作使用 16 位寄存器 DPTR 的内容作为有效地址。

2）无块选择的分片模式。当 EMI0CF[3:2]被设置为"01"时，XRAM 存储器空间被分成两个区域（片），即片内空间和片外空间。

- 有效地址低于 4KB 将访问片内 XRAM 空间。
- 有效地址高于 4KB 将访问片外 XRAM 空间。
- 8 位 MOVX 操作使用特殊功能寄存器 EMI0CN 的内容确定是访问片内还是片外存储器，

地址总线的低 8 位 A[7:0] 由 R0 或 R1 给出。然而对于"无块选择"模式,在访问片外存储器期间 8 位 MOVX 操作不驱动地址总线的高 8 位 A[15:8]。这就允许用户通过直接设置端口的状态来按自己的意愿操作高位地址。下面将要描述的"带块选择的分片模式"则与此相反。

- 16 位 MOVX 操作使用 DPTR 的内容确定是访问片内还是片外存储器,与 8 位 MOVX 操作不同的是,在访问片外存储器时地址总线 A[15:0] 的全部 16 位都被驱动。

3) 带块选择的分片模式。当 EMI 0CF[3:2] 设置为"10"时,XRAM 存储器空间被分成两个区域(片),即片内空间和片外空间。

- 有效地址低于 4 KB 将访问片内 XRAM 空间。
- 有效地址高于 4 KB 将访问片外 XRAM 空间。
- 8 位 MOVX 操作使用特殊功能寄存器 EMI0CN 的内容确定是访问片内还是片外存储器,地址总线的高 8 位 A[15:8] 由 EMI0CN 给出,而地址总线的低 8 位 A[7:0] 由 R0 或 R1 给出。在"块选择"模式,地址总线 A[15:0] 的全部 16 位都被驱动。
- 16 位 MOVX 操作使用 DPTR 的内容确定是访问片内还是片外存储器,与 8 位 MOVX 操作不同的是,在访问片外存储器时地址总线 A[15:0] 的全部 16 位都被驱动。

4) 只用外部存储器。当 EMI0CF[3:2] 被设置为"11"时,所有 MOVX 指令都将访问器件外部 XRAM 空间。片内 XRAM 对 CPU 为不可见。该方式在访问从 0x0000 开始的 4 KB 片外存储器时有用。

- 8 位 MOVX 操作忽略 EMI0CN 的内容。高地址位 A[15:8] 不被驱动(与"不带块选择的分片模式"中描述的访问片外存储器的行为相同)。这就允外用户通过直接设置端口的状态来按自己的意愿操作高位地址。有效地址的低 8 位 A[7:0] 由 R0 或 R1 给出。
- 16 位 MOVX 操作使用 DPTR 的内容确定有效地址 A[15:0]。在访问片外存储器时地址总线 A[15:0] 的全部 16 位都被驱动。

这 4 种工作模式如图 11-6 所示。

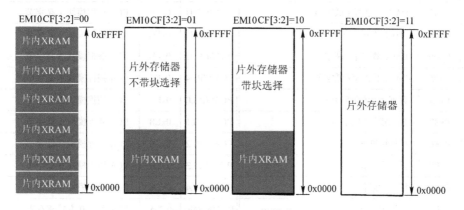

图 11-6　EMIF 工作模式

4. 特殊功能寄存器

0x80~0xFF 的直接寻址寄存器空间为特殊功能寄存器(SFR)。SFR 提供对 CIP-51 的资源和外设的控制及 CIP-51 与这些资源和外设之间的数据交换。CIP-51 具有标准 8051 中的全部 SFR,还增加了一些用于配置和访问专有子系统的 SFR。这就允许在保证与 MCS-51™ 指令集兼容的前提下增加新功能。表 11-2 列出了 CIP-51 系统控制器中的全部 SFR。

表 11-2 特殊功能寄存器

寄存器	地址	说 明	寄存器	地址	说 明
ACC	0xE0	累加器	IE	0xA8	中断允许寄存器
ADC0CF	0xBC	ADC0 配置寄存器	IP	0xB8	中断优先级控制寄存器
ADC0CN	0xE8	ADC0 控制寄存器	OSCICN	0xB2	内部振荡器控制寄存器
ADC0GTH	0xC5	ADC0 下限(大于)数据字(高字节)	OSCXCN	0xB1	外部振荡器控制寄存器
ADC0GTL	0xCr	ADC0 下限(大于)数据字(低字节)	P0	0x80	端口 0 锁存器
ADC0H	0xBF	ADC0 数据字(高字节)	P0MDOUT	0xA4	端口 0 输出方式配置寄存器
ADC0L	0xBE	ADC0 数据字(低字节)	P1	0x90	端口 1 锁存器
ADC0LTH	0xC7	ADC0 上限(小于)数据字(高字节)	P1MDIN	0xBD	端口 1 输入方式寄存器
ADC0LTL	0xC6	ADC0 上限(小于)数据字(低字节)	P1MIOUT	0xA5	端口 1 输出方式配置寄存器
ADC1CF	0xAB	ADC1 配置寄存器	P2	0xA0	端口 2 锁存器
ADC1CN	0xAA	ADC1 控制寄存器	P2MDOUT	0xA6	端口 2 输出方式配置寄存器
ADC1	0x9C	ADC1 数据字	P3	0xB0	端口 3 锁存器
AMX0CF	0xBA	ADC0 MUX 配置寄存器	P3IF	0xAD	端口 3 中断标志寄存器
AMX0SL	0xBB	ADC0 MUX 通道选择寄存器	P3MDOUT	0xA7	端口 3 输出方式配置寄存器
AMX1SL	0xAC	ADC1 MUX 通道选择寄存器	P4	0x84	端口 4 锁存器
B	0xF0	B 寄存器	P5	0x85	端口 5 锁存器
CKCON	0x8E	时钟控制寄存器	P6	0x86	端口 6 锁存器
CPT0CN	0x9E	比较器 0 控制寄存器	P7	0x96	端口 7 锁存器
CPT1CN	0x9F	比较器 1 控制寄存器	P7ROUT	0xB5	端口 4~7 输出方式寄存器
DAC0CN	0xD4	DAC0 控制寄存器	PCA0CN	0xD8	PCA 控制寄存器
DAC0H	0xD3	DAC0 数据字(高字节)	PCA0CPH0	0xFA	PCA 捕捉模块 0 高字节
DAC0L	0xD2	DAC0 数据字(低字节)	PCA0CPH1	0xFB	PCA 捕捉模块 1 高字节
DAC1CN	0xD7	DAC1 控制寄存器	PCA0CPH2	0xFC	PCA 捕捉模块 2 高字节
DAC1H	0xD6	DAC1 数据字(高字节)	PCA0CPH3	0xFD	PCA 捕捉模块 3 高字节
DAC1L	0xD5	DAC1 数据字(低字节)	PCA0CPH4	0xFE	PCA 捕捉模块 4 高字节
DPH	0x83	数据指针(高字节)	PCA0CPL0	0xEA	PCA 捕捉模块 0 低字节
DPL	0x82	数据指针(低字节)	PCA0CPL1	0xEB	PCA 捕捉模块 1 低字节
EIE1	0xE6	扩展中断允许 1	PCA0CPL2	0xEC	PCA 捕捉模块 2 低字节
EIE2	0xE7	扩展中断允许 2	PCA0CPL3	0xED	PCA 捕捉模块 3 低字节
EIP1	0xF6	扩展中断优先级 1	PCA0CPL4	0xEE	PCA 捕捉模块 4 低字节
EIP2	0xF7	扩展中断优先级 2	PCA0CPM0	0xDA	PCA 模块 0 方式寄存器
EMI0CN	0xAF	外部存储器接口控制寄存器	PCA0CPM1	0xDB	PCA 模块 1 方式寄存器
EMI0CF	0xA3	外部存储器接口配置寄存器	PCA0CPM2	0xDC	PCA 模块 2 方式寄存器
EMI0TC	0xA1	外部存储器接口时序控制寄存器	PCA0CPM3	0xDD	PCA 模块 3 方式寄存器
FLACL	0xB7	Flash 访问限制	PCA0CPM4	0xDE	PCA 模块 4 方式寄存器
FLSCL	0xB6	Flash 寄存器定时预分频器	PCA0H	0xF9	PCA 计数器高字节

（续）

寄存器	地址	说　明	寄存器	地址	说　明
PCA0L	0xE9	PCA 计数器低字节	SPI0CKR	0x9D	SPI 时钟频率寄存器
PCA0MD	0xD9	PCA 方式寄存器	SPI0CN	0xF8	SPI 总线控制寄存器
PCON	0x87	电源控制寄存器	SPI0DAT	0x9B	SPI 数据寄存器
PSCTL	0x8F	程序存储读写控制寄存器	T2CON	0xC8	定时器/计数器 2 控制寄存器
PSW	0xD0	程序状态字	T4CON	0xC8	定时器/计数器 4 控制寄存器
RCAP2H	0xCB	定时器/计数器 2 捕捉（高字节）	TCON	0x88	定时器/计数器控制寄存器
RCAP2L	0xCA	定时器/计数器 2 捕捉（低字节）	TH0	0x8C	定时器/计数器 0 高字节
RCAP4H	0xE5	定时器/计数器 4 捕捉（高字节）	TH1	0x8D	定时器/计数器 1 高字节
RCAP4L	0xE4	定时器/计数器 4 捕捉（低字节）	TH2	0xCD	定时器/计数器 2 高字节
REF0CN	0xD1	电压基准控制寄存器	TH4	0xF5	定时器/计数器 4 高字节
RSTSRC	0xEF	复位源寄存器	TL0	0x8A	定时器/计数器 0 低字节
SADDR0	0xA9	UART0 从地址寄存器	TL1	0x8B	定时器/计数器 1 低字节
SADDR1	0xF3	UART1 从地址寄存器	TL2	0xCC	定时器/计数器 2 低字节
SADEN0	0xB9	UART0 从地址允许寄存器	TL4	0xF4	定时器/计数器 4 低字节
SADEN1	0xAE	UART1 从地址允许寄存器	TMOD	0x89	定时器/计数器方式寄存器
SBUF0	0x99	UART0 数据缓冲器	TMR3CN	0x91	定时器 3 控制寄存器
SBUF1	0xF2	UART1 数据缓冲器	TMR3H	0x95	定时器 3 高字节
SCON0	0x98	UART0 控制寄存器	TMR3L	0x94	定时器 3 低字节
SCON1	0xF1	UART1 控制寄存器	TMR3RLH	0x93	定时器 3 重载值高字节
SMB0ADR	0xC3	SMBus 0 地址寄存器	TMR3RLL	0x92	定时器 3 重载值低字节
SMB0CN	0xC0	SMBus 0 控制寄存器	WDTCN	0xFF	看门狗定时器控制
SMB0CR	0xCF	SMBus 0 时钟频率寄存器	XBR0	0xE1	端口 I/O 交叉开关控制 0
SMB0DAT	0xC2	SMBus 0 数据寄存器	XBR1	0xE2	端口 I/O 交叉开关控制 1
SMB0STA	0xC1	SMBus 0 状态寄存器	XBR2	0xE3	端口 I/O 交叉开关控制 2
SP	0x81	堆栈指针	0x97、0XA2、0xB3、0xB4、0xCE、0xDF		保留
SPI0CFG	0x9A	SPI 配置寄存器			

11.2.3　I/O 口与数字交叉开关

C8051F 系列 MCU 具有标准 8051 的端口（0、1、2 和 3）。在 F020/2 中有 4 个附加的端口（4、5、6 和 7），因此共有 64 个通用端口 I/O。这些端口 I/O 的工作情况与标准 8051 相似，但有一些改进，如图 11-7 所示。

每个端口 I/O 引脚都可以被配置为推挽或漏极开路输出。在标准 8051 中固定的"弱上拉"可以被总体禁止，这为低功耗应用提供了进一步节电的能力。

可能最独特的改进是引入了数字交叉开关。这是一个大的数字开关网络，允许将内部数字系统资源映射到 P0、P1、P2 和 P3 的端口 I/O 引脚。与具有标准复用数字 I/O 的微控制器不同，这种结构可支持所有的功能组合。

可通过设置交叉开关控制寄存器将片内的计数器/定时器、串行总线、硬件中断、ADC 转换启动输入、比较器输出以及微控制器内部的其他数字信号配置为出现在端口 I/O 引脚。这一特性允许用户根据自己的特定应用选择通用端口 I/O 和所需数字资源的组合。

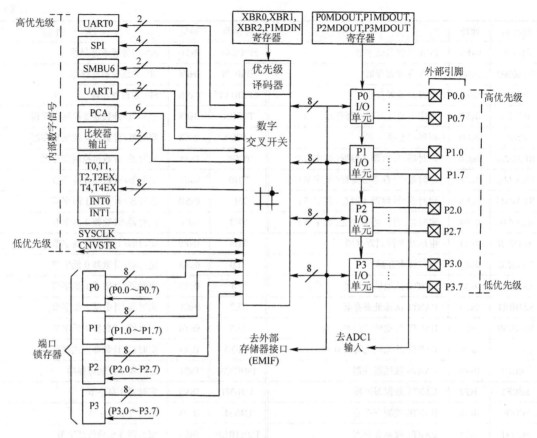

图 11-7　数字交叉开关原理框图

1. 端口 0~3 和优先权交叉开关译码器

优先权交叉开关译码器，也称为"交叉开关"，按优先权顺序将端口 0~3 的引脚分配给器件上的数字外设（UART、SMBus、PCA、定时器等）。端口引脚的分配顺序是 P0.0 开始，可以一直分配到 P3.7。为数字外设分配端口引脚的优先权顺序如图 11-8 所示，UART0 具有最高优先权，而 CNVSTR 具有最低优先权。

当交叉开关配置寄存器 XBR0、XBR1 和 XBR2 中外设的对应允许位被设置为逻辑"1"时，交叉开关将端口引脚分配给外设。例如，如果 UART0EN 位（XBR0.2）被设置为逻辑"1"，则 TX0 和 RX0 引脚将分别被分配到 P0.0 和 P0.1。因为 UAR0 有最高优先权，所以当 UART0EN 位被设置为逻辑"1"时其引脚将总是被分配到 P0.0 和 P0.1。如果一个数字外设的允许位不被设置为逻辑"1"，则其端口将不能通过器件的端口引脚被访问。注意：当选择了串行通信外设（即 SMBus、SPI 或 UART）时，交叉开关将为所有相关功能分配引脚。例如，不能为 UART0 功能只分配 TX0 引脚而不分配 RX0 引脚。被允许的外设的每种组合会产生唯一的器件引脚分配。

端口 0~3 中所有未被交叉开关分配的引脚都可以作为通用 I/O（GPI/O）引脚，通过读或写相应的端口数据寄存器访问，这是一组既可以按位寻址也可以按字节寻址的 SFR。被交叉开关分配的那些端口引脚的输出状态受使用这些引脚的数字外设的控制。向端口数据寄存器（或相关的端口位）写入时对这些引脚的状态没有影响。

不管交叉开关是否将引脚分配给外设，读一个端口数据寄存器（或端口位）将总是返回引

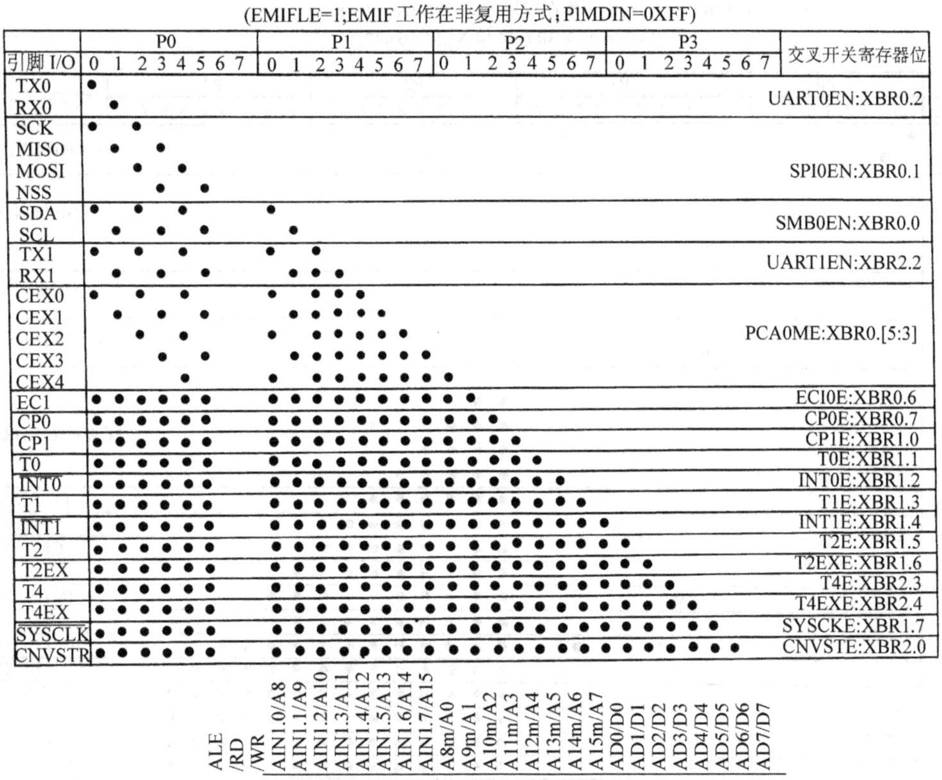

(EMIFLE=1;EMIF工作在非复用方式;P1MDIN=0XFF)

引脚 I/O	P0 0 1 2 3 4 5 6 7	P1 0 1 2 3 4 5 6 7	P2 0 1 2 3 4 5 6 7	P3 0 1 2 3 4 5 6 7	交叉开关寄存器位
TX0	•				UART0EN:XBR0.2
RX0	· •				
SCK	•				SPI0EN:XBR0.1
MISO	· •				
MOSI	· · • · •				
NSS	· · · •				
SDA	• · · •				SMB0EN:XBR0.0
SCL	· • · · •	· •			
TX1	• · · · ·	· · •			UART1EN:XBR2.2
RX1	· • · · · ·	• · · •			
CEX0	• · · · · ·	· · · · •			PCA0ME:XBR0.[5:3]
CEX1	· • · · · ·	• · · · · •			
CEX2	· · • · · ·	· • · · · · •			
CEX3	· · · • · ·	· · • · · · · •			
CEX4	· · · · • ·	· · · • · · · ·	•		
EC1	• · · · · · · ·	• · · · · · · ·	•		ECI0E:XBR0.6
CP0	• · · · · · · ·	• · · · · · · ·	• ·		CP0E:XBR0.7
CP1	• · · · · · · ·	• · · · · · · ·	• · ·		CP1E:XBR1.0
T0	• · · · · · · ·	• · · · · · · ·	• · · ·		T0E:XBR1.1
INT0	• · · · · · · ·	• · · · · · · ·	• · · · ·		INT0E:XBR1.2
T1	• · · · · · · ·	• · · · · · · ·	• · · · · ·		T1E:XBR1.3
INT1	• · · · · · · ·	• · · · · · · ·	• · · · · · ·		INT1E:XBR1.4
T2	• · · · · · · ·	• · · · · · · ·	• · · · · · · ·		T2E:XBR1.5
T2EX	• · · · · · · ·	• · · · · · · ·	• · · · · · · ·	•	T2EXE:XBR1.6
T4	• · · · · · · ·	• · · · · · · ·	• · · · · · · ·	• ·	T4E:XBR2.3
T4EX	• · · · · · · ·	• · · · · · · ·	• · · · · · · ·	• · ·	T4EXE:XBR2.4
SYSCLK	• · · · · · · ·	• · · · · · · ·	• · · · · · · ·	• · · ·	SYSCKE:XBR1.7
CNVSTR	• · · · · · · ·	• · · · · · · ·	• · · · · · · ·	• · · · ·	CNVSTE:XBR2.0

下方引脚标注（P0~P3 各引脚）：ALE　/RD　/WR　AIN1.0/A8　AIN1.1/A9　AIN1.2/A10　AIN1.3/A11　AIN1.4/A12　AIN1.5/A13　AIN1.6/A14　AIN1.7/A15　A8m/A0　A9m/A1　A10m/A2　A11m/A3　A12m/A4　A13m/A5　A14m/A6　A15m/A7　AD0/D0　AD1/D1　AD2/D2　AD3/D3　AD4/D4　AD5/D5　AD6/D6　AD7/D7

图 11-8　优先权交叉开关译码表

脚本身的逻辑状态。唯一的例外发生在执行读-修改-写指令（ANL、ORL、XRL、CPL、INC、DEC、DJNZ、JBC、CLR、SET 和位传送操作）期间。在读-修改-写指令的读周期，所读的值是端口数据寄存器的内容，而不是端口引脚本身的状态。

　　因为交叉开关寄存器影响器件外设的引出脚，所以它们通常在外设被配置前由系统的初始化代码配置。一旦配置完毕，将不再对其重新编程。

　　交叉开关寄存器被正确配置后，通过将 XBARE（XBR2.4）设置为逻辑"1"来使能交叉开关。在 XBARE 被设置为逻辑"1"之前，端口 0~3 的输出驱动器被禁止，以防止对交叉开关寄存器和其他寄存器写入时在端口引脚上产生争用。

　　被交叉开关分配给输入信号（例如 RX0）的引脚所对应的输出驱动器被禁止，因此端口数据寄存器和 PnMDOUT 寄存器的值对这些引脚的状态没有影响。

2. 交叉开关引脚分配示例

　　如图 11-9 所示，下面为 UART0、SMBus、UART1、INT0和INT1配端口引脚（共 8 个引脚）配置交叉开关；将外部存储器接口配置为复用方式并使用低端口；将 P1.2、P1.3 和 P1.4 配置为模拟输入，以使用 ADC1 测量加在这些引脚上的电压。配置步骤如下。

　　1）按 UART0EN=1、SMB0EN=1、INT0E=1、INT1E=1 和 EMWLE=1 设置 XBR0、XBRI 和 XBR2，则有 XBR0=0x05，XBR1=0x14，XBR2=0x02。

　　2）将外部存储器接口配置为复用方式并使用低端口，有 PRTSEL=0，EMD2=0。

　　3）将作为模拟输入的端口 1 脚配置为模拟输入方式。设置 P1MDIN 为 0xE3（P1.4、P1.3 和 P1.2 为模拟输入，所以它们的对应 P1MDIN 被设置为逻辑"0"）。

(EMIFLE=1;EMIF工作在复用方式；P1MDIN=0×E3
XBR0=0×05;XBR1=0×14;XBR2=0×42)

引脚 I/O	P0 0 1 2 3 4 5 6 7	P1 0 1 2 3 4 5 6 7	P2 0 1 2 3 4 5 6 7	P3 0 1 2 3 4 5 6 7	交叉开关寄存器位
TX0 / RX0					UART0EN:XBR0.2
SCK / MISO / MOSI / NSS					SPI0EN:XBR0.1
SDA / SCL					SMB0EN:XBR0.0
TX1 / RX1					UART1EN:XBR2.2
CEX0 / CEX1 / CEX2 / CEX3 / CEX4					PCA0ME:XBR0.[5:3]
ECI					ECI0E:XBR0.6
CP0					CP0E:XBR0.7
CP1					CP1E:XBR1.0
T0					T0E:XBR1.1
INT0					INT0E:XBR1.2
T1					T1E:XBR1.3
INT1					INT1E:XBR1.4
T2					T2E:XBR1.5
T2EX					T2EXE:XBR1.6
T4					T4E:XBR2.3
T4EX					T4EXE:XBR2.4
SYSCLK					SYSCKE:XBR1.7
CNVSTR					CNVSTE:XBR2.0

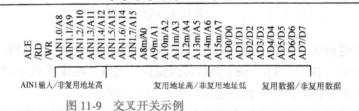

图 11-9 交叉开关示例

4）设置 XBARE=1 以允许交叉开关，则有 XBR2=0x42。

UART0 有最高优先权，所以 P0.0 被分配给 TX0，P0.1 被分配给 RX0。

SMBus 的优先权次之，所以 P0.2 被分配给 SDA，P0.3 被分配给 SCL。

接下来是 UART1，所以 P0.4 被分配给 TX1。由于外部存储接口选在低端口（EMIFLE=1），所以交叉开关跳过 P0.6（/RD）和 P0.7（/WR）。又因为外部存储器接口被配置为复用方式，所以交叉开关也跳过 P0.5（ALE）。下一个未被跳过的引脚 P1.0 被分配给 RX1。

接下来是 INT0，被分配到引脚 P1.1。

将 P1MDIN 设置为 0xE3，使 P1.2、P1.3 和 P1.4 被配置为模拟输入，导致交叉开关跳过这些引脚。

下面优先权高的是 INT1，所以下一个未跳过的引脚 P1.5 被分配给 INT1。

在执行对片外操作的 MOVX 指令期间，外部存储器接口将驱动端口 2 和端口 3。

5）将 UART0 的 TX 引脚（TX0，P0.0）、UART1 的 TX 引脚（TX1，P0.4）、ALE、RD、WR（P0[7:3]）的输出设置为推挽方式，通过设置 P0MDOUT=0xF1 来实现。

6）通过设置 P2MDOUT=0xFF 和 P3MDOUT=0xFF 将 EMIF 端口（P2、P3）的输出方式配置为推挽方式。

7）通过设置 P1MDOUT=0x00（配置输出为漏极开路）和 P1=0xFF（逻辑，"1"选择高阻态）禁止 3 个模拟输入引脚的输出驱动器。

11.3 模-数转换器

C8051FXXX 单片机的大部分型号都有 ADC 子系统，即 ADC0 子系统。这些 ADC0 子系统集成了可编程模拟多路器（AMUX）、一个可编程增益放大器（PGA）和一个 100 KSPS 的 8~12 位（取决于器件）逐次逼近寄存器型 ADC。ADC 中集成了跟踪保护电路和可编程窗口检测器。AMUX、PGA、数据转换寄存器（ADC0CN）中的 ADCEN（或 AD0EN）位被置位时，ADC0 子系统（ADC、跟踪保持器和 PGA）才能允许工作。当 AD0EN 位为 0 时，ADC0 子系统处于低功耗关断方式。

C8051F02X 还有第二个 ADC 子系统，即 ADC1 子系统。它除了 ADC 为 500 KSPS 的 8 位逐次逼近寄存器型 ADC 外，其余与 ADC0 系统类似，它的工作由特殊功能寄存器 ADC1CN 来控制。

1. ADC 结构

C8051F020 有一个片内 12 位 SARADC（ADC0）、一个 9 通道输入多路选择开关和可编程增益放大器。该 ADC 工作在 100 KSPS 的最大采样速率时可提供真正的 12 位精度，INL 为 ±1LSB。8051F022/3 有一个片内 10 位 SAR ADC，技术指标和配置选项与 C8051F020/1 的 ADC 类似。ADC0 的电压基准可以在 DAC0 输出和外部 VREF 引脚之间选择。对于 C8051F020/2 器件，ADC0 有其专用的 VREF0 输入引脚；对于 C8051F021/3 器件，ADC0 与 8 位的 ADC1 共享 VREFA 输入引脚。片内 $15 \times 10^{-6}/℃$ 的电压基准可通过 VREF 输出引脚为其他系统部件或片内 ADC 产生基准电压。

ADC 完全由 CIP-51 通过特殊功能寄存器控制。有一个输入通道被连到内部温度传感器，其他 8 个通道接外部输入。8 个外部输入通道的每一对都可被配置为两个单端输入或一个差分输入。系统控制器可以将 ADC 置于关断状态以节省功耗。

可编程增益放大器接在模拟多路选择器之后，增益可以用软件设置，从 0.5~16 以 2 的整数次幂递增。当不同 ADC 输入通道之间输入的电压信号范围差距较大或需要放大一个具有较大直流偏移的信号时（在差分方式，DAC 可用于提供直流偏移），这个放大环节是非常有用的。

A-D 转换有 4 种启动方式：软件命令、定时器 2 溢出、定时器 3 溢出和外部信号输入。这种灵活性允许软件事件、外部硬件信号或周期性的定时器溢出信号触发转换。一次转换完成可以产生一个中断，或者用软件查询一个状态位来判断转换结束。在转换完成后，10 或 12 位转换结果数据字被锁存到两个特殊功能寄存器中。这些数据字可以用软件控制为左对齐或右对齐。

窗口比较寄存器可被配置为当 ADC 数据位于一个规定的范围之内或之外时向控制器申请中断。ADC 可以用后台方式监视一个关键电压，当转换数据位于规定的窗口之内时才向控制器申请中断。12 位 ADC 的原理框图如图 11-10 所示。

2. 模拟多路开关和 PGA

AMUX 中的 8 个通道用于外部测量，而第 9 通道在内部被接到片内温度传感器。注意：PGA0 的增益对温度传感器也起作用。可以将 AMUX 输入对编程为工作在差分或单端方式。这就允许用户对每个通道选择最佳的测量技术，甚至可以在测量过程中改变方式。在系统复位后 AMUX 的默认方式为单端输入。有两个与 AMUX 相关的寄存器：通道选择寄存器 AMX0SL 和

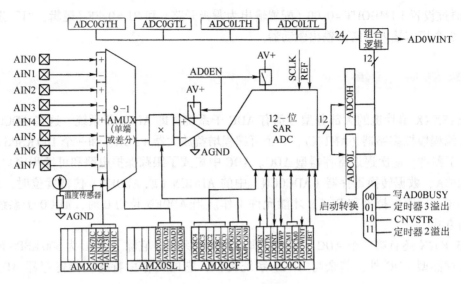

图 11-10   12位 ADC 原理框图

配置寄存器 AMX0CF。PGA 对 AMUX 输出信号的放大倍数由 ADC0 配置寄存器 ADC0CF 中的 AMP0GN2～0 确定。PGA 增益可以用软件编程为 0.5、1、2、4、8 或 16，复位后的默认增益为 1。

温度传感器的传输函数如图 11-11 所示。当温度传感器被选中（用 AMX0SL 中的 AMX0AD3～0）时，其输出电压（V_{TEMP}）是 PGA 的输入；PGA 对该电压的放大倍数由用户编程的 PGA 设置值决定。

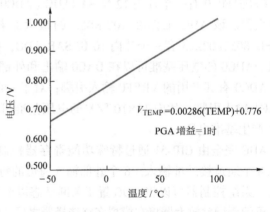

$V_{TEMP} = 0.00286(TEMP) + 0.776$

PGA 增益=1时

图 11-11   温度传感器传输函数

通道选择寄存器 AMUX0SL 格式如下：

R/W	R/W	R/W	R/W	R/W	R/W	R/W	R/W	复位值
—	—	—	AMX0AD3	AMX0AD2	AMX0AD1	AMX0AD0		00000000
位7	位6	位5	位4	位3	位2	位1	位0	SFR 地址：0xBB

位 7~4：未使用。读=0000b；写=忽略。

位 3~0：AMX0AD3~0，AMUX0 地址位。

0000~1111b 根据表 11-3 来选择 ADC 输入。

表 11-3

		AMX0AD3~0								
		0000	0001	0010	0011	0100	0101	0110	0111	1xxx
AMX0CF 位3~0	0000	AIN0	AIN1	AIN2	AIN3	AIN4	AIN5	AIN6	AIN7	温度传感器
	0001	+ (AIN0) − (AIN1)		AIN2	AIN3	AIN4	AIN5	AIN6	AIN7	温度传感器

（续）

		\multicolumn{9}{c}{AMX0AD3~0}
		0000	0001	0010	0011	0100	0101	0110	0111	1xxx
AMX0CF 位 3~0	0010	AIN0	AIN1	+（AIN2） -（AIN3）		AIN4	AIN5	AIN6	AIN7	温度传感器
	0011	+（AIN0） -（AIN1）		+（AIN2） -（AIN3）		AIN4	AIN5	AIN6	AIN7	温度传感器
	0100	AIN0	AIN1	AIN2	AIN3	+（AIN4） -（AIN5）		AIN6	AIN7	温度传感器
	0101	+（AIN0） -（AIN1）		AIN2	AIN3	+（AIN4） -（AIN5）		AIN6	AIN7	温度传感器
	0110	AIN0	AIN1	+（AIN2） -（AIN3）		+（AIN4） -（AIN5）		AIN6	AIN7	温度传感器
	0111	+（AIN0） -（AIN1）		+（AIN2） -（AIN3）		+（AIN4） -（AIN5）		AIN6	AIN7	温度传感器
	1000	AIN0	AIN1	AIN2	AIN3	AIN4	AIN5	+（AIN6） -（AIN7）		温度传感器
	1001	+（AIN0） -（AIN1）		AIN2	AIN3	AIN4	AIN5	+（AIN6） -（AIN7）		温度传感器
	1010	AIN0	AIN1	+（AIN2） -（AIN3）		AIN4	AIN5	+（AIN6） -（AIN7）		温度传感器
	1011	+（AIN0） -（AIN1）		+（AIN2） -（AIN3）		AIN4	AIN5	+（AIN6） -（AIN7）		温度传感器
	1100	AIN0	AIN1	AIN2	AIN3	+（AIN4） -（AIN5）		+（AIN6） -（AIN7）		温度传感器
	1101	+（AIN0） -（AIN1）		AIN2	AIN3	+（AIN4） -（AIN5）		+（AIN6） -（AIN7）		温度传感器
	1110	AIN0	AIN1	+（AIN2） -（AIN3）		+（AIN4） -（AIN5）		+（AIN6） -（AIN7）		温度传感器
	1111	+（AIN0） -（AIN1）		+（AIN2） -（AIN3）		+（AIN4） -（AIN5）		+（AIN6） -（AIN7）		温度传感器

AMUX 通道配置寄存器 AMUX0CF 格式如下：

R/W	R/W	R/W	R/W	R/W	R/W	R/W	R/W	复位值
—	—	—	—	AIN67IC	AIN45IC	AIN23IC	AIN01IC	00000000
位 7	位 6	位 5	位 4	位 3	位 2	位 1	位 0	SFR 地址： 0xBA

位 7~4：未使用。读 = 0000b；写 = 忽略。

位 3：AIN67IC，AIN6、AIN7 输入对配置位。

　　0：AIN6 和 AIN7 为独立的单端输入。

　　1：AIN6，AIN7 分别为 +，-差分输入对。

位 2：AIN45IC，AIN4、AIN5 输入对配置位。

　　0：AIN4 和 AIN5 为独立的单端输入。

　　1：AIN4，AIN5 分别为 +，-差分输入对。

位 1：AIN23IC，AIN2、AIN3 输入对配置位。

　　0：AIN2 和 AIN2 为独立的单端输入。

　　1：AIN2，AIN2 分别为 +，-差分输入对。

位 0：AIN01IC，AIN0、AIN1 输入对配置位。

0：AIN0 和 AIN1 为独立的单端输入。

1：AIN0，AIN1 分别为 +，−差分输入对。

注：对于被配置成差分输入的通道，ADC0 数据字格式为 2 的补码。

ADC0 配置寄存器 ADC0CF 格式如下：

R/W	R/W	R/W	R/W	R/W	R/W	R/W	R/W	复位值
AD0SC4	AD0SC3	AD0SC2	AD0SC1	AD0SC0	AMP0GN2	AMP0GN1	AMP0GN0	11111000
位 7	位 6	位 5	位 4	位 3	位 2	位 1	位 0	SFR 地址：0xBC

位 7~3：AD0SC4~0，ADC0 SAR 转换时钟周期控制位。SAR 转换时钟来源于系统时钟，由下面的方程给出，其中 AD0SC 表示 AD0SC4~0 中保持的数值，CLK_{SAR0} 表示所需要的 ADC0 SAR 时钟（注：ADC0 SAR 时钟应小于或等于 2.5 MHz）。

$$AD0SC = \frac{SYSCLK}{CLK_{SAR0}} - 1$$

位 2~0：AMP0GN2~0，ADC0 内部放大器增益。

000：增益 = 1。

001：增益 = 2。

010：增益 = 4。

011：增益 = 8。

10x：增益 = 16。

11x：增益 = 0.5。

3. ADC 工作过程

ADC0 的最高转换速度为 100 KSPS，其转换时钟来源于系统时钟分频，分频值保存在寄存器 ADC0CF 的 ADCSC 位。

（1）启动转换

有 4 种转换启动方式，由 ADC0CN 中的 ADC0 启动转换方式位（AD0CM1、AD0CM0）的状态决定。转换触发源如下。

1）向 ADC0CN 的 AD0BUSY 位写 1。

2）定时器 3 溢出（即定时的连续转换）。

3）外部 ADC 转换启动信号的上升沿，CNVSTR。

4）定时器 2 溢出（即定时的连续转换）。

AD0BUSY 位在转换期间被置"1"，转换结束后复"0"。AD0BUSY 位的下降沿触发一个中断（当被允许时）并将中断标志 AD0INT（ADC0CN.5）置"1"。转换数据被保存在 ADC 数据字的 MSB 和 LSB 寄存器：ADC0H 和 ADC0L。转换数据在寄存器对 ADC0H、ADC0L 中的存储方式可以是左对齐或右对齐，由 ADC0CN 寄存器中 AD0LJST 位的编程状态决定。

当通过向 AD0BUSY 写"1"启动数据转换时，应查询 AD0INT 位以确定转换何时结束（也可以使用 ADC0 中断）。建议的查询步骤如下。

1）写"0"到 AD0INT。

2）向 AD0BUSY 写"1"。

ACD0 的控制寄存器 ADC0CN 的格式如下：

R/W	R/W	R/W	R/W	R/W	R/W	R/W	R/W	复位值
AD0EN	AD0TM	AD0INT	AD0BUSY	AD0CM1	AD0CM0	AD0WINT	AD0LJST	00000000
位 7	位 6	位 5	位 4	位 3	位 2	位 1	位 0	SFR 地址:

（可位寻址）　0xE8

位 7：AD0EN，ADC0 允许位。

　　0：ADC0 禁止。ADC0 处于低功耗停机状态。

　　1：ADC0 允许。ADC0 处于活动状态，并准备转换数据。

位 6：AD0TM，ADC 跟踪方式位。

　　0：当 ADC 被允许时，除了转换期间之外一直处于跟踪方式。

　　1：由 ADSTM1~0 定义跟踪方式。

位 5：AD0INT，ADC0 转换结束中断标志。该标志必须用软件清零。

　　0：从最后一次将该位清零后，ADC0 还没有完成一次数据转换。

　　1：ADC0 完成了一次数据转换。

位 4：AD0BUSY，ADC0 忙标志位。

　　读：

　　0：ADC0 转换结束或当前没有正在进行的数据转换。AD0INT 在 AD0BUSY 的下降沿被置"1"。

　　1：ADC0 正在进行转换。

　　写：

　　0：无作用。

　　1：若 ADSTM1~0 = 00b 则启动 ADC0 转换。

位 3：AD0CM1~0，ADC0 转换启动方式选择位。

　　如果 AD0TM = 0：

　　00：向 AD0BUSY 写 1 启动 ADC0 转换。

　　01：定时器 3 溢出启动 ADC0 转换。

　　10：CNVSTR 上升沿启动 ADC0 转换。

　　11：定时器 2 溢出启动 ADC0 转换。

　　如果 AD0TM = 1：

　　00：向 AD0BUSY 写 1 时启动跟踪，持续 3 个 SAR 时钟，然后进行转换。

　　01：定时器 3 溢出启动跟踪，持续 3 个 SAR 时钟，然后进行转换。

　　10：只有当 CNVSTR 输入为逻辑低电平时 ADC0 跟踪，在 CNVSTR 的上升沿开始转换。

位 1：AD0WINT，ADC0 窗口比较中断标志。

　　0：自该标志被清除后未发生过 ADC0 窗口比较匹配。

　　1：发生了 ADC0 窗口比较匹配。

位 0：AD0LJST，ADC0 数据左对齐选择位。

　　0：ADC0H：ADC0L 寄存器数据右对齐。

　　1：ADC0H：ADC0L 寄存器数据左对齐。

3）查询并等待 AD0INT 变"1"。

4）处理 ADC0 数据。

（2）跟踪方式

ADC0CN 中的 AD0TM 位控制 ADC0 的跟踪保持方式。在默认状态，除了转换期间之外 ADC0 输入被连续跟踪。当 AD0TM 位为逻辑"1"时，ADC0 工作在低功耗跟踪保持方式。在该方式下，每次转换之前都有 3 个 SAR 时钟的跟踪周期（在启动转换信号有效之后）。当 CNVSTR 信号用于在低功耗跟踪保持方式启动转换时，ADC0 只在 CNVSTR 为低电平时跟踪；在 CNVSTR 的上升沿开始转换，如图 11-12 所示。当整个芯片处于低功耗待机或休眠方式时，跟踪可以被禁止（关断）。当 AMUX 或 PGA 的设置频繁改变时，低功耗跟踪保持方式也非常有用，可以保证建立时间需求得到满足。

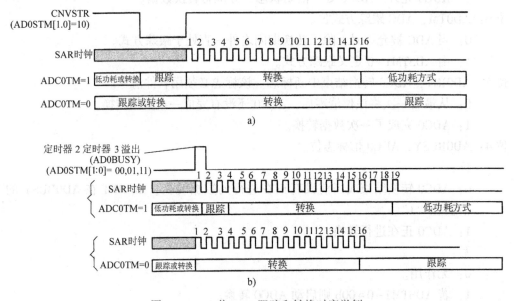

图 11-12　12 位 ADC 跟踪和转换时序举例

a）使用外部触发源的 ADC 时序　b）使用内部触发源的 ADC 时序

（3）建立时间要求

当 ADC0 输入配置发生改变时（AMUX 或 PGA 的选择发生变化），在进行一次精确的转换之前需要有一个最小的跟踪时间。该跟踪时间由 ADC0 模拟多路器的电阻、ADC0 采样电容、外部信号源阻抗及所需要的转换精度决定。图 11-13 给出了单端和差分方式下等效的 ADC0 输入电路。要注意的是，这两种等效电路的时间常数完全相同。对于一个给定的建立精度（SA），所需要的 ADC0 建立时间 t 可以用方程估算。当测量温度传感器的输出时，R_{TOTAL} 等于 R_{MUX}。要注意的是，在低功耗跟踪方式，每次转换需要用三个 SAR 时钟跟踪。对于大多数应用，三个 SAR 时钟可以满足跟踪需要。

方程 ADC0 建立时间要求：

$$t = -\ln\left(\frac{SA}{2^n}\right) \times R_{TOTAL} C_{SAMPLE}$$

式中　SA——建立精度，用一个 LSB 的分数表示（例如，建立精度 0.25 对应 1/4LSB）；

　　　　t——所需要的建立时间，以 s（秒）为单位；

　　R_{TOTAL}——ADC0 模拟多路器电阻与外部信号源电阻之和；

　　　　n——ADC0 的分辨率，用 bit（比特）表示。

4. ADC0 可编程窗口检测器

ADC0 可编程窗口检测器不停地将 ADC0 输出与用户编程的极限值进行比较，并在检测到

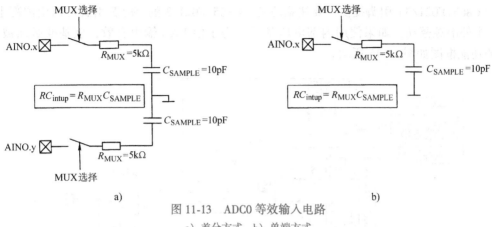

图 11-13　ADC0 等效输入电路

a）差分方式　b）单端方式

越限条件时通知系统控制器。这在一个中断驱动的系统中尤其有效，既可以节省代码空间和 CPU 带宽，又能提供快速响应时间。窗口检测器中断标志（ADC0CN 中的 AD0WINT 位）也可用于查询方式。参考字的高和低字节被装入 ADC0 下限（大于）和 ADC0 上限（小于）寄存器（ADC0GTH、ADC0GTL、ADC0LTH 和 ADC0LTL）。图 11-14 给出了比较示例供参考。注意，窗口检测器标志既可以在测量数据位于用户编程的极限值以内时有效，也可以在测量数据位于用户编程的极限值以外时有效，这取决于 $ADC0GT_X$ 和 $ADC0LT_X$ 的编程值。

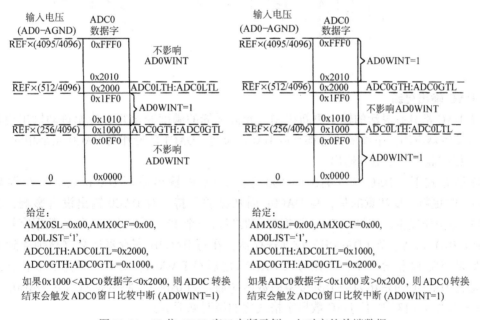

图 11-14　12 位 ADC0 窗口中断示例：左对齐的单端数据

11.4　电压输出数-模转换器

每个 C8051F020/1/2/3 器件都有两个片内 12 位电压方式数/模转换器（DAC）。每个 DAC 的输出摆幅均为 0V 到（VREF-1LSB），对应的输入码范围是 0x000~0xFFF。可以用对应的控制寄存器 DAC0CN 和 DAC1CN 允许/禁止 DAC0 和 DAC1。在被禁止时，DAC 的输出保持在高阻状态，DAC 的供电电流降到 1μA 或更小。每个 DAC 的电压基准由 VREFD（C8051F020/2）或

VREF（C8051F021/3）引脚提供。要注意的是，C8051F021/3 的 VREF 引脚可以由内部电压基准或一个外部源驱动。如果使用内部电压基准，为了使 DAC 输出有效，该基准必须被使能。DAC 的功能框图如图 11-15 所示。

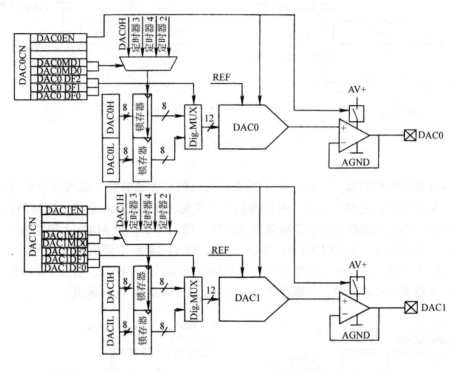

图 11-15　DAC 功能框图

1. DAC 输出更新

每个 DAC 都具有灵活的输出更新机制，允许无缝的满度变化并支持无抖动输出更新，适合于波形发生器应用。下面的描述都是以 DAC0 为例，DAC1 的操作与 DAC0 完全相同。

（1）根据软件命令更新输出

在默认方式下（DAC0CN[4:3] = "00"），DAC0 的输出在写 DAC0 数据寄存器高字节（DAC0H）时更新。要注意的是，写 DAC0L 时数据被保持，对 DAC0 输出没有影响，直到对 DAC0H 的写操作发生。如果向 DAC 数据寄存器写入一个 12 位字，则 12 位的数据字被写到低字节（DAC0L）和高字节（DAC0H）数据寄存器，在写 DAC0H 寄存器后数据被锁定到 DAC0。因此，如果需要 12 位分辨率，应在写入 DAC0L 之后写 DAC0H。DAC 可被用于 8 位方式，这种情况是将 DAC0L 初始化为一个所希望的数值（通常为 0x00），将数据只写入 DAC0H（有关在 16 位 SFR 空间内对 12 位 DAC 数据字格式化的说明见下节）。

（2）基于定时器溢出的输出更新

在 ADC 转换操作中，ADC 转换可以由定时器溢出启动，不用处理器干预。与此类似，DAC 的输出更新也可以用定时器溢出事件触发。这一特点在用 DAC 产生一个固定采样频率的波形时尤其有用，可以消除中断响应时间不同和指令执行时间不同对 DAC 输出时序的影响。当 DAC0MD 位（DAC0CN[4:3]）被设置为 "01" "10" 或 "11" 时，对 DAC 数据寄存器的写操作被保持，直到相应的定时器溢出事件（分别为定时器 3、定时器 4 或定时器 2）发生时 DAC0H、DAC0L 的内容才被复制到 DAC 输入锁存器，允许 DAC 数据改变为新值。

2. DAC 输出定标/调整

在某些情况下，对 DAC0 进行写入操作之前应对输入数据移位，以正确调整 DAC 输入寄存器中的数据。这种操作一般需要一个或多个装入和移位指令，因而增加软件开销和降低 DAC 的数据通过率。为了减少这方面的负担，数据格式化功能为用户提供了一种能对数据寄存器 DAC0H 和 DAC0L 中的数据格式编程的手段。三个 DAC0DF 位（DAC0CN[2:0]）允许用户在 5 种数据字格式中指定一种（见 DAC0CN 寄存器定义）。

DAC1 的功能与上述 DAC0 的功能完全相同。

11.5　电压基准（C8051F020/2）

电压基准电路为控制 ADC 和 DAC 模块工作提供了灵活性。有三个电压基准输入引脚，允许每个 ADC 和两个 DAC 使用一个外部电压基准或片内电压基准输出。通过配置 VREF 模拟开关，ADC0 还可以使用 DAC0 的输出作为内部基准，ADC1 可以使用模拟电源电压作为基准，如图 11-16 所示。

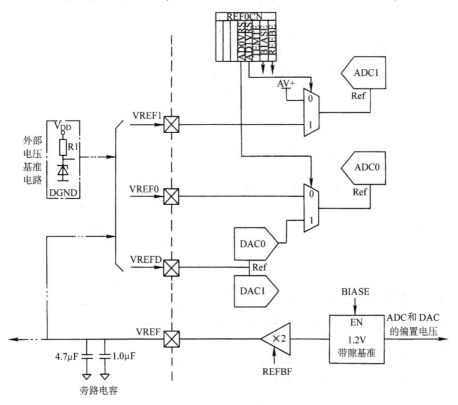

图 11-16　电压基准功能框图

内部电压基准电路由一个 1.2 V、15×10^{-6}/℃（典型值）的带隙电压基准发生器和一个两倍增益的输出缓冲放大器组成。内部基准电压可以通过 VREF 引脚连到应用系统中的外部器件或图 11-16 所示的电压基准输入引脚。建议在 VREF 引脚与 AGND 之间接入 0.1 μF 和 4.7 μF 的旁路电容。

基准电压控制寄存器 REF0CN 提供了允许/禁止内部基准发生器和选择 ADC0、ADC1 基准输入的手段。REF0CN 中的 BIASE 位控制片内电压基准发生器工作，而 REFBE 位控制驱动 VREF 引脚的缓冲放大器。当被禁止时，带隙基准和缓冲放大器消耗的电流小于 1 μA（典型值），缓冲放大器的输出进入高阻状态。如果要使用内部带隙基准作为基准电压发生器，则 BI-ASE 和 REFBE 位必须被置"1"。如果不使用内部基准，REFBE 位必须被清零。要注意的是，如果使用 ADC 或 DAC，则不管电压基准取自片内还是片外，BIASE 位必须被置为逻辑"1"。如果既不使用 ADC 也不使用 DAC，则这两位都应被清零以节省功耗。AD0VRS 和 AD1VRS 位分别用于选择 ADC0 和 ADC1 的电压基准源。

DAC0 的控制寄存器 DAC0CN 的格式如下：

R/W	R/W	R/W	R/W	R/W	R/W	R/W	R/W	复位值
DAC0EN	—	—	DAC0MD1	DAC0MD0	DAC0DF2	DAC0DF1	DAC0DF0	00000000
位 7	位 6	位 5	位 4	位 3	位 2	位 1	位 0	SFR 地址：0xD4

位 7：DAC0EN，ADC0 允许位。

    0：DAC0 禁止。DAC0 输出脚为高阻态，DAC0 处于节电停机方式。

    1：DAC0 允许。DAC0 正常输出；DAC0 处于工作状态。

位 6~5：未用。读=00b；写=忽略。

位 4~3：DAC0MD1~0，DAC0 方式位。

    00：DAC 输出更新发生在写 DAC0H 时。

    01：DAC 输出更新发生在定时器 3 溢出时。

    10：DAC 输出更新发生在定时器 4 溢出时。

    11：DAC 输出更新发生在定时器 2 溢出时。

位 2~0：DAC0DF2~0，DAC0 数据格式位。

000：DAC0 数据字的高 4 位在 DAC0H[3:0]，低字节在 DAC0L 中。

DAC0H	DAC0L
▨▨▨▨ MSB	LSB

001：DAC0 数据字的高 5 位在 DAC0H[4:0]，低 7 位在 DAC0L[7:1]。

DAC0H	DAC0L
▨▨▨ MSB	LSB ▨

010：DAC0 数据字的高 6 位在 DAC0H[5:0]，低 6 位在 DAC0L[7:2]。

DAC0H	DAC0L
▨▨ MSB	LSB ▨▨

011：DAC0 数据字的高 7 位在 DAC0H[6:0]，低 5 位在 DAC0L[7:3]。

DAC0H	DAC0L
▨ 4S1	LSB ▨▨▨

1xx：高有效字节在 DAC0H 中，低 4 位在 DAC0L[7:4]。

DAC0H	DAC0L
MSB	LSB ▨▨▨▨

电压基准控制寄存器的格式如下：

R/W	R/W	R/W	R/W	R/W	R/W	R/W	R/W	复位值
—	—	—	AD0VRS	AD1VRS	TEMPE	BIASE	REFBE	00000000
位 7	位 6	位 5	位 4	位 3	位 2	位 1	位 0	SFR 地址：0xD1

位 7~5：未用。读 = 000b，写 = 忽略。

位 4：AD0VRS，ADC0 电压基准选择位。

    0：ADC0 电压基准取自 VREF0 引脚。

    1：ADC0 电压基准取自 DAC0 输出。

位 3：AD1VRS，ADC1 电压基准选择位。

    0：ADC1 电压基准取自 VREF1 引脚。

    1：ADC1 电压基准取自 AV+。

位 2：TEMPE，温度传感器允许位。

    0：内部温度传感器关闭。

    1：内部温度传感器工作。

位 1：BIASE，ADC/DAC 偏压发生器允许位（使用 ADC 和 DAC 时该位必须为 1）。

    0：内部偏压发生器关闭。

    1：内部偏压发生器工作。

位 0：REFBE，内部电压基准缓冲器允许位。

    0：内部电压基准缓冲器关闭。

    1：内部电压基准缓冲器工作。内部电压基准从 VREF 引脚输出。

11.6　SMBus

SMBus0 I/O 接口是一个双线的双向串行总线。SMBus0 完全符合系统管理总线规范 1.1 版，与 I^{2}C 串行总线兼容。系统控制器对总线的读写操作都是以字节为单位的，由 SMBus 接口自动控制数据的串行传输。数据传输的最大速率可达系统时钟频率的 1/8（这可能比 SMBus 的规定速度要快，取决于所使用的系统时钟）。可以采用延长低电平时间的方法协调同一总线上不同速度的器件。C805Fxxx 系列芯片中的 SMBus 原理框图如图 11-17 所示。

SMBus 可以工作在主/从方式，一个总线上可以有多个主器件。SMBus 提供了 SDA（串行数据）控制、SCL（串行时钟）产生和同步、仲裁逻辑以及起始/停止的控制和产生电路。有三个与之相关的特殊功能寄存器：配置寄存器 SMB0CF、控制寄存器 SMB0CN 及用于发送和接收数据的数据寄存器 SMB0DAT。

图 11-18 给出了一个典型的 SMBus 配置。SMBus 接口的工作电压可以在 3.0~5.0 V 之间，总线上不同器件的工作电压可以不同。SCL（串行时钟）和 SDA（串行数据）线是双向的，必须通过一个上拉电阻或类似电路将它们连到电源电压。连接在总线上的每个器件的 SCL 和 SDA 都必须是漏极开路或集电极开路的。因此当总线空闲时，这两条线都被拉到高电平。总线上的最大器件数只受所要求的上升和下降时间的限制，上升和下降时间分别不能超过 300 ns 和 1000 ns。

1. SMBus 协议

有两种可能的数据传输类型：从主发送器到所寻址的从接收器（写）和从被寻址的从发送器到主接收器（读）。这两种数据传输都由主器件启动，主器件还提供串行时钟。SMBus 接口可以工作在主方式或从方式。总线上可以有多个主器件。如果两个或多个主器件同时启动数据传输，仲裁机制将保证有一个主器件会赢得总线。要注意的是，没有必要在一个系统中指定某个器件作为主器件；任何一个发送起始条件（START）和从器件地址的器件就成为该次数据传输的主器件。

一次典型的 SMBus 数据传输包括一个起始条件（START）、一个地址字节（位 7~1：7 位从地址；位 0：R/W 方向位）、一个或多个字节的数据和一个停止条件（STOP）。每个接收的字节（由一个主器件或从器件）都必须用 SCL 高电平期间的 SDA 低电平来确认（ACK）。如果接收器件不确认，则发送器件将读到一个"非确认"（NACK），这用 SCL 高电平期间的 SDA 高电平表示。

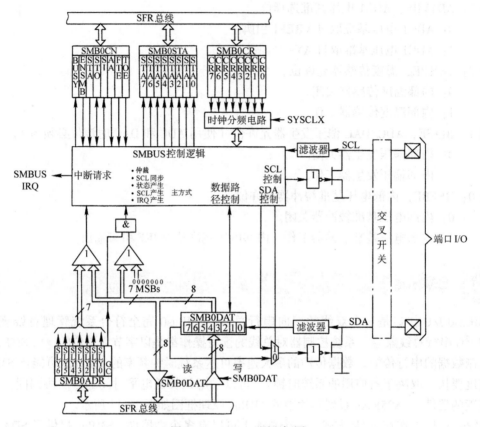

图 11-17 SMBus 原理框图

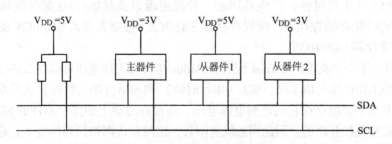

图 11-18 典型 SMBus 配置

方向位占据地址字节的最低位。方向位被设置为逻辑"1"表示这是一个"读"（READ）操作，方向位为逻辑 0 表示这是一个"写"（WRITE）操作。

所有的数据传输都由主器件启动，可以寻址一个或多个目标从器件。主器件产生一个起始条件，然后发送地址和方向位。如果本次数据传输是一个从主器件到从器件的写操作，则主器件每发送一个数据字节后等待来自从器件的确认。如果是一个读操作，则由从器件发送数据并等待主器件的确认。在数据传输结束时，主器件产生一个停止条件，结束数据交换并释放总线。图 11-19 示出了一次典型的 SMBus 数据传输过程。

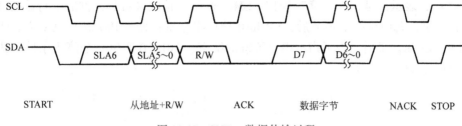

图 11-19　SMBus 数据传输过程

（1）总线仲裁

一个主器件只能在总线空闲时启动一次传输。在一个停止条件之后或 SCL 和 SDA 保持高电平已经超过了指定时间，则总线是空闲的。两个或多个主器件可能在同一时刻产生起始条件。由于产生起始条件的器件并不知道其他器件也正想占用总线，所以使用仲裁机制迫使一个主器件放弃总线。这些主器件继续发送起始条件，直到其中一个主器件发送高电平而其他主器件在 SDA 上发送低电平。赢得总线的器件继续其数据传输过程，而未赢得总线器件成为从器件。该仲裁机制是非破坏性的，总会有一个器件赢得总线，不会发生数据丢失。

（2）时钟低电平扩展

SMBus 提供一种与 I^{2}C 类似的同步机制，允许不同速度的器件共存于一个总线上。为了使低速从器件能与高速主器件通信，在传输期间采取低电平扩展。从器件可以保持 SCL 为低电平以扩展时钟低电平时间，这实际上相当于降低了串行时钟频率。

（3）SCL 低电平超时

如果 SCL 线被总线上的从器件保持为低电平，则不能再进行通信，并且主器件也不能强制 SCL 为高电平来纠正这种错误情况。为了解决这一问题，SMBus 协议规定：参加一次数据传输的器件必须检查时钟低电平时间，若超过 25 ms 则认为是"超时"。检测到超时条件的器件必须在 10 ms 以内复位通信电路。

（4）SCL 高电平（SMBus 空闲）超时

SMBus 标准规定：如果一个器件保持 SCL 和 SDA 线为高电平的时间超过 50 μs，则可认为总线处于空闲状态。如果一个 SMBus 器件正等待产生一个主起始条件，则该起始条件将在总线空闲超时之后立即产生。

2. SMBus 数据传输方式

SMBus 接口可以配置为工作在主方式和/或从方式。在某一时刻，它将工作在下述 4 种方式之一：主发送器、主接收器、从发送器、从接收器。下面以中断驱动的 SMBus0 应用为例来说明这四种工作方式；SMBus0 也可以工作在查询方式。

（1）主发送器方式

在 SDA 上发送串行数据，在 SCL 上输出串行时钟。SMBus0 接口首先产生一个起始条件，然后发送含有目标从器件地址和数据方向位的第一个字节。在这种情况下数据方向位（R/W）应为逻辑"0"，表示这是一个"写"操作。SMBus0 接口发送一个或多个字节的串行数据，并在每发送完一个字节后等待由从器件产生的确认信号（ACK）。最后，为了指示串行传输的结束，SMBus0 产生一个停止条件。典型的主发送器时序如图 11-20 所示。

（2）主接收器方式

在 SDA 上接收串行数据，在 SCL 上输出串行时钟。SMBus0 接口首先产生一个起始条件，然后发送含有目标从器件地址和数据方向的第一个字节。在这种情况下数据方向位（R/W）

应为逻辑"1"，表示这是一个"读"操作。SMBus0 接口接收来自从器件的串行数据并在 SCL 上输出串行时钟。每收到一个字节后，SMBus0 接口根据寄存器 SMB0CN 中 AA 位的状态产生一个 ACK 或 NACK。最后，为了指示串行传输的结束，SMBus0 产生一个停止条件。典型的主接收器时序如图 11-21 所示。

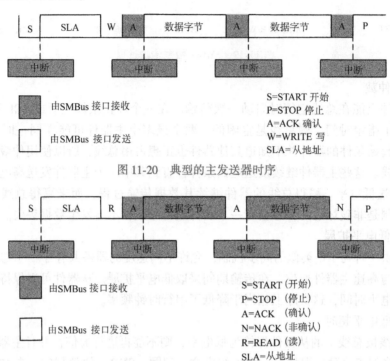

图 11-20　典型的主发送器时序

图 11-21　典型的主接收器时序

（3）从发送器方式

在 SDA 上发送串行数据，在 SCL 上接收串行时钟。SMBus0 接口首先收到一个起始条件（START）和一个含有从地址和数据方向位的字节。如果收到的从地址与寄存器 SMB0ADR 中保存的地址一致，则 SMBus0 接口产生一个 ACK。如果收到全局呼叫地址（0x00）并且全局呼叫地址允许位（SMB0ADR. 0）被设置为逻辑"1"，则 SMBus0 接口也会发出 ACK。在这种情况下数据方向位（R/W）应为逻辑"1"，表示这是一个"读"操作。SMBus0 接口在 SCL 上接收串行时钟并发送一个或多个字节的串行数据，每发送一个字节后等待由主器件发送的 ACK。在收到主器件发出的停止条件后，SMBus0 接口退出从方式。典型的从发送器时序如图 11-22 所示。

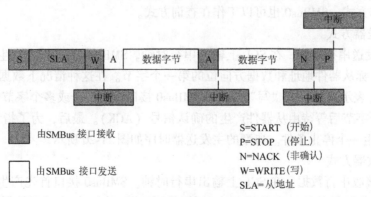

图 11-22　典型的从发送器时序

（4）从接收器方式

在 SDA 上接收串行数据，在 SCL 上接收串行时钟。SMBus0 接口首先收到一个起始条件（START）和一个含有从地址和数据方向位的字节。如果收到的从地址与寄存器 SMB0ADR 中保存的地址一致，则 SMBus0 接口产生一个 ACK。如果收到全局呼叫地址（0x00）并且全局呼叫地址允许位（SMB0ADR.0）被设置为逻辑"1"，则 SMBus0 接口也会发出 ACK。在这种情况下数据方向位（R/W）应为逻辑"0"，表示这是一个"写"操作。SMBus0 接收一个或多个字节的串行数据；每收到一个字节后，SMBus0 接口根据寄存器 SMB0CN 中 AA 位的状态产生一个 ACK 或 NACK。在收到主器件发出的停止条件后，SMBus0 接口退出从接收器方式。典型的从接收器时序如图 11-23 所示。

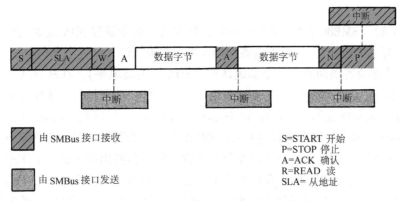

图 11-23　典型的从接收器时序

3. SMBus 特殊功能寄存器

对 SMBus 串行接口的访问和控制是通过 5 个特殊功能寄存器来实现的，分别是控制寄存器 SMB0CN、时钟速率寄存器 SMB0CR、地址寄存器 SMB0ADR、数据寄存器 SMB0DAT 和状态寄存器 SMB0STA。下面对这 5 个与 SMBus 接口操作有关的特殊功能寄存器进行详细说明。

（1）控制寄存器

SMBus 控制寄存器 SMB0CN 用于配置和控制 SMBus0 接口。该寄存器中的所有位都可以用软件读或写，有两个控制位受 SMBus0 硬件的影响。当发生一个有效的串行中断条件时串行中断标志（SI，SMB0CN.3）被硬件设置为逻辑"1"，该标志只能用软件清零。当总线上出现一个停止条件时，停止标志（STO，SMB0CN.4）被硬件清零。

设置 ENSMB 标志为逻辑"1"将使能 SMBus0 接口，把 ENSMB 标志清为逻辑"0"，将禁止 SMBus0 接口并将其移出总线。对 ENSMB 标志瞬间清零后又重置为逻辑"1"，将复位 SMBus0 通信逻辑。然而不应使用 ENSMB 从总线临时移出一个器件，因为这样做将使总线状态信息丢失。应使用确认标志（AA）从总线临时移出器件（见下面对 AA 标志的说明）。

设置起始标志（STA，SMB0CN.5）为逻辑"1"，将使 SMBus0 工作于主方式。如果总线空闲，SMBus0 硬件将产生一个起始条件。如果总线不空闲，SMBus0 硬件将等待停止条件释放总线，然后根据 SMB0CR 的值在经过 5 μs 的延时后产生一个起始条件。（根据 SMBus 协议，如果总线处于等待状态的时间超过 50 μs 而没有检测到停止条件，SMBus0 接口可以认为总线是空闲的。）如果 STA 被设置为逻辑"1"，而此时 SMBus 处于主方式并且已经发送了一个或多个字节，则将产生一个重复起始条件。为保证操作正确，应在对 STA 位置 1 之前，将 STO 标志清零。

当停止标志（STO，SMB0CN.4）被设置为逻辑"1"，而此时 SMBus0 接口处于主方式，则接口将在 SMBus0 上产生一个停止条件。在从方式下，STO 标志可以用于从一个错误条件恢复。在这种情况下，SMBus0 上不产生停止条件，但 SMBus0 硬件的表现就像是收到了一个停止条件并进入"未寻址"的从接收器状态。注意，这种模拟的停止条件并不能导致释放总线。总线将保持忙状态直到出现停止条件或发生总线空闲超时。当检测到总线上的停止条件时，SMBus0 硬件自动将 STO 标志清为逻辑"0"。

当 SMBus0 接口进入到 27 个可能状态之一时，串行中断标志（SI，SMB0CN.3）被硬件置为逻辑"1"。如果 SMBus0 接口的中断被允许，在 SI 标志置"1"时将产生一个中断请求。SI 标志必须用软件清除。

要注意的是，如果 SI 标志被置为逻辑"1"时 SCL 线为低电平，则串行时钟的低电平时间将被延长，串行传输暂时停止，直到 SI 被清为逻辑"0"为止。SCL 的高电平不受 SI 标志设置值的影响。

确认标志（AA，SMB0CN.2）用于在 SCL 线的应答周期中设置 SDA 线的电平。如果器件被寻址，设置 AA 标志为逻辑"1"将在应答周期发送一个确认位（SDA 上的低电平）。设置 AA 标志为逻辑"0"将在应答周期发送一个非确认位（SDA 上的高电平）。在从方式下，发送完一个字节后可以通过清除 AA 标志使从器件暂时脱离总线。这样，从器件自身地址或全局呼叫地址都将被忽略。为了恢复总线操作，必须将 AA 标志重新设置为"1"以允许从地址被识别。

设置 SMBus0 空闲定时器允许位（FTE，SMB0CN.1）为逻辑"1"将使能 SMB0CR 中的定时器。当 SCL 变高时，SMB0CR 的定时器向上计数。定时器溢出指示总线空闲超时，如果 SMBus0 等待产生一个起始条件，则将在超时发生后进行。总线空闲周期应小于 50 μs。

当 SMB0CN 中的 TOE 位被设置为逻辑"1"时，定时器 3 用于检测 SCL 低电平超时。如果定时器 3 被使能，则在 SCL 为高电平时定时器 3 被强制重载，SCL 为低电平时使定时器 3 开始计数。当定时器 3 被使能并且溢出周期被编程为 25 ms（且 TOE 置"1"）时，定时器 3 溢出表示发生了 SCL 低电平超时；定时器 3 中断服务程序可以用于在发生 SCL 低电平超时的情况下复位 SMBus0 通信逻辑。

SMBus 控制寄存器 SMBusCN 的格式如下：

R/W	R/W	R/W	R/W	R/W	R/W	R/W	R/W	复位值
BUSY	ENSMB	STA	STO	SI	AA	FTE	TOE	00000000
位 7	位 6	位 5	位 4	位 3	位 2	位 1	位 0	SFR 地址：
							（可位寻址）	0xC0

位 7：BUSY，忙状态标志。

  0：SMBus0 空闭。

  1：SMBus0 忙。

位 6：ENSMB，SMBus0 允许。该位允许/禁止 SMBus0 串行接口。

  0：禁止 SMBus。

  1：允许 SMBus。

位 5：STA，SMBus0 起始标志。

  0：不发送起始条件。

  1：当作为主器件时，若总线空闲，则发送出一个起始条件。（如果总线不空闲，在收到停止条件后再发送起始条件。）如果 STA 被置"1"，而此时已经发送或接收了一个或多个字节并且没有收到停止条件，则发送一个重复起始条件。为保证操作正确，应在对 STA 位置"1"之前，将 STO 标志清零。

位 4：STO，SMBus0 停止标志。

　　0：不发送停止条件。

　　1：将 STO 置为逻辑"1"将发送一个停止条件。当收到停止条件时，硬件将 STO 清为逻辑 0。如果 STA 和 STO 都被置位，则发送一个停止条件后再发送一个起始条件。在从方式下，置位 STO 标志将导致 SMBus 的行为像收到了停止条件一样。

位 3：SI，SMBus0 串行中断标志。当 SMBus0 进入 27 种状态之一时该位被硬件置位。（状态码 0xF8 不使 SI 置位。）当 SI 中断被允许时，该位置"1"将导致 CPU 转向 SMBus0 中断服务程序。该位不能被硬件自动清零，必须用软件清除。

位 2：AA，SMBus0 确认标志。该位定义在 SCL 线应答周期内返回的应答类型。

　　0：在应答周期内返回"非确认"（SDA 线高电平）。

　　1：在应答周期内返回"确认"（SDA 线低电平）。

位 1：FTE，SMBus0 空闲定时器允许位。

　　0：无 SCL 高电平超时。

　　1：当 SCL 高电平时间超过由 SMB0CR 规定的极限值时发生超时。

位 0：TOE，SMBus0 超时允许位。

　　0：无 SCL 低电平超时。

　　1：当 SCL 处于低电平的时间超过由定时器 3（如果被允许）定义的极限值时发生超时。

（2）时钟速率寄存器

时钟速率寄存器 SMB0CR 的格式如下：

R/W	R/W	R/W	R/W	R/W	R/W	R/W	R/W	复位值
								00000000
位 7	位 6	位 5	位 4	位 3	位 2	位 1	位 0	SFR 地址： 0xCF

位 7~0：SMB0CR[7:0]，SMBus0 时钟速率预设值。SMB0CR 时钟速率寄存器用于控制主方式下串行时钟 SCL 的频率。存储在 SMB0CR 寄存器中的 8 位字预装一个专用的 8 位定时器。该定时器向上计数，当计满回到 0x00 时 SCL 改变逻辑状态。SCL 时钟的周期由下面的方程给出，其中 SMB0CR 是 SMB0CR 寄存器中的 8 位无符号数值。

$$f_{SCL} \approx \frac{1}{2} \times \frac{SYSCLK}{(256-SMB0CR)+2.5}$$

使用与上式相同的 SMB0CR 值，总线空闲超时周期由下式给出：

$$T_{BFT} = 10 \times \frac{(256-SMB0CR)+1}{SYSCLK}$$

SMB0CR 的取值范围为 0x00 ≤ SMB0CR ≤ 0xFE。

（3）数据寄存器

SMBus0 数据寄存器 SMB0DAT 保存要发送或刚接收的串行数据字节。在 SI 被置为逻辑"1"时，软件可以读或写数据寄存器；当 SMBus0 被允许并且 SI 标志被清为逻辑"0"时，软件不应访问 SMB0DAT 寄存器，因为硬件可能正在对该寄存器中的数据字节进行移入或移出操作。

SMB0DAT 中的数据总是移出 MSB。在每收到一个字节后，接收数据的第一位位于 SMB0DAT 的 MSB。在数据被移出的同时，总线上的数据被移入。所以 SMB0DAT 中总是保存最后出现的总线上的数据字节。因此在竞争失败后，从主发送器转为从接收器时 SMB0DAT 中的数据保持正确。

SMBus0 数据寄存器 SMB0DAT 的格式如下：

R/W	R/W	R/W	R/W	R/W	R/W	R/W	R/W	复位值
								00000000
位 7	位 6	位 5	位 4	位 3	位 2	位 1	位 0	SFR 地址：
								0xC2

位 7~0：SMB0DAT，SMBus0 数据。SMB0DAT 寄存器保存要发送到 SMBus0 串行接口上的一个数据字节，或刚从 SMBus0 串行接口接收到的一个字节。一旦 SI 串行中断标志（SMB0CN.3）被置为逻辑 "1"，CPU 即可读或写该寄存器。当 SI 标志位不为 1 时，系统可能正在移入/移出数据，此时 CPU 不应访问该寄存器。

（4）地址寄存器

地址寄存器 SMB0ADR 保存 SMBus0 接口的从地址。在从方式，该寄存器的高 7 位是从地址，最低位（位 0）用于允许全局呼叫地址（0x00）识别。如果该位被设置为逻辑 "1"，则允许识别全局呼叫地址。否则，全局呼叫地址被忽略。当 SMBus 硬件工作在主方式时，该寄存器的内容被忽略。

SMBus 的地址寄存器 SMB0ADR 的格式如下：

R/W	R/W	R/W	R/W	R/W	R/W	R/W	R/W	复位值
SLV6	SLV5	SLV4	SLV3	SLV2	SLV1	SLV0	GC	00000000
位 7	位 6	位 5	位 4	位 3	位 2	位 1	位 0	SFR 地址：
								0xC3

位 7~1：SLV6~SLV0，SMBus0 从地址。这些位用于存放 7 位从地址，当器件工作在从发送器或从接收器方式时，SMBus0 将应答该地址。SLV6 是地址的最高位，对应从 SMBus0 收到的地址字节的第一位。

位 0：GC，全局呼叫地址允许。该位用于允许全局呼叫地址（0x00）识别。

　　0：忽略全局呼叫地址。

　　1：识别全局呼叫地址。

（5）状态寄存器

状态寄存器 SMB0STA 保存一个 8 位的状态码，用于指示 SMBus0 接口的当前状态。共有 28 个可能的 SMBus0 状态，每个状态有一个唯一的状态码与之对应。状态码的高 5 位是可变的，而一个有效状态码的低 3 位固定为 0（当 SI=1 时），因此所有有效的状态码都是 8 的整数倍。这使我们可以很容易地在软件中用状态码作为转移到正确的中断服务程序的索引（允许 8 B 的代码对状态提供服务或转到更长的中断服务程序）。

对于用户软件而言，SMB0STA 的内容只在 SI 标志为逻辑 "1" 时有定义。软件不应向 SMB0STA 寄存器写入；如果写入，将会产生不确定的结果。表 11-4 列出了 28 个 SMBus0 状态和对应的状态码。

状态寄存器 SMB0STA 的格式如下：

R/W	R/W	R/W	R/W	R/W	R/W	R/W	R/W	复位值
STA7	STA6	STA5	STA4	STA3	STA2	STA1	STA0	00000000
位 7	位 6	位 5	位 4	位 3	位 2	位 1	位 0	SFR 地址：
								0xC1

位 7~3：STA7~STA3，SMBus0 状态代码。这些位含有 SMBus0 状态代码。共有 28 个可能的状态码，每个状态码对应一个 SMBus 状态。在 SI 标志（SMB0CN.3）置位时，SMB0STA 中的状态码有效，当 SI 标志为逻辑"0"时，SMB0STA 中的内容无定义。任何时候向 SMB0STA 寄存器写入将导致不确定的结果。

位 2~0：STA2~STA0。当 SI 标志位为逻辑"1"时，这三个 SMB0STA 最低位的读出值总是为逻辑 0。

表 11-4　SMB0STA 状态码和状态

方式	状态码	SMBus 状态	典型操作
主发送器/主接收器	0x08	起始条件已发出	将从地址+R/W 装入到 SMB0DAT。清零 STA
	0x10	重复起始条件已发出	将从地址+R/W 装入到 SMB0DAT。清零 STA
主发送器	0x18	从地址+W 已发出。收到 ACK	将要发送的数据装入到 SMB0DAT
	0x20	从地址+W 已发出。收到 NACK	确认查询重试。置位 STO+STA
	0x28	数据字节已发出。收到 ACK	将下一字节装入到 SMB0DAT，或置位 STO，或置位 STO 后置位 STA 以发送重复起始条件
	0x30	数据字节已发出。收到 NACK	重试传输或置位 STO
	0x38	竞争失败	保存当前数据
主接收器	0x40	从地址+R 已发出。收到 ACK	如果只收到一个字节，清 AA 位（收到字节后发送 NACK）。等待接收数据
	0x48	从地址+R 已发出。收到 NACK	确认查询重试。置位 STO+STA
	0x50	数据字节收到。ACK 已发出	读 SMB0DAT。等待下一字节。如果下一字节是最后字节，清除 AA
	0x58	数据字节收到。NACK 已发出	置位 STO
从接收器	0x60	收到自身的从地址+W。ACK 已发出	等待数据
	0x68	在作为主器件发送 SLA+R/W 时竞争失败。收到自身地址+W。ACK 已发出	保存当前数据以备总线空闲时重试
	0x70	收到全局呼叫地址。ACK 已发出	等待数据
	0x78	作为主器件发送 SLA+R/W 时竞争失败。收到全局呼叫地址+W。ACK 已发出	保存当前数据以备总线空闲时重试
	0x80	收到数据字节。ACK 已发出	读 SMB0DAT。等待下一字节或停止条件
	0x88	收到数据字节。NACK 已发出	置位 STO 以复位 SMBus
	0x90	在全局呼叫地址之后收到数据字节。ACK 已发出	读 SMB0DAT。等待下一字节或停止条件
	0x98	在全局呼叫地址之后收到数据字节。NACK 已发出	置位 STO 以复位 SMBus
	0xA0	收到停止条件或重复起始条件	不需操作
从发送器	0xA8	收到自己的从地址+R。ACK 已发出	将要发送的数据装入到 SMB0DAT
	0xB0	在作为主器件发送 SLA+R/W 时竞争失败。收到自身地址+R。ACK 已发出	保存当前数据以备总线空闲时重试。将要发送的数据装入到 SMB0DAT
	0xB8	数据字节已发送。收到 ACK	将要发送的数据装入到 SMB0DAT
	0xC0	数据字节已发送。收到 NACK	等待停止条件
	0xC8	最后一个字节已发送（AA=0）。收到 ACK	置位 STO 以复位 SMBus
从器件	0xD0	SCL 时钟高电平定时器超时（根据 SMB0CR）	置位 STO 以复位 SMBus
所有方式	0x00	总线错误（非法起始条件或停止条件）	置位 STO 以复位 SMBus
	0xF8	空闲状态	该状态不置位 SI

11.7 串行外设接口总线

串行外设接口（SPI0）提供访问一个 4 线、全双工串行总线的能力。其原理框图如图 11-24 所示。SPI0 支持在同一总线上将多个从器件连接到一个主器件。一个独立的从选择信号（NSS）用于选择一个从器件并允许主器件和所选从器件之间进行数据传输。同一总线上可以有多个主器件。当两个或多个主器件试图同时进行数据传输时，系统提供了冲突检测功能。SPI0 可以工作在主方式或从方式。当 SPI0 被配置为主器件时，最大数据传输率（bit/s）是系统时钟频率的 1/2。

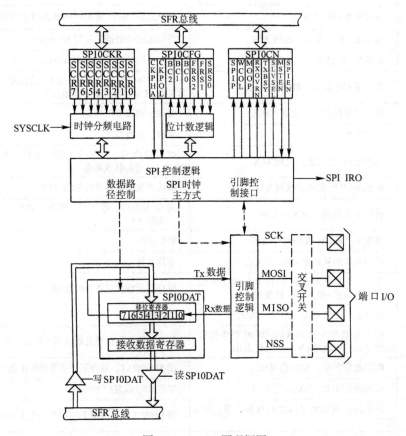

图 11-24 SPI0 原理框图

当 SPI 被配置为从器件时，如果主器件与系统时钟同步发出 SCK、NSS 和串行输入数据，则全双工操作时的最大数据传输率（bit/s）是系统时钟频率的 1/10。如果主器件发出的 SCK、NSS 及串行输入数据不同步，则最大数据传输率必须小于系统时钟频率的 1/10。在主器件只想发送数据到从器件而不需要接收从器件发出的数据（即半双工操作）这一特殊情况下，SPI 从器件接收数据时的最大数据传输率是系统时钟频率的 1/4。这是在假设由主器件与系统时钟同步发出 SCK、NSS 和串行输入数据的情况下。

1. 信号说明

下面介绍 SPI 所使用的 4 个信号（MOSI、MISO、SCK、NSS）。

（1）主输出、从输入（MOSI）

主出从入（MOSI）信号是主器件的输出和从器件的输入，用于从主器件到从器件的串行数据传输。当 SPI0 作为主器件时，该信号是输出；当 SPI0 作为从器件时，该信号是输入。数据传输时最高位在先。

（2）主输入、从输出（MISO）

主入从出（MISO）信号是从器件的输出和主器件的输入，用于从从器件到主器件的串行数据传输。当 SPI0 作为主器件时，该信号是输入；当 SPI0 作为从器件时，该信号是输出。数据传输时最高位在先。当 SPI 从器件未被选中时，它将 MISO 引脚置于高阻状态。

（3）串行时钟（SCK）

串行时钟（SCK）信号是主器件的输出和从器件的输入，用于同步主器件和从器件之间在 MOSI 和 MISO 线上的串行数据传输。当 SPI0 作为主器件时产生该信号。

（4）从选择（NSS）

从选择（NSS）信号是一个输入信号，主器件用它来选择处于从方式的 SPI0 器件，在器件为主方式时用于禁止 SPI0。要注意的是，NSS 信号总是作为 SPI0 的输入 SPI0 工作在主方式时，从选择信号必须是通用端口 I/O 引脚的输出。图 11-25 给出了一种典型配置。有关通用端口配置的详细信息参见 11. 2. 3 节。

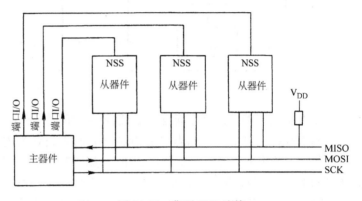

图 11-25　典型 SPI0 连接

当 SPI0 工作于从方式时，NSS 信号必须被拉为低电平以启动一次数据传输；当 NSS 被释放为高电平时，SPI0 将退出从方式。要注意的是，在 NSS 变为高电平之前，接收的数据不会被锁存到接收缓冲器。对于多字节传输，在 SPI0 器件每接收一个字节后 NSS 必须被释放为高电平至少 4 个系统时钟。

2. SPI0 操作

只有 SPI0 主器件能启动数据传输。通过将主允许标志（MSTEN，SPI0CN. 1）置"1"使 SIP0 处于主方式。当处于主方式时，向 SPI0 数据寄存器（SPI0DAT）写入一个字节将启动一次数据传输。SPI0 主器件立即在 MOSI 线上串行移出数据，同时在 SCK 上提供串行时钟。在传输结束后，SPIF(SPI0CN. 7)标志被置为逻辑"1"。如果中断被允许，在 SPIF 标志置位时，将产生一个中断请求。SPI 主器件可以被配置为在一次传输操作中移入/移出 1 到 8 位数据，以适应具有不同字长度的从器件。SPI0 配置寄存器中的 SPIFRS 位（SPI0CFG[2:0]）用于选择一次传输操作中移入/移出的位数。

在全双工操作中，SPI 主器件在 MOSI 线上向从器件发送数据，被寻址的从器件可以同时在 MISO 线上向主器件发送其移位寄存器中的内容。所接收到的来自从器件的数据替换主器件数据寄存器中的数据。因此，SPIF 标志既作为发送完成标志又作为接收数据准备好标志。两个方向上的数据传输由主器件产生的串行时钟同步。图 11-26 描述了一个 SPI 主器件和一个 SPI 从器件的全双工操作。

当 SPI0 被允许而未被配置为主器件时，它将作为从器件工作。另一个 SPI 主器件通过将其 NSS 信号驱动为低电平启动一次数据传输。主器件用其串行时钟将移位寄存器中的数据移出到 MOSI 引脚。在一次数据传输结束后（当 NSS 信号变为高电平时），SPIF 标志被设置为逻辑"1"。要注意的是，在 NSS 的上升沿过后，接收缓冲器将总是含有从器件移位寄存器中的最后

8 位。从器件可以通过写 SPI0 数据寄存器来为下一次数据传输装载它的移位寄存器。从器件必须在主器件开始下一次数据传输之前至少一个 SPI 串行时钟周期写数据寄存器。否则，已经位于从器件移位寄存器中的数据字节将被发送。注意，NSS 信号必须在每次字节传输的第一个 SCK 有效沿之前至少两个系统时钟被驱动到低电平。

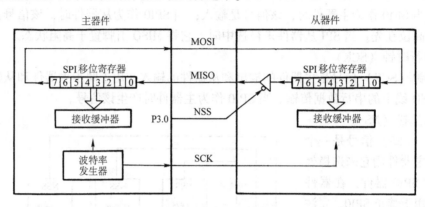

图 11-26　全双工操作

SPI0 数据寄存器对读操作而言是双缓冲的，但写操作时不是。如果在一次数据传输期间试图写 SPI0DAT，则 WCOL 标志（SPI0CN.6）将被设置为逻辑"1"，写操作被忽略，而当前的数据传输不受影响。系统控制器读 SPI0 数据寄存器时，实际上是读接收缓冲器。在任何时刻如果 SPI0 从器件检测到一个 NSS 上升沿，而接收缓冲器中仍保存着前一次传输未被读取的数据，则发生接收溢出，RXOVRN 标志（SPI0CN.4）被设置为逻辑"1"。新数据不被传送到接收缓冲器，允许前面接收的数据等待读取，引起溢出的数据字节丢失。

多个主器件可以共存于同一总线。当 SPI0 被配置为主器件（MSTEN＝1）而其从选择信号 NSS 被拉为低电平时，方式错误标志（MODF，SPI0CN.5）被设置为逻辑"1"。当方式错误标志被置"1"时，SPI 控制寄存器中的 MSTEN 和 SPIEN 位被硬件清除，从而将 SPI 模块置于"离线"状态。在一个多主环境，系统控制器应检查 SLVSEL 标志（SPI0CN.2）的状态，以保证在置"1"MSTEN 位和启动一次数据传输之前总线是空闲的。

3. 串行时钟时序

如图 11-27 所示，使用 SPI0 配置寄存器（SPI0CFG）中的时钟控制选择位可以在串行时钟相位和极性的 4 种组合中选择其一。CKPHA 位（SPI0CFG.7）选择两种时钟相位（锁存数据的边沿）中的一种。CKPOL 位（SPI0CFG.6）在高电平有效和低电平有效的时钟之间选择。主器件和从器件必须被配置为使用相同的时钟相位和极性。注意：在改变时钟相位和极性期间应禁止 SPI0（通过清除 SPIEN 位，SPI0CN.0）。

4. SPI 特殊功能寄存器

对 SPI0 的访问和控制是通过系统控制器中的 4 个特殊功能寄存器实现的。它们分别是控制寄存器 SPI0CN、数据寄存器 SPI0DAT、配置寄存器 SPI0CFG 和时钟频率寄存器 SPI0CKR。下面将介绍这 4 个与 SPI0 总线操作有关的特殊功能寄存器。

SPI0 时钟速率寄存器 SPI0CKR 的格式如下：

R/W	R/W	R/W	R/W	R/W	R/W	R/W	R/W	复位值
SCR7	SCR6	SCR5	SCR4	SCR3	SCR2	SCR1	SCR0	00000000
位 7	位 6	位 5	位 4	位 3	位 2	位 1	位 0	SFR 地址：0x9D

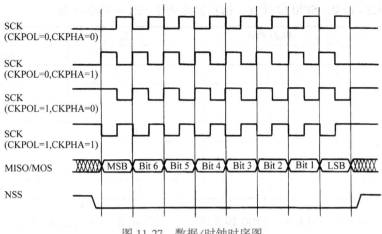

图 11-27　数据/时钟时序图

SCR7~SCR0，SPI0 时钟频率。当 SPI0 模块被配置为工作于主方式时，这些位决定 SCK 输出的频率。SCK 时钟频率是从系统时钟分频得到的，由下式给出，其中，SYSCLK 是系统时钟频率，SPI0CKR 是 SPI0CKR 寄存器中的 8 位值。

$$f_{\text{SCK}} = \frac{\text{SYSCLK}}{2 \times (\text{SIP0CKR} + 1)}$$

$$(0 \leqslant \text{SPI0CKR} \leqslant 255)$$

例如，如果 SYSCLK = 2 MHz，SPI0CKR = 0x04，则

$$f_{\text{SCK}} = \frac{2000000}{2 \times (4 + 1)}$$

$$f_{\text{SCK}} = 200\,\text{kHz}$$

SPI0 数据寄存器 SPI0DAT 的格式如下：

R/W	R/W	R/W	R/W	R/W	R/W	R/W	R/W	复位值
								00000000
位 7	位 6	位 5	位 4	位 3	位 2	位 1	位 0	SFR 地址： 0x9B

位 7~0：SPI0DAT，SPI0 发送和接收数据寄存器。SPI0DAT 寄存器用于发送和接收 SPI0 数据。在主方式下，向 SPI0DAT 写入数据时，数据立即进入移位寄存器并启动发送。读 SPI0DAT 返回接收缓冲器的内容。

SPI0 配置寄存器的格式如下：

R/W	R/W	R/W	R/W	R/W	R/W	R/W	R/W	复位值
CKPHA	CKPOL	BC2	BC1	BC0	SPIFRS2	SPIFRS1	SPIFRS0	00000111
位 7	位 6	位 5	位 4	位 3	位 2	位 1	位 0	SFR 地址： 0x9A

位 7：CKPHA，SPI0 时钟相位。该位控制 SPI0 时钟的相位。

　　0：在 SCK 周期的第一个边沿采样数据。

　　1：在 SCK 周期的第二个边沿采样数据。

位 6：CKPOL，SPI0 时钟极性。该位控制 SPI0 时钟的极性。

　　0：SCK 在空闲状态时处于低电平。

　　1：SCK 在空闲状态时处于高电平。

位5~3：BC2~BC0，SPI0 位计数。指示发送到了 SPI 字的哪一位。

	BC2~BC0		已发送的位
0	0	0	位 0（LSB）
0	0	1	位 1
0	1	0	位 2
0	1	1	位 3
1	0	0	位 4
1	0	1	位 5
1	1	0	位 6
1	1	1	位 7（MSB）

位2~0：SPIFRS2~SPIFRS0，SPI0 帧长度。这三位决定在主方式数据传输期间 SPI0 移位寄存器移入/出的位数。它们在从方式时被忽略。

	SPIFRS		移位数
0	0	0	1
0	0	1	2
0	1	0	3
0	1	1	4
1	0	0	5
1	0	1	6
1	1	0	7
1	1	1	8

SPI0 控制寄存器 SPI0CN 的格式如下：

R/W	R/W	R/W	R/W	R/W	R/W	R/W	R/W	复位值
SPIF	WCOL	MODF	RXOVRN	TXBSY	SLVSEL	MSTEN	SPIEN	00000000
位 7	位 6	位 5	位 4	位 3	位 2	位 1	位 0	SFR 地址：
						（可位寻址）		0xF8

位7：SPIF，SPI0 中断标志。该位在数据传输结束后被硬件置为逻辑"1"。如果中断被允许，置"1"该位将会使 CPU 转到 SPI0 中断处理服务程序。该位不能被硬件自动清零，必须用软件清零。

位6：WCOL，写冲突标志。该位由硬件置为逻辑"1"（并产生一个 SPI0 中断），表示数据传送期间对 SPI0 数据寄存器进行了写操作。该位必须用软件清零。

位5：MODF，方式错误标志。当检测到主方式冲突（NSS 为低电平，NSTEN=1）时，该位由硬件置为逻辑"1"（并产生一个 SPI0 中断）。该位不能被硬件自动清零，必须用软件清零。

位4：RX0VRN，接收溢出标志。当前传输的最后一位已经移入 SPI0 移位寄存器，而接收缓冲器中仍保存着前一次传输未被读取的数据时该位由硬件置为逻辑"1"（并产生一个 SPI0 中断）。该位不会被硬件自动清零，必须用软件清零。

位3：TXBSY，发送忙标志。当一个主方式传输正在进行时，该位被硬件置为逻辑"1"。在传输结束后由硬件清零。

位2：SLVSEL，从选择标志。该位在 NSS 引脚为低电平时置"1"，说明它被允许为从方式。它在 NSS 变为高电平时清零（从方式被禁止）。

位 1：MSTEN，主方式允许位。

　　0：禁止主方式。以从方式操作。

　　1：允许主方式。以主方式操作。

位 0：SPIEN，SPI0 允许位。该位允许/禁止 SPI0。

　　0：禁止 SPI0

　　1：允许 SPI0

11.8　定时器

C8051F020/1/2/3 内部有 5 个计数器/定时器：其中三个 16 位计数器/定时器与标准 8051 中的计数器/定时器兼容，还有两个 16 位自动重装载定时器可用于 ADC、SMBus 或作为通用定时器使用。这些计数器/定时器可以用于测量时间间隔，对外部事件计数或产生周期性的中断请求。定时器 0 和定时器 1 几乎完全相同，有 4 种工作方式。定时器 2 增加了一些定时器 0 和定时器 1 中所没有的功能。定时器 3 与定时器 2 类似，但没有捕捉或波特率发生器方式。定时器 4 与定时器 2 完全相同，可用作 UART1 的波特率发生源。5 个计数器/定时器的工作方式见表 11-5。

表 11-5　C8051F02X 计数器/定时器工作方式

定时器 0 和定时器 1	定时器 2	定时器 3	定时器 4
13 位计数器/定时器	自动重装载的 16 位计数器/定时器	自动重装载的 16 位计数器/定时器	自动重装载的 16 位计数器/定时器
16 位计数器/定时器	带捕捉的 16 位计数器/定时器		带捕捉的 16 位计数器/定时器
8 位自动重装载的计数器/定时器	UART0 的波特率发生器		UART1 的波特率发生器
两个 8 位计数器/定时器（只限于定时器 0）			

当工作在定时器方式时，计数器/定时器寄存器在每个时钟滴答加 1。时钟滴答为系统时钟除以 1 或系统时钟除以 12，由 CKCON 中的定时器时钟选择位（T4M-T0M）指定。每滴答为 12 个时钟的选项提供了与标准 8051 系列的兼容性。需要更快速定时器的应用可以使用每滴答 1 个时钟的选项。

当作为计数器使用时，所选择的引脚上出现负跳变时计数器/定时器寄存器加 1。对事件计数的最大频率可达到系统时钟频率的四分之一。输入信号不需要是周期性的，但在一个给定电平上的保持时间至少应为两个完整的系统时钟周期，以保证该电平能够被采样。

因为 C8051F02X 的定时器 0~定时器 2 与标准 8051 兼容，下面主要介绍其他两个定时器。

1. 定时器 3

定时器 3 是一个 16 位的计数器/定时器，由两个 8 位的 SFR 组成：TMR3L（低字节）TMR3H（高字节）。定时器 3 的时钟输入可以是外部振荡器（8 分频）或系统时钟（不分频或 12 分频，由定时器 3 控制寄存器 TMR3CN 中的定时器 3 时钟选择位 T3M 指定）。定时器 3 总是被配置为自动重装载方式定时器，重载值保存在 TMR3RLL（低字节）和 TMR3RLH（高字节）中。

定时器 3 的外部时钟源特性提供了实时时钟（RTC）方式。当 T3XCLK（TMR3CN.0）位被设置为逻辑"1"时，定时器 3 用外部振荡器输入（8 分频）作为时钟，而与系统时钟选择无关。这种分离的时钟源允许定时器 3 使用精确的外部源，而系统时钟取自高速内部振荡器。定时器3可用于启动 ADC 数据转换、SMBus 定时或作为通用定时器使用。定时器3没有计数器方式。定时器3的原理框图如图 11-28 所示。

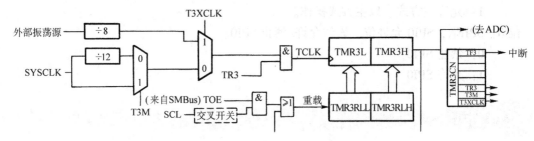

图 11-28　定时器 3 原理框图

定时器 3 控制寄存器的格式如下：

R/W	R/W	R/W	R/W	R/W	R/W	R/W	R/W	复位值
TF3	—	—	—	—	TR3	T3M	T3XCLK	00000000
位 7	位 6	位 5	位 4	位 3	位 2	位 1	位 0	SFR 地址：0x91

位 7：TF3，定时器 3 溢出标志。当定时器 3 从 0xFFFF 到 0x0000 溢出时由硬件置位。当定时器 3 中断被允许时，该位置"1"使 CPU 转向定时器 3 的中断服务程序。该位不能由硬件自动清零，必须用软件清零。

位 6~3：未用。读=0000b，写=忽略。

位 2：TR3，定时器 3 运行控制。该位允许/禁止定时器 3。

　　0：定时器 3 禁止。

　　1：定时器 3 允许。

位 1：T3M，定时器 3 时钟选择。该位控制提供给计数器/定时器 3 的系统时钟的分频数。

　　0：计数器/定时器 3 使用系统时钟的 12 分频。

　　1：计数器/定时器 3 使用系统时钟。

位 0：T3XCLK，定时器 3 外部时钟选择。该位选择外部振荡器输入的 8 分频作为定时器 3 的时钟源。当 T3XCLK 为逻辑"1"时，T3M(TM43CN.1)位被忽略。

　　0：定时器 3 的时钟源由 T3M(TMR3CN.1)位定义。

　　1：定时器 3 的时钟源外部振荡器输入的 8 分频。

定时器 3 重载寄存器低字节 TMR3RLL 的格式如下：

R/W	R/W	R/W	R/W	R/W	R/W	R/W	R/W	复位值
								00000000
位 7	位 6	位 5	位 4	位 3	位 2	位 1	位 0	SFR 地址：0x92

位 7~0：TMR3RLL，定时器 3 重载寄存器的低字节。定时器 3 被配置为自动重装载定时器。该寄存器保存重载值的低字节。

定时器 3 重载寄存器高字节 TMR3RLH 的格式如下：

R/W	R/W	R/W	R/W	R/W	R/W	R/W	R/W	复位值
								00000000
位 7	位 6	位 5	位 4	位 3	位 2	位 1	位 0	SFR 地址：0x93

位 7~0：TMR3RLH，定时器 3 重载寄存器的高字节。定时器 3 配置为自动重装载定时器。该寄存器保存重载值的高字节。

定时器 3 低字节 TMR3L 的格式如下：

R/W	R/W	R/W	R/W	R/W	R/W	R/W	R/W
位 7	位 6	位 5	位 4	位 3	位 2	位 1	位 0

复位值
00000000

SFR 地址：
0x94

位 7~0：TMR3L，定时器 3 的低字节。TMR3L 寄存器为定时器 3 的低字节。

定时器 3 高字节 TMR3H 的格式如下：

R/W	R/W	R/W	R/W	R/W	R/W	R/W	R/W
位 7	位 6	位 5	位 4	位 3	位 2	位 1	位 0

复位值
00000000

SFR 地址：
0x95

位 7~0：TMR3H，定时器 3 的高字节。TMR3H 寄存器为定时器 3 的高字节。

2. 定时器 4

定时器 4 是一个 16 位的计数器/定时器，由两个 8 位的 SFR 组成：TL4（低字节）和 TH4（高字节）。与定时器 0 和定时器 1 一样，它既可以使用系统时钟，也可以使用一个外部输入引脚（T4）上的状态变化作为时钟源。计数器/定时器选择位 C/T4（T4CON.1）选择定时器 4 的时钟源。清除 C/T4 将选择系统时钟作为定时器的输入（由 CKCON 中的定时器时钟选择位 T4M 指定不分频或 12 分频）。当 C/T4 被置"1"时，T4 输入引脚上的负跳变使计数器/定时器寄存器加 1。（有关选择和配置外部输入引脚的详细信息见前面"I/O 口与数字交叉开关"。）定时器 4 还可用于启动 ADC 数据转换。

定时器 4 提供了定时器 0 和定时器 1 所不具备的功能。它有三种工作方式：带捕捉的 16 位计数器/定时器、自动重装载的 16 位计数器/定时器和波特率发生器方式。通过设置定时器 4 控制（T4CON）寄存器中的配置位来选择定时器 4 的工作方式。表 11-6 是定时器 4 工作方式和用于配置计数器/定时器的配置位的一览表，后面将对每种工作方式进行详细说明。

表 11-6　定时器 4 的工作方式

RCLK1	TCLK1	CP/RL4	TR4	方 式
0	0	1	1	带捕捉的 16 位计数器/定时器
0	0	0	1	自动重装载的 16 位计数器/定时器
0	1	X	1	UART1 波特率发生器
1	0	X	1	UART1 波特率发生器
1	1	X	1	UART1 波特率发生器
X	X	X	0	关闭

（1）方式 0：带捕捉的 16 位计数器/定时器

在该方式下，定时器 4 被作为具有捕捉能力的 16 位计数器/定时器使用。方式 0 原理框图如图 11-29 所示。T4EX 输入引脚上的负跳变导致下列事件发生：

1）定时器 4（TH4，TL4）中的 16 位计数值被装入到捕捉寄存器（RCAP4H，RCAP4L）。

2）定时器 4 外部标志（EXF2）被置"1"。

3）产生定时器 4 中断（如被允许）。

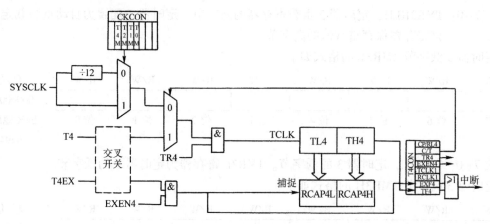

图 11-29 T4 方式 0 原理框图

当工作在捕捉方式时，定时器 4 可以使用 SYSCLK、SYSCLK/12 或外部 T4 输入引脚上的负跳变作为其时钟源。清除 C/T4 位（T4CON.1）将选择系统时钟作为定时器的输入（由 CKCON 中的定时器时钟选择位 T4M 指定不分频或 12 分频）。当 C/T4 被置"1"时，T4 输入引脚上的负跳变使计数器/定时器寄存器加 1。当 16 位计数器/定时器加 1 计数并发生溢出（从 0xFFFF 到 0x0000）时，定时器溢出标志 TF4(T4CON.7)被置位并产生一个中断（如果中断被允许）。

通过置"1"捕捉/重装选择位 CP/RL4(TCON.0)和定时器 4 运行控制位 TR4(T4CON.4)来选择带捕捉的计数器/定时器方式。定时器 4 外部允许 EXEN4(T4CON.3)必须被设置为逻辑"1"，以允许捕捉。如果 EXEN4 被清除，T4EX 上的电平变化将被忽略。

（2）方式 1：自动重装载的 16 位计数器/定时器

当计数器/定时器寄存器发生溢出（从 0xFFFF 到 0x0000）时，自动重装载方式的计数器/定时器将定时器溢出标志 TF4 置"1"。如果中断被允许，将产生一个中断。溢出时，两个捕捉寄存器（RCAP4H，RCAP4L）中的 16 位计数初值被自动装入到计数器/定时器寄存器，定时器重新开始计数。方式 1 的原理框图如图 11-30 所示。

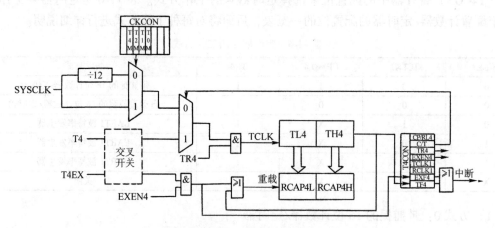

图 11-30 T4 方式 1 原理框图

清除 CP/RL4 位将选择自动重装载的计数器/定时器方式。设置 TR4 为逻辑"1"允许并启动定时器。定时器 4 既可以选择系统时钟也可以选择外部输入引脚（T4）上的电平变化作为其时钟源，由 C/T4 位指定。如果 EXEN4 位被设置为逻辑"1"，T4EX 上的负跳变将导致定时器 4 被重新装载，如果中断被允许，将产生一个中断。如果 EXEN4 被清零，T4EX 上的电平变化将被忽略。

（3）方式 2：波特率发生器

当 UART1 工作于方式 1 或方式 3 时，定时器 4 可以用作 UART1 的波特率发生器。方式 2 的原理框图如图 11-31 所示。定时器 4 的波特率发生器方式与自动重装载方式相似。在溢出时，两个捕捉寄存器（RCAP4H，RCAP4L）中的 16 位计数初值被自动装入到计数器/定时器寄存器。但是 TF4 溢出标志不置位，也不产生中断。溢出事件用作 UART1 的移位时钟输入。定时器 4 溢出可以用于产生独立的发送和/或接收波特率。

设置 RCLK1(T4CON. 5)和/或 TCLK1(T4CON. 4)为逻辑"1"将选择波特率发生器方式。当 RCLK1 或 TCLK1 被设置为逻辑"1"时，定时器 4 工作在自动重装载方式，与 CP/RL4 位的状态无关。注意：在波特率发生器方式，定时器 4 的时基信号为系统时钟/2。当被选择为 UART1 的波特率时钟源时，定时器 4 定义 UART1 的波特率如下：

$$波特率 = SYSCLK/((65536 - [RCAP4H：RCAP4L]) \times 32)$$

如果需要不同的时基信号，可以通过将 C/T4 位设置为逻辑"1"选择外部引脚 T4 上的输入作为时基。在这种情况下，UART1 的波特率计算公式为

$$波特率 = f_{CLK}/((65536 - [RCAP4H：RCAP4L]) \times 16)$$

式中，f_{CLK} 为加在定时器 4 的信号的频率；[RCAP4H：RCAP4L] 为捕捉寄存器中的 16 位数值。

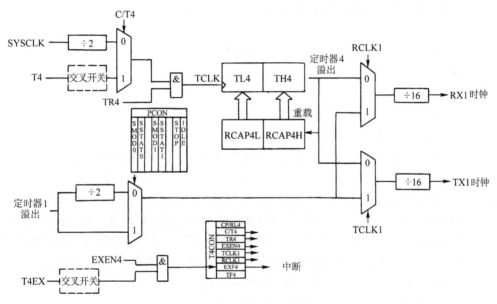

图 11-31　T4 方式 2 原理框图

如前所述，定时器 4 工作在波特率发生器方式时不能置位 TF4 溢出标志，因而不能产生中断。但是，如果 EXEN4 位被设置为逻辑"1"，则 T4EX 输入引脚上的负跳变将置位 EXF4 标志，并产生一个定时器 4 中断（如果中断被允许）。因此，T4EX 输入可以被用作额外的外部中断源。

定时器 4 控制寄存器 T4CON 的格式如下：

R/W	R/W	R/W	R/W	R/W	R/W	R/W	R/W	复位值
TF4	EXF4	RCLK1	TCLK1	EXEN4	TR4	C/T4	CP/RL4	00000000
位 7	位 6	位 5	位 4	位 3	位 2	位 1	位 0	SFR 地址：

0Xc9

位 7：TF4，定时器 4 溢出标志。当定时器 4 从 0xFFFF 到 0x0000 溢出时由硬件置位。当定时器 4 中断被允许时，该位置 "1" 导致 CPU 转向定时器 4 的中断服务程序。该位不能由硬件自动清零，必须用软件清零。当 RCLK1 和/或 TCLK1 为逻辑 "1" 时，TF4 不会被置位。

位 6：EXF4，定时器 4 外部标志。当 T4EX 输入引脚的负跳变导致发生捕捉或重载并且 EXEN4 为逻辑 "1" 时，该位由硬件置位。在定时器 4 中断被允许时，该位置 "1" 使 CPU 转向定时器 4 的中断服务程序。该位不能由硬件自动清零，必须用软件清零。

位 5：RCLK1，UART1 接收时钟标志。选择 UART1 工作在方式 1 或 3 时接收时钟使用的定时器。

    0：定时器 1 溢出作为接收时钟。

    1：定时器 4 溢出作为接收时钟。

位 4：TCLK1，UART1 发送时钟标志。选择 UART1 工作在方式 1 或 3 时发送时钟使用的定时器。

    0：定时器 1 溢出作为发送时钟。

    1：定时器 4 溢出作为发送时钟。

位 3：EXEN4，定时器 4 外部允许。当定时器 4 不是下作在波特率发生器方式时，允许 T4EX 上的负跳变触发捕捉或重载。

    0：T4EX 上的负跳变被忽略。

    1：T4EX 上的负跳变导致一次捕捉或重载。

位 2：TR4，定时器 4 运行控制。该位允许/禁止定时器 4。

    0：定时器 4 禁止。

    1：定时器 4 允许。

位 1：C/T4，计数器/定时器功能选择。

    0：定时器功能。定时器 4 由 T4M(CKCON. 6)定义的时钟触发加 1。

    1：计数器功能。定时器 4 由外部输入引脚（T4）的负跳边触发加 1。

位 0：CP/RL4，捕捉/重载选择。该位选择定时器 4 为捕捉还是自动重装载方式。EXEN4 必须为逻辑 "1" 才能使 T4EX 上的负跳变能够被识别并用于触发捕捉和重载。若 RCLK1 或 TCLK1 被置位，该位将被忽略，定时器 4 将工作在自动重装载方式。

    0：当定时器 4 溢出或 T4EX 上发生负跳变时将自动重装载（EXEN4＝1）。

    1：在 T4EX 发生负跳变时捕捉（EXEN4＝1）。

定时器 4 捕捉寄存器低字节 RCAP4L 的格式如下：

R/W	R/W	R/W	R/W	R/W	R/W	R/W	R/W	复位值
								00000000
位 7	位 6	位 5	位 4	位 3	位 2	位 1	位 0	SFR 地址：
								0xE4

位 7~0：RCAP4L，定时器 4 捕捉寄存器的低字节。当定时器 4 被配置为捕捉方式时，RCAP4L 寄存器捕捉定时器 4 的低字节。当定时器 4 被配置为自动重装载方式时，它保存重载值的低字节。

定时器 4 捕捉寄存器视字节 RCAP4H 的格式如下：

R/W	R/W	R/W	R/W	R/W	R/W	R/W	R/W	复位值
								00000000
位 7	位 6	位 5	位 4	位 3	位 2	位 1	位 0	SFR 地址：
								0xE5

位 7~0：RCAP4H，定时器 4 捕捉寄存器的高字节。当定时器 4 被配置为捕捉方式时，RCAP4H 寄存器捕捉定时器 4 的高字节。当定时器 4 被配置为自动重装载方式时，它保存重载值的高字节。

定时器 4 低字节 TL4 的格式如下：

R/W	R/W	R/W	R/W	R/W	R/W	R/W	R/W	复位值
								00000000
位 7	位 6	位 5	位 4	位 3	位 2	位 1	位 0	SFR 地址：
								0xF5

位 7~0：TH4，定时器 4 的高字节。TH4 寄存器保存 16 位定时器 4 的高字节。

定时器 4 高字节 TH4 的格式如下：

R/W	R/W	R/W	R/W	R/W	R/W	R/W	R/W	复位值
								00000000
位 7	位 6	位 5	位 4	位 3	位 2	位 1	位 0	SFR 地址：
								0xF4

位 7~0：TL4，定时器 4 的低字节。TL4 寄存器保存 16 位定时器 4 的低字节。

11.9　可编程计数器阵列

可编程计数器阵列（PCA0）提供增强的定时器功能，与标准 8051 计数器/定时器相比，它需要较少的 CPU 干预。PCA0 包含一个专用的 16 位计数器/定时器和 5 个 16 位捕捉/比较模块。每个捕捉/比较模块有其自己的 I/O 线（CEXn）。当被允许时，I/O 线通过交叉开关连到端口 I/O。计数器/定时器由一个可编程的时基信号驱动，时基信号有 6 个输入源：系统时钟、系统时钟/4、系统时钟/12、外部振荡器时钟源 8 分频、定时器 0 溢出、ECI 线上的外部时钟信号。每个捕捉/比较模块可以被编程为独立工作在如下 6 种工作方式之一：边沿触发捕捉、软件定时器、高速输出、频率输出、8 位 PWM 或 16 位 PWM。对 PCA 的编程和控制是通过系统控制器的特殊功能寄存器来实现的。PCA 的基本原理框图如图 11-32 所示。

1. PCA 计数器/定时器

16 位的 PCA 计数器/定时器由两个 8 位的 SFR 组成，如图 11-33 所示，PCA0L 和 PCA0H。PCA0H 是 16 位计数器/定时器的高字节（MSB），而 PCA0L 是低字节（LSB）。在读 PCA0L 的同时自动锁存 PCA0H 的值。先读 PCA0L 寄存器将使 PCA0H 的值得到保持（在读 PCA0L 的同时），直到用户读 PCA0H 寄存器为止。读 PCA0H 或 PCA0L 不影响计数器工作。PCA0MD 寄存器中的 CPS2~CPS0 位用于 PCA 计数器/定时器的时基信号，见表 11-7。

当计数器/定时器溢出时（0xFFFF~0x0000），PCA0MD 中的计数器溢出标志（CF）被置为逻辑"1"并产生一个中断请求（如果 CF 中断被允许）。将 PCA0MD 中 ECF 位设置为逻辑"1"即可允许 CF 标志产生中断请求。当 CPU 转向中断服务程序时，CF 位不能被硬件自动清除，必须用软件清零。要注意的是，要使 CF 中断得到响应，必须先总体允许 PCA0 中断。通过将 EA 位

（IE. 7）和 EPCA0 位（EIE1. 3）设置为逻辑"1"来总体允许 PCA0 中断。清除 PCA0MD 寄存器中的 CIDL 位将允许 PCA 在微控制器内核处于等待方式时继续正常工作。

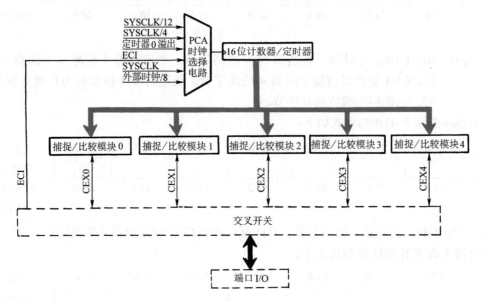

图 11-32　PCA 原理框图

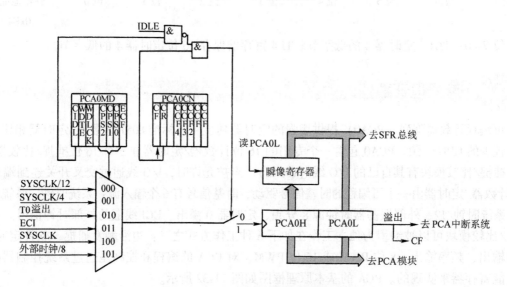

图 11-33　PCA 计数器/定时器原理框图

表 11-7　PCA 时基输入选择

CPS2	CPS1	CPS0	时 间 基 准
0	0	0	系统时钟的 12 分频
0	0	1	系统时钟的 4 分频
0	1	0	定时器 0 溢出
0	1	1	ECI 负跳变（最大速率＝系统时钟频率/4）
1	0	0	系统时钟
1	0	1	外部振荡源 8 分频

2. 捕捉/比较模块

每个模块都可被配置为独立工作,有 6 种工作方式:边沿触发捕捉、软件定时器、高速输出、频率输出、8 位脉宽调制器和 16 位脉宽调制器。每个模块在 CIP-51 系统控制器中都有属于自己的特殊功能寄存器 (SFR)。这些寄存器用于配置模块的工作方式和与模块交换数据。

PCA0CPMn 寄存器用于配置 PCA 捕捉/比较模块的工作方式,表 11-8 概括了模块工作在不同方式时该寄存器各位的设置情况。置"1" PCA0CPMn 寄存器中的 ECCFn 位将允许模块的 CCFn 中断。要注意的是,要使单独的 CCFn 中断得到响应,必须先整体允许 PCA0 中断。通过将 EA 位 (IE.7) 和 EPCA0 位 (EIE1.3) 设置为逻辑"1"来整体允许 PCA0 中断。PCA0 中断配置的原理框图如图 11-34 所示。

表 11-8　PCA 捕捉/比较模块的 PCA0CPM 寄存器设置

PWM16	ECOM	CAPP	CAPN	MAT	TOG	PWM	ECCF	工作方式
X	X	1	1	0	0	0	X	用 CEXn 的正沿触发捕捉
X	X	0	0	0	0	0	X	用 CEXn 的负沿触发捕捉
X	X	1	1	0	0	0	X	用 CEXn 的电平改变触发捕捉
X	1	0	0	1	0	0	X	软件定时器
X	1	0	0	1	1	0	X	高速输出
X	1	0	0	X	1	1	X	频率输出
0	1	0	0	X	0	1	X	8 位脉冲宽度调制器
1	1	0	0	X	0	1	X	16 位脉冲宽度调制器

注:X = 忽略。

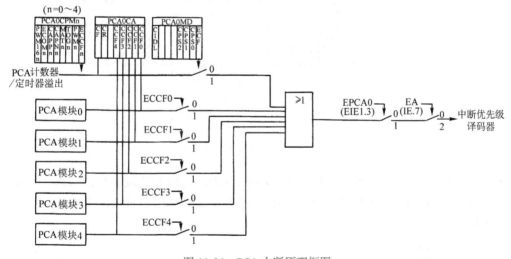

图 11-34　PCA 中断原理框图

(1) 边沿触发的捕捉方式

该方式的原理框图如图 11-35 所示。CEXn 引脚上有效电平变化导致 PCA0 捕捉 PCA0 计数器/定时器的值并将其装入到对应模块的 16 位捕捉/比较寄存器 (PCA0CPLn 和 PCA0CPHn) 进行比较。当发生匹配时,PCA0CN 中的捕捉/比较标志 (CCFn) 置为逻辑"1"并产生一个中断请求 (如果 CCF 中断被允许)。当 CPU 转向中断服务程序时,CCFn 位不能被硬件自动清除,必须用软件清零。

(2) 软件定时器 (比较) 方式

在软件定时器方式 (如图 11-36 所示),系统将 PCA0 计数器/定时器与模块的 16 位捕捉/

比较寄存器（PCA0CPHn 和 PCA0CPLn）进行比较。当发生匹配时，PCA0CN 中的捕捉/比较标志（CCFn）被置为逻辑"1"并产生一个中断请求（如果 CCF 中断被允许）。当 CPU 转向中断服务程序时，CCFn 位不能被硬件自动清除，必须用软件清零。置"1"PCA0CPMn 寄存器中的 ECOMn 和 MATn 位将允许软件定时器方式。

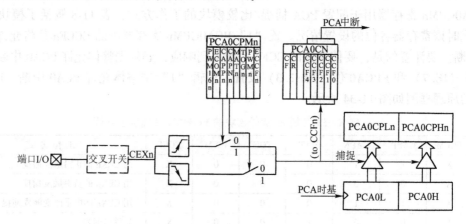

图 11-35　PCA 捕捉方式原理框图

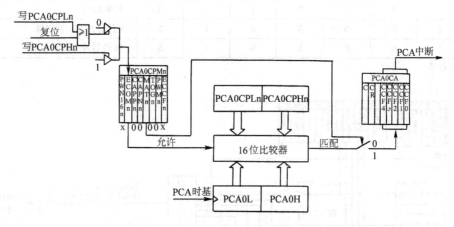

图 11-36　PCA 软件定时器方式原理框图

关于捕捉/比较寄存器的重要注意事项：当和 PCA0 的捕捉/比较寄存器写入一个 16 位值时，应先写低字节。向 PCA0CPLn 的写入操作将清零 ECOMn 位；PCA0CPHn 写入时，将置"1"ECOMn 位。

（3）高速输出方式

在高速输出方式（如图 11-37 所示），每当 PCA 的计数器与模块的 16 位捕捉/比较寄存器（PCA0CPHn 和 PCA0CPLn）发生匹配时，模块的 CEXn 引脚上的逻辑电平将发生改变。置"1"PCA0CPMn 寄存器中的 TOGn、MATn 和 ECOMn 位将允许高速输出方式。

关于捕捉/比较寄存器的重要注意事项：当和 PCA0 的捕捉/比较寄存器写入一个 16 位数值时，应先写低字节。向 PCA0CPLn 的写入操作将清零 ECOMn 位；向 PCA0CPHn 写入时，将置"1"ECOMn 位。

（4）频率输出方式

在频率输出方式（如图 11-38 所示），对应的 CEXn 引脚产生可编程频率的方波。捕捉/比较寄存器的高字节保持着输出电平改变前的 PCA 时钟数。所产生的方波的频率由下式决定：

$$F_{CEXn} = \frac{F_{PCA}}{2 \times PCA0CPHn}$$

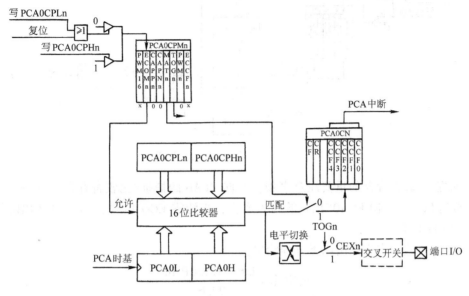

图 11-37　PCA 高速输出方式原理框图

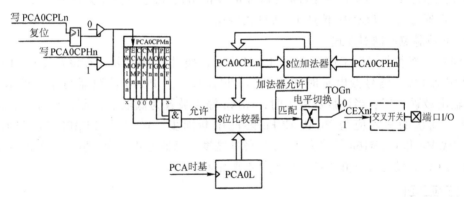

图 11-38　PCA 的 8 位 PWM 方式原理框图

其中，F_{PCA} 是由 PCA 方式寄存器 PCA0MD 中的 GPS2~0 位选择的 PCA 时钟的频率。捕捉/比较模块的低字节与 PCA0 计数器的低字节比较，两者匹配时，CEXn 的电平发生改变，高字节中的偏移值被加到 PCA0CPLn。注意：在该方式下如果允许模块匹配（CCFn）中断，则发生中断的速率为 $2 \times F_{CEXn}$。通过置位 PCA0CPMn 寄存器中 ECOMn、TOGn 和 PWMn 位来允许频率输出方式。

（5）8 位脉宽调制器方式

每个模块都可以独立地用于在对应的 CEXn 引脚产生脉宽调制（PWM）输出，如图 11-39 所示。PWM 输出信号的频率取决于 PCA0 计数器/定时器的时基。使用模块的捕捉/比较寄存器 PCA0CPLn 改变 PWM 输出信号的占空比。当 PCA0 计数器/定时器的低字节（PCA0L）与 PCA0CPLn 中的值相等时，CEXn 的输出被置"1"。当 PCA0L 中的计数值溢出时，CEXn 输出被置为低电平。当计数器/定时器的低字节 PCA0L 溢出时（从 0xFF 到 0x00），保存在 PCA0CPHn 中的值被自动装入 PCA0CPLn，不需软件干预。置"1"PCA0CPMn 寄存器中的 ECOMn 和 PWMn 位将允许 8 位脉冲宽度调制器方式。

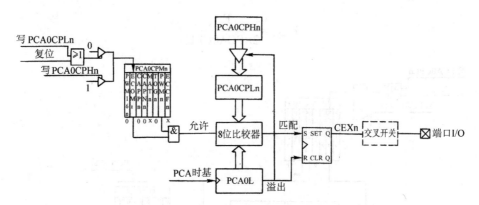

图 11-39　PCA 的 8 位 PWM 方式原理框图

关于捕捉/比较寄存器的重要注意事项：当向 PCA0 的捕捉/比较寄存器写入一个 16 位数值时，应先写低字节。向 PCA0CPLn 的写入操作，将清零 ECOMn 位；向 PCA0CPHn 写入时，将置 "1" ECOMn 位。

8 位 PWM 方式的占空比由以下方程给出：

$$占空比 = \frac{256 - PCA0CPHn}{2256}$$

由方程可知，最大占空比为 100%（PCA0CPHn = 0），最小占空比为 0.39%（PCA0CPHn = 0xFF）。可以通过清零 ECOMn 位产生 0% 的占空比。

（6）16 位脉宽调制器方式

每个 PCA0 模块都可以工作在 16 位 PWM 方式，如图 11-40 所示。在该方式下，16 位捕捉/比较模块定义 PWM 信号低电平时间的 PCA0 时钟数。当 PCA0 计数器与模块的值匹配时，CEXn 的输出被置 "1"；当计数器溢出时，CEXn 输出被置为低电平。为了输出一个占空比可变的波形，新值的写入应与 PCA0 CCFn 匹配中断同步。置 "1" PCA0CPMn 寄存器中的 ECOMn、PWMn 和 PWM16n 位将允许 16 位脉冲宽度调制器方式。为了输出一个占空比可变的波形，应将 CCFn 设置为逻辑 "1"，以允许匹配中断。

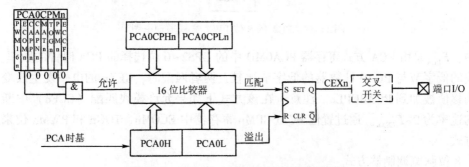

图 11-40　PCA 的 16 位 PWM 方式原理框图

关于捕捉/比较寄存器的重要注意事项：当向 PCA0 的捕捉/比较寄存器写入一个 16 位数值时，应先写低字节。向 PCA0CPLn 的写入操作将清零 ECOMn 位；向 PCA0CPHn 写入时将置 "1" ECOMn 位。

16 位 PWM 方式的占空比由以下方程给出：

$$占空比 = \frac{(65536 - PCA0CPn)}{65536}$$

由方程可知，最大占空比为 100%（PCA0CPn = 0），最小占空比为 0.0015%（PCA0CPn = 0xFFFF）。可以通过清零 ECOMn 位产生 0% 的占空比。

3. PCA0 的寄存器说明

下面对与 PCA0 工作有关的特殊功能寄存器进行详细说明。

PCA 控制寄存器 PCA0CN 的格式如下：

R/W	R/W	R/W	R/W	R/W	R/W	R/W	R/W	复位值
CF	CR	—	CCF4	CCF3	CCF2	CCF1	CCF0	00000000
位 7	位 6	位 5	位 4	位 3	位 2	位 1	位 0	SFR 地址：

（可位寻址）　0xD8

位 7：CF，PCA 计数器/定时器溢出标志。当 PCA0 计数器/定时器从 0xFFFF 到 0x0000 溢出时由硬件置位。在计数器/定时器溢出（CF）中断被允许时，该位置"1"将导致 CPU 转向 CF 中断服务程序。该位不能由硬件自动清零，必须用软件清零。

位 6：CR，PCA0 计数器/定时器运行控制。该位允许/禁止 PCA0 计数器/定时器。

　0：禁止 PCA0 计数器/定时器

　1：允许 PCA0 计数器/定时器

位 5：未用。读 = 0b，写 = 忽略。

位 4：CCF4，PCA0 模块 4 捕捉/比较标志。在发生一次匹配或捕捉时该位由硬件置位。当 CCF 中断被允许时，该位置"1"将导致 CPU 转向 CCF 中断服务程序。该位不能由硬件自动清零，必须用软件清零。

位 3：CCF3，PCA0 模块 3 捕捉/比较标志。在发生一次匹配或捕捉时该位由硬件置位。当 CCF 中断被允许时，该位置"1"将导致 CPU 转向 CCF 中断服务程序。该位不能由硬件自动清零，必须用软件清零。

位 2：CCF2，PCA0 模块 2 捕捉/比较标志。在发生一次匹配或捕捉时该位由硬件置位。当 CCF 中断被允许时，该位置"1"将导致 CPU 转向 CCF 中断服务程序。该位不能由硬件自动清零，必须用软件清零。

位 1：CCF1，PCA0 模块 1 捕捉/比较标志。在发生一次匹配或捕捉时该位由硬件置位。当 CCF 中断被允许时，该位置"1"将导致 CPU 转向 CCF 中断服务程序。该位不能由硬件自动清零，必须用软件清零。

位 0：CCF0，PCA0 模块 0 捕捉/比较标志。在发生一次匹配或捕捉时该位由硬件置位。当 CCF 中断被允许时，该位置"1"将导致 CPU 转向 CCF 中断服务程序。该位不能由硬件自动清零，必须用软件清零。

PCA0 方式选择寄存器 PCA0MD 的格式如下：

R/W	R/W	R/W	R/W	R/W	R/W	R/W	R/W	复位值
CIDL	—	—	—	CPS2	CPS1	CPS0	ECF	00000000
位 7	位 6	位 5	位 4	位 3	位 2	位 1	位 0	SFR 地址：

0xD9

位 7：CIDL，PCA0 计数器/定时器等待控制。规定 CPU 等方式下的 PCA0 工作方式。

　0：当系统控制器处于等待方式时，PCA0 继续正常工作。

　1：当系统控制器处于等待方式时，PCA0 停止工作。

位 6~4：未用。读 = 000b，写 = 忽略。

位3~1：CPS2~CPS0，PCA0 计数器/定时器脉冲选择。这些位选择 PCA0 计数器的时基。

CPS2	CPS1	CPS0	时间基准
0	0	0	系统时钟的 12 分频
0	0	1	系统时钟的 4 分频
0	1	0	定时器 0 溢出
0	1	1	ECI 负跳变（最大速率=系统时钟/4）
1	0	0	系统时钟
1	0	1	外部时钟 8 分频
1	1	0	保留
1	1	1	保留

位0：ECF，PCA 计数器/定时器溢出中断允许。该位是 PCA0 计数器/定时器溢出（CF）中断的屏蔽位。

0：禁止 CF 中断。

1：当 CF(PCA0CN.7)置位时，允许 PCA0 计数器/定时器溢出中断请求。

PCA0 捕捉/比较寄存器 PCA0CPMn 的格式如下：

R/W	R/W	R/W	R/W	R/W	R/W	R/W	R/W	复位值
PWM16n	ECOMn	CAPPn	CAPNn	MATn	TOGn	PWMn	ECCFn	00000000
位7	位6	位5	位4	位3	位2	位1	位0	SFR 地址：0xDA~0xDE

PCA0CPMn 地址：PCA0CPM0=0xDA（n=0）

PCA0CPM1=0xDB（n=1）

PCA0CPM2=0xDC（n=2）

PCA0CPM3=0xDD（n=3）

PCA0CPM4=0xDE（n=4）

位7：PWM16n，16 位脉冲宽度调制允许。当脉冲宽度调制方式被允许时（PWMn=1），该位选择 16 位方式。

0：选择 8 位 PWM。

1：选择 16 位 PWM。

位6：ECOMn，比较器功能允许。该位允许/禁止 PCA0 模块 n 的比较器功能。

0：禁止。

1：允许。

位5：CAPPn，正沿捕捉功能允许。该位允许/禁止 PCA0 模块 n 的正边沿捕捉。

0：禁止。

1：允许。

位4：CAPNn，负沿捕捉功能允许。该位允许/禁止 PCA0 模块 n 的负边沿捕捉。

0：禁止。

1：允许。

位3：MATn，匹配功能允许。该位允许/禁止 PCA0 模块 n 的匹配功能。如果被允许，当 PCA0 计数器与一个模块的捕捉/比较寄存器匹配时，PCA0MD 寄存器中的 CCFn 位置位。

0：禁止。

1：允许。

位 2：TOGn，电平切换功能允许。该位允许/禁止 PCA0 模块 n 的电平切换功能。如果被允许，当 PCA0 计数器与一个模块的捕捉/比较寄存器匹配时，CEXn 引脚的逻辑电平切换。如果 PWMn 位也被置为逻辑"1"，则模块工作在频率输出方式。

　　0：禁止。

　　1：允许。

位 1：PWMn，脉宽调制方式允许。该位允许/禁止 PCA0 模块的 PWM 功能。如果被允许，CEXn 引脚输出脉冲宽度调制信号。如果 PWM16n 为逻辑"0"，使用 8 位 PWM 方式；如果 PWM16n 为逻辑"1"，使用 16 位方式。如果 TOGn 位也被置为逻辑"1"，则模块工作在频率输出方式。

　　0：禁止。

　　1：允许。

位 0：ECCFn，捕捉/比较标志中断允许。该位设置捕捉/比较标志（CCFn）的中断屏蔽。

　　0：禁止 CCFn 中断。

　　1：当 CCFn 位被置"1"时，允许捕捉/比较标志的中断请求。

PCA0 计数器/定时器低字节 PCA0L 的格式如下：

R/W	R/W	R/W	R/W	R/W	R/W	R/W	R/W	复位值
								00000000
位 7	位 6	位 5	位 4	位 3	位 2	位 1	位 0	SFR 地址： 0xE9

位 7~0：PCA0L，PCA0 计数器/定时器的低字节。PCA0L 寄存器保存 16 位 PCA0 计数器/定时器的低字节（LSB）。

PCA0 计数器/定时器高字节 PCA0H 的格式如下：

R/W	R/W	R/W	R/W	R/W	R/W	R/W	R/W	复位值
								00000000
位 7	位 6	位 5	位 4	位 3	位 2	位 1	位 0	SFR 地址： 0xF9

位 7~0：PCA0H，PCA0 计数器/定时器高字节。PCA0H 寄存器保存 16 位 PCA0 计数器/定时器的高字节（MSB）。

PCA 捕捉模块低字节 PCA0CPLn 的格式如下：

R/W	R/W	R/W	R/W	R/W	R/W	R/W	R/W	复位值
								00000000
位 7	位 6	位 5	位 4	位 3	位 2	位 1	位 0	SFR 地址： 0xEA~0xEE

PCA0CPLn 地址：PCA0CPL0=0xEA（n=0）

　　　　　　　　PCA0CPL1=0xEB（n=1）

　　　　　　　　PCA0CPL2=0xEC（n=2）

　　　　　　　　PCA0CPL3=0xED（n=3）

　　　　　　　　PCA0CPl4=0xEE（n=4）

位 7~0：PCA0CPLn，PCA0 捕捉模块低字节。PCA0CPLn 寄存器保存 16 位捕捉模块 n 的低字节（LSB）。

PCA0 捕捉模块高字节 PCA0CPHn 的格式如下：

R/W	R/W	R/W	R/W	R/W	R/W	R/W	R/W	复位值
								00000000
位 7	位 6	位 5	位 4	位 3	位 2	位 1	位 0	SFR 地址： 0xFA ~ 0xFE

PCA0CPHn 地址：PCA0CPH0 = 0xFA （n = 0）

PCA0CPH1 = 0xFB （n = 1）

PCA0CPH2 = 0xFC （n = 2）

PCA0CPH3 = 0xFD （n = 3）

PCA0CPH4 = 0xFE （n = 4）

位 7~0：PCA0CPHn，PCA0 捕捉模块高字节。PCA0CPHn 寄存器保存 16 位捕捉模块 n 的高字节（MSB）。

11.10 系统其他控制功能

1. 中断系统

CIP-51 包含一个扩展的中断系统，支持 22 个中断源，每个中断源有两个优先级。中断源在片内外设与外部输入引脚之间的分配随器件的不同而变化。每个中断源可以在一个 SFR 中有一个或多个中断标志。当一个外设或外部源满足有效的中断条件时，相应的中断标志被置为逻辑 "1"。

22 个中断源的详细说明见表 11-9。

表 11-9 中断一览表

中断源	中断向量	优先级	中断标志	使　能	优先级控制
复位	0x0000	最高	无	始终使能	总是最高
外部中断 0(INT0)	0x0003	0	IE0(TCON.1)	EX0(IE.0)	PX0(IP.0)
定时器 0 溢出	0x000B	1	TF0(TCON.5)	ET0(IE.1)	PT0(IP.1)
外部中断 1(INT1)	0x0013	2	IE1(TCON.3)	EX1(IE.2)	PX1(IP.2)
定时器 1 溢出	0x001B	3	TF1(TCON.7)	ET1(IE.3)	PT1(IP.3)
UART0	0x0023	4	RI(SCON0.0) TI(SCON0.1)	ES0(IE.4)	PS0(IP.4)
定时器 2 溢出 （或 EXF2）	0x002B	5	TF2(T2CON.7)	ET2(IE.5)	PT2(IP.5)
串行外设接口	0x0033	6	SPIF(SPI0CN.7)	ESPI0(EIE1.0)	PSPI0(EIP1.0)
SMBus 接口	0x003B	7	SI(SMB0CN.3)	ESMB0(EIE1.1)	PSMB0(EIP1.1)
ADC0 窗口比较	0x0043	8	AD0WINT(ADC0CN.2)	EWADC0(EIE1.2)	PWADC0(EIP1.2)
可编程计数器阵列	0x004B	9	CF(PCA0CN.7) CCFn(PCA0CN.n)	EPCA0(EIE1.3)	PPCA0(EIP1.3)
比较器 0 下降沿	0x0053	10	CP0FIF(CPT0CN.4)	ECP0F(EIE1.4)	PCP0F(EIP1.4)
比较器 0 上升沿	0x005B	11	CP0RIF(CPT0CN.3)	ECP0R(EIE1.5)	PCP04(EIP1.5)
比较器 1 下降沿	0x0063	12	CP1FIF(CPT1CN.4)	ECP1F(EIE1.6)	PCP1F(EIP1.6)
比较器 1 上升沿	0x006B	13	CP1RIF(CPT1CN.3)	ECP1R(EIE1.7)	PCP1R(EIP1.7)
定时器 3 溢出	0x0073	14	TF3(TMR3CN.7)	ET3(EIE2.0)	PT3(EIP2.0)
ADC0 转换结束	0x007B	15	AD0INT(ADC0CN.5)	EADC0(EIE2.1)	PADC0(EIP2.1)

（续）

中 断 源	中断向量	优先级	中断标志	使　　能	优先级控制
定时器 4 溢出	0x0083	16	TF4（T4CON. 7）	ET4（EIE2. 2）	PT4（EIP2. 2）
ADC1 转换结束	0x008B	17	AD1INT（ADC1CN. 5）	EADC1（EIE2. 3）	EADC1（EIP2. 3）
外部中断 6	0x0093	18	IE6（PRT3IF. 5）	EX6（EIE2. 4）	PX6（EIP2. 4）
外部中断 7	0x009B	19	IE7（PRT3IF. 6）	EX7（EIE2. 5）	PX7（EIP2. 5）
UART1	0x00A3	20	RI（SCON1. 0） TI（SCON1. 1）	ES1（EIE2. 6）	PS1（EIP2. 6）
外部晶体振荡器准备好	0x00AB	21	XTLVLD（OSCXNCN. 7）	EXVLD（EIE2. 7）	PXVLD（EIP2. 7）

与中断控制有关的 SFR 除了与标准的 8051 兼容的中断允许寄存器 IE 和中断优先级寄存器 IP 外，还有扩展中断允许寄存器 EIE1、EIE2 和扩展中断优先级寄存器 EIP1、EIP2。它们对应的中断源关系可在表 11-9 中每个中断源的使能、优先级控制的内容中看到。至于中断程序的编写，与 8051 系列相同。

2. 振荡器

C8051FXXX 的 MCU 有一个内部振荡器和一个外部振荡器驱动电路，每个驱动电路都能产生系统时钟。MCU 在复位后从内部振荡器启动。内部振荡器可以被允许/禁止，其振荡频率可以用内部振荡器控制寄存器（OSCICN）设置。振荡器框图如图 11-41 所示。

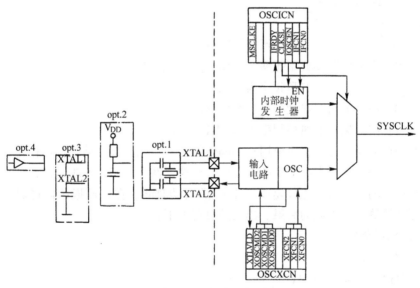

图 11-41　振荡器框图

当 $\overline{\text{RST}}$ 引脚为低电平时，两个振荡器都被禁止。MCU 可以从内部振荡器或外部振荡器运行，可以使用 OSCICN 寄存器中的 CLKSL 位在两个振荡器之间随意切换。外部振荡器需要一个外部谐振器、并行方式的晶体、电容或 RC 网络连接到 XTAL1、XTAL2 引脚。必须在 OSCXCN 寄存器中为这些振荡源中的某一个配置振荡器电路。一个外部 CMOS 时钟也可以通过驱动 XTAL1 引脚提供系统时钟。在这种配置下，XTAL1 引脚用作 CMOS 时钟输入。XTAL1 和 XTAL2 不耐 5V 电压。

两个 SFR 与振荡器有关：内部振荡器控制寄存器 OSCICN、外部振荡器控制寄存器 OSCX-CN。内部振荡器的频率可通过设置 OSCICN 相关的位来改变。但其频率误差约为±20%，不可用于串行通信或其他对频率精度要求高的场合。

内部振荡器控制寄存器 SCICN 的格式如下：

R/W	R/W	R/W	R/W	R/W	R/W	R/W	R/W	复位值
MSCLKE	—	—	IFRDY	CLKSL	IOSCEN	IFCN1	IFCN0	00000000
位 7	位 6	位 5	位 4	位 3	位 2	位 1	位 0	SFR 地址：0xB2

位 7：MSCLKE，时钟丢失检测器允许位。

    0：禁止时钟丢失检测器。

    1：允许时钟丢失检测器；检测到时钟丢失时间大于 $100\,\mu s$ 时将触发复位。

位 6~5：未用。读 =00b，写 = 忽略。

位 4：IFRDY，内部振荡器频率准备好标志。

    0：内部振荡器频率不是按 IFCN 位指定的速度运行。

    1：内部振荡器频率按照 IFCN 位指定的速度运行。

位 3：CLKSL，系统时钟源选择位。

    0：选择内部振荡器作为系统时钟。

    1：选择外部振荡器作为系统时钟。

位 2：IOSCEN，内部振荡器允许位。

    0：内部振荡器禁止。

    1：内部振荡器允许。

位 1~0：IFCN1~0：内部振荡器频率控制位。

    00：内部振荡器典型频率为 2 MHz。

    01：内部振荡器典型频率为 4 MHz。

    10：内部振荡器典型频率为 8 MHz。

    11：内部振荡器典型频率为 16 MHz。

当时钟频率精度要求高时，应使用外部晶体振荡器。当外部晶体振荡器稳定运行时，晶体振荡器有效标志（OSCXCN 寄存器中的 XTLVLD）被硬件置 "1"。XTLVLD 检测电路要求在允许振荡器工作和检测 XTLVLD 之间至少有 1 ms 的启动时间。在外部振荡器稳定之前就切换到外部振荡器可能导致不可预见的后果。建议的过程如下：

1) 允许外部振荡器。

2) 等待至少 1 ms。

3) 查询 XTLVLD "0" $\Rightarrow$ "1"。

4) 将系统时钟切换到外部振荡器。

注：晶体振荡器电路对 PCB 布局非常敏感。应将晶体尽可能地靠近器件的 XTAL 引脚，并在晶体引脚接负载电容。布线应尽可能地短并用地平面屏蔽，防止其他引线引入噪声或干扰。

外部振荡器控制寄存器 OSCXCN 的格式如下：

R	R/W	R/W	R/W	R/W	R/W	R/W	R/W	复位值
XTLVLD	XOSCMD2	XOSCMD1	XOSCMD0	—	XFCN2	XFCN1	XFCN0	00000000
位 7	位 6	位 5	位 4	位 3	位 2	位 1	位 0	SFR 地址：0xB1

位 7：XTLVLD，晶体振荡器有效标志。(只在 XOSCMD = 1xx 时有效)

    0：晶体振荡器未用或未稳定。

1：晶体振荡器正在运行并且工作稳定。

位 6~4：XOSCMD2~0，外部振荡器方式位。

　　　00x：关闭。XTAL1 引脚内部接地。

　　　010：系统时钟为来自 XTAL1 引脚的外部 CMOS 时钟。

　　　011：系统时钟为来自 XTAL1 引脚的外部 CMOS 时钟的二分频。

　　　10x：RC/C 振荡器方式二分频。

　　　110：晶体振荡器方式。

　　　111：晶体振荡器方式二分频。

位 3：保留。读：无定义，写 = 忽略。

位 2~0：XFCN2~0，外部振荡器频率控制位。

000~111，如表 11-10 所示。

表　11-10

XFCN	晶体(XOSCMD=11x)	RC(XOSCMD=10x)	C(XOSCMD=10x)
000	$f \leqslant 12\,\mathrm{kHz}$	$f \leqslant 25\,\mathrm{kHz}$	K 因子 = 0.44
001	$12\,\mathrm{kHz} < f \leqslant 30\,\mathrm{kHz}$	$25\,\mathrm{kHz} < f \leqslant 50\,\mathrm{kHz}$	K 因子 = 1.4
010	$30\,\mathrm{kHz} < f \leqslant 95\,\mathrm{kHz}$	$50\,\mathrm{kHz} < f \leqslant 100\,\mathrm{kHz}$	K 因子 = 4.4
011	$95\,\mathrm{kHz} < f \leqslant 270\,\mathrm{kHz}$	$100\,\mathrm{kHz} < f \leqslant 200\,\mathrm{kHz}$	K 因子 = 13
100	$270\,\mathrm{kHz} < f \leqslant 720\,\mathrm{kHz}$	$200\,\mathrm{kHz} < f \leqslant 400\,\mathrm{kHz}$	K 因子 = 38
101	$720\,\mathrm{kHz} < f \leqslant 2.2\,\mathrm{MHz}$	$400\,\mathrm{kHz} < f \leqslant 800\,\mathrm{kHz}$	K 因子 = 100
110	$2.2\,\mathrm{kHz} < f \leqslant 6.7\,\mathrm{MHz}$	$800\,\mathrm{kHz} < f \leqslant 1.6\,\mathrm{kHz}$	K 因子 = 420
111	$f > 6.7\,\mathrm{MHz}$	$1.6\,\mathrm{MHz} < f \leqslant 3.2\,\mathrm{MHz}$	K 因子 = 1400

3. 复位源

C8051Fxxx 系列单片机有 7 个能使 MCU 进入复位状态的复位源：上电/掉电、外部 $\overline{\mathrm{RST}}$ 外脚、外部 CNVST 信号、软件命令、比较器 0、时钟丢失检测器及看门狗定时器。复位源的原理框图如图 11-42 所示。下面分别对每个复位源进行说明。

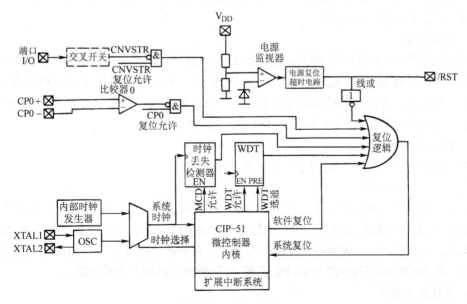

图 11-42　复位源框图

（1）上电/掉电复位

C8051F020/1/2/3 有一个电源监视器，在上电期间该监视器使 MCU 保持在复位状态，直到 VDD 上升到超过 V_{RST} 电平，如图 11-43 所示的时序图。$\overline{RST}$ 引脚一直被置为低电平，直到 100 ms 的 VDD 监视器超时时间结束，这 100 ms 的等待时间是为了使 VDD 电源稳定。

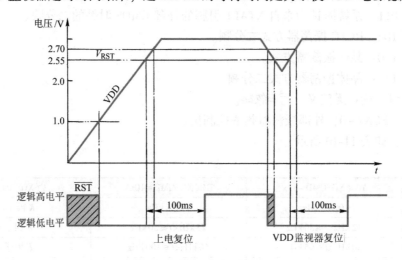

图 11-43　VDD 监视时序图

在退出上电复位状态时，PORSF 标志（RSTSRC.1）被硬件置为逻辑"1"，RSTSRC 寄存器中的其他复位标志是不确定的。PORSF 被任何其他复位源清零。由于所有的复位都导致程序从同一个地址（0x0000）开始执行，软件可以通过读 PORSF 标志来确定是否为上电导致的复位。在一次上电复位后，内部数据存储器中的内容应被认为是不确定的。

当发生掉电或因电源不稳定而导致 VDD 下降到低于 V_{RST} 电平时，电源监视器将 $\overline{RST}$ 引脚置于低电平并使 CIP-51 回到复位状态。当 VDD 回升到超过 V_{RST} 电平时，CIP-51 将离开复位状态，过程与上电复位相同（见图 11-43）。要注意的是，即使内部数据存储器的内容未因掉电复位而发生变化，也无法确定 VDD 是否下降到维持数据有效所需要的电压以下。如果 PSRSF 标志被置"1"，则数据不再有效。

（2）外部复位

外部 $\overline{RST}$ 引脚提供了使用外部电路强制 MCU 进入复位状态的手段。在 $\overline{RST}$ 引脚上加一个低电平有效信号将导致 MCU 进入复位状态。最好能提供一个外部上拉和/或对 $\overline{RST}$ 引脚去耦以防止强噪声引起复位。在低有效的 $\overline{RST}$ 信号撤出后，MCU 将保持在复位状态至少 12 个时钟周期。从外部复位状态退出后，PINRSF 标志（RSTSRC.0）被置位。

（3）软件强制复位

如果向 PORSF 位写"1"将强制产生一个上电复位。

（4）时钟丢失检测器复位

时钟丢失检测器实际上是由 MCU 系统时钟触发的单稳态电路。如果未收到系统时钟的时间大于 100 μs，单稳态电路将超时并产生一个复位。在发生时钟丢失检测器复位后，MCDRSF 标志（RSTSRC.2）将被置"1"，表示本次复位源为 MSD；否则该位被清零。$\overline{RST}$ 引脚的状态不受该复位的影响。把 OSCIN 寄存器中的 MSCLKE 位置"1"将允许时钟丢失检测器。

（5）比较器 0 复位

向 CORSEF 标志（RSTSRC.5）写"1"可以将比较器 0 配置为复位源。应在写 CORSEF

之前用 CPTOCN.7 允许比较器 0，以防止通电瞬间在输出端产生抖动，从而产生不希望的复位。比较器 0 复位是低电平有效，如果同相端输入电压（在 CP0+引脚）小于反相端输入电压（在 CP0-引脚），则 MCU 被置于复位状态。在发生比较器 0 复位之后，CORSEF 标志（RSTSRC.5）被置位，表示本次复位源为比较器 0；否则该位被清零。$\overline{RST}$引脚的状态不受该复位的影响。

（6）外部 CNVSTR 引脚复位

向 CNVRSEF 标志（RSTSRC.6）写"1"可以将外部 CNVSTR 信号配置为复位源。CNVSTR 信号可以出现在 P0、P1、P2 或 P3 的任何 I/O 引脚，见 11.2.3 中的"端口 0~3 和优先权交叉开关译码器"。注意：交叉开关必须被配置为使 CNVSTR 信号接到正确的端口 I/O。应该在将 CNVRSEF 置"1"之前配置引脚；允许交叉开关。当被配置为复位源时，CNVSTR 为低电平有效。在发生 CNVSTR 复位之后，CNVRSEF 标志（RSTSRC.6）的读出值为"1"，表示本次复位源为 CNVSTR；否则该位读出值"0"。$\overline{RST}$引脚的状态不受该复位的影响。

（7）看门狗定时器复位

MCU 内部有一个使用系统时钟的可编程看门狗定时器（WDT）。当看门狗定时器溢出时，WDT 将强制 CPU 进入复位状态。为了防止复位，必须在溢出发生前由应用软件重新触发 WDT。如果系统出现了软件/硬件错误，使应用软件不能重新触发 WDT，则 WDT 将溢出并产生一个复位，这可以防止系统失控。

在从任何一种复位退出时，WDT 被自动允许并使用默认的最大时间间隔运行。系统软件可以根据需要禁止 WDT 或将其锁定为运行状态以防止意外产生的禁止操作。WDT 一旦被锁定，在下一次系统复位之前将不能被禁止。$\overline{RST}$引脚的状态不受该复位的影响。

WDT 是一个 21 位的使用系统时钟的定时器。该定时器测量对其控制寄存器的两次特定写操作的时间间隔。如果这个时间间隔超过了编程的极限值，将产生一个 WDT 复位。可以根据需要用软件允许和禁止 WDT，或根据要求将其设置为永久性允许状态。看门狗的功能可以通过看门狗定时器控制寄存器（WDTCN）控制。

看门狗定时器控制寄存器 WDTCN 的格式如下：

R/W	R/W	R/W	R/W	R/W	R/W	R/W	R/W	复位值 00000000
位 7	位 6	位 5	位 4	位 3	位 2	位 1	位 0	SFR 地址： 0xFF

位 7~0：WDT 控制。

　　写入 0xA5 将允许并重载 WDT。

　　写入 0xDE 后四个系统周期内写入 0xAD，将禁止 WDT。

　　写入 0xFF 锁定禁止功能。

位 4：看门狗状态位（读）。读 WDTCN.[4]得到看门狗定时器的状态。

　　0：WDT 处于不活动状态。

　　1：WDT 处于活动状态。

位 2~0：看门狗超时间隔位。位 WDTCN.[2:0]设置看门狗的超时间隔。在写这些位时，WDTCN.7 必须被置为"0"。

对 WDTCN 的操作可实现如下几个功能：

1）允许/复位 WDT。向 WDTCN 寄存器写入 0xA5 将允许并复位看门狗定时器。用户的应用软件应周期性地向 WDTCN 写入 0xA5，以防止看门狗定时器溢出。每次系统复位都将允许并复位 WDT。

2）禁止 WDT。向 WDTCN 寄存器写入 0xDE 后再写入 0xAD，将禁止 WDT。下面的代码段说明禁止 WDT 的过程：

```
CLR    EA                  ;禁止所有中断
MOV    WDTCN, #0DEH        ;禁止软件看门狗定时器
MOV    WDTCN, #0ADH
SETB   EA                  ;重新允许中断
```

写 0xDE 和写 0xAD 必须发生在 4 个时钟周期之内，否则禁止操作将被忽略。在这个过程期间应禁止中断，以避免两次写操作之间有延时。

3）禁止 WDT 锁定。向 WDTCN 写入 0xFF 将使禁止功能无效。一旦锁定，在下一次复位之前禁止操作将被忽略。写 0xFF 并不允许或复位看门狗定时器。如果应用程序想一直使用看门狗，则应在初始化代码中向 WDTCN 写入 0xFF。

4）设置 WDT 定时间隔。WDTCN[2:0] 控制看门狗超时间隔。超时间隔由下式给出：

$$超时间隔 = 4^{3+WDTCN[2:0]} \times T_{SYSCLK}$$

其中，T_{SYSCLK} 为系统时钟周期。

对于 2 MHz 的系统时钟，超时间隔的范围是 0.032 ~ 524 ms。在设置这个超时间隔时，WDTCN.7 必须为 0。读 WDTCN 将返回编程的超时间隔。在系统复位后，WDT[2:0] 为 111b。

11.11　Cygnal 单片机集成开发环境

11.11.1　Cygnal 集成开发环境软件简介

Cygnal 集成开发环境软件提供了开发和测试项目所必需的工具，具有如下特点。
- 源代码编辑器。
- 项目管理器。
- 集成 8051 宏汇编器。
- Flash 编程器。
- 支持 Cygnal 的全速、非侵入、在线调试逻辑。
- 实时断点。
- 比使用 ICE 芯片、目标仿真头、电缆与仿真插座的仿真系统有更优越的性能。
- 源程序级调试。
- 有条件的存储器观察点。
- 存储器与寄存器检查与修改。
- 单步与连续单步执行方式。
- 支持第三方开发工具。
- MCU 程序代码初始化配置向导。

（1）源代码编辑器

编辑器包括所有标准的 Windows 编辑功能，包括剪切、粘贴、复制、取消/重复、查找/替换及书签等。并为 8051 汇编语言和 C 语言提供了彩色句法加亮功能。用户可以扩充加亮的关键字的目录，也可以定义所使用的颜色，可配置字体、文本颜色与 Tab 键设置。

（2）项目管理器

一个项目由源文件、目标与库文件、工具配置和 IDE 查看等组成。项目管理保存了查看与

工具设置，以及在编译中所使用的多卷文件，包括要通过第三方汇编器、编译器和连接器处理的文件。

（3）集成 8051 宏汇编程序

8051 宏汇编程序与 IDE 结合成一体。此汇编程序接受 Intel MCS-51，可兼容源文件，并且能创建可下载的 Intel 十六进制文件。它也产生所有的必要调试信息，提供汇编语言源程序级调试。

（4）Flash 编程器

编译之后，在 IDE 界面集成的 Flash 编程器允许代码立即下载至 MCU 在片闪存，将源代码修改与在系统调试之间的时间最小化。

（5）非侵入调试

连接到 MCU 片上调试电路的 IDE，使用最终应用中安装的 MCU 进行全速、非侵入式、在系统编程调试。片上调试逻辑比使用 ICE 芯片、目标仿真头与有噪声的电缆的仿真系统性能更优越，为评估混合信号设计的实际模拟性能，提供了必要的信号完整性。

（6）源程序级调试

源程序窗口也是工作调试窗口。当监控寄存器与存储器内容时，可以在源程序中观察当前的程序计数器位置，设置并且清除断点，执行单步运行。

（7）断点

断点可以设置在源程序行中，在执行指定源程序行的第一指令之前，立即停止执行。断点由 MCU 的片上调试电路支持，并且不影响程序的实时执行。

（8）存储器观察点

当一个或者多个数据存储器位置或者寄存器与指定的值符合或者改变时，可以有条件地定义存储器观察点，停止程序执行。

（9）第三方工具支持

完全支持 Flash 编程里 Intel OMF-51 绝对目标文件的源程序级调试，允许在软件开发时使用第三方链接工具。

（10）配置向导

配置向导自动地产生 MCU 和片上外设初始化代码。单击检验栏，并且在对话框中输入数值产生所需的带注释的汇编语言代码，使能和配置外部设备，设定输入/输出端口功能，并指定 MCU 等操作。

11. 11. 2　Cygnal IDE 界面

Cygnal IDE 的主界面如图 11-44 所示。

1. 窗口

Cygnal IDE 的主界面由项目窗口、编辑/调试窗口和输出窗口组成。

（1）项目窗口

● 文件察看，用于察看和管理与项目相关的文件。

● 符号察看，用于察看项目中使用符号的地址。

（2）编辑/调试窗口

● 编辑窗口，用于项目中所选文件的编写或编辑。

● 调试窗口，代码下载后，在调试期间此窗口用于观察存储器、寄存器和变量等。

（3）输出窗口

输出窗口是由三个复选窗口组成，这些复选窗口用于显示调试过程中的信息。

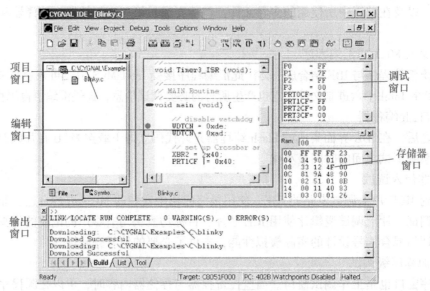

项目窗口

编辑窗口

调试窗口

存储器窗口

输出窗口

图 11-44　Cygnal IDE 的主界面

- Build 选项窗口，显示由集成的汇编/编译/链接工具产生的输出信息。如果在汇编/编译过程中出错，用户可以双击窗口中的一条错误信息，则在编辑窗口中就会显示发生错误的代码行。
- List 选项窗口，用来显示最新编译或汇编所产生的列表文件。
- Tool 选项窗口，如果工具输出被重定向到"tool. out"文件名，此窗口将显示自定义工具所产生的输出。

2. 菜单

File 菜单

菜 单 项	描 述
NewFile（新文件）	创建新文件
OpenFile（打开文件）	打开文件对话框，打开所选文件
CloseFile（关闭文件）	关闭当前打开的文件。如果打开的文件已被编辑，则弹出对话框，询问是否存盘
Save（保存）	保存当前激活的文件
SaveAs（另存为）	允许当前打开的文件换名存盘
SaveAll（保存所有）	IDE 将保存所有打开的文件
PrintSetup（打印设置）	打开打印机对话框，选择打印机参数
Print（打印）	打印当前文件
RecentFiles（最近文件）	此菜单区将列出 IDE 最近编辑的文件
Recent Projects（最近项目）	此区域提供一种快捷方式用以打开 IDE 的最近打开的项目
Exit（退出）	退出 IDE

Edit 菜单

菜 单 项	描 述
Undo（撤销）	此命令使编辑器退回到最近的编辑命令
Redo（重做）	此命令使编辑器退回到最近的 undo 命令
Cut（剪切）	此命令使选定的文字（高亮）被删除，但将文字复制到剪贴板

（续）

菜　单　项	描　　述
Copy（复制）	此命令将选定的文字复制到剪切板
Paste（粘贴）	此命令将剪切板的内容粘贴到当前光标位置
Find（查找）	此命令打开对话框，用户可键入查找的参数并在当前文件查找
Replace（替换）	此命令打开对话框允许用户在当前文件查找并替换字符串

View 菜单

菜　单　项	描　　述
DebugWindows（调试窗口）	此菜单包含有子菜单，在子菜单中列出了所有存储器和寄存器窗口（这些窗口只有在调试时才可见）
ProjectWindow（项目窗口）	此菜单项触发显示 IDE 项目观察窗口
OutputWindow（输出窗口）	此菜单项触发显示 IDE 输出窗口
Toolbars（工具栏）	此项目菜单允许用户选择工具栏是否可见，也允许用户定制工具栏
StatusBar（状态栏）	此菜单允许用户触发显示 IDE 状态栏
WorkbookMode（工作簿模式）	此菜单项允许用户在正常模式和笔记本模式之间选择

Project 菜单

菜　单　项	描　　述
Add Files to Project（加文件到项目）	此菜单命令将添加文件到当前项目
Assemble/Compile Current File and Stop Assemble/Compile CurrentFile（汇编/编译当前文件和停止汇编/编译当前文件）	此菜单将汇编/编译当前文件。汇编器/编译器输出将显示在输出窗口中的 build 窗。如果编译器/汇编器报告错误，输出窗口中将显示错误概要。用鼠标双击错误，IDE 将显示发生错误的源代码行
Build/Make Project（生成项目）	此菜单命令将生成目标代码
Open Project（打开项目）	调用浏览对话框浏览项目文件并打开
Save Project（保存项目）	保存当前打开的项目
Save ProjectAs（另存项目为）	换名保存项目
Close Project（关闭项目）	关闭当前打开的文件和窗口
Tool Chain Integration（工具链接集成）	调用集成链接工具对话框来定义外部汇编器、编译器和链接器
Target Build Configuration（目标生成配置）	调用目标生成配置对话框来定义生成过程

Debug 菜单

菜　单　项	描　　述
Connect（连接）	通过 EC2 将串口目标系统连接起来
Disconnect（断开）	释放计算机串口
Download（下载）	将下载当前打开项目代码到 Flash。如果当前无文件或项目打开，将弹出对话框允许用户选择文件下载。但文件必须是 Intel Hex 或 OMF-51 格式
Go（运行）	将释放调试中断信号，允许运行用户程序代码
Stop（停止）	将发出调试中断信号使芯片停止运行程序，并开始执行调试用户程序代码
Step（单步）	单步执行用户程序代码
MultipleStep（多步）	执行 N 步用户程序代码

（续）

菜　单　项	描　述
StepOver（越过单步）	允许用户程序代码越过当前代码行执行下面的代码
RuntoCursor（运行到光标）	将允许用户程序代码运行到光标所在的代码行
Breakpoints（断点）	调用断点管理对话框，显示当前所有断点信息，断点可以加入/删除/允许/禁止
Watchpoints（观察点）	调用观察点管理对话框，显示当前所有观察点信息，观察点可以加入/删除/允许/禁止
Refresh（刷新）	当在 IDE 中修改某些值后，强制写仿真器，修改存储器或寄存器值
Reset（复位）	复位按钮迫使 IDE 和硬件返回到调试初始状态

Tools 菜单

菜　单　项	描　述
CygnalConfigurationWizard（Cygnal 配置向导）	调用 Cygnal 配置向导，能快速生成带有外设详细信息的初始化配置代码
MemoryFill（填充存储器）	此菜单包含有子菜单，调用填充存储器对话框，填充 RAM、代码空间或外部 Mem
EraseCodeSpace（擦除代码空间）	删除和复位整个 Flash 代码空间
OutputMemorytoFile（输出存储器到文件）	调用输出存储器到文件对话框
Add/RemoveUserTool（加入/移出用户工具）	调用对话框管理 IDE 用户工具。可以添加、移出或修改用户工具

Options 菜单

菜　单　项	描　述
Multiple Step Configuration（多步配置）	调用多步配置对话框
SerialPort（串口）	选择 RS232 串口
SerialBaudRate（串口波特率）	选择串口波特率
ToolbarConfiguration（工具栏配置）	调用对话框选择允许哪些工具栏可见；工具栏按钮配置，还可创建新工具栏
ToolbarExtendedStyles（工具栏扩展类型）	调用对话框允许选择各种工具类型
Editor Font Selection（编辑器字体选择）	调用对话框允许设定编辑器字形大小和颜色
EditorTabConfiguration	调用对话框允许 TAB 键设置
SelectLanguage（选择语言）	强制编辑器使用特殊语言配置文件
DebugWindowFontSelection（调试窗口字体选择）	调用对话框允许选择调试/编辑窗口的字体
FileBackupSettings（文件备份设置）	调用对话框允许选择备份文件的数量

Window 菜单

菜　单　项	描　述
Cascade（层叠）	标准 Windows 层叠格式
TileHorizontal（水平平铺）	标准 Windows 水平平铺格式
TileVertical（垂直平铺）	标准 Windows 垂直平铺格式

Help 菜单

菜　单　项	描　述
CYGNALIDEHelp	调用在线帮助程序
KeilAssemble/LinkManual	Keil 汇编/链接手册
Keil CompileManual	Keil 编译手册
About CYGNAL IDE	显示 IDE 版本信息

3. 工具栏

工 具 栏	按　钮	描　述
文件/编辑	新建	创建一个新文件
	打开	打开一个文件
	保存	保存当前文件
	剪切	剪切选定文本到剪切板
	复制	复制选定文本到剪切板
	粘贴	粘贴剪切板到光标位置
	打印	打印当前文件
编译和生成代码	汇编/编译 停止生成	汇编/编译当前文件停止生成代码
	生成代码	汇编/编译和链接文件
	连接 断开	连接 IDE 和目标板 断开按钮释放串口
	下载	下载代码到目标硬件 flash
调试	运行/停止	开始/停止执行目标处理器中的程序代码
	复位	硬件和 IDE 返回调试初态
	单步	执行一条用户代码程序
	多步	执行 N 条用户代码程序
	单步越过	单步越过函数或子程序
	运行到光标	程序运行到光标处代码行
	插入/移出断点	设置/清除光标处断点
	移出所有断点	移出所有断点
	允许/禁止断点	激活/禁止当前断点
	禁止所有断点	禁止所有断点
	内部观察点对话框	打开内部观察点对话框
	刷新	IDE 改变数值后，强制写仿真器
调试窗口	SFR 寄存器查看窗	触发查看窗口
	寄存器查看窗	触发查看窗口
	RAM 查看窗	触发查看窗口
	代码查看窗	触发查看窗口
	反汇编查看窗	触发查看窗口
书签	下一个书签	移动光标到下一书签位置
	触发书签	设置/清除光标处书签
	上一个书签	移动光标到前一书签位置
	移出所有书签	移出所有书签
	禁止所有断点	禁止所有断点
	内部观察点对话框	打开内部观察点对话框
	刷新	IDE 改变数值后，强制写仿真器

4. 状态栏

状态栏显示目标系统中使用的 MCU 的型号、程序计数器 PC 的值、观察点的状态、程序的运行状态及光标所在的行和列。

11.11.3 软件的基本操作

1. 项目管理（创建和打开项目）

（1）创建项目

项目是用来保存文件、链接工具、生成目标代码和配置窗口信息的。可以使用"Project"菜单中的"New Project"选项或"Save Project As"选项来创建项目。如果使用"Save Project As"选项，将出现"Save Workspace"对话框来选择项目名称和存放的位置（项目文件的扩展名为 . wsp）。

一旦项目被保存，将保存如下信息。

- 当前所有打开的文件。（如果创建了新文件，且未存盘，则 IDE 将弹出对话框，提示用户保存文件）。
- 集成链接工具的设置。
- 目标生成配置。
- 主 IDE 窗口及已经打开的调试窗口的位置和大小。
- 编辑器的设置，如字体和文字颜色等。

（2）重新打开项目

打开项目有两种不同的方法。

1）选择"File"→"Recent Projects"中列出的最近打开过的项目。

2）使用"Project"菜单中的"Open Project"命令，调用"Open Workspace"对话框允许用户浏览计算机中的项目文件（＊. wsp）并打开所选文件。

（3）保存一个项目

保存项目用"Project"菜单中的"Save Project"选项。项目不必每次打开后都保存，遇到下面的情况需保存项目。

- 已打开新文件且将作为项目的一部分。
- 已打开新窗口，且每次打开项目时都需要重新打开这些窗口。
- IDE 窗口的位置和/或大小改变了，且在下次项目重新打开时需保留这种变化。

（4）在项目中添加文件

可用下面的方法向已存在的项目中添加文件。

1）在项目窗口的"File"选项窗口中添加文件到项目。

① 在项目或组上单击鼠标右键。

② 在弹出菜单中单击"Add Files…"菜单选项。

2）从"Project"菜单中添加文件到一个打开的项目。

① 打开项目。

② 在"Project"菜单中用"Add Files to Project"选项。

3）从"Build Button Definition"对话框中添加文件到项目。

① 从"Project"菜单中打开"Target Build Configuration"对话框。

② 单击"Customize"按钮。

③ 使用"Add Files to Project"按钮。

（5）从项目中移出文件

从已有项目中移出文件的方法是：在要移出的文件上单击右键，选择"Remove filename from project"。

2. 源程序的编辑

IDE 包括一个全功能的编辑器。可用文件菜单中的"New File"命令来新建文件，或用文件工具栏中的"New"按钮，然后开始键入源程序。只有当文件的扩展名为 . asm 或 . c 时，才具有源程序关键字符彩色显示功能。可用文件保存按钮，或用文件菜单中的"Save"或"Save As"命令保存文件。然后再将编辑好的源代码添加到项目中。

3. 源程序的编译和链接

（1）汇编和编译

可用生成工具栏中的汇编/编译按钮或"Project"菜单中的"Assemble/Compile File"命令来汇编/编译一个文件。如果一个项目或文件是打开的，那么当前活动的文件将被汇编/编译。

当汇编/编译完成后，将在输出窗口的"Build"选项窗中显示汇编/编译结果，如果源程序有错误，将在输出窗口中提示，双击错误提示，在编辑窗口中将显示源代码错误行。

如果产生列表文件，那么将在输出窗口的"List"选项窗中显示。

（2）链接

可用生成工具栏中的生成按钮，或用项目菜单中的"Build/Make Project"命令来生成项目。如果没有打开的项目，此命令是被禁止的。

当汇编/编译和链接完成后，结果将显示在输出窗口的"Build"选项窗中。如果产生列表文件，文件将显示在输出窗口的"List"选项窗中。

4. 集成开发环境与目标系统连接

在 IDE 与硬件连接之前，确保以下操作已完成。

1）RS232 串行电缆已经连接 PC 和 EC2。

2）JTAG 扁平电缆已经连接 EC2 和目标硬件。

3）电源已经接到目标硬件（注意：EC2 不向目标板供电，但目标板可向 EC2 供电）。

4）在 IDE 的"Options"→"Serial Port"子菜单中选定的串行口（COM1，COM2，COM3，COM4）与硬件连接的一致。

5）在 IDE 的"Options"→"Debug Interface"子菜单中选择的调试接口应正确。正确的选择如下。

● 如果是 C8051F3XX 器件，选择"Cygnal 2-Wire"。

● 如果是 C8051F 系列的其他器件，选择"JTAG"。

当所有的硬件已连接，并在 IDE 中选择了串行接口，就可将 IDE 与硬件连接。可用生成工具栏中的连接按钮或使用调试菜单中的"Connect"命令来完成连接。如果 IDE 不能访问串行口，将报告出错。这可能是由于串口被其他程序占用。如果是这种情况，关闭其他应用程序，重试连接。

要注意的是，如果其他应用需要使用串口，可以用"Disconnect"命令或生成工具栏中的断开连接按钮来断开连接。

5. 下载代码到 Flash

简单地按下生成工具栏中的下载按钮或使用 Debug 菜单中的"Download"命令，就可以下载程序到目标处理器的 Flash 中（注意：只有在执行"Connect"命令后才能下载代码到目标硬件）。如果在调用下载命令时有项目或文件已打开，相关的目标文件将被下载。如果当前无文件或项目打开，则将弹出一个对话框要求选择需下载的文件。

　　IDE 下载的文件格式为 IntelHex 或 OMF-51 格式（默认）。如果下载的文件是 OMF-51 文件并带有调试信息，则 IDE 将打开所有相关的源文件并开始源级调试。这一功能不支持不带调试信息的十六进制或 OMF-51 文件。

　　一旦程序被下载，用户就可以在目标硬件上调试和运行程序，而不是在仿真器上。（一旦程序被下载到目标硬件，所有的调试按钮，如 Go、Stop 和 Step 等都将被允许）。

6. 设置断点和观察点

（1）设置断点

　　简单地按下工具栏中的断点设置按钮，即可在源代码所在的行处设置和取消断点（注意此断点为硬件断点，最多可设置 4 个）。

（2）设置观察点

　　观察点是由用户设置的软件断点，当设定值在程序运行匹配时使程序停止运行。

- 如果想察看 SFR 存储单元跳到下一步，打开项目窗口的"Symbol"选项窗，找到想要观察的符号变量。
- 打开观察点对话框，在 4 个观察点位置选择 RAM 或 SFR，并复制 RAM 单元到相应的观察点地址框或从地址框中选择 SFR。注意：可以按十六进制或十进制指定 RAM 地址。
- 选择是在与指定的值相匹配或不相匹配时停止。
- 指定与符号/变量的比较值。注意：可以按十六进制或二进制指定值。
- 如果只想观察某些位而忽略其他位，指定要屏蔽的位。逻辑"1"察看，反之逻辑"0"忽略。注意：可以按十六进制或二进制指定屏蔽位。
- 在 4 个位置重复上述过程加入要观察的变量。
- 在观察点配置框中选择要观察的是 ANY 或 ALL。如果选择 ANY，当 4 个观察点中有一个匹配时 IDE 将停止并显示观察点对话框。如果选择 ALL，当所有的 4 个观察点都匹配时 IDE 将停止并显示观察点对话框。
- 在"Internal Watchpoint Control"中选择"Internal Watchpoints Enabled"。
- 单击"OK"按钮，可以单步或运行代码，当观察点匹配时 IDE 将停止运行并显示观察点对话框。
- 一旦遇到匹配值，IDE 停止并显示观察点对话框，为了 IDE 能够继续运行，而不会因当前匹配再次停止，匹配值必须清除或改变。"Internal Watchpoints"对话框提供了"Clear All"和"Clear Matched"按钮，使清除更加容易。

　　要注意的是，在使用调试器之前，PC 必须与 EC2 连接，而 EC2 必须与目标板连接，程序代码必须下载到目标处理器 Flash 中。

- "Go"和"Stop"按钮，用于开始和停止目标用户代码执行。
- "Step"按钮，用于单步执行代码，一次一条源级指令（包括中断服务程序）。
- 可配置的"Multiple Step"按钮，执行 N 步。
- "Step Over"按钮，用于越过函数或子程序和"Run to Cursor"按钮运行到光标处。

7. 查看和修改存储器、寄存器和变量

（1）打开调试窗口

　　查看和修改存储器、寄存器和变量在 Debug Windows 中实现的。集成开发环境包含很多调试窗口，在调试期间用它来察看和修改存储器和寄存器的信息。可以通过"View"菜单的 Debug Windows 来激活调试窗口，也可以通过单击工具栏中的图标按钮激活某些调试窗口，如

图 11-45 所示。

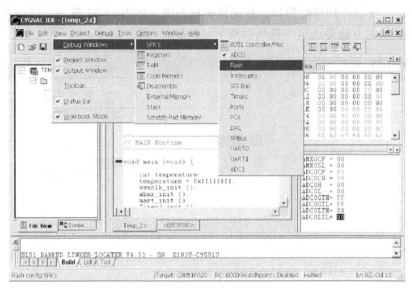

图 11-45　调试窗口

（2）修改存储器和寄存器值

可以在光标处键入数值来修改寄存器原值。修改后的值可以在执行用户代码（单击"Go"或"Step"按钮）前下载到硬件。方法是用"Refresh"按钮强制写入。这样修改后的值被写入仿真器。寄存器窗口将重读仿真器，窗口将被刷新，所有变化的值以红色显示。

要注意的是，修改寄存器的值只能在调试器处于停止状态时进行。目标处理器正在执行用户代码时不允许写入。

（3）如何向观察窗口（Watch Window）中添加变量

在生成和下载程序代码后可以将要观察的变量加到观察窗口，有两种方法可将变量加到观察窗口。

1）在符号观察窗口中找到要加入的变量，在变量上单击鼠标右键并选择变量类型。如图 11-46 所示。

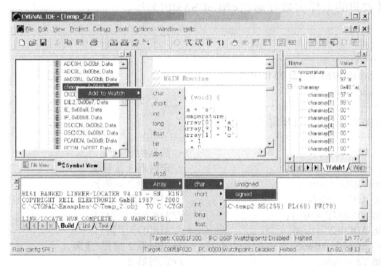

图 11-46　观察窗口

2）在源程序代码中找到要加入到观察窗口的变量，然后在变量上单击鼠标右键。从弹出菜单选择"Add"变量名到观察窗口，并选择变量类型，如图11-47所示。窗口大小是可调的，在窗口中删除变量的方法是选定变量然后按下〈Delete〉键。

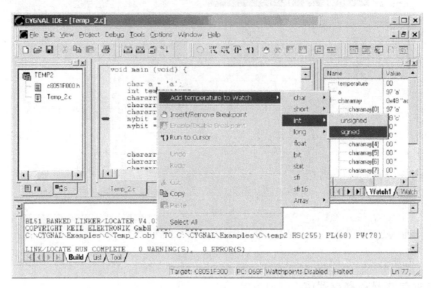

图11-47　加变量到观察窗口

11.12　应用程序举例

1. 用C51语言编写模数转换程序

该程序为使用ADC0的例程，在中断模式使用定时器3溢出作为开始启动信号，并采样AIN0<NUM SAMPLES>次，将结果存储在XDATA空间。一旦<NUM_SAMPLES>次被采集，采样值从UART0传输。一旦传输结束，将进行另一个<NUM_SAMPLES>次采样，并重复处理过程。假定一个22.1184MHz晶体连接在XTAL1和XTAL2之间，用全局常量SYSCLK存储系统时钟频率；用全局常量BAUDRATE存储目标UART波特率；用全局常量SAMPLERATE存储ADC0采样速率；每批收集的采样次数存储在<NUM SAMPLES>。

```
//---------------------------------------------------
//包含文件
//---------------------------------------------------
#include<c8051f020. h> // SFR 声明
#include<stdio. h>
//---------------------------------------------------
//C8051F02X 的 16 位 SFR 定义
//---------------------------------------------------
    sfrl6 DP  =0x82;                //数据指针
    sfrl6 TMR3RL =0x92;             //定时器 3 重装值
    sfrl6 TMR3 =0x94;               //定时器 3 计数器
    sfrl6 ADC0 =0xbe;               //ADC0 数据
    sfrl6 ADC0GT =0xc4;             //ADC0 大于窗口
    sfrl6 ADC0LT =0xc6;             //ADC0 小于窗口
    sfrl6 RCAP2 =0xca;              //定时器 2 捕捉/重装
    sfrl6 T2  =0xcc;                //定时器 2
    sfrl6 RCAP4 =0xe4;              //定时器 4 捕捉/重装
```

```
    sfrl6 T4 = 0xf4;                          //定时器 4
    sfrl6 DAC0 = 0xd2;                        //DAC0 数据
    sfrl6 DAC1 = 0xd5;                        //DAC1 数据
//-------------------------------------------------------------
//全局常量
//-------------------------------------------------------------
    #define SYSCLK22118400                    //系统时钟频率(Hz)
    #define BAUDRATE 115200                   //UART 波特率(bit/s)
    #define SAMPLERATE0 50000                 //ADC0 采样频率(Hz)
    #define NUM SAMPLES 2048                  //ADC0 采样次数
    #defineTRUE 1
    #define FALSE 0
    sbit LED = P1^6;                          //LED = "1" 意为开
    sbit SWl = P3^7;                          //SWl = "0" 意为按压开关
//-------------------------------------------------------------
//函数原型
//-------------------------------------------------------------
    void SYSCLK_Init(void);
    void PORT_Init(vold);
    void UART0_Init(void);
    void ADC0_Init(void);
    void Timer3_Init(int counts);
    void ADC0_ISR(void);
//-------------------------------------------------------------
//全局变量
//-------------------------------------------------------------
    xdata unsigned samples [NUM_SAMPLES];     //存储 ADC0 结果数组
    bit ADC0_DONE;                            //当 NUM_SAMPLES 次被采集为真
//-------------------------------------------------------------
//主程序
//-------------------------------------------------------------
    void main(Void){
    int i;                                    //循环计数器
    WDTCN = 0xde;                             //禁止看门狗定时器
    WDTCN = 0xad;
    SYSCLK_Init();                            //初始化振荡器
    PORT_Init();                              //初始化数据交叉开关和通用 IO 口
    UART0_Init();                             //初始化 UART0
    Timer3_Init(SYSCLK/SAMPLERATE0);          //初始化定时器 3 溢出作为 ADC0 采样率
    ADC0 Init();                              //初始化 ADC
    EA = 1;                                   //CPU 开中断
while(1){
  ADC0 DONE = FALSE;
  LED = 1;                                    //在采样过程中点亮 LED
  EIE21 = 0x02;                               //允许 ADC0 中断
  while(ADC0 DONE == FALSE);                  //等待采样结果
    //上传采样值到 UART0
            LED = 0;                          //上传期间关 LED
            for(i = 0;i<NUM_SAMPLES;i++){
                    printf("%u\n",samples[i]);
                    }
            printf("\n");
            }
        }
//-------------------------------------------------------------
```

```
//初始化子程序
//-------------------------------------------------------------
//时钟初始化
//此程序初始化系统时钟使用 22.1184 MHz 晶体为时钟源
//
    void SYSCLK_Init(void)
    {
        int i;                          //延时计数器
        OSCXCN = 0x67;                  //开启外部振荡器 22.1184 MHz 晶体
        for(i=0;i<256;i++);             //等待振荡器启振
        while(! (OSCXCN & 0x80));       //等待晶体振荡器稳定
            OSCICN = 0x88;              //选择外部振荡器为系统时钟源,并允许丢失
        //时钟检测器
    }
//-------------------------------------------------------------
//IO 初始化
//-------------------------------------------------------------
//配置数据交叉开关和通用 IO 口
    void PORT Init(void)
    {
        XBR0 = 0x04;                    //使能 UART0
        XBR1 = 0x00;
        XBR2 = 0x40;                    //使能数据交叉开关和弱上拉
        P0MDOUT| = 0x01;                //允许 TX0 为推挽输出
        P1MDOUT| = 0x40;                //允许 P1.6(LED)为推挽输出
    }
//-------------------------------------------------------------
//UART0 初始化
//-------------------------------------------------------------
//
//配置 UART0 使用定时器 1 为波特率发生器
//
    void UART0_Init(void)
    {
        SCON0 = 0x50;                   //SCON0:模式 1,8 位 UART,使能 RX
        TMOD = 0x20;                    //TMOD:定时器 1,模式 2,8 位重装
        TH1 = -(SYSCLK/BAUDRATE/16);    //根据波特率的值设定定时器 1 重装值
        TR1 = 1;                        //启动定时器 1
        CKCON |= 0x10;                  //定时器 1 使用系统时钟作为时基
        PCON |= 0x80;                   //SMOD0 = 1
        TI0 = 1;                        //表示 TX0 就绪
    }
//-------------------------------------------------------------
//ADC0 初始化
//-------------------------------------------------------------
//
//配置 ADC0 使用定时器 3 溢出作为转换开始信号,转换结束产生一个中断
//使用左对齐输出模式使能 ADC 转换结束中断,禁止 ADC
//
    void ADC0_Init(void)
    {
        ADC0CN = 0x05;                  //ADC0 禁止;正常跟踪模式定时器 3 溢出
        //ADC0 转换开始,ADC0 数据左对齐
        REF0CN = 0x07;                  //使能温度传感器,片内 VREF 和 VREF 输出缓冲器
        AMX0SL = 0x00;                  //选择 AIN0 作为 ADC 多路转换输出
```

```
        ADC0CF = (SYSCLK/2500000) <<3;        //ADC 转换时钟 2.5 MHz
        ADC0CF& = ~0x07;                       //PGA 增益 = 1
        EIE2& = ~0x02;                         //禁止 ADC0 中断
        ADOEN = 1;                             //使能 ADC0
    }
//-------------------------------------------------------------
//定时器 3 初始化
//-------------------------------------------------------------
//
//配置定时器 3 自动重装间隔由<counts>决定(不产生中断)使用系统时钟为时基
//
    void Timer3_Init( int counts)
    {
        TMR3CN = 0x02;                         //停止定时器 3;清除 TF3
//使用系统时钟作为时基
        TMR3RL; ~counts;                       //初始化重装值
        TMR3 = 0xffff;                         //立即开始重装
        EIE2& = ~0x01;                         //禁止定时器 3 中断
        TMR3CN 1 = 0x04;                       //启动定时器 3
    }
//-------------------------------------------------------------
//中断服务程序
//-------------------------------------------------------------
//-------------------------------------------------------------
//ADC0 中断服务程序
//-------------------------------------------------------------
//
// ADC0 转换结束中断服务程序,得到 ADC0 采样值并存储到全局数组<samples[ ]>
//并更新局部采样计数器<num_samples>,当<num_samples> = =<NUM_SAMPLES>时,
//禁止 ADC0 转换结束中断并置 ADC0_DONE = 1。
//
    void ADC0_ISR( Vcid) interrupt l5 using 3
    {
        static unsigned num_samples = 0;       //ADC0 采样计数器
        AD0INT = 0;                            //清除 ADC0 转换结束标志
        samples [ nurn_samples ] = ADC0;       //读和存储 ADC0 值
        num samples++;                         //更新采样计数器
        if( num_samples = =NUM_SAMPLES)
        {
            num_samples = 0;                   //复位采样计数器
            EIE2 & = ~0x02;                    //禁止 ADC0 中断
            ADC0_DONE = 1;                     //设置 DONE 标志
        }
    }
```

2. 用汇编语言编写定时器应用程序

使用片内 T3 定时器中断控制软件计数,计数器每 0.1 s 加 1,当计数器加到 5 时,改变 P2、P3 口的状态,P2、P3 口驱动发光管实现走马灯效果。用汇编语言编写一个程序,实现上述效果。

```
        $INCLUDE( C8051F020. INC)        ;SFR 寄存器声明
        COUNT DATA        07FH           ;定时器 3 中断中用到的计数变量
        I     DATA        07EH           ;定时器 3 中断中用到的计数变量
        J     DATA        07DH           ;定时器 3 中断中用到的计数变量
        LED   DATA        07CH           ;P3 口控制输出的变量
```

```
              ORG    0000H
              JMP    MAIN              ;跳转到主程序
              ORG    0073H             ;定时器 T3 的中断服务程序
              LJMP   T3INTR            ;跳转到中断服务程序地址处执行
              ORG    0100H
MAIN:                                  ;主程序
              MOV    WDTCN,#0DEH       ;禁用看门狗定时器
              MOV    WDTCN,#0ADH
              LCALL  PORT_INIT         ;端口初始化
              LCALL  TIMER3_INIT       ;定时器 3 初始化
              SETB   EA                ;开中断
              MOV    COUNT, #05H       ;COUNT 的初值为 0
              MOV    I,#09H            ;I 的初值为 9
              MOV    J,#00H            ;J 的初值为 0
              MOV    LED,#0FFH         ;LED 的初值为 0FFH
LOOP:  SJMP   LOOP                     ;在此处循环等待定时器 3 中断
T3INTR:                                ;定时器 3 中断服务程序
              PUSH   ACC               ;累加器 ACC 入栈
              ANL    TMR3CN,#07FH
              DJNZ   COUNT,RETURN      ;COUNT 减一不为零直接中断返回
              MOV    COUNT,#05H        ;COUNT 装入初值
              MOV    A,LED             ;LED 输出给 P3
              MOV    P3,A
              MOV    DPTR,#P2LED       ;表格位置
              MOV    A,J
              MOVC   A,@ A+DPTR        ;查表
              MOV    P2,A              ;查表得到的值输出给 P2
              MOV    A,LED             ;LED 左移 1 位
              RLA
              ANL    A,#0FEH
              MOV    LED,A
              INC    J                 ;判断 J 是否加到了 8
              MOV    A,J
              CJNE   A,#08H,NOZEROJ
              MOV    J,#00H            ;J 如果到了 8 就重新归为 0
NOZEROJ:
              DJNZ   I,RETURN          ;I 自减 1,判断 I 是否减到 0
              MOV    I,#09H            ;I 重新赋值为 9
              MOV    LED,#0FFH         ;LED 重新赋值为 0FFH
RETURN:
              POP    ACC               ;累加器 ACC 出栈
              RETI                     ;中断返回
PORT_INIT:                             ;端口初始化程序
              MOV    XBR2,#40H         ;端口配置寄存器,使能交叉开关和输入输出端口弱
                                        上拉
              RET
TIMER3_INIT:                           ;定时器 3 初始化程序
              MOV TMR3CN,#0            ;停止定时器 3,清零 TF3,使用系统时钟的 12 分频(SY-
                                        SCLK/12)作为时间基准
              MOV    TMR3RLL,#0E5H     ;定时器初始化重新装入的值
              MOV    TMR3RLH,#0BEH
              MOV    TMR3L,#0FFH       ;设置为立即重新装入定时器初值
              MOV    TMR3H,#0FFH
              ORL    EIE2,#01H         ;使能定时器 3 中断
              ORL    TMR3CN,#04H       ;启动定时器 3
```

```
            RET
                                            ;P2 口控制输出的值的表格
P2LED：DB      07FH,0BFH,0DFH,0EFH,0F7H,0FBH,0FDH,0FEH
END
```

11.13　应用系统举例——智能电动执行机构控制系统

11.13.1　执行机构总体结构简介

执行机构由电机、减速器、手动切换机构、行程检测、力矩检测和电气控制系统等组成。电机采用专用软特性三相异步电机，具有起动转矩大、转动惯量小的特点。减速器将高转速、小转矩的电机输出转换成低转速、大转矩的执行机构输出。一般采用蜗轮蜗杆结构，电机轴与蜗杆是相互独立的，以便于快速更换。手动切换为半自动式，可将自动控制方式切换为手动方式，电动控制输出时自动复位。机构行程检测控制机构采用十六位绝对编码器。力矩检测采用双向推拉式电子力矩传感器。

电气控制系统为智能型电动执行机构的控制部分，由 MCU、输入输出通道（AI、AO、DI、DO）、液晶显示模块、电机驱动模块等组成。智能电动执行机构除完成一般执行机构的基本开关动作外，还需方便调试和现场操作的人机界面、总线功能等，具体包括以下内容。

1）根据控制信号结合行程、力矩、执行机构状态等完成开、关、停动作。

2）具有友好的人机界面，使用者可对执行机构进行参数的组态和设定。

3）具有若干开关量和模拟量的输入输出接口，完成执行机构的状态输出和控制输入。

4）具有 Modbus RTU 现场总线功能。

5）具有相序自适应、缺相保护、电机保护过热功能。

11.13.2　控制系统的总体设计

电气控制系统基本结构如图 11-48 所示。

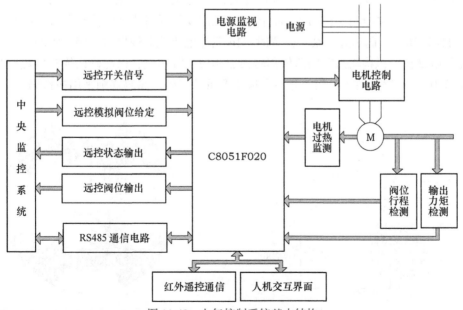

图 11-48　电气控制系统基本结构

人机界面采用图形点阵式液晶显示器，分辨率为128×64，可显示中英文菜单及各种模拟图标，使控制直观，现场操作和参数设定方便。利用三个LED表示电源状态和阀门开关动作。利用红外遥控接口和6个干簧管实现现场操作和设置、调试。

行程检测采用16位绝对编码器，通过并行端口获取阀门的当前位置。利用力矩传感器实时检测机构输出力矩。对三相电源电压进行采集，以判断电源相序，实现自适应和缺相保护功能。通过在电机定子绕组内部埋设的热保护开关完成电机过热保护功能。

系统接收中央监控系统发出的远程控制执行机构运行的开关量信号和4~20 mA远程模拟量，实现远程开关动作控制和执行机构进行精确定位。

执行机构根据采集信号和实时运行状态输出各种状态信号，包括开关状态和4~20 mA阀门位置信号。

电动执行机构具备Modbus RTU通信功能，可与中央监控系统实现远距离数据通信。

11.13.3　主要硬件电路设计

1. C8051F020 核心电路部分

核心电路是C8051F020基本的外围支持电路，包括复位电路、时钟电路、电源电路和在线调试电路，如图11-49所示。

C8051F020内部复位系统含有一个电源监视器，上电过程中电源电压尚未稳定时监视器保持复位状态，待电源稳定100 ms后启动处理器。因此C8051F020无须专门的上电复位电路。同样，当发生掉电或因电源不稳定而导致V_{DD}下降到低于内部参考电压时，电源监视器置于复位状态。待V_{DD}回升至合适电压范围并保持100 ms后再启动处理器正常工作。

C8051F020有一个内部振荡器和一个外部振荡器，均可产生系统时钟。MCU在复位后从内部振荡器启动。内部振荡器精度较低，不适合高速通信应用，因此系统采用外部晶体振荡器接入XTAL1/XTAL2引脚构成系统基础时钟。

2. 行程检测电路

行程检测采用16位绝对编码器实现。为此，执行机构输出轴上安装一个四级联动码盘，每个码盘上按一定规则绘制黑白两色编码图案，利用4只反射式光电传感器检测码盘的旋转位置，如图11-50所示。码盘处于某一位置时，16只光电传感器输出与之相对应的一组二进制编码。如此将电动执行机构输出轴的角位移转换成相应的数字量，以此确认绝对位置。为了保证编码变化时16只传感器动作时间差异不会造成严重的误码，编码规则采用格雷码。

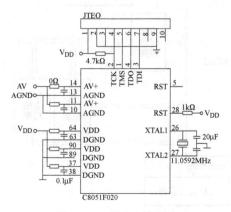

图11-49　核心电路部分

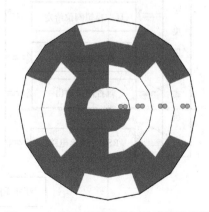

图11-50　码盘编码图案与传感器示意图

　　反射式光电传感器电路如图 11-51 所示。所有发光二极管利用稳定的电压源激励，串联电阻保证二极管电流稳定。图案的不同颜色对应不同的反射光光强，光电晶体管在不同光强作用下输出相应的电流，集电极体现出的高低电压经施密特非门整形后输出二进制编码。

3. 开关信号检测电路

　　系统开关量输入包括远控信号和电机过热监测信号。前者由中央监控系统发出，为继电器无源接点信号，后者采用电机内部绕组埋设的常闭热保护开关。从执行装置向外看，所有信号均体现无源开关的通断状态，采用相同的检测电路，如图 11-52 所示。为提高系统对外部干扰的适应能力，采用光电耦合器进行隔离，对电源和地并联二极管抑制外部输入超出正常电压范围的干扰信号，并利用 RC 滤波电路抑制信号中的高频分量。光电耦合器输出经施密特非门波形整形后输出合适的数字信号送处理器 I/O 端口。

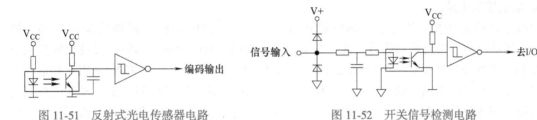

图 11-51　反射式光电传感器电路　　　　图 11-52　开关信号检测电路

4. 模拟信号检测电路

　　模拟输入信号包括执行装置输出力矩检测信号和中央监控系统发出的 4~20 mA 阀门位置控制信号。

　　力矩检测采用应变电阻电桥构成压力传感器，安装在输出传动蜗杆上。电桥采用直流电压激励，输出力矩大小反应为应变电阻的变形，其阻值也随之变化，电桥中间桥路输出相应电压。前置放大电路采用差分放大电路，电路反馈并联电容保证电路具有合适的噪声抑制能力，如图 11-53 所示。

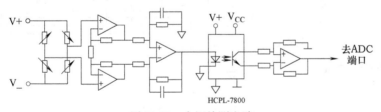

图 11-53　力矩检测电路

　　根据应变电阻的特性和执行装置输出力矩范围可确定电路的增益。

$$A = \frac{M_{max} \times U_0 \times s / M_f}{u_{max}}$$

式中，M_{max} 为执行装置输出力矩最大值；s 为应变电阻的灵敏度，单位 mV/V；U_0 为电桥激励电压；M_f 为压力传感器量程；u_{max} 为电路输出电压范围。

　　根据系统对力矩检测的响应速度要求，可以确定阶跃输入信号作用下，放大电路输出信号的上升时间应小于 t_{rmax}，由此可估算放大电路的上限截止频率：

$$f_H \approx 0.35 / t_{rmax}$$

　　4~20 mA 电流控制信号的输入电路与力矩检测相似。在信号输入端串接采样电阻，将电流信号转换为电压信号后接入具有适当增益和带宽的差动放大电路。两模拟输入信号接入线性光耦合器 HCPL-7800 实现电气隔离，其输出利用同相比例放大电路将电压调整至 ADC 输出范围内，输入 C8051F020 ADC 端口。

C8051F020 提供两组 ADC 输入模块，其中 ADC0 模块可配置为 9 通道 12 位转换模式。系统采用 ADC0 通道 0、1 分别检测输出力矩和电流控制信号。芯片内部具有一个 1.2 V 的带隙电压基准发生器和 1 个两倍增益的输出缓冲器，可配置为 2.4 V 的电压基准输出，外部接入 ADC0 电压基准输入。

5. 开关信号输出电路

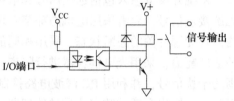

系统利用小型信号继电器输出各类状态信号，供中央控制系统模拟屏显示。继电器的驱动电路如图 11-54 所示，电路利用光耦合器实现电器隔离，晶体管驱动继电器动作。

图 11-54　开关信号输出电路

6. 电机控制电路

根据系统功能要求，系统须控制电机正转、反转，这是电动执行机构的关键功能。如图 11-55 所示电路，电机控制信号为两路开关信号，利用小型电磁继电器驱动交流接触器完成电机控制。为保证系统在复位等异常状态下，控制输出稳定可靠，C8051F020 采用互补信号形式，两位信号相等时电机停转，"01""10"分别为电机正转和反转控制输出。外部电路利用硬件电路实现上述异或逻辑变换。控制继电器输出接点串联，继电器 1 得电则电机起动，继电器 2 决定电机正转或是反转。

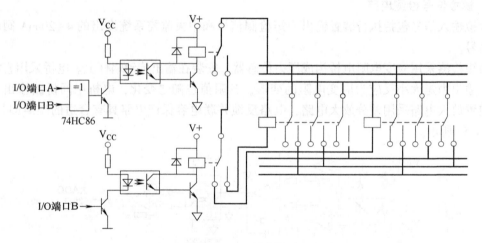

图 11-55　电机控制电路

7. 模拟信号输出电路

模拟信号输出即 4~20 mA 电流型阀门位置信号，输出电路如图 11-56 所示。C8051F020 通过 DAC0 端口输出 0~2.4 V 模拟电压，经线性光电隔离电路后利用压流变换电路产生 4~20 mA 电流输出。

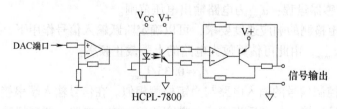

图 11-56　4~20 mA 输出模块电路

8. 人机交互界面

人机交互界面电路包括 LCD 显示、干簧管信号输出、LED 指示灯电路，如图 11-57 所示。

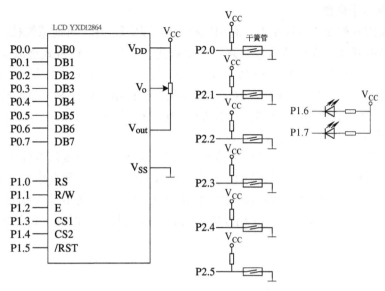

图 11-57　人机界面电路

系统显示采用 YXD-12864M 型图形点阵液晶显示模块，其内部已包含行、列驱动器和 128×64 全点阵液晶显示屏，可完成 4×8 个 16×16 点阵汉字显示，也可显示简单的图形符号。YXD-12864M 引脚功能见表 11-11。

表 11-11　YXD-12864M 引脚

引脚号	名称	取值范围	引脚功能描述
1	V_{SS}	0 V	电源地
2	V_{DD}	+5.0 V	电源电压
3	V_o	−5.0 V ~ −13 V	液晶显示器驱动电压
4	RS	H/L	数据指令选择 H：DB7~0 为显示数据 L：DB7~0 为指令数据
5	R/W	H/L	读写控制 H：读数据；L：写数据
6	E	H/L	使能，H：有效
7~14	DB0~DB7	H/L	数据总线
15	CS1	H	内部驱动芯片 1（左 64 列）片选，H：选中
16	CS2	H	内部驱动芯片 2（右 64 列）片选，H：选中
17	/RST	L	复位，L：有效
18	Vout	—	模块自带负压发生器输出电压端

电动执行装置要求整体防爆，因此不能在外壳上开孔安装按键等人机界面操作元件，系统采用干簧管实现非接触式人机界面操作。干簧管是一种磁控开关，其外壳是密封的玻璃管，内部装有两个铁质弹性簧片电极。平时玻璃管中两个簧片分开，当有磁性物质靠近时，在磁力作用下，簧片被磁化而互相吸引接触，使两个引脚电路连通。外磁场消失后，两个簧片由本身的

弹性分开，线路断开。可见，干簧管的电气特性与开关并无差异，接口电路简单。

C8051F020 每个 IO 端口可提供最大 100 mA 灌电流，可直接驱动少量 LED 指示灯。

9. 电源及其监视电路

系统总体采用三相交流电源供电，利用三相变压器降低电压。针对系统核心电路和外围电路相互隔离的供电要求，变压器须包含两组二次绕组，分别经三相桥式整流电路变换直流电压。系统核心电路电源利用 LM2576 构成 5 V BUCK 开关稳压电源向核心电路中模拟部分供电，再利用 LM1117 稳压输出 3.3 V 供核心数字电路使用。外围电路电源利用三端稳压器输出 24 V 电压驱动各信号继电器和控制继电器，利用两片 LM34063 分别组成 Buck 电源和 Buck-Boost 电源输出 ±5 V 向外围模拟电路供电。

系统利用三组光电耦合电路检测变压器外围供电绕组输出，当变压器输出电压大于 2.5 V 触发光电耦合器输出低电平，经施密特非门整形后输出高电平，检测电路如图 11-58 所示。可以想象如果三相电源正常，则三路输出信号将体现为存在 120° 相位差的连续脉冲波，由此可判断三相电源的相序。如果存在缺相故障，则有一路信号将长时间保持低电平状态。

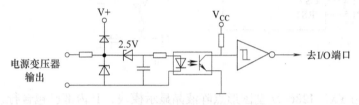

图 11-58　三相电源相序和缺相监测

10. 红外遥控通信电路

为方便执行装置的本地操作，作为干簧管操作的替代方案，系统采用一体化红外接收头 HS0038 实现利用红外遥控器完成人机交互操作。

红外遥控的基本原理是：发送端将待发送信息的二进制信号编码调制为一系列的脉冲信号，通过红外发射管发射红外信号；接收端接收红外信号，对信号进行放大、检波、整形得到 TTL 电平的编码信号，再送给单片机，经单片机获得串行编码后进行解码判断相应的遥控指令。

通信的发射端利用不同的电平宽度表达二进制状态，逻辑"1"表示为 0.26 ms 低电平接 0.26 ms 高电平脉冲，逻辑"0"表示为 0.52 ms 低电平接 0.26 ms 高电平脉冲。利用该脉冲信号调制 38 kHz 载波信号的幅值，得到如图 11-59 所示波形的调制信号。接收端接收到红外信号并经放大整形后反向完成解调、译码工作，输出连续的二进制位串送处理器 IO 端口。

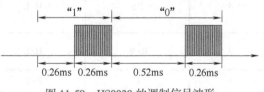

图 11-59　HS0038 的调制信号波形

11. RS485 通信电路

C8051F020 集成了两路 UART 端口，系统利用 UART0 端口实现与中央监控系统的串行通信，通信的物理层 RS485 采用协议，接口电路如图 11-60 所示。电路利用高速光耦合器 6N137 实现电气隔离，再利用 75LBC184 实现 TTL 电平与 RS485 电平之间的转换。

12. 电路抗干扰设计

电动执行机构运行在电磁环境复杂的工业现场环境，外部干扰严重，系统可靠性要求高，因此电路设计中须特别考虑其抗干扰能力的设计。

1）电源电路：电源电路的设计中考虑到浪涌、电压跌落、高频传导骚扰等问题，变压器一次侧设置了电源滤波器，二次侧利用 TVS 对瞬时过电压进行保护。较高的二次电压、宽输入范围 BUCK 电源与整流滤波电容一起保证发生短时电压跌落时核心电路供电的稳定性。

2）输入输出电路：为了抑制输入输出端口引入的外部传导骚扰，所有输入输出端口与核心电路之间均采用光电隔离，保证核心电路对外部共模干扰的抑制能力。同时所有输入端口都配置了阻容吸收滤波和限幅保护电路，并利用施密特非门等电路对信号进行整形，充分降低干扰信号对处理器的影响。开关输出电路采用电磁继电器实现二次隔离，减少输出端口引入的干扰。

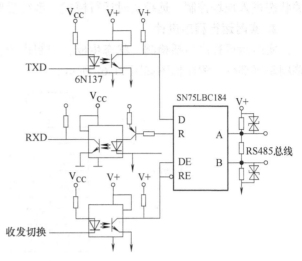

图 11-60　串行通信电路

3）通信电路：与开关量输入输出电路相似，通信电路也采用了高速光电隔离、阻容吸收和 TVS 限幅保护措施。

4）内部电路：电动执行装置整体密封，因此外部辐射骚扰的影响相对较小，内部电路所感受到的干扰主要存在于设备内部不同电路单元之间。为此，各单元电路，特别是数字集成电路电源均配置了磁珠与去耦电容相结合的吸收式滤波环节，避免单元电路之间通过电源线路公共阻抗相互干扰。此外，在 PCB 设计中采用 4 层板结构，并保证数字电路与模拟电路分离，高频信号电路与低频信号电路分离，隔离外侧与内侧分离，高电压电路与低电压电路分离。

11. 13. 4　系统软件设计

1. 软件总体结构

软件的总体结构如图 11-61 所示。

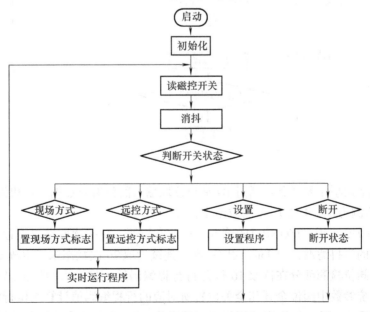

图 11-61　软件总体结构图

系统上电启动对各硬件单元进行初始化，从 E^2PROM 中读出系统参数，然后读取磁控开关状态进入现场控制、远控实时运行模式、系统设置模式和断开等工作状态。

2. 实时运行程序设计

实时运行程序包括检测、状态生成、控制指令、指令生成、电机运行控制、信号输出、屏幕刷新等部分，程序框图如图 11-62 所示。

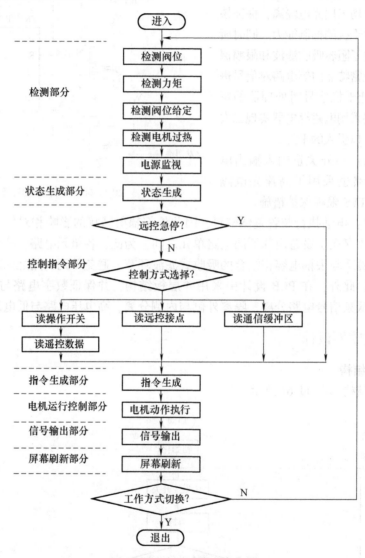

图 11-62 实时运行程序框图

检测部分包括两项主要任务：通过 IO 端口读取输入阀位编码数据、电机温度报警状态等；通过 ADC 端口检测力矩、4~20 mA 阀位给定信号。

对于 C8051F020 来说，I/O 端口的读取操作非常简便，直接读取端口寄存器即可。端口状态读取后经简单的消抖滤波，每 1 ms 读取一次，连续读取 20 次状态未发生改变即为有效输入，否则状态丢弃。阀位检测部分在读取 16 位并行行程编码后，将输入的格雷码转换成二进制代码，然后根据系统参数中阀位全开和全关位置所对应的行程编码值计算阀位行程百分比。程序框图如图 11-63 所示。图中 P 为当前阀位行程编码值，$P_开$ 为阀位全开行程编码值，$P_闭$ 为阀位全关行程编码值。

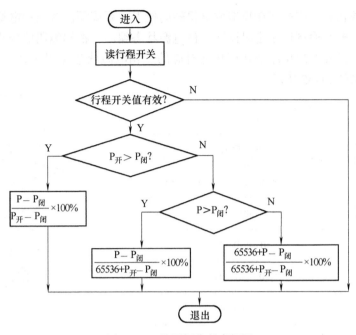

图 11-63　检测阀位程序框图

　　A-D 转换程序采用两次数据滤波。第一级滤波剔除 A-D 连续采样 6 次数据的最大值和最小值，再进行平均，如此剔除数据中瞬间干扰造成的错误数据。第二级滤波采用一阶高斯滤波算法，对第一级滤波的结果进行滤波处理，去除其中的高频成分。滤波器参数可根据 ADC 采样频率、系统对输入信号的响应速度估算。程序框图如图 11-64 所示。

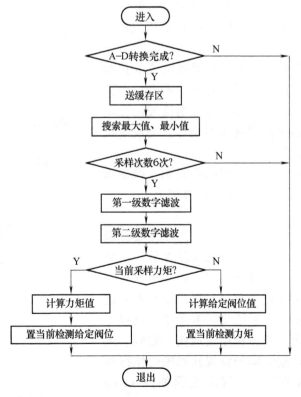

图 11-64　A-D 转换程序框图

为防止电机缺相运行或相序接反造成电机转向错误，系统须监测三相电源状态。根据电源检测电路的设计，电源检测程序定时读取三位电源状态编码，根据编码的变化序列即可确定电源是否存在故障。各种电源相序及缺相状态对应的三相电源状态编码序列见表 11-12。定时中断服务程序流程如图 11-65 所示。

表 11-12　电源相序编码表

电源工作状态	编码序列
正序	100→110→010→011→001→101→100
逆序	100→101→001→011→010→110→100
缺 A 相	101→010→101
缺 B 相	110→001→110
缺 C 相	011→100→011

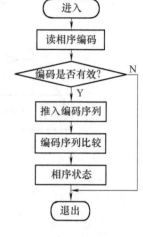

图 11-65　相序编码检测判断程序框图

状态数据生成程序对系统参数和检测数据进行综合分析生成状态数据，包括阀位处于全开、中间范围 1、中间范围 2、全关以及开向与关向输出过力矩、综合故障等信号。控制指令获取程序通过 I/O 端口读取磁控开关，通过红外端口读取串行遥控指令，或从 Modbus 通信数据等渠道获取控制指令。其中现场开关输入、远控开关信号输入信号的读取与开关信号检测无异，Modbus 通信相关程序将在后面内容中进一步介绍。

根据当前系统工作状态数据、各渠道传来的控制指令及其优先级，动作指令生成程序综合判断，做出最终的电机动作控制及信号输出指令。电机控制和信号输出程序根据动作指令控制继电器动作，完成电机起停操作和远程信号输出。

最后，屏幕刷新程序将所有的状态数据、控制指令等信息以文字或图标的形式显示在 LCD 屏上。

3. 设置程序设计

LCD 为 128×64 图形点阵式液晶，在系统设置模式下，通过人机界面操作设置、查阅系统参数。系统设置模式下所有功能按菜单方式组织，各菜单项对应不同的设置界面，每个设置界面又根据设置操作的过程划分为若干步骤。据此，系统将所有菜单、设置等界面编为多级状态编码。设置程序读取阀位编码、人机界面指令等信息，根据不同的设置状态编码执行相应的电机控制、显示等操作，程序流程如图 11-66 所示。

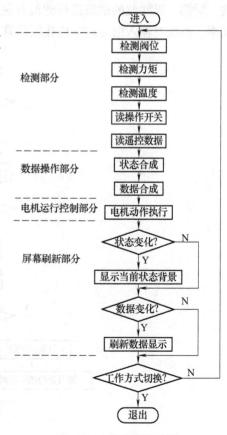

图 11-66　设置程序框图

4. Modbus 通信程序设计

Modbus 协议是一种广泛应用于工业控制系统的通信协议。Modbus 可支持 RS232、RS485 等多种电气接口，可利用双绞线、光纤、无线等各种介质传送，其帧格式简单、紧凑，通俗易懂。Modbus 网络采用一主多从结构，每次通信动作由主设备发出查询指令，相应从设备做出回应。为此，Modbus 协议定义了一整套完整的查询-回应数据帧格式，见表 11-13。

表 11-13　Modbus 协议数据帧格式

通信模式	初始结构	地址码	功能码	数据区	校验	结束结构
ASCII	延时 4B	2B	2B	2×NB	4B	延时 4B
RTU	延时 4B	1B	1B	NB	2B	延时 4B

其中，初始结构和结束结构为简单延迟等待，总线空闲足够长时间，用以实现帧同步。地址码为从设备地址。整个网络可包含最多 254 个从设备，每个设备分配一个地址，取值范围 1～254。功能码为协议定义的一整套指令集，根据不同应用需求可选择其中一个子集构成通信系统。根据不同的功能码，须携带相应的若干后续数据。Modbus 数据帧的错误校验采用 CRC16 编码校验。根据实际需求，网络可选择 ASCII 或 RTU 两种通信模式。ASCII 模式下数据帧每个字节都采用 ASCII 码形式，两个字节的 ASCII 码合在一起表达一个两位十六进制编码。RTU 模式下数据帧每个字节即一个两位十六进制编码。根据应用要求，本系统具体网络设计如下。

1）RTU 传输模式。

2）物理层采用 RS485 接口。

3）数据传输速率（波特率单位 bit/s）可选择 38400、19200、9600、4800。

4）设备地址：2～127。

5）设备支持 MODBUS 功能码子集见表 11-14。

表 11-14　Modbus 功能码子集

功能码	名　　　称	作　　　　用
04	读取输入寄存器	读取控制器内部一个或多个运行数据，包括：开关停运行控制字、设定开度运行控制字
06	预置单寄存器	向控制器写入一个控制指令，包括：执行机构状态字、远控方式状态字、执行机构开度、力矩百分比、执行机构操作次数、执行机构到位次数

根据硬件设计，Modbus 通信采用 UART0 端口，其数据串行口中断服务程序和定时器中断服务程序流程如图 11-67 所示。

系统收到串口中断后，首先判断中断来源。进入接收中断后，如果系统正在等待接收，则读取接收寄存器并存入接收缓冲区。每接收到一个字节的数据后系统清除超时计数器，在定时器中断中，超时计数器不断累加，如长时间未收到数据，超时计数器达到上限则说明数据帧接收完成。完成一个数据帧的接收即对该数据进行解析，输出相应数据，组成回应数据帧，并启动串口发送。在发送中断中，如果系统正在发送，则将发送缓冲区指针指向的数据，即待发送数据送入发送寄存器，直至发送缓冲区指针超出缓冲区上限，则进入等待接收状态。

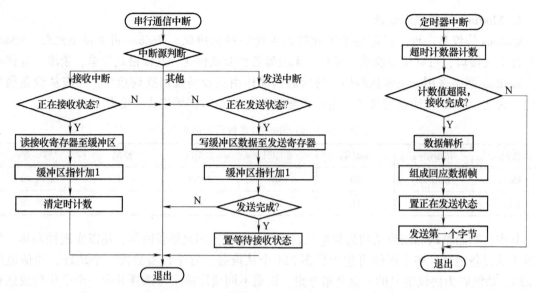

图 11-67　Modbus 数据串行口接收中断服务程序程序框图

11.14　习题

1. Cygnal C8051F 系列单片机有哪些主要特点？

2. 请列出 C8051F020 芯片中的主要资源。

3. C8051F020 芯片内部的 PGA（可编程增益放大器）可以对输入信号进行放大，其中的一个放大倍数为 0.5。是否意味着可以外接+6 V 的模入电压，经过 0.5 倍的放大变成 3 V 输入到 AINx 呢？

4. Cygnal C8051F 系列单片机的 I/O 口与传统 8051 单片机的 I/O 口相比有什么区别？

MCS-51 系列单片机的指令系统，按功能可分为数据传送、算术操作、逻辑操作、控制转移和布尔变量操作 5 种。具体指令见下列表格：

1. 数据传送类指令

助　记　符	功　能　说　明	字节数	机器周期	操作码
MOV A, Rn	寄存器内容送入累加器	1	1	E8~EFH
MOV A, direct	直接地址单元中的数据送入累加器	2	1	E5H
MOV A, @Ri	间接 RAM 中的数据送入累加器	1	1	E6H, E7H
MOV A, #data8	8 位立即数送入累加器	2	1	74H
MOV Rn, A	累加器内容送入寄存器	1	1	F8~FFH
MOV Rn, direct	直接地址单元中的数据送入寄存器	2	2	A8~AFH
MOV Rn, #data8	8 位立即数送入寄存器	2	1	78H~7FH
MOV direct, A	累加器内容送入直接地址单元	2	1	F5H
MOV direct, Rn	寄存器内容送入直接地址单元	2	2	88H~8FH
MOV direct, direct	直接地址单元中的数据送入直接地址单元	3	2	85H
MOV direct, @Ri	间接 RAM 中的数据送入直接地址单元	2	2	86H, 87H
MOV direct, #data8	8 位立即数送入直接地址单元	3	2	75H
MOV @Ri, A	累加器内容送入间接 RAM 单元	1	1	F6H, F7H
MOV @Ri, direct	直接地址单元中的数据送入间接 RAM 单元	2	2	A6H, A7H
MOV @Ri, #data8	8 位立即数送入间接 RAM 单元	2	1	76H, 77H
MOV DPTR, #data16	16 位立即数地址送入地址寄存器	3	2	90H
MOVC A, @A+DPTR	以 DPTR 为基地址变址寻址单元中的数据送入累加器	1	2	93H
MOVC A, @A+PC	以 PC 为基地址变址寻址单元中的数据送入累加器	1	2	83H
MOVX A, @Ri	外部 RAM（8 位地址）送入累加器	1	2	E2H, E3H
MOVX A, @DPTR	外部 RAM（16 位地址）送入累加器	1	2	E0H
MOVX @Ri, A	累加器送入外部 RAM（8 位地址）	1	2	F2H, F3H

（续）

助 记 符	功 能 说 明	字节数	机器周期	操作码
MOVX @ DPTR，A	累加器送入外部 RAM（16 位地址）	1	2	F0H
PUSH direct	直接地址单元中的数据压入堆栈	2	2	C0H
POP direct	堆栈中的数据弹出到直接地址单元	2	2	D0H
XCH A，Rn	寄存器与累加器交换	1	1	C8H~CFH
XCH A，direct	直接地址单元与累加器交换	2	1	C5H
XCH A，@ Ri	间接 RAM 与累加器交换	1	1	C6H，C7H
XCHD A，@ Ri	间接 RAM 与累加器进行低半字节交换	1	1	D6H，D7H

2. 算术操作类指令

助 记 符	功 能 说 明	字节数	机器周期	机器码
ADD A，Rn	寄存器内容加到累加器	1	1	28H~2FH
ADD A，direct	直接地址单元加到累加器	2	1	25H
ADD A，@ Ri	间接 RAM 内容加到累加器	1	1	26H，27H
ADD A，#data8	8 位立即数加到累加器	2	1	24H
ADDC A，Rn	寄存器内容带进位加到累加器	1	1	38H~3FH
ADDC A，direct	直接地址单元带进位加到累加器	2	1	35H
ADDC A，@ Ri	间接 RAM 内容带进位加到累加器	1	1	36H，37H
ADDC A，#data8	8 位立即数带进位加到累加器	2	1	34H
SUBB A，Rn	累加器带借位减寄存器内容	1	1	98H~9FH
SUBB A，direct	累加器带借位减直接地址单元	2	1	95H
SUBB A，@ Ri	累加器带借位减间接 RAM 内容	1	1	96H，97H
SUBB A，#data8	累加器带借位减 8 位立即数	2	1	94H
INC A	累加器加 1	1	1	04H
INC Rn	寄存器加 1	1	1	08H~0FH
INC direct	直接地址单元内容加 1	2	1	05H
INC @ Ri	间接 RAM 内容加 1	1	1	06H，07H
INC DPTR	DPTR 加 1	1	2	A3H
DEC A	累加器减 1	1	1	14H
DEC Rn	寄存器减 1	1	1	18H~1FH
DEC direct	直接地址单元内容减 1	2	1	15H
DEC @ Ri	间接 RAM 内容减 1	1	1	16H，17H
MUL A，B	A 乘以 B	1	4	A4H

（续）

助 记 符	功 能 说 明	字节数	机器周期	机器码
DIV A, B	A 除以 B	1	4	84H
DA A	累加器进行十进制转换	1	1	D4H

3. 逻辑操作类指令

助 记 符	功 能 说 明	字节数	机器周期	机器码
ANL A, Rn	累加器与寄存器相"与"	1	1	58H~5FH
ANL A, direct	累加器与直接地址单元相"与"	2	1	55H
ANL A, @Ri	累加器与间接 RAM 内容"与"	1	1	56H, 57H
ANL A, #data8	累加器与 8 位立即数相"与"	2	1	54H
ANL direct, A	直接地址单元与累加器相"与"	2	1	52H
ANL direct, #data8	直接地址单元与 8 位立即数相"与"	3	2	53H
ORL A, Rn	累加器与寄存器相"或"	1	1	48H~4FH
ORL A, direct	累加器与直接地址单元相"或"	2	1	45H
ORL A, @Ri	累加器与间接 RAM 内容相"或"	1	1	46H, 47H
ORL A, #data8	累加器与 8 位立即数相"或"	2	1	44H
ORL direct, A	直接地址单元与累加器相"或"	2	1	42H
ORL direct, #data8	直接地址单元与 8 位立即数相"或"	3	2	43H
XRL A, Rn	累加器与寄存器相"异或"	1	1	68H~6FH
XRL A, direct	累加器与直接地址单元相"异或"	2	1	65H
XRL A, @Ri	累加器与间接 RAM 内容相"异或"	1	1	66H, 67H
XRL A, #data8	累加器与 8 位立即数相"异或"	2	1	64H
XRL direct, A	直接地址单元与累加器相"异或"	2	1	62H
XRL direct, #data8	直接地址单元与 8 位立即数相"异或"	3	2	63H
CLR A	累加器清零	1	1	E4H
CPL A	累加器求反	1	1	F4H
RL A	累加器循环左移	1	1	23H
RLC A	累加器带进位循环左移	1	1	03H
RR A	累加器循环右移	1	1	33H
RRC A	累加器带进位循环右移	1	1	13H
SWAP A	累加器半字节交换	1	1	C4H

4. 控制转移类指令

助 记 符	功 能 说 明	字节数	机器周期	机器码
ACALL addr11	绝对短调用子程序	2	2	&1
LACLL addr16	长调用子程序	3	2	12H
RET	子程序返回	1	2	22H
RETI	中断返回	1	2	32H
AJMP addr11	绝对短转移	2	2	&0
LJMP addr16	长转移	3	2	02H
SJMP rel	相对转移	2	2	80H
JMP @ A+DPTR	相对于 DPTR 的间接转移	1	2	73H
JZ rel	累加器为零转移	2	2	60H
JNZ rel	累加器非零转移	2	2	70H
CJNE A，direct，rel	累加器与直接地址单元比较，不等则转移	3	2	B5H
CJNE A，#data8，rel	累加器与 8 位立即数比较，不等则转移	3	2	B4H
CJNE Rn，#data8，rel	寄存器与 8 位立即数比较，不等则转移	3	2	B8H~BFH
CJNE @ Ri，#data8，rel	间接 RAM 单元，不等则转移	3	2	B6H，B7H
DJNZ Rn，rel	寄存器减 1，非零转移	3	2	D8H~DFH
DJNZ direct，rel	直接地址单元减 1，非零转移	3	2	D5H
NOP	空操作	1	1	00H

注：$\&0 = a_{10}a_9a_8 0001B$。
　　$\&1 = a_{10}a_9a_8 1001B$。

5. 布尔变量操作类指令

助 记 符	功 能 说 明	字节数	机器周期	机器码
CLR C	清进位位	1	1	C3H
CLR bit	清直接地址位	2	1	C2H
SETB C	置进位位	1	1	D3H
SETB bit	置直接地址位	2	1	D2H
CPL C	进位位求反	1	1	B3H
CPL bit	直接地址位求反	2	1	B2H
ANL C，bit	进位位和直接地址位相"与"	2	2	82H
ANL C，/bit	进位位和直接地址位的反码相"与"	2	2	B0H
ORL C，bit	进位位和直接地址位相"或"	2	2	72H

（续）

助　记　符	功　能　说　明	字节数	机器周期	机器码
ORL C，/bit	进位位和直接地址位的反码相"或"	2	2	A0H
MOV C，bit	直接地址位送入进位位	2	1	A2H
MOV bit，C	进位位送入直接地址位	2	2	92H
JC rel	进位位为 1 则转移	2	2	40H
JNC rel	进位位为 0 则转移	2	2	50H
JB bit，rel	直接地址位为 1 则转移	3	2	20H
JNB bit，rel	直接地址位为 0 则转移	3	2	30H
JBC bit，rel	直接地址位为 1 则转移，该位清零	3	2	10H

参 考 文 献

［1］张友德，等．单片微型机原理、应用与实验［M］．上海：复旦大学出版社，2000．

［2］何立民．MCS-51 系列单片机应用系统设计［M］．北京：北京航空航天大学出版社，1990．

［3］胡汉才．单片机原理及其接口技术［M］．北京：清华大学出版社，1996．

［4］徐安，等．单片机原理与应用［M］．北京：北京希望电子出版社，2003．

［5］马家辰，等．MCS-51 单片机原理及接口技术［M］．哈尔滨：哈尔滨工业大学出版社，1997．

［6］苏伟斌．8051 系列单片机应用手册［M］．北京：科学出版社，1997．

［7］吕能元，等．MCS-51 单片微型计算机原理接口技术应用实例［M］．北京：科学出版社，1993．

［8］Cygnal Integrated Products Inc.C8051F 单片机应用解析［M］．潘琢金，等译．北京：北京航空航天大学出版
社，2002．

［9］潘琢金，等．C8051FXXX 高速 SOC 单片机原理及应用［M］．北京：北京航空航天大学出版社，2002．

［10］李刚，等．与 8051 兼容的高性能、高速单片机：C8051FXXX［M］．北京：北京航空航天大学出版社，2002．

［11］杨振江，等．智能仪器与数据采集系统中的新器件及应用［M］．西安：西安电子科技大学出版社，2001．

［12］周润景，张丽娜．基于 PROTEUS 的电路及单片机系统设计与仿真［M］．北京：北京航空航天大学出版
社，2006．

［13］赵月静，张永弟，翟卫贺．Proteus 和 Keil C 在开发单片机控制系统中的应用［J］．实验科学与技术，
2013（2）：31-34．

［14］方文鹏．关于单片机的发展研究［J］．现代工业经济和信息化，2015（6）：79-80．